国家出版基金资助项目

ACADEMICIAN SMIRNOV LECTURE NOTES IN MATHEMATICS(VOLUME II(2))

# Smirnov院士数学讲义

## （第二卷·第二分册）

（俄罗斯）В.И.Смирнов 著　《Smirnov 院士数学讲义》翻译组 译

哈爾濱工業大學出版社
HARBIN INSTITUTE OF TECHNOLOGY PRESS

黑版贸审字 08 - 2016 - 040 号

## 内容简介

本书共分四章：重积分、曲线积分、反常积分及依赖于参变量的积分，向量分析及场论，微分几何基础，傅里叶级数. 理论部分叙述扼要，应用部分叙述详尽.

本书适合高等学校数学及相关专业师生使用，也适合数学爱好者参考阅读.

**图书在版编目(CIP)数据**

Smirnov 院士数学讲义. 第二卷. 第二分册/
(俄罗斯)В. И. 斯米尔诺夫著；《Smirnov 院士数学讲
义》翻译组译. --哈尔滨：哈尔滨工业大学出版社，2019.1
ISBN 978 - 7 - 5603 - 7835 - 0

Ⅰ. ①S… Ⅱ. ①В… ②S… Ⅲ. ①高等数学-高等
学校-教学参考资料 Ⅳ. ①O13

中国版本图书馆 CIP 数据核字(2018)第 268580 号

书名：Курс высшей математики
作者：В. И. Смирнов


策划编辑 刘培杰 张永芹
责任编辑 张永芹 钱辰琛
封面设计 孙茵艾
出版发行 哈尔滨工业大学出版社
社　　址 哈尔滨市南岗区复华四道街 10 号 邮编 150006
传　　真 0451 - 86414749
网　　址 http://hitpress.hit.edu.cn
印　　刷 牡丹江邮电印务有限公司
开　　本 787mm×1092mm 1/16 印张 17.25 字数 332 千字
版　　次 2019 年 1 月第 1 版 2019 年 1 月第 1 次印刷
书　　号 ISBN 978 - 7 - 5603 - 7835 - 0
定　　价 178.00 元

---

# 目录

# 重积分、曲线积分、反常积分及依赖于参变量的积分

第3章

## §1 重积分

### 54. 容积

到现在为止我们所讲作为和的极限的定积分

$$\int_a^b f(x)\mathrm{d}x$$

是就函数 $f(x)$ 确定在 $OX$ 轴的一个线段$(a,b)$上的情形考虑的.换句话说,积分区域总是某一个直线段.

在这一节中我们把积分概念推广到下列情形:积分区域是平面上某一个区域,或是空间中某一个区域,或者甚至是随便一个曲面上的某一个区域.在这一节的讨论中,我们利用对面积与容积的直觉看法,而不细讲有关取极限时一些论点的根据.在本章的最后一节我们再讲严格讨论的基本关键.我们由两次积分的概念开始,它联系着计算容积的问题,就像上面写的积分联系着计算面积的问题一样,所以,在引进两次积分的概念之前,我们先看计算容积的问题.

我们知道,计算介于曲线 $y=f(x)$,$OX$ 轴以及两个纵坐标:$x=a$,$x=b$ 之间的面积问题,是利用定积分的概念解决的,而这面积正是由上面写的定积分来表达的[I,87].

现在我们来看一个类似的问题,就是计算物体的容积 $v$,这物体的界面是已知的曲面$(S)$,它的方程是

$$z=f(x,y) \tag{1}$$

平面 $XOY$,以及一个柱面$(C)$,这个柱面的母线平行于 $OZ$ 轴,它把$(S)$ 投影到平面 $XOY$ 的区域$(\sigma)$ 上(图 33).

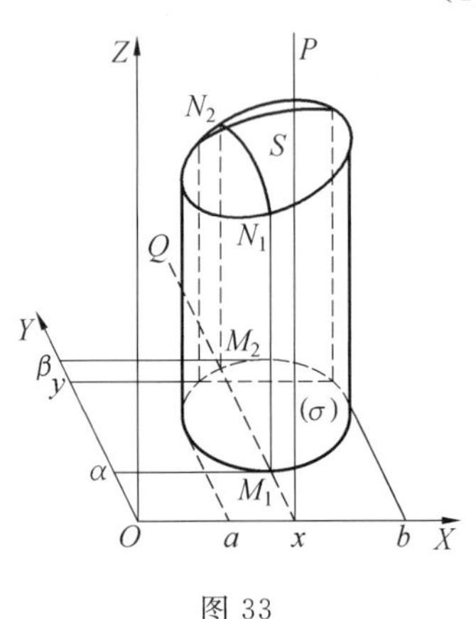

图 33

在[I,104] 中我们讲过用定积分计算物体的容积,为此只需要知道物体的平行断面. 对于现在的问题我们也应用这个方法.

为简单起见,我们设曲面$(S)$ 整个在平面 $XOY$ 之上,并且平行于坐标轴的直线与$(\sigma)$ 的界线$(l)$ 相交时至多交于两点.

用平行于平面 $YOZ$ 的平面把所考虑的物体分开,这些平面与平面 $XOY$ 的交线是平行于 $OY$ 轴的直线(图 33 与 34(a),(b)). 把两个极端断面的横坐标各记作 $a$ 与 $b$. 这也就是把界线$(l)$ 分为两部分(1) 与(2) 的界线上的点的横坐标,这两部分(1) 与(2) 中,一个是平行于 $OY$ 轴的直线穿入区域$(\sigma)$ 的位置,一个是穿出的位置(图 34(a),(b)). 每一部分各有它的方程

$$y_1=\varphi_1(x),y_2=\varphi_2(x) \tag{2}$$

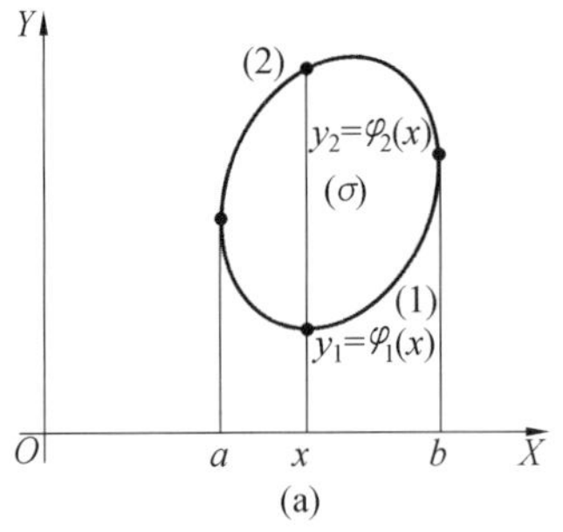

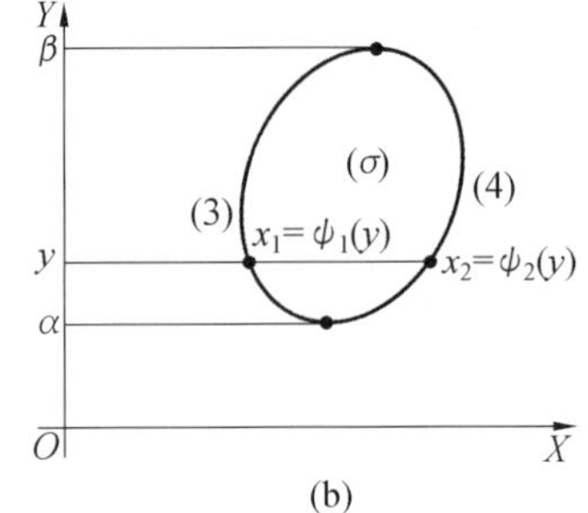

图 34

与 $YOZ$ 距离为 $x$ 的平面 $PQ$ 在物体上截下的断面,它的面积是依赖于 $x$ 的,我们把它记作 $S(x)$. 于是就有[I,104]

$$v=\int_a^b S(x)\mathrm{d}x \tag{3}$$

现在只要求函数 $S(x)$ 的表达式,这函数就是图形 $M_1N_1N_2M_2$ 的面积. 它

位于平面 $PQ$ 上，它的界线是平面 $PQ$ 与曲面$(S)$ 相交的曲线 $N_1N_2$，平行于 $OY$ 轴的直线 $M_1M_2$ 以及两个纵坐标 $M_1N_1$ 与 $M_2N_2$.

在所考虑的断面上，由于所有的点的 $x$ 是常数，曲线 $N_1N_2$ 的纵坐标可以算作是 $y$ 的函数，这个函数是当 $x$ 是常数时由下面这方程确定的

$$z=f(x,y)$$

这时自变量 $y$ 取在区间$(y_1,y_2)$ 上，其中 $y_1$ 与 $y_2$ 是直线 $M_1M_2$ 穿入区域$(\sigma)$ 与穿出这个区域的点的纵坐标.

根据[I,87] 可以写成

$$S(x)=\int_{y_1}^{y_2}f(x,y)\mathrm{d}y$$

代入到(3) 中就有

$$v=\int_a^b\mathrm{d}x\int_{y_1}^{y_2}f(x,y)\mathrm{d}y \tag{4}$$

如此我们得到容积的一个表达式，它写成两次积分的形状，这里先把 $x$ 看作常数，对 $y$ 求出积分，然后把所得到的结果对 $x$ 求积分.

用平行于平面 $XOZ$ 的平面分割所给的物体，我们得到同一个容积的另一个表达式

$$v=\int_\alpha^\beta\mathrm{d}y\int_{x_1}^{x_2}f(x,y)\mathrm{d}x \tag{5}$$

其中 $x_1$ 与 $x_2$ 是 $y$ 的已知函数

$$x_1=\psi_1(y),x_2=\psi_2(y) \tag{6}$$

而 $\alpha$ 与 $\beta$ 各表示界线$(l)$ 上的 $y$ 的两个极端值(图 33 与 34(a),(b)).

公式(4) 与(5) 是在两个假定下推出的：1. 曲面$(S)$ 整个位于平面 $XOY$ 之上；2. 曲面$(S)$ 在平面 $XOY$ 上的投影$(\sigma)$ 的界线$(l)$ 与平行于一个坐标轴的任何直线最多交于两点. 若不满足条件 1，则公式(4) 与(5) 的右边所给出的不是真正的容积，而是容积的代数和，其中位于平面 $XOY$ 之上的容积带(+) 号；位于其下的带(－) 号. 若不满足条件 2，例如(图 35)，界线$(l)$ 与直线 $x=$常数的交点有几对，则需要把区域$(\sigma)$ 分为几部分，使得每一部分满足条件 2，与这对应的，曲面$(S)$ 与容积 $v$ 也就被分为几部分，计算每一部分的容积时，公式(4) 是适用的.

**例 1** 正棱柱的截断的容积(图 36). 底是由坐标轴 $OX$，$OY$ 与直线 $x=k$，$y=l$ 形成的. 截面的方程是

$$\frac{x}{\lambda}+\frac{y}{\mu}+\frac{z}{\upsilon}=1$$

在这情形下公式(4) 给出

$$v=\int_0^k\mathrm{d}x\int_0^l z\mathrm{d}y$$

$$
=\int_0^k dx\int_0^l \upsilon\left(1-\frac{x}{\lambda}-\frac{y}{\mu}\right)dy
$$

$$
=\upsilon\int_0^k dx\left(y-\frac{xy}{\lambda}-\frac{y^2}{2\mu}\right)\Bigg|_{y=0}^{y=l}
$$

$$
=\upsilon\int_0^k\left(l-\frac{xl}{\lambda}-\frac{l^2}{2\mu}\right)dx
$$

$$
=\upsilon\left(kl-\frac{k^2l}{2\lambda}-\frac{kl^2}{2\mu}\right)
$$

$$
=kl\cdot\upsilon\left(1-\frac{k}{2\lambda}-\frac{l}{2\mu}\right)=\sigma h
$$

其中 $\sigma$ 是底面积，$h$ 是上截面的对角线交点$\left(对应于\ x=\frac{k}{2},y=\frac{l}{2}\right)$的纵坐标.

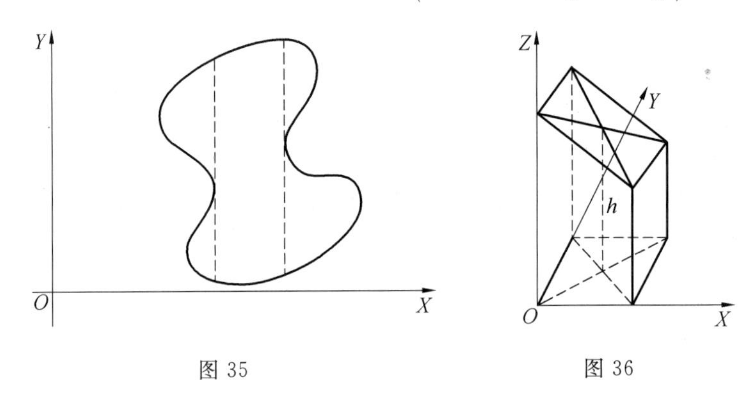


图 35　　图 36

**例 2**　求椭圆体

$$
\frac{x^2}{a^2}+\frac{y^2}{b^2}+\frac{z^2}{c^2}=1
$$

的容积. 用平面 $z=$ 常数截这椭圆体时，得到椭圆具有半轴长

$$
a\sqrt{1-\frac{z^2}{c^2}},b\sqrt{1-\frac{z^2}{c^2}}
$$

于是利用

$$
S(z)=\pi ab\left(1-\frac{z^2}{c^2}\right)
$$

求得未知容积是

$$
v=\int_{-c}^{c}\pi ab\left(1-\frac{z^2}{c^2}\right)dz=\frac{4}{3}\pi abc
$$

**55. 二重积分**

为了得到曲线 $y=f(x)$ 下的面积的近似式，我们[I,87] 把它分为竖条，并且用一些矩形来替代每一个竖条的面积，这些矩形的底各是每一个竖条的底，而高等于这个竖条上曲线的纵坐标的某一个中间值. 当竖条的数目增加而每一

个都趋向零时,差误 → 0,于是由近似式取极限就成为定积分,它给出面积的准确表达式.

计算容积时也可以用类似的想法.把区域$(\sigma)$(图 37)分成很多个任意形状的小单元$\Delta\sigma$,这里我们一方面用$\Delta\sigma$记这些个小区域,另一方面也用$\Delta\sigma$记它们的面积.以每一个这样的单元为底作一个柱体直到与曲面$(S)$相交,就把容积$v$分为单元容积.显然,我们可以取一个柱体的容积作为这样的单元容积的近似值,这个柱体的底也是$\Delta\sigma$,而高是一个纵坐标,也就是投影为$\Delta\sigma$的曲面单元上任何一点的$z$的值.换句话说,这就是在$\Delta\sigma$上任取一点$N$,为简短起见,把曲面$(S)$上对应于点$N$的点$M$的纵坐标记作$f(N)$,也就是函数$f(x,y)$在点$N$的值,我们就得到单元容积为$f(N)\Delta\sigma$,于是

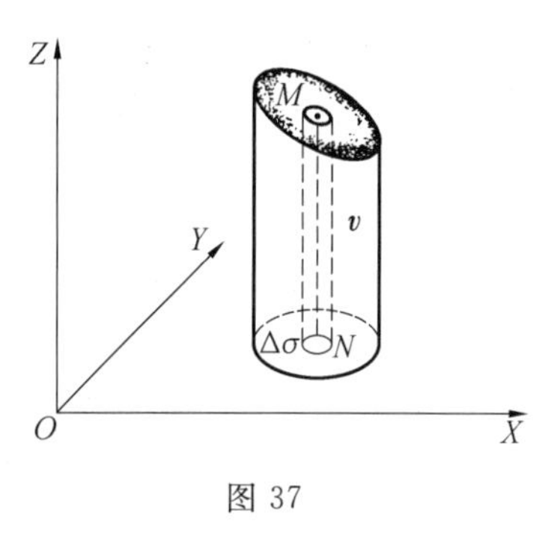


图 37

$$v \sim \sum_{(\sigma)} f(N)\Delta\sigma$$

这里要对于填满面积$(\sigma)$的所有的单元面积$\Delta\sigma$求和.

每一个单元$\Delta\sigma$愈小,而单元的数目$n$愈多时,所得到的近似公式就愈准确,取极限后可以写成

$$\lim \sum_{(\sigma)} f(N)\Delta\sigma = v$$

抽去几何的形象,不管函数$f(N)$的几何意义,我们还是可以确定这个和的极限,这个极限叫作函数$f(N)$沿区域$(\sigma)$的二重积分,并且表示成

$$\iint_{(\sigma)} f(N)\mathrm{d}\sigma = \lim \sum_{(\sigma)} f(N)\Delta\sigma$$

这个极限的存在是很明显的,因为像我们以上所讲的,这个极限应当给出以上我们所作的容积$v$.自然这种论证不是严格的,不过,对于具有一般条件的$f(N)$以及所有的连续函数的任何情形,上述极限的存在可以严格证明.

若我们设$f(N)=1$,则得到区域$(\sigma)$的面积$\sigma$的一个表达式是二重积分的形状

$$\sigma = \iint_{(\sigma)} \mathrm{d}\sigma$$

我们来叙述二重积分的完整定义:设$(\sigma)$是一个有界的平面区域,$f(N)$是这个区域上的点的函数,就是说,在区域$(\sigma)$的每一点$N$处取确定值的一个函数.把区域$(\sigma)$分为$n$个部分区域,并设$\Delta\sigma_1,\Delta\sigma_2,\cdots,\Delta\sigma_n$是这些部分的面积,而$N_1,N_2,\cdots,N_n$各为这些部分上的任一点.作出乘积的和

$$\sum_{k=1}^{n} f(N_k) \cdot \Delta\sigma_k$$

当分成的数目 $n$ 无限增加并且每一个部分区域无限减小时，这个和的极限叫作函数 $f(N)$ 沿区域$(\sigma)$ 的二重积分

$$\iint_{(\sigma)} f(N)\,\mathrm{d}\sigma = \lim \sum_{k=1}^{n} f(N_k)\Delta\sigma_k$$

**附注**　设 $d_k$ 是面积为 $\Delta\sigma_k$ 的部分区域中两点间的最大距离（这个区域的直径），而 $d_1, d_2, \cdots, d_n$ 中的最大的数是 $d$. 在定义中所说的每一个部分区域 $\Delta\sigma_k$ 无限减小这句话就具有 $d \to 0$ 的意义. 如果用字母 $I$ 来记积分的数值，则上述定义就相当于：对于给定的任何正数 $\varepsilon$，存在这样一个正数 $\eta$，使得[参考 I, 87] 只要 $d \leqslant \eta$，则

$$\left| I - \sum_{k=1}^{n} f(N_k)\Delta\sigma_k \right| \leqslant \varepsilon$$

在这一章的最后，讨论重积分的完整理论时，我们再讲面积的严格定义，并且更准确地讲可以求积分的那样的区域$(\sigma)$ 的概念，以及如何把它分成各部分区域，并且对于连续函数 $f(N)$ 以及某些类的间断函数，来证明上述和的极限的存在.

**56. 二重积分的计算法**

把二重积分考虑作容积，我们可以把二重积分化为两次积分.

对于区域$(\sigma)$ 应用直角坐标系，设用边 $\Delta x, \Delta y$ 平行于坐标轴的矩形来分割面积得到单元 $\Delta\sigma$（图 38），并设$(x, y)$ 是点 $N$ 的坐标. 这时可以写成

$$f(N) = f(x, y)$$
$$\Delta\sigma = \Delta x \Delta y$$
$$\mathrm{d}\sigma = \mathrm{d}x\mathrm{d}y$$

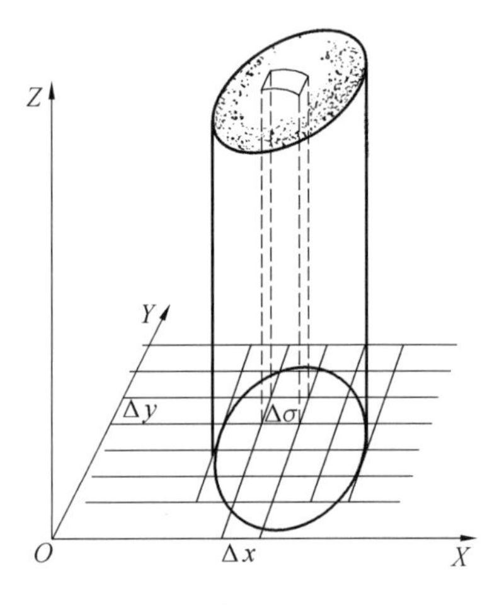

图 38

并且

$$\iint_{(\sigma)} f(N)\,\mathrm{d}\sigma = \lim \sum_{(\sigma)} f(x, y)\Delta x \Delta y = \iint_{(\sigma)} f(x, y)\,\mathrm{d}x\mathrm{d}y$$

另一方面，应用[54] 中所讲的用两次积分来表达容积的方法，这可以写成

$$\iint_{(\sigma)} f(x, y)\,\mathrm{d}x\mathrm{d}y = \int_a^b \mathrm{d}x \int_{y_1}^{y_2} f(x, y)\,\mathrm{d}y = \int_\alpha^\beta \mathrm{d}y \int_{x_1}^{x_2} f(x, y)\,\mathrm{d}x \tag{7}$$

这就给出计算二重积分的法则，而与函数 $f(x, y)$ 的几何意义无关.

若是先对 $y$ 求积分，则先把 $x$ 算作常数，而积分限 $y_1$ 与 $y_2$ 是 $x$ 的函数，这两个函数是由[54]中公式(2)所确定的. 若先对 $x$ 求积分，也有类似的情况. 只有当积分区域是个矩形而它的边平行于坐标轴时，在两次积分中先求积分的积分限才可能是常数，而不依赖于第二次积分的积分变量. 若$(\sigma)$是介于直线(图 39)

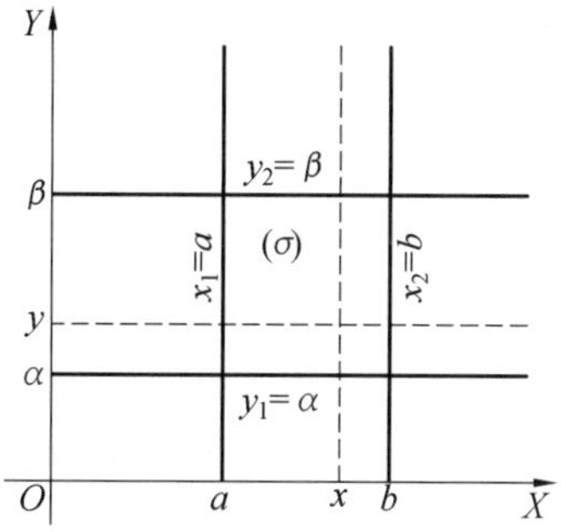

图 39

$$x_1=a, x_2=b, y_1=\alpha, y_2=\beta$$

的矩形区域，则

$$\iint_{(\sigma)} f(x,y)\mathrm{d}x\mathrm{d}y=\int_a^b \mathrm{d}x\int_\alpha^\beta f(x,y)\mathrm{d}y$$

$$=\int_\alpha^\beta \mathrm{d}y\int_a^b f(x,y)\mathrm{d}x \tag{8}$$

表达式 $\mathrm{d}\sigma=\mathrm{d}x\mathrm{d}y$ 叫作在直角坐标系中的面积单元.

注意，在公式(7)中把 $x$ 看作常数先对 $y$ 求积分这件事，就对应于沿着平行于 $OY$ 轴的一竖条内所含的矩形求和，其中所有的矩形有相同的宽度 $\mathrm{d}x$，它被提出在第一次求积分的记号之外. 第二次对 $x$ 求积分对应于把沿平行于 $OY$ 轴的各条求和所得的所有结果再相加. 在本章最后一节中我们讲公式(7)与(8)的严格根据.

现在我们用极坐标$(r,\varphi)$来处理区域$(\sigma)$. 这时曲面$(S)$的方程应当写成 $z=f(r,\varphi)$.

画出曲线族 $r=$常数以及 $\varphi=$常数，就是同心圆周以及通过原点的半线，我们得到单元 $\Delta\sigma$(图 40). 半径为 $r$ 与$(r+\Delta r)$的圆弧以及斜角为 $\varphi$ 与$(\varphi+\Delta\varphi)$的两条半线交成的曲线图形 $\Delta\sigma$，可以考虑作边长为 $\Delta r$ 与 $r\Delta\varphi$ 的矩形，所差的只是高阶的无穷小，于是

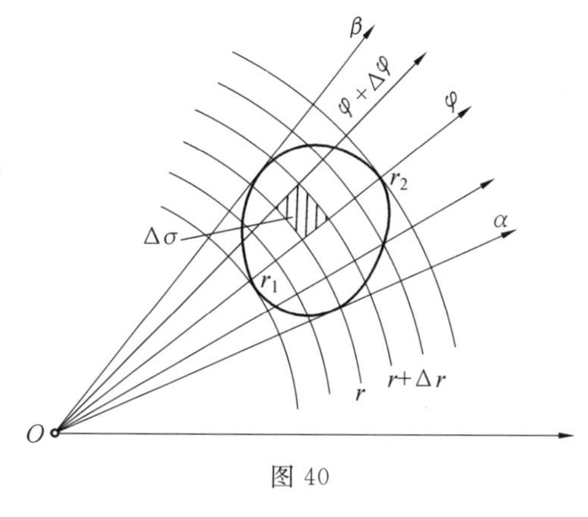

图 40

$$\Delta\sigma=r\Delta r\Delta\varphi$$

这时可以写成

$$\iint_{(\sigma)} f(N)\mathrm{d}\sigma=\lim\sum_{(\sigma)} f(r,\varphi)r\Delta r\Delta\varphi=\iint_{(\sigma)} f(r,\varphi)r\mathrm{d}r\mathrm{d}\varphi$$

这里我们得到一个二重积分，它的被积函数是 $f(r,\varphi)r$. 为要计算它，可以

应用化为两次积分的法则，不过现在只是 $r$ 与 $\varphi$ 占有了 $x$ 与 $y$ 的地位.

先对 $r$ 求积分把 $\varphi$ 算作常数，这对应于沿着介于两个半线 $\varphi$ 与 $(\varphi+\mathrm{d}\varphi)$ 之间的单元 $\Delta\sigma$ 求和，而把 $\mathrm{d}\varphi$ 放在第一次求积分的记号之外. 第二次对 $\varphi$ 求积分对应于把第一次求和所得到的所有结果相加. 应用上述法则时，我们首先标记出变量 $\varphi$ 的极端值 $\alpha$ 与 $\beta$（对应于[54]中 $x$ 的极端值）. 以后对于固定的 $\varphi$ 找出半线 $\varphi=$常数穿入与穿出 $(\sigma)$ 的点的向量半径 $r_1$ 与 $r_2$（这对应于在[54]中确定 $y_1$ 与 $y_2$）. 确定了这些已知量，就有

$$\iint_{(\sigma)} f(N)\mathrm{d}\sigma=\iint_{(\sigma)} f(r,\varphi)r\mathrm{d}r\mathrm{d}\varphi=\int_{\alpha}^{\beta}\mathrm{d}\varphi\int_{r_1}^{r_2} f(r,\varphi)r\mathrm{d}r \tag{9}$$

其中 $r_1$ 与 $r_2$ 是 $\varphi$ 的已知函数.

图 40 对应于坐标原点在界线 $(l)$ 外的情形. 若原点在界线 $(l)$ 内，则可把 $\varphi$ 看作是由 0 变到 $2\pi$，并且对于给定的 $\varphi$ 值，$r$ 由 0 变到 $r_2$，其中 $r_2$ 来自曲线 $(l)$ 的方程：$r_2=\psi(\varphi)$，这就给出（图 41）

$$\iint_{(\sigma)} f(N)\mathrm{d}\sigma=\int_0^{2\pi}\mathrm{d}\varphi\int_0^{r_2} f(r,\varphi)r\mathrm{d}r$$

表达式

$$r\mathrm{d}r\mathrm{d}\varphi \tag{10}$$

叫作极坐标系中的面积单元.

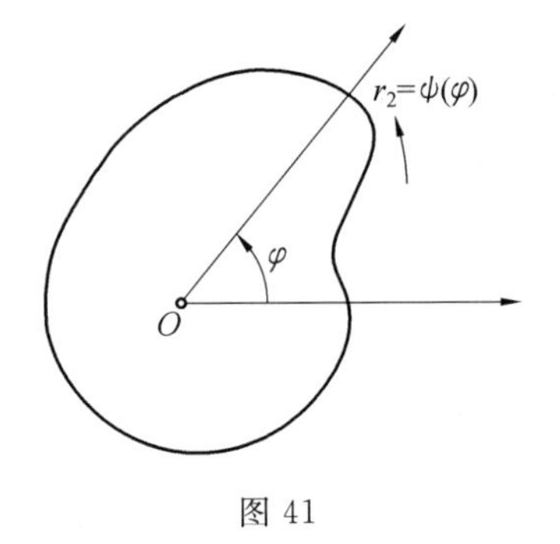

图 41

特别地，若 $f(N)=1$，我们就得到在[I，102]中所讲的曲线所包围的面积的极坐标表达式

$$\int_{\alpha}^{\beta}\mathrm{d}\varphi\int_{r_1}^{r_2} r\mathrm{d}r=\frac{1}{2}\int_{\alpha}^{\beta}(r_2^2-r_1^2)\mathrm{d}\varphi$$

（[I，102]中的公式对应于 $r_2=r,r_1=0$ 的情形）

**例** 求介于半径为 $a$ 的球与通过球心的半径为 $\frac{a}{2}$ 的正圆柱之间的容积（图 42）. 取球心作坐标原点，通过球心垂直于圆柱的轴的平面作为平面 $XOY$，通过球心以及平面 $XOY$ 与圆柱的轴的交点的直线作为 $OX$ 轴. 根据对称性，可以说，未知容积是介于平面 $ZOX$，$XOY$ 以及上半球之间的一部分圆柱体的容积的四倍.

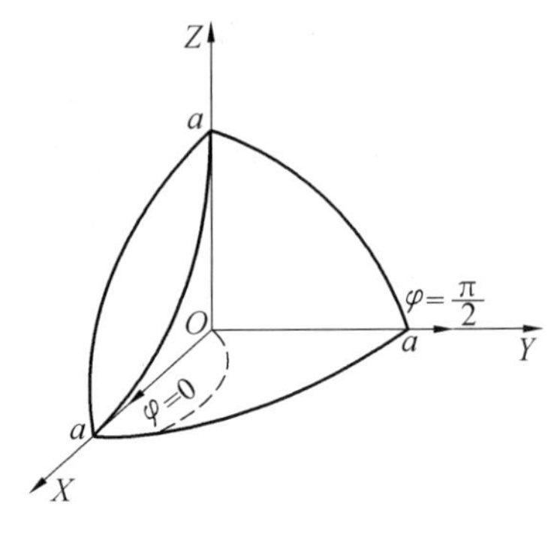

图 42

这里积分区域是圆柱的半个底，它的界线由半圆周

$$r=a\cos\varphi$$

以及 $OX$ 轴上的线段组成，其中角度 $\varphi$ 由 0 改变到 $\frac{\pi}{2}$，对应于半线——由 $OX$ 轴到 $OY$ 轴.

球面的方程

$$x^2+y^2+z^2=a^2$$

在这情形下可以写成

$$z^2=a^2-(x^2+y^2),z=\sqrt{a^2-r^2}$$

所以，未知容积是

$$\begin{aligned}
v&=4\int_0^{\frac{\pi}{2}}\mathrm{d}\varphi\int_0^{a\cos\varphi}\sqrt{a^2-r^2}\,r\mathrm{d}r\\
&=4\int_0^{\frac{\pi}{2}}\left[-\frac{1}{3}(a^2-r^2)^{\frac{3}{2}}\right]\Bigg|_{r=0}^{r=a\cos\varphi}\mathrm{d}\varphi\\
&=\frac{4}{3}\int_0^{\frac{\pi}{2}}(a^3-a^3\sin^3\varphi)\mathrm{d}\varphi\\
&=\frac{4}{3}a^3\left[\varphi+\cos\varphi-\frac{\cos^3\varphi}{3}\right]\Bigg|_{\varphi=0}^{\varphi=\frac{\pi}{2}}\\
&=\frac{4}{3}a^3\left(\frac{\pi}{2}-\frac{2}{3}\right)
\end{aligned}$$

### 57. 曲线坐标

在前一段中，我们就直角坐标与极坐标的情形，确定了面积单元，并且考虑了计算积分的问题. 现在我们就任何的坐标$(u,v)$ 来考虑这个问题. 依照公式

$$\varphi(x,y)=u,\psi(x,y)=v \tag{11}$$

引用任何的新的变量 $u$ 与 $v$ 来替代直角坐标 $x$ 与 $y$.

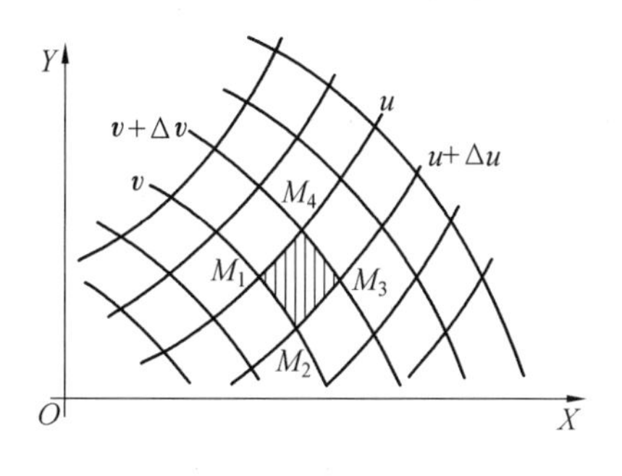


图 43

给 $u$ 与 $v$ 所有可能的常数值，在平面上就得到两族线(图 43)，一般说来，这些线都是曲线. 平面上点 $M$ 的位置是由一对数$(x,y)$ 来确定的，或者根据公式(11)，它就被一对数$(u,v)$ 所确定. 这一对数$(u,v)$ 叫作点 $M$ 的曲线坐标. 由方程(11) 解出 $x$ 与 $y$，就得到直角坐标$(x,y)$ 通过曲线坐标$(u,v)$ 的表达式

$$x=\varphi_1(u,v),y=\psi_1(u,v) \tag{12}$$

在极坐标的情形下 $u$ 就是 $r$，$v$ 就是 $\varphi$. 以上我们讲到的 $u$ 为常数以及 $v$ 为常数的线叫作曲线坐标$(u,v)$ 的坐标线. 它们形成两族线(在极坐标中是圆周族

与半线族).

现在我们来确定用曲线坐标$(u,v)$时的面积单元$d\sigma$.

为此我们考虑两对很近的坐标线

$$\varphi(x,y)=u,\varphi(x,y)=u+du$$
$$\psi(x,y)=v,\psi(x,y)=v+dv$$

所形成的面积单元$M_1M_2M_3M_4$(图 43).

不计高阶无穷小,这个四边形$M_1M_2M_3M_4$的顶点的坐标就是[I,68]:

$$(M_1)x_1=\varphi_1(u,v);y_1=\psi_1(u,v);$$

$$(M_2)x_2=\varphi_1(u+du,v)=\varphi_1(u,v)+\frac{\partial\varphi_1(u,v)}{\partial u}du;$$

$$y_2=\psi_1(u+du,v)=\psi_1(u,v)+\frac{\partial\psi_1(u,v)}{\partial u}du;$$

$$(M_3)x_3=\varphi_1(u+du,v+dv)=\varphi_1(u,v)+\frac{\partial\varphi_1(u,v)}{\partial u}du+\frac{\partial\varphi_1(u,v)}{\partial v}dv;$$

$$y_3=\psi_1(u+du,v+dv)=\psi_1(u,v)+\frac{\partial\psi_1(u,v)}{\partial u}du+\frac{\partial\psi_1(u,v)}{\partial v}dv;$$

$$(M_4)x_4=\varphi_1(u,v+dv)=\varphi_1(u,v)+\frac{\partial\varphi_1(u,v)}{\partial v}dv;$$

$$y_4=\psi_1(u,v+dv)=\psi_1(u,v)+\frac{\partial\psi_1(u,v)}{\partial v}dv.$$

由这些公式直接推出,$x_2-x_1=x_3-x_4$与$y_2-y_1=y_3-y_4$,由这两个等式推知,线段$M_1M_2$与$M_4M_3$相等而且同向.同理,线段$M_1M_4$与$M_2M_3$也是如此,就是说,不计高阶无穷小的话,$M_1M_2M_3M_4$是个平行四边形,它的面积等于三角形$M_1M_2M_3$的面积的二倍,依照解析几何学中已知的公式,就有

$$d\sigma=|x_1(y_2-y_3)-y_1(x_2-x_3)+(x_2y_3-x_3y_2)|$$

代入以坐标表达的表达式,就得到用任何曲线坐标时的面积单元公式

$$d\sigma=\left|\frac{\partial\varphi_1(u,v)}{\partial u}\cdot\frac{\partial\psi_1(u,v)}{\partial v}-\frac{\partial\varphi_1(u,v)}{\partial v}\cdot\frac{\partial\psi_1(u,v)}{\partial u}\right|dudv=|D|dudv$$

其中$D$叫作函数$\varphi_1(u,v)$与$\psi_1(u,v)$对变量$u$与$v$的函数行列式

$$D=\frac{\partial\varphi_1(u,v)}{\partial u}\cdot\frac{\partial\psi_1(u,v)}{\partial v}-\frac{\partial\varphi_1(u,v)}{\partial v}\cdot\frac{\partial\psi_1(u,v)}{\partial u}$$

结果二重积分中的换元公式就是

$$\iint\limits_{(\sigma)}f(x,y)d\sigma=\iint\limits_{(\sigma)}F(u,v)|D|dudv \tag{13}$$

其中$F(u,v)$是$u$与$v$的一个函数,它是由$f(x,y)$经过变换(12)得到的结果.$u$与$v$的积分限由区域$(\sigma)$的形状来确定,就像在[56]中对极坐标所讲的一样.

在变换(11)的公式中,我们把$u$与$v$看作点的新的曲线坐标,而平面则看

作是不改变的.我们也可以把 $u$ 与 $v$ 仍然看作是直角坐标,那时公式(11)就给出平面的变换,使得具有直角坐标$(x,y)$的点变换为具有直角坐标$(u,v)$的点.这样的变换使得区域$(\sigma)$变形为新的区域$(\Sigma)$.从这样的观点来看,我们应当把公式(13)改写成

$$\iint_{(\sigma)} f(x,y)\mathrm{d}\sigma=\iint_{(\Sigma)} F(u,v)\ |D|\ \mathrm{d}u\mathrm{d}v$$

这里 $u$ 与 $v$ 是区域$(\Sigma)$的点的直角坐标,沿$(\Sigma)$的积分的积分限像在[56]中所讲的一样来确定.若设 $f(x,y)=F(u,v)=1$,则得到区域$(\sigma)$的面积$\sigma$的一个表达式是写成沿$(\Sigma)$的积分的形状

$$\sigma=\iint_{(\Sigma)} |D|\ \mathrm{d}u\mathrm{d}v$$

由此看出,照新的观点来看,$|D|$是当区域$(\Sigma)$形变为区域$(\sigma)$时,在指定点的面积的改变系数,也就是在$(\sigma)$中的无穷小面积与在$(\Sigma)$中的对应的面积之比的极限.

**例1** 考虑在平面 $XOY$ 上的圆 $x^2+y^2\leqslant 1$,以坐标原点为圆心,1为半径.依照化为极坐标的公式:$x=r\cos\varphi,y=r\sin\varphi$,引用新的坐标,不过我们不把 $r$ 与 $\varphi$ 考虑作极坐标,而考虑作直角坐标,就是说,算作具有直角坐标$(x,y)$的点变换为具有直角坐标$(r,\varphi)$的点.这时显然上述的圆变换为一个矩形,以直线 $x=0,x=1,y=0,y=2\pi$(或 $r=0,r=1,\varphi=0,\varphi=2\pi$)为界,这里坐标原点 $x=y=0$ 对应于这个矩形的整个一边 $r=0$,而且这矩形的相对两边 $\varphi=0$ 与 $\varphi=2\pi$ 对应于圆的一个相同的半径.应用公式(8)所表达的在直角坐标系中化二重积分为两次积分的法则,直接看出,当在极坐标中沿上述的圆求积分时,对 $r$ 的积分限应当是 $r=0$ 与 $r=1$,对 $\varphi$ 的积分限是 $\varphi=0$ 与 $\varphi=2\pi$.类似的可以解释[56]中所讲的在极坐标中求积分时确定积分限的法则.

在这情形下

$$D=\frac{\partial(r\cos\varphi)}{\partial r}\cdot\frac{\partial(r\sin\varphi)}{\partial\varphi}-\frac{\partial(r\cos\varphi)}{\partial\varphi}\cdot\frac{\partial(r\sin\varphi)}{\partial r}=r$$

像我们以前讲过的一样,$\mathrm{d}\sigma=r\mathrm{d}r\mathrm{d}\varphi$.

**例2** 用第二个观点再看另一个特例,考虑介于坐标轴与直线 $x+y=a$ 之间的直角三角形$(\sigma)$.位于$(\sigma)$之内的点由下面的不等式确定,就是它们的坐标应当满足这些不等式

$$x>0,y>0,x+y<a \tag{14}$$

引用新的变量$(u,v)$,令

$$x+y=u,ay=uv$$

就是

$$u=x+y,v=\frac{ay}{x+y}$$

或

$$x=\frac{u(a-v)}{a},y=\frac{uv}{a}$$

我们把$(u,v)$也考虑作直角坐标.由最后的公式推知,不等式(14)在新变量下相当于不等式:$0<u<a,0<v<a$,它们确定一个正方形$(\Sigma)$,原点是一个顶点,边是沿坐标轴的方向.$(\sigma)$中任何一点$(x,y)$对应于$(\Sigma)$中一个确定的点$(u,v)$,反之亦然.我们得到关于$D$的表达式

$$D=\frac{a-v}{a}\cdot\frac{u}{a}-\frac{u}{a}\cdot\frac{v}{a}=\frac{u}{a}$$

于是公式(13)就有下面的形状

$$\iint\limits_{(\sigma)}f(x,y)\mathrm{d}x\mathrm{d}y=\iint\limits_{(\Sigma)}F(u,v)\ \frac{u}{a}\mathrm{d}u\mathrm{d}v$$

或者,依照公式(7)与公式(8)取积分限

$$\int_0^a\mathrm{d}x\int_0^{a-x}f(x,y)\mathrm{d}y=\frac{1}{a}\int_0^a u\mathrm{d}u\int_0^a F(u,v)\mathrm{d}v$$

**58. 三重积分**

在[55]中所讲的二重积分,也可以不解释作物体的容积,而作为分布在平面区域$(\sigma)$上的质量.为此,我们假想在$(\sigma)$上分布着物质.设$\Delta m$是在单元$\Delta\sigma$上的质量,在$\Delta\sigma$内含有某一点$N$.若当$\Delta\sigma$无限缩向点$N$时,比$\frac{\Delta m}{\Delta\sigma}$($\Delta\sigma$是上述单元的面积)趋向一个确定的极限$f(N)$,则这个极限确定出在点$N$处物质分布的面密度

$$\lim\frac{\Delta m}{\Delta\sigma}=f(N)$$

若把$(\sigma)$分为小的单元$\Delta\sigma$,则个别单元的质量就近似等于乘积$f(N)\Delta\sigma$,而且对于在$(\sigma)$上的全部质量可以写出近似式

$$m\approx\sum_{(\sigma)}f(N)\Delta\sigma$$

这里要依照填满$(\sigma)$的所有的单元$\Delta\sigma$求和.每一个单元$\Delta\sigma$愈小时,这个近似等式就愈准确.当每一个单元$\Delta\sigma$各方向都无限缩小并且这些单元的数目无限增加时取极限,我们就有

$$m=\lim\sum_{(\sigma)}f(N)\Delta\sigma=\iint\limits_{(\sigma)}f(N)\mathrm{d}\sigma$$

用完全类似的方法,考虑分布在空间的物质的质量,就引出三重积分的概念.我们假想某一个介于封闭曲面$(S)$的空间区域$(v)$.设在这区域中分布有物

质，它的总质量是 $m$. 把整个区域$(v)$ 分成 $n$ 个小单元 $\Delta v$，并且相应地把每一个小单元的质量记作 $\Delta m$. 设当单元 $\Delta v$ 趋向位于这单元之内的一点 $M$ 时，比$\frac{\Delta m}{\Delta v}$有极限. 这个极限就确定了分布的物质在点 $M$ 的(体) 密度.

我们把这个极限记作 $f(M)$

$$\lim \frac{\Delta m}{\Delta v} = f(M)$$

像以前一样，可以写出近似式

$$m \approx \sum_{(v)} f(M)\Delta v$$

这里要依照填满容积 $v$ 的所有的单元求和.

当每个单元 $\Delta v$ 在各个方向都无限缩小时取极限，就有

$$m = \lim \sum_{(v)} f(M)\Delta v$$

这个物理例子引出了三重积分的一般定义，它与二重积分的定义类似. 设$(v)$ 是三维空间的有界区域，$f(M)$ 是确定于这个区域上的点的函数，就是说，在区域$(v)$ 的每一点 $M$，这函数取确定的值. 把$(v)$ 分为 $n$ 部分，设 $\Delta v_1, \Delta v_2, \cdots, \Delta v_n$ 是这些部分的容积，而 $M_1, M_2, \cdots, M_n$ 各是这些子区域上的任何一点.

作出乘积的和

$$\sum_{k=1}^{n} f(M_k)\Delta v_k \tag{15}$$

当分割的数目 $n$ 无限增加而每一个子区域无限缩小时，这个和的极限叫作函数 $f(M)$ 沿区域$(v)$ 的三重积分

$$\iiint_{(v)} f(M)\,\mathrm{d}v = \lim \sum_{k=1}^{n} f(M_k)\Delta v_k$$

**附注** [参考 55] 设 $d_k$ 是子区域 $\Delta v_k$ 的两点间的最大距离(这区域的直径)，而 $d$ 是 $d_1, d_2, \cdots, d_n$ 这些数中的最大的数. 每一个子区域无限减小这句话就有 $d \to 0$ 的意义. 若用字母 $I$ 记积分的值，则上述的定义相当于：当给定任何正数 $\varepsilon$ 时，存在这样的正数 $\eta$，使得只要 $d \leqslant \eta$，就有

$$\left| I - \sum_{k=1}^{n} f(M_k)\Delta v_k \right| \leqslant \varepsilon$$

在本章末我们再讨论三重积分和二重积分的严格理论.

若在整个区域$(v)$ 上 $f(M) = 1$，则得到这区域的容积 $v$

$$v = \iiint_{(v)} \mathrm{d}v$$

为要计算三重积分，需要把它化为我们已经讲过计算方法的单积分或二重积分.

在空间取直角坐标系.为简单起见，设平行于一个坐标轴的任何一条直线与区域$(v)$的界面$(S)$的交点不多于两个.作一个柱面，把曲面$(S)$投影到平面$XOY$上，成为区域$(\sigma_{xy})$的形状(图44).

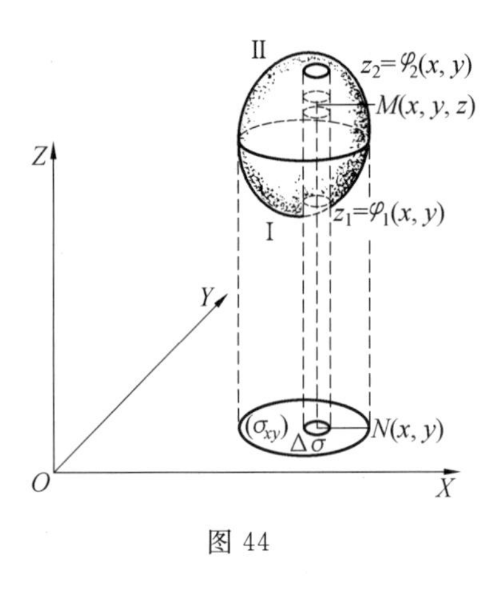


图 44

曲面$(S)$被它与柱面的切线分为两部分：

(Ⅰ)$z_1=\varphi_1(x,y)$；

(Ⅱ)$z_2=\varphi_2(x,y)$.

过区域$(\sigma_{xy})$上任何点且平行于$OZ$轴的直线由部分(Ⅰ)穿入区域$(v)$，由(Ⅱ)穿出来.穿入点与穿出点的纵坐标$z_1$与$z_2$是$(x,y)$的已知函数.

现在我们限制用下述的方法把$(v)$分为单元$\Delta v$.把区域$(\sigma_{xy})$分为很多的小单元$\Delta\sigma$，以每一个小单元为底作一个柱体，由区域$(v)$中分出一个管状体，再用彼此距离为$\Delta z$且平行于$XOY$的两个平面把这管状体截割成高度为$\Delta z$的单元柱.这样得到的容积单元$\Delta v$由下面的公式来表达

$$\Delta v=\Delta\sigma\Delta z$$

取出一个单元$\Delta\sigma$以及其内一点$N(x,y)$.通过这个点作平行于$OZ$轴的直线，它与$(S)$交于纵坐标为$z_1$与$z_2$的点.在这直线包含于单元$\Delta v$的每一个线段上取一点$M(x,y,z)$.

公式(15)中的和可以写成

$$\sum_{(v)}f(x,y,z)\Delta v=\sum_{(\sigma)}\Delta\sigma\sum_{(z)}f(x,y,z)\Delta z$$

先固定住$\Delta\sigma$而来减少$\Delta z$.由定积分的基本概念推知

$$\lim\sum_{(z)}f(x,y,z)\Delta z=\int_{z_1}^{z_2}f(x,y,z)\mathrm{d}z$$

这时须把$x$与$y$两个量看作常参变量.于是就有近似式

$$\sum_{(z)}f(x,y,z)\Delta z\approx\int_{z_1}^{z_2}f(x,y,z)\mathrm{d}z=\Phi(x,y)$$

再根据二重积分的定义，显然就有

$$\sum_{(v)}f(x,y,z)\Delta v\approx\sum_{(\sigma_{xy})}\Delta\sigma\Phi(x,y)\approx\iint_{(\sigma_{xy})}\Phi(x,y)\mathrm{d}\sigma$$

就是

$$\iiint_{(v)}f(x,y,z)\mathrm{d}v=\iint_{(\sigma_{xy})}\mathrm{d}\sigma\int_{z_1}^{z_2}f(x,y,z)\mathrm{d}z\tag{16}$$

从以上的推理中抽去几何解释后，就引出下面的计算三重积分的法则.

为要把三重积分

$$\iiint\limits_{(v)} f(x,y,z)\mathrm{d}v$$

化为单积分与二重积分:1. 把区域$(v)$的界面$(S)$投影到平面$XOY$上得到区域$(\sigma_{xy})$;2. 确定通过区域$(\sigma_{xy})$的点且平行于$OZ$轴的直线穿入与穿出区域$(v)$的点的纵坐标$z_1$与$z_2$;3. 将$(x,y)$算作是常数,先计算积分

$$\int_{z_1}^{z_2} f(x,y,z)\mathrm{d}z$$

然后再计算二重积分

$$\iint\limits_{(\sigma_{xy})} \mathrm{d}\sigma\int_{z_1}^{z_2} f(x,y,z)\mathrm{d}z$$

利用直角坐标$(x,y)$,二重积分可以再化为两次积分,于是结果我们得到

$$\iiint\limits_{(v)} f(x,y,z)\mathrm{d}v=\int_a^b \mathrm{d}x\int_{y_1}^{y_2}\mathrm{d}y\int_{z_1}^{z_2} f(x,y,z)\mathrm{d}z \tag{17}$$

其中的积分限$(y_1,y_2)$与$(a,b)$像[54]中那样来确定.

把曲面$(S)$投影到平面$YOZ$上得到区域$(\sigma_{yz})$或投影到平面$XOZ$上得到区域$(\sigma_{xz})$后,可按其他顺序把三重积分化为累次积分,还有当平行于坐标轴的直线与曲面的交点多于两个时的较复杂情形,都留给读者自己做出来.

公式(17)可以写成

$$\iiint\limits_{(v)} f(x,y,z)\mathrm{d}x\mathrm{d}y\mathrm{d}z=\int_a^b \mathrm{d}x\int_{y_1}^{y_2}\mathrm{d}y\int_{z_1}^{z_2} f(x,y,z)\mathrm{d}z$$

因此$\mathrm{d}x\mathrm{d}y\mathrm{d}z$叫作直角坐标系的容积单元. 用平行于坐标面的平面把容积$(v)$分为无穷小的长方体就得到它.

若$(v)$是以平行于坐标面的平面

$$x=a,x=b,y=a_1,y=b_1,z=a_2,z=b_2$$

为界的长方体,则前两次积分的积分限为常数

$$\iiint\limits_{(v)} f(x,y,z)\mathrm{d}x\mathrm{d}y\mathrm{d}z=\int_a^b \mathrm{d}x\int_{a_1}^{b_1}\mathrm{d}y\int_{a_2}^{b_2} f(x,y,z)\mathrm{d}z \tag{18}$$

**59. 柱面坐标与球面坐标**

有时在空间作直角坐标并不合用,而取其他的坐标系才合用. 其他的坐标系中最有用的是柱面坐标以及球面坐标. 在直角坐标系中,点的位置由它的三个坐标$(a,b,c)$来确定,而这个点就是平行于坐标面的三个平面:$x=a,y=b,z=c$的交点. 如此,在这情形下,空间由三族互相正交的平面

$$x=C_1,y=C_2,z=C_3$$

填满,其中$C_1,C_2,C_3$是常数,而空间任何一点是属于不同族的每三个平面的交点. 保留坐标$z$,引用新的坐标$r$与$\varphi$来代替$x$与$y$,令

$$x = r\cos\varphi, y = r\sin\varphi, z = z$$

坐标 $r$ 是点 $M$ 到 $OZ$ 轴的距离，$\varphi$ 是通过 $OZ$ 轴及点 $M$ 的平面与平面 $XOZ$ 作成的角(图 45)，这里 $\varphi$ 可以由 0 改变到 $2\pi$，$r$ 可以由 0 改变到 $+\infty$. 坐标 $(r, \varphi, z)$ 叫作点 $M$ 的柱面坐标. $OZ$ 轴上的点 $r=0$，而它们的坐标 $\varphi$ 是不定的.

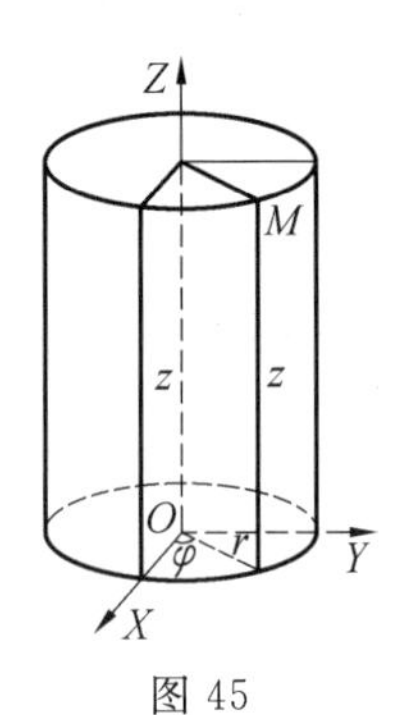

图 45

在这情形下，我们有以下三族坐标面

$$r = C_1, \varphi = C_2, z = C_3$$

第一族 $r=C_1$ 是圆柱面族，它们的回转轴是 $OZ$ 轴；第二族 $\varphi = C_2$ 是通过 $OZ$ 轴的半平面族；最后，第三族 $z=C_3$ 是平行于平面 $XOY$ 的平面族.

对变量 $r, \varphi$ 与 $z$ 给以改变量 $\Delta r, \Delta\varphi, \Delta z$，对应于所取的变量的值，在每一族中有两个很近的曲面，这就得到柱面坐标系的容积单元. 不计高阶无穷小的话，这样的单元(图 46) 可以看作是以

$$\Delta r, r\Delta\varphi, \Delta z$$

为边的长方体，这就给出了柱面坐标系的容积单元的表达式

$$\mathrm{d}v = r\mathrm{d}r\mathrm{d}\varphi\mathrm{d}z$$

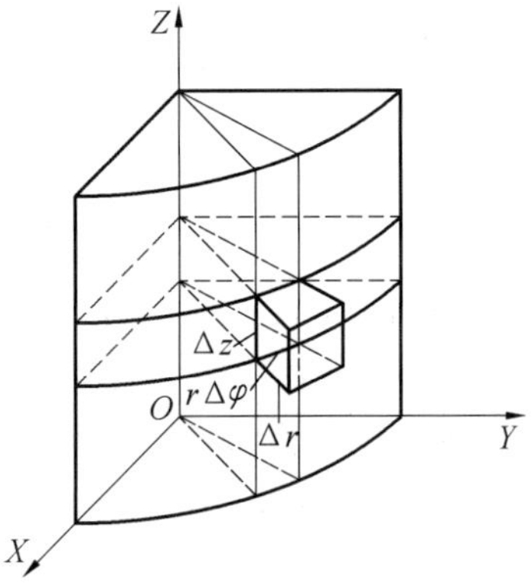

图 46

和柱面坐标系的三重积分表达式

$$\iiint\limits_{(v)} f(M)\mathrm{d}v = \iiint\limits_{(v)} f(r, \varphi, z) r\mathrm{d}r\mathrm{d}\varphi\mathrm{d}z \tag{19}$$

这里，积分限依照像在直角坐标系中一样的原则来确定.

**例 1** 求充满有不均匀物质的球段的质量，其密度正比于到这球段的底的距离(图 47).

取球心作坐标原点，取平行于这球段的底且过球心的平面作平面 $XOY$，通过坐标原点垂直于球段的方向作为 $OZ$ 轴，用 $a$ 记球的半径，$h$ 记球段的高，$r_0$ 记球段的底半径.

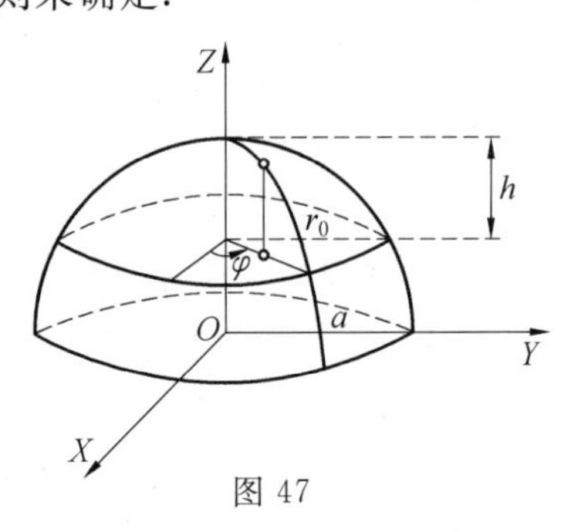

图 47

在柱面坐标系中球面的方程是

$$r^2 + z^2 = a^2 \text{ 或 } z^2 = a^2 - r^2$$

密度的改变率由下面这公式来表达

$$f(r,\varphi,z)=b+cz$$

其中 $b$ 与 $c$ 是已知的常数.

应用公式(19)得到

$$m=\iiint\limits_{(v)}(b+cz)r\mathrm{d}r\mathrm{d}\varphi\mathrm{d}z=\int_0^{2\pi}\mathrm{d}\varphi\int_0^{r_0}r\mathrm{d}r\int_{a-h}^{\sqrt{a^2-r^2}}(b+cz)\mathrm{d}z$$

$$=2\pi\int_0^{r_0}\left[bz+\frac{c}{2}z^2\right]_{z=a-h}^{z=\sqrt{a^2-r^2}}r\mathrm{d}r$$

请读者自己代入 $z$ 的值再求积分,就得到

$$m=bv+c\pi\frac{r_0^4}{4}$$

其中 $v$ 是这球段的容积.

再考虑球面坐标或所谓空间极坐标.设 $M$ 是空间一点,$\overline{OM}$ 是由坐标原点到点 $M$ 的线段.点 $M$ 的位置可以由下面三个量来确定:线段 $\overline{OM}$ 的长度 $\rho$,通过 $OZ$ 轴及点 $M$ 的半平面与平面 $XOZ$ 作成的角度 $\varphi$,线段 $\overline{OM}$ 与正 $OZ$ 轴作成的角度 $\theta$(图 48).这里,$\rho$ 可以由 0 改变到 $+\infty$,角度 $\varphi$ 由 $OX$ 轴逆时针方向计算,可以由 0 改变到 $2\pi$,最后,角度 $\theta$ 由 $OZ$ 轴的正方向算起,可以由 0 改变到 $\pi$.任何点 $M$ 对应于确定的坐标 $\rho,\varphi,\theta$,反之亦然.由点 $M$ 作平面 $XOY$ 的垂线 $MN$,再由这垂足 $N$ 作 $OX$ 轴的垂线 $NK$.线段 $\overline{OK}$,$\overline{KN}$,$\overline{NM}$ 显然给出点 $M$ 的直角坐标 $x,y,z$.由 Rt△$ONM$ 就有

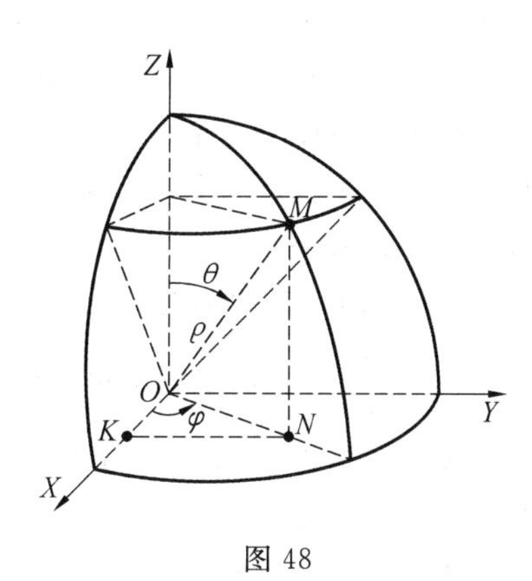


图 48

$$\overline{ON}=\rho\sin\theta$$

再利用 Rt△$ONK$,结果就得到由直角坐标化为球面坐标的公式

$$x=\rho\sin\theta\cos\varphi,y=\rho\sin\theta\sin\varphi,z=\rho\cos\theta$$

我们来考虑坐标面族

$$\rho=C_1,\varphi=C_2,\theta=C_3$$

第一族显然是以坐标原点为球心的球面族;第二族是通过 $OZ$ 轴的半平面族;第三族是以 $OZ$ 轴为回转轴的圆锥面族.注意,坐标原点 $O$ 的 $\rho=0$,而其另外两个坐标 $\varphi$ 与 $\theta$ 的值是不定的.对于所有位于 $OZ$ 轴上的点,坐标 $\varphi$ 是不定的,而 $\theta=0$ 或 $\pi$.

对 $\rho,\theta$ 与 $\varphi$ 给以无穷小改变量 $\Delta\rho,\Delta\theta$ 与 $\Delta\varphi$,就得到球面坐标的容积单元.沿着它的每一个边只是一个坐标改变,而且这些边一对一对的正交(图 49),不

计高阶无穷小的话，这样的单元可以看作以

$$\mathrm{d}\rho, \rho \mathrm{d}\theta, \rho \sin\theta \mathrm{d}\varphi$$

为边的长方体，于是这个单元容积的表达式是

$$\mathrm{d}v = \rho^2 \sin\theta \mathrm{d}\rho \mathrm{d}\theta \mathrm{d}\varphi$$

由此得到球面坐标三重积分的表达式

$$\iiint\limits_{(v)} f(M)\mathrm{d}v = \iiint\limits_{(v)} f(\rho,\theta,\varphi)\rho^2 \sin\theta \mathrm{d}\rho \mathrm{d}\theta \mathrm{d}\varphi \tag{20}$$

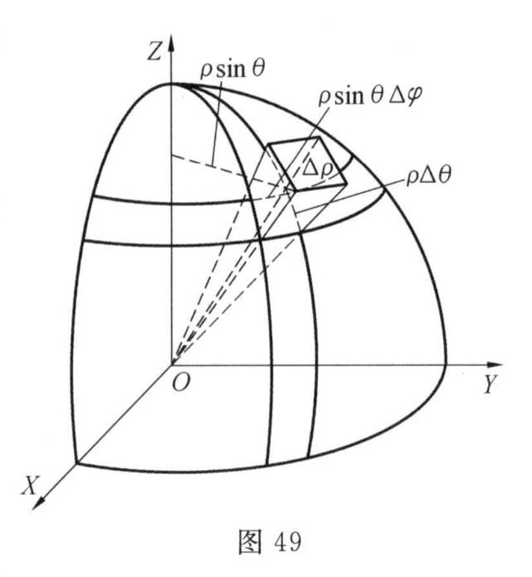


图 49

这三重积分可用下述方法化为累次积分：求出以坐标原点为中心时容积$(v)$在半径为1的球面上的中心投影(图50)．设这投影是区域$(\sigma)$(若坐标原点在$(v)$内，则$(\sigma)$与整个球面重合)．过$(\sigma)$上所有的点引向量半径，在简单的情形下，每一个这样的半径有穿入$(v)$的点以及穿出$(v)$的点，把这两个点的向量半径各记作$\rho_1$与$\rho_2$(当坐标原点位于$(v)$内时，令$\rho_1=0$)．这时我们得到

$$\iiint\limits_{(v)} f(\rho,\theta,\varphi)\rho^2 \sin\theta \mathrm{d}\rho \mathrm{d}\theta \mathrm{d}\varphi = \iint\limits_{(\sigma)} \sin\theta \mathrm{d}\theta \mathrm{d}\varphi \int_{\rho_1}^{\rho_2} f(\rho,\theta,\varphi)\rho^2 \mathrm{d}\rho$$

其中$\rho_1$与$\rho_2$是$\theta$与$\varphi$的已知函数．对$\theta$与$\varphi$的积分限依照区域$(\sigma)$的形状来确定．

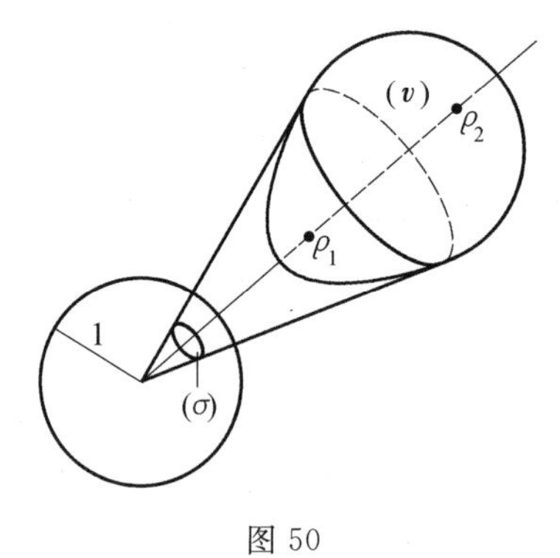


图 50

**例 2**　求一个密度不均匀的球的质量，设在同心球层上密度相同．在这情形下，依照条件，可以算作密度只依赖于$\rho$而由函数$f(\rho)$来表达，这就给出

$$\begin{aligned} m &= \iiint\limits_{(v)} f(\rho)\rho^2 \sin\theta \mathrm{d}\rho \mathrm{d}\theta \mathrm{d}\varphi \\ &= \int_0^{2\pi} \mathrm{d}\varphi \int_0^{\pi} \sin\theta \mathrm{d}\theta \int_0^a f(\rho)\rho^2 \mathrm{d}\rho \\ &= 4\pi \int_0^a f(\rho)\rho^2 \mathrm{d}\rho \end{aligned}$$

若密度是常数且等于1，就得到球的容积的表达式

$$v = 4\pi \int_0^a \rho^2 \mathrm{d}\rho = \frac{4\pi a^3}{3}$$

**附注**　因子$\sin\theta \mathrm{d}\theta \mathrm{d}\varphi$具有很重要的几何意义：这是在半径为1的球面上，由经线及平行的圆所分成的面积单元(图51)．如果我们把半径为1的球面分为任意形状的小单元$\mathrm{d}\sigma$，则得到

$$\iiint\limits_{(v)} f(M)\,\mathrm{d}v=\iint\limits_{(\sigma)}\mathrm{d}\sigma\int_{\rho_1}^{\rho_2} f(M)\rho^2\,\mathrm{d}\rho$$

其中$(\sigma)$ 是以坐标原点为中心，作中心投影时所考虑的区域$(v)$ 在球面上投影的区域.

以球心为顶点，以单元 $\mathrm{d}\sigma$ 的界线为导线作出一个单元锥，这个单元锥的尖端所张开的程度由面积 $\mathrm{d}\sigma$ 来度量，$\mathrm{d}\sigma$ 叫作任何曲面$(S)$ 被该单元锥所截出的单元曲面在球心所张的立体角.

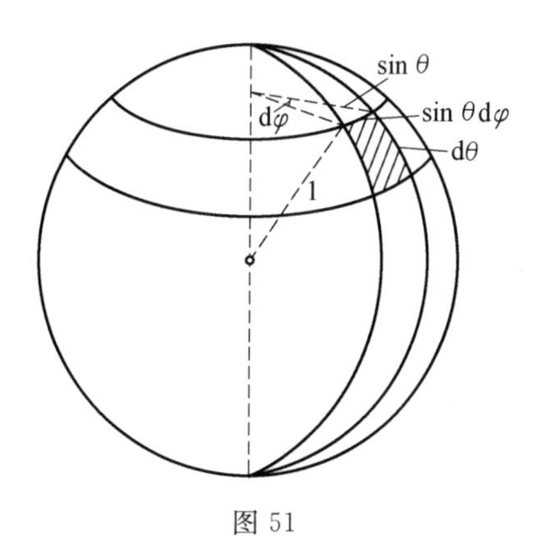

图 51

**60. 空间的曲线坐标**

在一般的空间曲线坐标的情形下，点的位置由三个数 $q_1,q_2,q_3$ 来确定，这三个数与直角坐标 $x,y,z$ 由下列的公式联系着

$$\varphi(x,y,z)=q_1,\psi(x,y,z)=q_2,\omega(x,y,z)=q_3 \tag{21}$$

给 $q_1,q_2,q_3$ 以不同的常数值，就得到三族坐标面. 容积单元 $\mathrm{d}v$ 是由三对无限逼近的坐标面形成的. 我们不给证明，只讲结果，它类似于[57] 中对于两个变量所讲的结果. 不计高阶无穷小的话，上述容积单元 $\mathrm{d}v$ 可以考虑作平行六面体，如果我们由公式(21) 解出 $x,y,z$

$$x=\varphi_1(q_1,q_2,q_3),y=\psi_1(q_1,q_2,q_3),z=\omega_1(q_1,q_2,q_3) \tag{21'}$$

则 $\mathrm{d}v$ 的表达式是

$$\mathrm{d}v=|D|\,\mathrm{d}q_1\mathrm{d}q_2\mathrm{d}q_3$$

于是三重积分的换元公式就是

$$\iiint\limits_{(v)} f(x,y,z)\,\mathrm{d}x\mathrm{d}y\mathrm{d}z=\iiint\limits_{(v)} F(q_1,q_2,q_3)\,|D|\,\mathrm{d}q_1\mathrm{d}q_2\mathrm{d}q_3$$

其中 $F(q_1,q_2,q_3)$ 是由 $f(x,y,z)$ 经过变换(21′) 的结果得到的，而 $D$ 是 $x,y,z$ 对 $q_1,q_2,q_3$ 的函数行列式

$$D=\frac{\partial\varphi_1}{\partial q_1}\left(\frac{\partial\psi_1}{\partial q_2}\cdot\frac{\partial\omega_1}{\partial q_3}-\frac{\partial\psi_1}{\partial q_3}\cdot\frac{\partial\omega_1}{\partial q_2}\right)+\frac{\partial\varphi_1}{\partial q_2}\left(\frac{\partial\psi_1}{\partial q_3}\cdot\frac{\partial\omega_1}{\partial q_1}-\frac{\partial\psi_1}{\partial q_1}\cdot\frac{\partial\omega_1}{\partial q_3}\right)+$$
$$\frac{\partial\varphi_1}{\partial q_3}\left(\frac{\partial\psi_1}{\partial q_1}\cdot\frac{\partial\omega_1}{\partial q_2}-\frac{\partial\psi_1}{\partial q_2}\cdot\frac{\partial\omega_1}{\partial q_1}\right)$$

像在[57] 中一样，公式(21) 也可以看作空间的变形，这时具有直角坐标$(x,y,z)$ 的点变换到具有直角坐标$(q_1,q_2,q_3)$ 的点. 这样解释的话，$|D|$ 就给出当由$(q_1,q_2,q_3)$ 变换到$(x,y,z)$ 时，在指定位置的容积改变系数.

对于熟悉行列式的读者，我们提出，$D$ 的表达式可以写成下面的三级行列式的形状

$$D=\begin{vmatrix}\frac{\partial\varphi_1}{\partial q_1} & \frac{\partial\psi_1}{\partial q_1} & \frac{\partial\omega_1}{\partial q_1}\\ \frac{\partial\varphi_1}{\partial q_2} & \frac{\partial\psi_1}{\partial q_2} & \frac{\partial\omega_1}{\partial q_2}\\ \frac{\partial\varphi_1}{\partial q_3} & \frac{\partial\psi_1}{\partial q_3} & \frac{\partial\omega_1}{\partial q_3}\end{vmatrix}$$

在卷 Ⅲ 中我们再仔细地讲这样的行列式.

**例** 设有介于坐标平面与平面 $x+y+z=a$ 之间的四面体$(v)$,它由下列的不等式来确定

$$x>0,y>0,z>0,x+y+z<a$$

引用新的变量

$$x+y+z=q_1,a(y+z)=q_1q_2,a^2z=q_1q_2q_3$$

我们把$(q_1,q_2,q_3)$解释作为直角坐标.由上面的公式推知

$$q_1=x+y+z,q_2=\frac{a(y+z)}{x+y+z},q_3=\frac{az}{y+z}$$

或

$$x=\frac{q_1(a-q_2)}{a},y=\frac{q_1q_2(a-q_3)}{a^2},z=\frac{q_1q_2q_3}{a^2}$$

像在[57]中一样,四面体$(v)$变换为立方体$(v_1)$:$0<q_1<a,0<q_2<a,0<q_3<a$.这里不难确定出:$D=\frac{1}{a^3}q_1^2q_2$,于是变换的公式就是

$$\iiint\limits_{(v)}f(x,y,z)\mathrm{d}x\mathrm{d}y\mathrm{d}z=\iiint\limits_{(v_1)}F(q_1,q_2,q_3)\frac{1}{a^3}q_1^2q_2\mathrm{d}q_1\mathrm{d}q_2\mathrm{d}q_3$$

或者,如果确定出积分限的话

$$\int_0^a\mathrm{d}x\int_0^{a-x}\mathrm{d}y\int_0^{a-x-y}f(x,y,z)\mathrm{d}z=\frac{1}{a^3}\int_0^a q_1^2\mathrm{d}q_1\int_0^a q_2\mathrm{d}q_2\int_0^a F(q_1,q_2,q_3)\mathrm{d}q_3$$

**61. 重积分的基本性质**

以前我们直接利用定积分的定义,就是作为和的极限,证明了定积分的基本性质[I,94].同理可以证明重积分的基本性质.为简单起见,我们算作所有的函数都是连续的,于是它们的积分总是有意义的.

Ⅰ.常因子可以从积分号中提出来

$$\iint\limits_{(\sigma)}af(N)\mathrm{d}\sigma=a\iint\limits_{(\sigma)}f(N)\mathrm{d}\sigma$$

Ⅱ.函数的代数和的积分等于各项的积分的和

$$\iint\limits_{(\sigma)}[f(N)-\varphi(N)]\mathrm{d}\sigma=\iint\limits_{(\sigma)}f(N)\mathrm{d}\sigma-\iint\limits_{(\sigma)}\varphi(N)\mathrm{d}\sigma$$

Ⅲ.若区域$(\sigma)$分为有限多个部分区域(例如分为两个区域$(\sigma_1)$与$(\sigma_2)$),则

沿整个区域的积分等于沿各部分区域的积分之和

$$\iint_{(\sigma)} f(N)\mathrm{d}\sigma = \iint_{(\sigma_1)} f(N)\mathrm{d}\sigma + \iint_{(\sigma_2)} f(N)\mathrm{d}\sigma$$

Ⅳ. 若在区域$(\sigma)$上$f(N) \leqslant \varphi(N)$，则

$$\iint_{(\sigma)} f(N)\mathrm{d}\sigma \leqslant \iint_{(\sigma)} \varphi(N)\mathrm{d}\sigma$$

特别是

$$\left|\iint_{(\sigma)} f(N)\mathrm{d}\sigma\right| \leqslant \iint_{(\sigma)} |f(N)|\mathrm{d}\sigma$$

Ⅴ. 若在区域$(\sigma)$上$\varphi(N)$不变号，则由下面公式所表达的中值定理成立

$$\iint_{(\sigma)} f(N)\varphi(N)\mathrm{d}\sigma = f(N_0)\iint_{(\sigma)} \varphi(N)\mathrm{d}\sigma$$

其中$N_0$是位于区域$(\sigma)$内的某一点.

特别是当$\varphi(N) = 1$时，我们得到

$$\iint_{(\sigma)} f(N)\mathrm{d}\sigma = f(N_0)\sigma$$

其中$\sigma$是区域$(\sigma)$的面积.

关于三重积分也有类似的性质.

注意，作为和的极限来定义二重积分与三重积分时，我们总把积分区域算作是有界的，并且在任何情形下，被积函数$f(N)$看作是在积分区域上是有界的，就是说，存在这样的数$A$，使得积分区域的所有的点$N$满足条件$|f(N)| < A$. 若不满足这个条件，则积分仍可以作为反常积分存在，就像简单定积分时的情形那样[I,97 与 98]. 我们在本章 §3 中再讲反常重积分.

**62. 曲面的面积**

我们把给定的曲面(S)的方程写成

$$z = f(x, y) \tag{22}$$

并记

$$\frac{\partial f}{\partial x} = p, \frac{\partial f}{\partial y} = q \tag{23}$$

我们知道[I,160]，曲面(S)在点$(x, y, z)$的法线的方向余弦与$p, q, (-1)$成比例. 就是说，由解析几何学知道，这些方向余弦可以由下列的公式来表达

$$\cos(n, X) = \frac{p}{\pm\sqrt{1 + p^2 + q^2}}, \cos(n, Y) = \frac{q}{\pm\sqrt{1 + p^2 + q^2}}$$

$$\cos(n,Z)=\frac{1}{\mp\sqrt{1+p^2+q^2}}\text{①} \tag{24}$$

我们来确定曲面(S)被柱面(C)截下的一部分的面积,其中柱面(C)截下这一部分曲面在平面 $XOY$ 上的投影为区域$(\sigma)$(图52).把面积$(\sigma)$分为小单元 $\Delta\sigma$,以 $\Delta\sigma$ 为底的柱面就把(S)分为小单元 $\Delta S$.

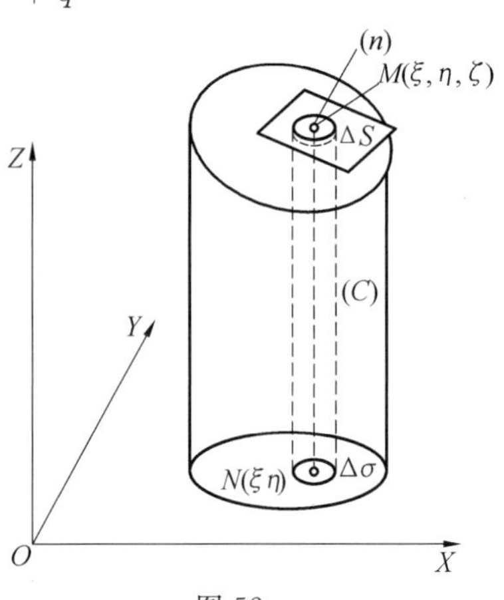

图 52

在每一个小单元上取一点 $N(\xi,\eta)$,它对应于曲面(S)上一点 $M(\xi,\eta,\zeta)$,其中 $\zeta=f(\xi,\eta)$.过点 $M$ 作曲面(S)的切面与法线,用 $\Delta S'$ 记上述以 $\Delta\sigma$ 为底的柱面在这切面上截下的一块小平面的面积.

当单元 $\Delta\sigma$ 的数目无限增加,而每一小单元在任何方向都无限缩小时,这些小平面的面积之和的极限就定义作上述一块曲面(S)的面积.以下我们证明,这个极限由沿区域$(\sigma)$的二重积分来表达.单元 $\Delta\sigma$ 是平面单元 $\Delta S'$ 在平面 $XOY$ 上的投影,这两个单元所在平面的法线作成角度$(n,Z)$,它的余弦由公式(24)中第三个来表达,所以②

$$\Delta\sigma=\Delta S'\frac{1}{\sqrt{1+p^2+q^2}}\text{ 或 }\Delta S'=\sqrt{1+p^2+q^2}\,\Delta\sigma$$

如此,依定义我们得到上述曲面的面积 $S$

$$S=\lim\sum\Delta S'=\lim\sum_{(\sigma)}\sqrt{1+p^2+q^2}\,\Delta\sigma$$

这等式右边的极限表示沿$(\sigma)$的二重积分,于是我们得到

$$S=\iint_{(\sigma)}\sqrt{1+p^2+q^2}\,\mathrm{d}\sigma=\iint_{(\sigma)}\sqrt{1+p^2+q^2}\,\mathrm{d}x\mathrm{d}y \tag{25}$$

是要求的公式,用以计算母线平行于 $OZ$ 轴的柱面所截下的一块曲面的面积.

积分号下的表达式表示出曲面面积的单元 $\mathrm{d}S$.利用 $\cos(n,Z)$ 的表达式,可

---

① $(n,X)$ 表示 $n$ 与 $X$ 轴两个方向的夹角;$(n,Y)$ 表示 $n$ 与 $Y$ 轴两个方向的夹角;$(n,Z)$ 表示 $n$ 与 $Z$ 轴两个方向的夹角.

② 设$(S_2)$是平面区域$(S_1)$的投影,而 $\varphi$ 是这两个平面作成的二面角,或者说是这两个平面的法线的交角.不难看出,关系式 $S_2=S_1\cos\varphi$ 成立.实际上,用两个正交的直线族来分这两个区域,其中一族是平行于平面$(S_2)$与$(S_1)$的交线的直线族.设区域$(S_2)$中的诸矩形是$(S_1)$中矩形的投影.作投影时,平行于平面$(S_2)$与$(S_1)$的交线的两边保持原来的大小,而另外两边要乘以 $\cos\varphi$,所以若关于$(S_1)$的面积单元是 $\mathrm{d}x\mathrm{d}y$,则关于$(S_2)$的就是 $\cos\varphi\mathrm{d}x\mathrm{d}y$,于是推知

$$S_2=\iint_{(S_1)}\cos\varphi\mathrm{d}x\mathrm{d}y=\cos\varphi\iint_{(S_1)}\mathrm{d}x\mathrm{d}y=S_1\cos\varphi$$

以写成

$$dS=\sqrt{1+p^2+q^2}\,d\sigma_{xy}=\frac{d\sigma_{xy}}{|\cos(n,Z)|}\text{ 或 }d\sigma_{xy}=|\cos(n,Z)|\,dS \quad (26)$$

这里 $d\sigma_{xy}$ 是 $dS$ 在平面 $XOY$ 上的投影. 因为面积单元 $d\sigma_{xy}$ 与 $dS$ 算作正的,所以要取 $\cos(n,Z)$ 的绝对值.

我们假设由公式(23)确定的 $p$ 与 $q$ 是 $(x,y)$ 的连续函数. 由以前的讨论,我们把面积 $\Delta S'$ 的和的极限表达为连续函数的积分(25),从而也证明了这个极限存在. 以上所给的曲面面积的定义有一点缺陷,即在这定义中要用到跟平面 $XOY$ 的选择有关的投影. 但可以证明,曲面面积的数值不依赖于平面 $XOY$ 的选择. 还要指出,若平行于 $OZ$ 轴的直线与曲面$(S)$交于几个点,则用公式(25)计算曲面的面积时,要把曲面分为几部分,再分别计算每一部分的面积.

**例 1** 计算[56]例中考虑的一部分球面的面积.

我们有

$$z=\sqrt{a^2-x^2-y^2},\ p=\frac{-x}{\sqrt{a^2-x^2-y^2}}=-\frac{x}{z}$$

$$q=\frac{-y}{\sqrt{a^2-x^2-y^2}}=-\frac{y}{z}$$

$$\sqrt{1+p^2+q^2}=\sqrt{1+\frac{x^2}{z^2}+\frac{y^2}{z^2}}=\frac{\sqrt{x^2+y^2+z^2}}{z}=\frac{a}{z}$$

$$S=\iint_{(\sigma)}\frac{a}{z}r\,dr\,d\varphi=2a\int_0^{\frac{\pi}{2}}d\varphi\int_0^{a\cos\varphi}\frac{r\,dr}{\sqrt{a^2-r^2}}$$

$$=2a\int_0^{\frac{\pi}{2}}\left(-\sqrt{a^2-r^2}\right)\Big|_{r=0}^{r=a\cos\varphi}d\varphi$$

$$=2a^2\int_0^{\frac{\pi}{2}}(1-\sin\varphi)\,d\varphi=2a^2\left(\frac{\pi}{2}-1\right)$$

**例 2** 求柱面

$$x^2+y^2=a^2 \quad (27)$$

被柱面

$$y^2+z^2=a^2 \quad (28)$$

截下的一部分的面积(图 53).

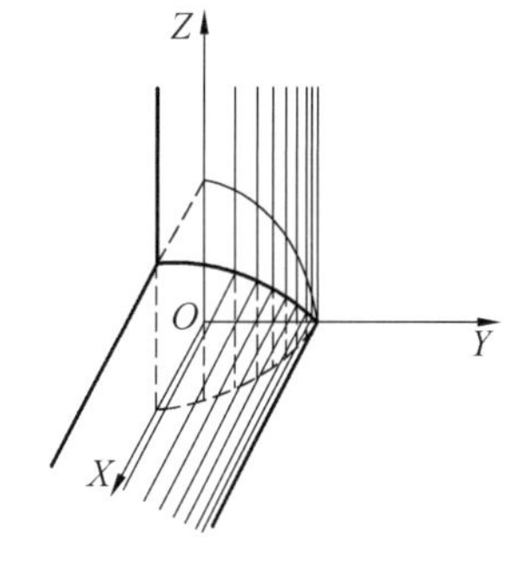

图 53

在这个问题中,算作 $y$ 与 $z$ 是自变量,而 $x$ 是由方程(27)确定的 $y$ 与 $z$ 的函数比较方便. 在平面 $YOZ$ 上的积分区域是个圆,它的圆周由方程(28)确定. 图上画出的面积显然等于所考虑的全部面积的$\frac{1}{8}$,所以就有

$$S=8\iint_{(\sigma)}\sqrt{1+p^2+q^2}\,\mathrm{d}y\mathrm{d}z$$

其中

$$p=\frac{\mathrm{d}x}{\mathrm{d}y}=-\frac{y}{x},q=\frac{\mathrm{d}x}{\mathrm{d}z}=0$$

$$\sqrt{1+p^2+q^2}=\frac{\sqrt{x^2+y^2}}{x}=\frac{a}{x}=\frac{a}{\sqrt{a^2-y^2}}$$

于是

$$\begin{aligned}S&=8a\int_0^a\mathrm{d}z\int_0^{\sqrt{a^2-z^2}}\frac{\mathrm{d}y}{\sqrt{a^2-y^2}}=8a\int_0^a\arcsin\frac{\sqrt{a^2-z^2}}{a}\mathrm{d}z\\&=8a\left[z\arcsin\frac{\sqrt{a^2-z^2}}{a}\Big|_{z=0}^{z=a}+\int_0^a\frac{z}{\sqrt{a^2-z^2}}\mathrm{d}z\right]\\&=-8a\sqrt{a^2-z^2}\Big|_{z=0}^{z=a}=8a^2\end{aligned}$$

**63. 曲面积分与奥斯特洛格拉得斯基公式**

关于沿平面区域的二重积分的概念，不难推广到沿曲面积分的情形. 设$(S)$是某一曲面(闭的或不闭的)，而$F(M)$是这曲面上的点的函数. 把$(S)$分为$n$部分，并设$\Delta S_1,\Delta S_2,\cdots,\Delta S_n$是这些部分的面积，而$M_1,M_2,\cdots,M_n$各为这些部分上任何一点. 作出乘积之和

$$\sum_{k=1}^{n}F(M_k)\Delta S_k$$

当分割的数目无限增加而每一部分$\Delta S_k$无限缩小时，这个和的极限叫作函数$F(M)$沿曲面$(S)$的积分

$$\iint_{(S)}F(M)\mathrm{d}S=\lim_{n\to\infty}\sum_{k=1}^{n}F(M_k)\Delta S_k$$

设平行于$OZ$轴的直线与曲面只交于一点(图 52)，并设$(\sigma)$是$(S)$在平面$XOY$上的投影. 利用公式(26)(它建立了曲面$(S)$的单元面积与其投影$(\sigma_{xy})$的对应面积间的关系)，可以把沿曲面的积分化为沿平面区域$(\sigma)$的积分

$$\iint_{(S)}F(M)\mathrm{d}S=\iint_{(\sigma)}\frac{F(N)}{|\cos(n,Z)|}\mathrm{d}\sigma_{xy}\tag{29}$$

这里算作$\cos(n,Z)$不等于零，并且函数$F(N)$在区域$(\sigma)$的点$N$的值与曲面上函数$F(M)$在点$M$的值相同，而点$M$的投影与点$N$重合. 若曲面$(S)$的方程由公式(22)给定，而函数$F(M)$用坐标表达为$F(x,y,z)$，则当沿$(\sigma)$求积分时，只需把$z=f(x,y)$代入到函数$F(x,y,z)$的表达式中，也就是$F(N)=F[x,y,f(x,y)]$. 公式(29)右边的分母由公式(24)中第三个来确定.

注意，曲面积分显然具有[61]中所述二重积分的性质，特别是对于曲面积

分中值定理成立.

现在证明重积分理论中的一个基本公式——奥斯特洛格拉得斯基公式,它建立了沿容积$(v)$的三重积分与沿曲面$(S)$的积分之间的关系,其中曲面$(S)$是容积$(v)$的界面.像[58]中一样,我们算作平行于$OZ$轴的直线与曲面$(S)$的交点不多于两个.仍然用[58](图44)上的记法.在考虑中还要引用方向$(n)$——$(S)$的法线,我们算作$(n)$的方向是由容积$(v)$向外的方向

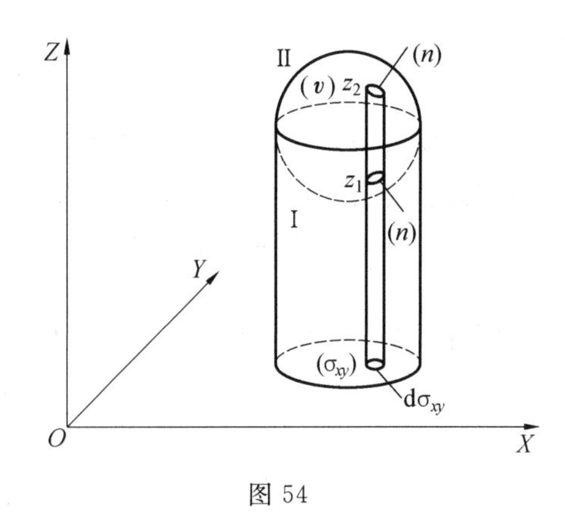


图 54

(外向法线)(图54).在曲面的上部(Ⅱ)这个方向与$OZ$轴作成锐角,在下部(Ⅰ)成钝角.所以$\cos(n,Z)$在部分(Ⅰ)上是负的量,在这情形下,$|\cos(n,Z)|=-\cos(n,Z)$.公式(26)给出

$$\text{在(Ⅱ)上}\ d\sigma_{xy}=\cos(n,Z)dS$$

$$\text{在(Ⅰ)上}\ d\sigma_{xy}=-\cos(n,Z)dS \tag{30}$$

考虑函数$\dfrac{\partial R(x,y,z)}{\partial z}$沿$(v)$的三重积分,$\dfrac{\partial R(x,y,z)}{\partial z}$是某一已知函数$R(x,y,z)$对$z$的偏导数.利用公式(16),就有

$$\iiint\limits_{(v)}\frac{\partial R(x,y,z)}{\partial z}dv$$

$$=\iint\limits_{(\sigma_{xy})}d\sigma_{xy}\int_{z_1}^{z_2}\frac{\partial R(x,y,z)}{\partial z}dz$$

不过导数的积分等于原函数在上下限的值的差

$$\iiint\limits_{(v)}\frac{\partial R(x,y,z)}{\partial z}dv=\iint\limits_{(\sigma_{xy})}[R(x,y,z_2)-R(x,y,z_1)]d\sigma_{xy}$$

或

$$\iiint\limits_{(v)}\frac{\partial R(x,y,z)}{\partial z}dv=\iint\limits_{(\sigma_{xy})}R(x,y,z_2)d\sigma_{xy}-\iint\limits_{(\sigma_{xy})}R(x,y,z_1)d\sigma_{xy}$$

由公式(30)用$dS$来替换$d\sigma_{xy}$,把沿$(\sigma)$的积分化为沿$(S)$的积分,这时,在第一个积分中含有曲面$(S)$的部分(Ⅱ)上的变动纵坐标$z_2$,利用公式(30)的第一个,就得到沿(Ⅱ)的积分;在第二个积分中,含有$z_1$,利用公式(30)的第二个,就得到沿(Ⅰ)的积分

$$\iiint\limits_{(v)}\frac{\partial R(x,y,z)}{\partial z}dv=\iint\limits_{(Ⅱ)}R(x,y,z)\cos(n,Z)dS+$$

$$\iint\limits_{(\text{I})} R(x,y,z)\cos(n,Z)\mathrm{d}S$$

这时 $z$ 的附标就可以不写了，因为积分号底下已指出是沿哪一部分曲面来积分的. 在公式右边沿部分(Ⅱ)与(Ⅰ)的积分之和就是沿整个曲面$(S)$的积分

$$\iiint\limits_{(v)} \frac{\partial R(x,y,z)}{\partial z}\mathrm{d}v = \iint\limits_{(S)} R(x,y,z)\cos(n,Z)\mathrm{d}S \tag{31}$$

同理，取另外两个函数 $P(x,y,z)$ 与 $Q(x,y,z)$，我们可以证明

$$\iiint\limits_{(v)} \frac{\partial P(x,y,z)}{\partial x}\mathrm{d}v = \iint\limits_{(S)} P(x,y,z)\cos(n,X)\mathrm{d}S$$

$$\iiint\limits_{(v)} \frac{\partial Q(x,y,z)}{\partial y}\mathrm{d}v = \iint\limits_{(S)} Q(x,y,z)\cos(n,Y)\mathrm{d}S$$

这三个公式逐项相加，就引到奥斯特洛格拉得斯基公式

$$\iiint\limits_{(v)} \left(\frac{\partial P}{\partial x} + \frac{\partial Q}{\partial y} + \frac{\partial R}{\partial z}\right)\mathrm{d}v$$

$$= \iint\limits_{(S)} [P\cos(n,X) + Q\cos(n,Y) + R\cos(n,Z)]\mathrm{d}S \tag{32}$$

为简短起见，这里，我们没有写出函数 $P,Q,R$ 的变量 $x,y,z$，不过需要记住这些是确定在容积$(v)$上的函数，它们以及它们的导数都是连续的.

下一章中，我们要讲很多应用奥斯特洛格拉得斯基公式的例子.

推出公式(31)时，我们假设了平行于 $OZ$ 轴的直线与容积$(v)$的界面$(S)$的交点不多于两个. 不难推广这个公式到较普遍的区域. 首先，我们看到，若曲面$(S)$，除上部(Ⅱ)与下部(Ⅰ)外，还有平行于 $OZ$ 轴的柱形侧面，则在这侧面上 $\cos(n,Z)=0$，这一部分添在公式(31)的右边不改变曲面积分的数值，所以这公式的全部证明仍是正确的. 在更普遍的情形中，只需用平行于 $OZ$ 轴的柱面把$(v)$分成有限部分，使每一部分满足上述的条件，再对每一部分应用公式(31). 如此得到的公式相加，在公式左边就有沿整个容积$(v)$的三重积分，在公式右边就有沿$(v)$所分成的各部分的曲面的积分之和. 如以上所述，沿各辅助柱面的积分等于零. 如此，相加的结果，在公式右边就得到沿原来的容积$(v)$的曲面$(S)$的积分. 于是，对于更普遍形状的区域$(v)$，公式(31)是正确的.

注意，当$(v)$是以几个曲面为界的情形：一个曲面在外面，其余的在里边，这些讨论仍然是对的. 图 55 上表示出一种这样的情形：$(v)$是以两个曲面为界的. 这时，在公式(31)的右边需要沿$(v)$的所有的界面求积分，在里边的曲面上，方向$(n)$应指向这些曲面的里边(也就是由$(v)$向外).

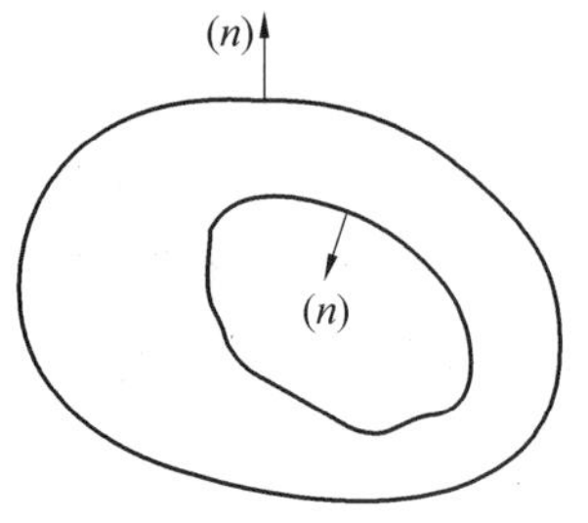

(n)
(n)

图 55

**64. 沿确定一侧的曲面积分**

有时我们利用另一种定义与另一种形式来规定曲面积分. 先考虑如图 54 所示的曲面(S) 的情形,它满足上一段开始时所讲的条件. 在曲面的每一点可以给法线两个彼此相反的方向. 一个与 $OZ$ 轴作成锐角,另一个作成钝角. 与这相对应,可以把曲面分为两侧 —— 上侧与下侧. 像以上一样,设 $R(x,y,z)$ 是曲面(S) 上的给定的函数. 我们考虑积分

$$\iint_{(S)} R\cos(n,Z)\mathrm{d}S \tag{33}$$

这个积分的大小依赖于所选择的法线的方向,也就等于说要看沿曲面的哪一侧积分. 当沿上侧求积分时 $\cos(n,Z)>0$,而 $\cos(n,Z)\mathrm{d}S=\mathrm{d}\sigma_{xy}$,当沿下侧求积分时 $\cos(n,Z)<0$,而 $\cos(n,Z)\mathrm{d}S=-\mathrm{d}\sigma_{xy}$,其中 $\mathrm{d}\sigma_{xy}$ 是曲面(S) 的面积单元在平面 $XOY$ 上的投影,也就是公式(29) 中区域($\sigma$) 的面积单元. 在$(x,y)$ 的坐标中,我们可以写成 $\mathrm{d}\sigma_{xy}=\mathrm{d}x\mathrm{d}y$,于是积分(33) 化为沿平面 $XOY$ 上区域($\sigma$) 的积分

$$\iint_{(\sigma)} R[x,y,f(x,y)]\mathrm{d}x\mathrm{d}y \text{ 或 } -\iint_{(\sigma)} R[x,y,f(x,y)]\mathrm{d}x\mathrm{d}y \tag{34}$$

这要看是沿曲面的哪一侧来积分. 但是在一般情形下,有时一律写成

$$\iint_{(S)} R\mathrm{d}x\mathrm{d}y \tag{35}$$

而说明是沿曲面的哪一侧积分. 例如,若沿曲面(S) 的下侧积分,(35) 就代表(34) 中的第二个积分. 积分(35) 可以直接定义作乘积之和 $\sum R(M_k)\Delta\sigma_k$ 的极限,其中的乘积是在曲面上的点的函数值 $R(M)$ 与曲面(S) 所分成的单元 $\Delta S_k$ 在平面 $XOY$ 上投影的面积 $\Delta\sigma_k$ 的乘积. 这里,若是沿曲面的上侧作积分,则 $\Delta\sigma_k$ 算作正的,若沿曲面的下侧作积分,则 $\Delta\sigma_k$ 算作负的.

现在考虑曲面(S) 的一般情形. 设 $M_0$ 是这曲面的某一点. 固定好在这点法线($n$) 的确定的方向,再由起始点 $M_0$ 沿曲面(S) 连续移动,使得法线($n$) 的方向在连续改变. 若无论怎样连续移动时,在曲面的任何点法线的方向总是一定的,则这曲面叫作两侧的. 在这样的曲面上,如果我们在起始的点 $M_0$ 所确定的($n$) 的方向是另一个方向,则当连续移动时在所有的点我们就要都得到相反的法线方向. 因此我们就可能按照我们在点 $M_0$ 所确定了的法线的方向(在其余点的法线方向也因而确定) 来谈曲面的两侧. 固定曲面的两侧后,积分(33) 就有确定的值,这积分就写成(35) 的形状并注明是沿曲面的哪一侧积分的.

类似的方式可以确定积分

$$\iint_{(S)} P\mathrm{d}y\mathrm{d}z \text{ 与 } \iint_{(S)} Q\mathrm{d}x\mathrm{d}z$$

其中 $P(x,y,z)$ 与 $Q(x,y,z)$ 是(S) 上的给定的函数. 这两个积分各与积分

$$\iint\limits_{(S)} P\cos(n,X)\mathrm{d}S \text{ 与 } \iint\limits_{(S)} Q\cos(n,Y)\mathrm{d}S$$

相同.

当如此确定这些积分时,公式(32)可以写成

$$\iiint\limits_{(v)}\left(\frac{\partial P}{\partial x}+\frac{\partial Q}{\partial y}+\frac{\partial R}{\partial z}\right)\mathrm{d}v=\iint\limits_{(S)} P\mathrm{d}y\mathrm{d}z+Q\mathrm{d}x\mathrm{d}z+R\mathrm{d}x\mathrm{d}y$$

其中公式右边要沿曲面$(S)$的外侧积分.

注意,也有一侧的曲面存在,在这样的曲面上,当法线沿曲面连续移动而其方向连续改变时,回到起始点后可以变到相反的方向.最简单的例如所谓麦比乌斯条.它可以这样做,取矩形纸条 $ABCD$,拧转一下再把 $AB$ 边与 $CD$ 边对在一起,使得点 $A$ 与点 $C$ 重合,点 $B$ 与点 $D$ 重合(图 56).若是在得到的圈上涂色,则不必经过这个圈的边就可以把两面涂满颜色.

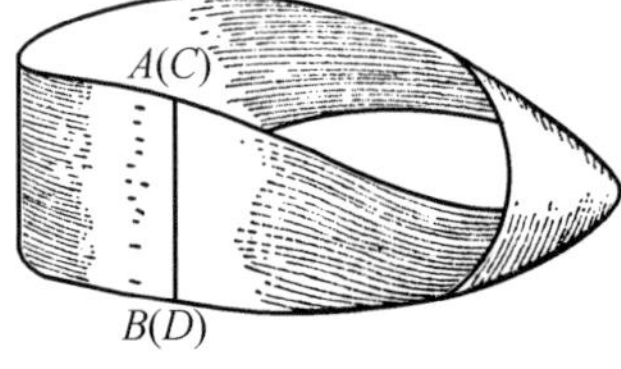

图 56

**65. 矩**

讨论物质系统的各级的矩的理论时要应用重积分的概念.设给定 $n$ 个质点的质点系

$$M_1, M_2, \cdots, M_n$$

它们的质量各自等于 $m_1, m_2, \cdots, m_n$.

系中每个点到平面$(\Delta)$,直线$(d)$或点$(D)$的距离的 $k$ 次方幂与该点的质量的乘积之和

$$\sum_{i=1}^{n} r_i^k m_i$$

叫作这个系对$(\Delta)$,$(d)$或$(D)$的 $k$ 级矩.

由这个观点来看,零级矩就是这个系的总质量

$$m=\sum_{i=1}^{n} m_i$$

对于给定的平面$(\Delta)$的一级矩,叫作这个系对所给平面的静矩.在系统的重心的坐标的表达式

$$x_g=\frac{\sum_{i=1}^{n} m_i x_i}{m}, y_g=\frac{\sum_{i=1}^{n} m_i y_i}{m}, z_g=\frac{\sum_{i=1}^{n} m_i z_i}{m} \tag{36}$$

中我们遇到对坐标面的静矩.

在这情形下,到坐标面的距离 $x_i, y_i, z_i$ 要取代数值,就是说,有正有负.

二级矩通常叫作系统的惯性矩.如表达式

$$\sum_{i=1}^{n} x_i^2 m_i, \sum_{i=1}^{n} y_i^2 m_i, \sum_{i=1}^{n} z_i^2 m_i$$

是系统对坐标面的惯性矩.表达式

$$\sum_{i=1}^{n}(y_i^2+z_i^2)m_i,\sum_{i=1}^{n}(z_i^2+x_i^2)m_i,\sum_{i=1}^{n}(x_i^2+y_i^2)m_i$$

是对坐标轴 $OX,OY,OZ$ 的惯性矩.最后,表达式

$$\sum_{i=1}^{n}(x_i^2+y_i^2+z_i^2)m_i$$

是对点 $O$ 的惯性矩.

除上述的表达式外,还要用到下列的表达式

$$\sum_{i=1}^{n}y_iz_im_i,\sum_{i=1}^{n}z_ix_im_i,\sum_{i=1}^{n}x_iy_im_i$$

它们叫作系统对于坐标轴 $OX,OY,OZ$ 的离心矩.

如果我们考虑的不是有限个点的点系,而是连续分布的质量,则依照质量是沿着直线、平面或是空间分布的,要把上述的和换成简单的、二重的或三重的定积分.这时需要用指定点 $M$ 处的密度 $f(M)$ 与单元长度、单元面积或单元容积的乘积来替代因子 $m_i$.

例如,三维区域$(v)$ 对于 $OX$ 轴的惯性矩由下面这三重积分表达

$$\iiint\limits_{(v)}(y^2+z^2)f(M)\mathrm{d}v$$

若算作密度 $f(M)$ 是常量 $f_0$,则这个常因子可以从积分号中提出来,于是在公式(36)的分子中,积分具有被积函数 $x,y$ 与 $z$,而在分母中只是整个区域的容积或面积,这时常数 $f_0$ 就消掉了.

**例 1** 求均匀球底锥的重心(图 57).这时如图所示选定好坐标,就只需求纵坐标

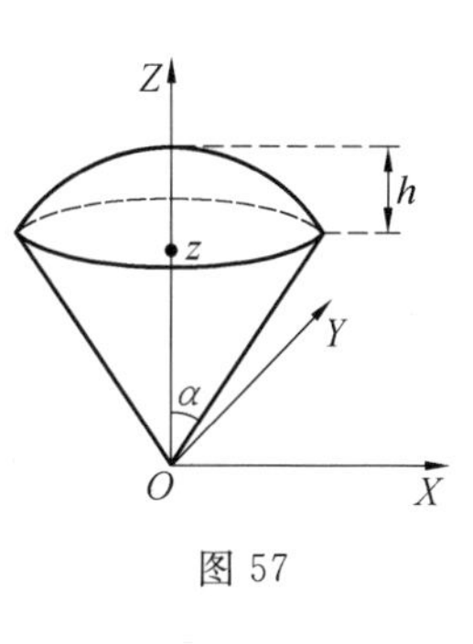

图 57

$$z_g=\frac{\iiint\limits_{(v)}z\mathrm{d}v}{v}$$

这里我们有

$$v=\int_0^{2\pi}\mathrm{d}\varphi\int_0^{\alpha}\sin\theta\mathrm{d}\theta\int_0^{a}\rho^2\mathrm{d}\rho=\frac{2}{3}\pi a^3(1-\cos\alpha)=\frac{2}{3}\pi a^2h$$

$$\iiint\limits_{(v)}z\mathrm{d}v=\int_0^{2\pi}\mathrm{d}\varphi\int_0^{\alpha}\sin\theta\mathrm{d}\theta\int_0^{a}\rho\cos\theta\rho^2\mathrm{d}\rho=2\pi\int_0^{\alpha}\sin\theta\cos\theta\mathrm{d}\theta\int_0^{a}\rho^3\mathrm{d}\rho$$

$$=\frac{\pi}{8}a^4(1-\cos 2\alpha)$$

$$z_g=\frac{3a}{16}\frac{1-\cos 2\alpha}{1-\cos\alpha}=\frac{3}{8}a(1+\cos\alpha)=\frac{3}{8}(2a-h)$$

其中 $a$ 是球半径.

**例 2** 若算作质量只是分布在锥底的球面(S)上,则重心的纵坐标是

$$z_g=\frac{\iint\limits_{(S)} z\mathrm{d}s}{s}$$

其中 $s$ 是曲面(S)的面积.在这情形下,曲面的方程是 $x^2+y^2+z^2=a^2$ 或 $z=\sqrt{a^2-(x^2+y^2)}$,不难验证

$$\cos(n,Z)=\frac{1}{\sqrt{1+p^2+q^2}}=\frac{z}{a}$$

于是

$$\iint\limits_{(S)} z\mathrm{d}s=\iint\limits_{(\sigma_{xy})} z\frac{\mathrm{d}\sigma_{xy}}{\cos(n,Z)}=a\iint\limits_{(\sigma_{xy})}\mathrm{d}\sigma_{xy}=\pi a^3\sin^2\alpha$$

其中$(\sigma_{xy})$显然是以原点为心,$a\sin\alpha$ 为半径的圆.

面积 $s$ 是

$$s=\iint\limits_{(\sigma_{xy})}\sqrt{1+p^2+q^2}\,\mathrm{d}\sigma_{xy}=a\iint\limits_{(\sigma_{xy})}\frac{\mathrm{d}\sigma_{xy}}{\sqrt{a^2-(x^2+y^2)}}$$

$$=a\int_0^{2\pi}\mathrm{d}\varphi\int_0^{a\sin\alpha}\frac{r\mathrm{d}r}{\sqrt{a^2-r^2}}=2\pi a^2(1-\cos\alpha)$$

结果

$$z_g=\frac{\pi a^3\sin^2\alpha}{2\pi a^2(1-\cos\alpha)}=a\cos^2\frac{\alpha}{2}$$

在前一个例中 $z_g$ 的数值是比较小的

$$\frac{3}{8}a(1+\cos\alpha)=\frac{3}{4}a\cos^2\frac{\alpha}{2}$$

**例 3** 若重心与坐标原点重合,则所有的静矩等于零,这可以由下列的关系式直接推出来

$$\iiint\limits_{(v)} xf\mathrm{d}v=mx_g$$

$$\iiint\limits_{(v)} yf\mathrm{d}v=my_g$$

$$\iiint\limits_{(v)} zf\mathrm{d}v=mz_g$$

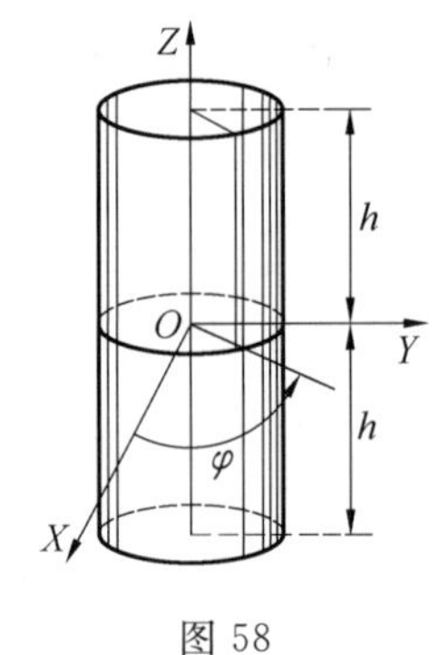

图 58

**例 4** 求均匀正圆柱体(图 58)对于圆柱的轴以及它的正中断面的直径的惯性矩.算作密度是常量且等于 $f_0$,我们就有

$$J_z=f_0\iiint\limits_{(v)} r^2 r\mathrm{d}r\mathrm{d}\varphi\mathrm{d}z=2f_0\int_0^{2\pi}\mathrm{d}\varphi\int_0^a r^3\mathrm{d}r\int_0^h\mathrm{d}z=\pi a^4hf_0=\frac{ma^2}{2}$$

$$J_x=f_0\iiint\limits_{(v)}(z^2+r^2\sin^2\varphi)r\mathrm{d}r\mathrm{d}\varphi\mathrm{d}z=2f_0\int_0^{2\pi}\mathrm{d}\varphi\int_0^h\mathrm{d}z\int_0^a(z^2+r^2\sin^2\varphi)r\mathrm{d}r$$

$$=2f_0\int_0^{2\pi}\mathrm{d}\varphi\int_0^h z^2\mathrm{d}z\int_0^a r\mathrm{d}r+2f_0\int_0^{2\pi}\sin^2\varphi\mathrm{d}\varphi\int_0^h\mathrm{d}z\int_0^a r^3\mathrm{d}r$$

$$=\frac{2}{3}\pi h^3a^2f_0+\frac{\pi}{2}ha^4f_0=m\left(\frac{h^2}{3}+\frac{a^2}{4}\right)$$

其中 $2h$ 是柱体的高，$a$ 是它的底半径，$m$ 是它的质量.

**例 5**　求均匀椭圆体的惯性矩

$$\frac{x^2}{a^2}+\frac{y^2}{b^2}+\frac{z^2}{c^2}=1$$

用 $f_0$ 来记它的密度，分为平行于平面 $XOY$ 的层，就有

$$J_{xy}=f_0\iiint\limits_{(v)}z^2\mathrm{d}x\mathrm{d}y\mathrm{d}z=f_0\int_{-c}^{+c}z^2\pi ab\left(1-\frac{z^2}{c^2}\right)\mathrm{d}z=2\pi abf_0\left(\frac{c^3}{3}-\frac{c^3}{5}\right)=m\cdot\frac{1}{5}c^2$$

置换字母，不难求出

$$J_{yz}=m\cdot\frac{1}{5}a^2,J_{zx}=m\cdot\frac{1}{5}b^2$$

$$J_x=J_{xy}+J_{xz}=m\cdot\frac{1}{5}(b^2+c^2)$$

$$J_y=m\cdot\frac{1}{5}(c^2+a^2),J_z=m\cdot\frac{1}{5}(a^2+b^2)$$

$$J_0=J_{xy}+J_{yz}+J_{zx}=m\cdot\frac{1}{5}(a^2+b^2+c^2)$$

**例 6**　求刚体绕$(\delta)$轴转动时的动能.

我们知道，当物体以角速度 $\omega$ 绕$(\delta)$轴转动时，物体的每一点的速度 $V$ 的数值等于角速度与这点到转动轴的距离之乘积. 为要计算物体的动能，我们把它分成质量单元 $\Delta m$，并用 $\Delta T$ 来记对应于这单元的动能. 于是就有

$$T=\sum\Delta T$$

由于单元 $\Delta m$ 的微小性，可以看成它的全部质量集中于它的任何一点 $M$. 这时单元 $\Delta m$ 的动能 $\Delta T$ 就等于

$$\Delta T=\frac{1}{2}V^2\Delta m=\frac{1}{2}\omega^2r_\delta^2f(M)\Delta v$$

其中 $f(M)$ 是物体在点 $M$ 的密度，而 $r_\delta$ 是点 $M$ 到$(\delta)$轴的距离. 根据三重积分的定义，由此得到

$$T=\iiint\limits_{(v)}\frac{1}{2}\omega^2r_\delta^2f(M)\mathrm{d}v=\frac{1}{2}\omega^2J_\delta$$

其中

$$J_\delta=\iiint\limits_{(v)}r_\delta^2f(M)\mathrm{d}v$$

是物体对于转动轴$(\delta)$的惯性矩.

**附注** 有时计算物体的容积或它的任何级的矩时,全部计算不是利用三重积分来作,而是利用二重积分或者用单积分来作.这是由于把三重积分表示成单积分的二重积分或二重积分的单积分时,有时内部积分的计算可以用初等理论推出来,而不必求积分.这就产生了这样的效果,使得在计算中不需要三重积分,而只要二重积分或单积分.

例如,介于平面$z=0$,$z=h$以及由曲线$x=f(z)$绕$OZ$轴回转而成的曲面之间的容积$(v)$,它对于平面$XOY$的惯性矩可以用单积分来计算,只要把这物体看成是由平行于平面$XOY$的平面圆片组成的.这样的单元片的容积等于$\pi[f(z)]^2\mathrm{d}z$,于是可以写成

$$J_{xy}=\pi\int_0^h z^2[f(z)]^2\mathrm{d}z$$

同样的惯性矩可以由下面这三重积分来表达

$$J_{xy}=\iiint\limits_{(v)} z^2\mathrm{d}x\mathrm{d}y\mathrm{d}z=\int_0^h z^2\mathrm{d}z\iint\limits_{(\sigma_z)}\mathrm{d}x\mathrm{d}y$$

其中$(\sigma_z)$是平行于平面$XOY$而与它的距离为$z$的平面在$(v)$上截的断面.内部的二重积分给出$(\sigma_z)$的面积,就是说,它等于$\pi[f(z)]^2$.

# §2 曲线积分

**66. 曲线积分的定义**

设有空间某一曲线$(l)$,它具有确定的方向(图59).设点$A$是这曲线的起点,点$B$是终点.在这曲线上,弧长由起点$A$算起.我们假设在这曲线上给定一个连续函数$f(M)$,于是在曲线$(l)$上的每一点$M$,$f(M)$有确定的数值.由点$M_0,M_1,\cdots,M_{n-1},M_n$把$(l)$分为$n$部分,其中点$M_0$与点$A$重合,点$M_n$与点$B$重合.在每一部分$M_kM_{k+1}(k=0,1,\cdots,n-1)$上,取任何一点$N_k$,作出和$\sum\limits_{k=0}^{n-1}f(N_k)\Delta s_k$,其中$\Delta s_k$是曲线$(l)$上弧$M_kM_{k+1}$的长度.当分割的数目$n$无限增加而每一部分$M_kM_{k+1}$无限减小时,这个和的极限叫作函数$f(M)$沿$(l)$的曲线积分并记作

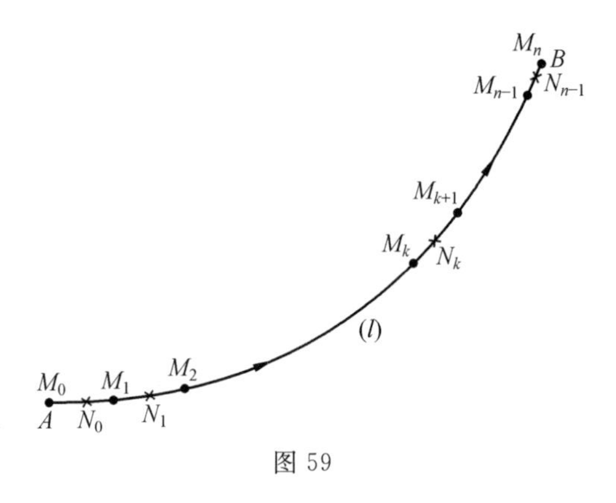

图59

$$\int_{(l)} f(M)\mathrm{d}s = \lim \sum_{k=0}^{n-1} f(N_k)\Delta s_k \tag{1}$$

假定曲线$(l)$上的变点$M$,可以由弧长$s=\overset{\frown}{AM}$来完全确定,于是函数$f(M)$就可以算作自变量$s$的函数,就是说$f(M)=f(s)$,而且积分(1)就是通常的定积分

$$\int_{(l)} f(M)\mathrm{d}s = \int_0^l f(s)\mathrm{d}s$$

其中$l$是曲线$(l)$的弧长.注意,曲线$(l)$可以是封闭的,就是说点$B$可以与点$A$重合.

到现在为止,我们没有用到曲线$(l)$具有方向这件事.以后这是很重要的.引用空间直角坐标轴.设变点$M$由坐标$(x,y,z)$来确定.设$P(x,y,z)$是沿曲线$(l)$的某一连续函数.把点$N_k$的坐标记作$(\xi_k,\eta_k,\zeta_k)$,并用$\Delta x_k$记线段$\overline{M_kM_{k+1}}$在$OX$轴上的投影.量$\Delta x_k$可以是正的,也可以是负的,甚至可以是零.不要$\Delta s_k$,而作$\Delta x_k$与$P(N_k)=P(\xi_k,\eta_k,\zeta_k)$的乘积之和,也就是和

$$\sum_{k=0}^{n-1} P(\xi_k,\eta_k,\zeta_k)\Delta x_k$$

这个和的极限也叫作$P(x,y,z)$沿$(l)$的曲线积分并记作

$$\int_l P(x,y,z)\mathrm{d}x = \lim \sum_{k=0}^{n-1} P(\xi_k,\eta_k,\zeta_k)\Delta x_k$$

完全类似的可以确定积分

$$\int_{(l)} Q(x,y,z)\mathrm{d}y \text{ 与} \int_{(l)} R(x,y,z)\mathrm{d}z$$

其中$Q(x,y,z)$与$R(x,y,z)$是沿$(l)$的连续函数.这三个积分相加,就得到一般形状的曲线积分,它被记作

$$\int_{(l)} P(x,y,z)\mathrm{d}x + Q(x,y,z)\mathrm{d}y + R(x,y,z)\mathrm{d}z \tag{2}$$

依照定义,积分(2)是下面的形状的和的极限

$$\sum_{k=0}^{n-1}[P(\xi_k,\eta_k,\zeta_k)\Delta x_k + Q(\xi_k,\eta_k,\zeta_k)\Delta y_k + R(\xi_k,\eta_k,\zeta_k)\Delta z_k] \tag{3}$$

其中$\Delta y_k,\Delta z_k$各为线段$\overline{M_kM_{k+1}}$在$OY$轴与$OZ$轴上的投影.不难建立起积分(2)与积分(1)的联系.曲线$(l)$上变点$M$的坐标可以算作是弧长$s=\overset{\frown}{AM}$的函数.我们知道[I,160],这些函数的导数给出曲线$(l)$的切线的方向余弦,就是

$$\frac{\mathrm{d}x}{\mathrm{d}s}=\cos(t,X),\frac{\mathrm{d}y}{\mathrm{d}s}=\cos(t,Y),\frac{\mathrm{d}z}{\mathrm{d}s}=\cos(t,Z)$$

其中$t$是曲线$(l)$在变点$M$的切线的方向,也就是曲线的方向.我们总是用记号$(\alpha,\beta)$来记$\alpha$与$\beta$两个方向的夹角,这个角的余弦的值不依赖于读角的方向,我们也没有固定它.略去高阶无穷小,可以算作

$$\Delta x_k = \cos(t_k, X)\Delta s_k, \Delta y_k = \cos(t_k, Y)\Delta s_k, \Delta z_k = \cos(t_k, Z)\Delta s_k$$

其中 $t_k$ 是在点 $N_k$ 的切线方向，于是作为和(3) 的极限的积分(2) 就化为积分(1) 的形状

$$\int_{(l)} P\mathrm{d}x + Q\mathrm{d}y + R\mathrm{d}z$$
$$= \int_{(l)} [P\cos(t, X) + Q\cos(t, Y) + R\cos(t, Z)]\mathrm{d}s \tag{4}$$

其中 $P, Q, R$ 可以算作沿着$(l)$ 的 $s$ 的函数.

设有曲线$(l)$ 的参变方程

$$x = \varphi(\tau), y = \psi(\tau), z = \omega(\tau) \tag{5}$$

这里当参变量 $\tau$ 由 $a$ 变到 $b$ 时，画出点$(x, y, z)$ 由点 $A$ 到点 $B$ 的曲线. 我们算作在闭区间$[a, b]$ 上函数(5) 连续且有连续的一阶导数，并且为确定起见我们算作 $a < b$.

设点 $M_k$ 对应于参变量的值 $\tau = \tau_k$. 考虑和(3) 中第一个和. 设 $\tau = \tau'_k$ 是对应于曲线上点$(\xi_k, \eta_k, \zeta_k)$ 的参变量的值. 依照改变量公式[I,63]，可以写成

$$\Delta x_k = \varphi(\tau_{k+1}) - \varphi(\tau_k) = \varphi'(\tau''_k)(\tau_{k+1} - \tau_k)$$

其中 $\tau''_k$ 是 $\tau$ 在区间$(\tau_k, \tau_{k+1})$ 中的某一个值. 如此，所说的和可以写成

$$\sum_{k=0}^{n-1} P(\xi_k, \eta_k, \zeta_k)\Delta x_k$$
$$= \sum_{k=0}^{n-1} P[\varphi(\tau'_k), \psi(\tau'_k), \omega(\tau'_k)]\varphi'(\tau''_k)(\tau_{k+1} - \tau_k) \tag{6}$$

显然，当差 $\tau_{k+1} - \tau_k$ 中最大的趋向零时取极限，这个和与和

$$\sigma = \sum_{k=0}^{n-1} P[\varphi(\tau''_k), \psi(\tau''_k), \omega(\tau''_k)]\varphi'(\tau''_k)(\tau_{k+1} - \tau_k)$$

都趋向定积分

$$\int_a^b P[\varphi(\tau), \psi(\tau), \omega(\tau)]\varphi'(\tau)\mathrm{d}\tau \tag{7}$$

现在证明和(6) 与 $\sigma$ 之差趋向零. 由此就直接推出和(6) 有极限，而且极限等于积分(7). 所说的差是

$$\eta = \sum_{k=0}^{n-1} \{P[\varphi(\tau'_k), \psi(\tau'_k), \omega(\tau'_k)] -$$
$$P[\varphi(\tau''_k), \psi(\tau''_k), \omega(\tau''_k)]\}\varphi'(\tau''_k)(\tau_{k+1} - \tau_k)$$

$\tau'_k$ 与 $\tau''_k$ 两个值都属于区间$(\tau_k, \tau_{k+1})$，根据连续函数 $P[\varphi(\tau), \psi(\tau), \omega(\tau)]$ 的一致连续性，对于任意小的正数 $\varepsilon$，存在一个这样的 $\delta$，使得只要 $\tau_{k+1} - \tau_k < \delta$，就有[I,32]

$$| P[\varphi(\tau'_k), \psi(\tau'_k), \omega(\tau'_k)] - P[\varphi(\tau''_k), \psi(\tau''_k), \omega(\tau''_k)] | < \varepsilon$$

如此，$\eta$ 的绝对值就有下面的估计值

$$|\eta| < \varepsilon \sum_{k=0}^{n-1} |\varphi'(\tau''_k)|(\tau_{k+1}-\tau_k)$$

但是在区间$[a,b]$上连续的函数$\varphi'(\tau)$在这区间上是有界的，就是说$|\varphi'(\tau)| < K$，其中$K$是一个确定的数[I,35]. 由此就有

$$|\eta| < \varepsilon K \sum_{k=0}^{n-1}(\tau_{k+1}-\tau_k) = \varepsilon K(b-a)$$

由于$\varepsilon$的任意性，我们看出$\eta$确实是趋向零的，于是和(6)有极限(7). 同样的考虑和(3)中其他的和，可以证明，在所作的假定之下，积分(2)可以化为普通定积分的形状

$$\int_{(l)} P\mathrm{d}x + Q\mathrm{d}y + R\mathrm{d}z = \int_a^b [P\varphi'(\tau) + Q\psi'(\tau) + R\omega'(\tau)]\mathrm{d}\tau \tag{8}$$

其中$P,Q,R$应当依照公式(5)通过$\tau$来表达.

在[I,94]中所讲的某些简单积分的性质可以直接推广到曲线积分的情形. 例如：

Ⅰ. 若曲线$(l)$是由各部分$(l_1),(l_2),\cdots,(l_m)$组成的，则

$$\begin{aligned}&\int_{(l)} P\mathrm{d}x + Q\mathrm{d}y + R\mathrm{d}z \\ =&\int_{(l_1)} P\mathrm{d}x + Q\mathrm{d}y + R\mathrm{d}z + \int_{(l_2)} P\mathrm{d}x + Q\mathrm{d}y + R\mathrm{d}z + \cdots + \\ &\int_{(l_m)} P\mathrm{d}x + Q\mathrm{d}y + R\mathrm{d}z\end{aligned}$$

Ⅱ. 曲线积分的数值不仅是由被积表达式与积分路线来确定，它与所说的曲线$(l)$的方向也有关系，并且当改变积分路线的方向时，曲线积分只是变号.

若整个的曲线$(l)$不满足上述的条件，而它可以分成有限多个部分，其中每一部分均具有参变方程(5)，于是公式(7)可以应用于每一部分，而沿整个曲线的积分就可以表示成沿各个部分的积分之和. 不难证明，这相当于对于整个曲线的和(3)的极限. 以后我们只考虑满足上述条件的曲线$(l)$. 最后还要提出，若$\tau$是弧长$s=\overset{\frown}{AM}$，则公式(8)成为公式(4).

若曲线$(l)$是位于平面$XOY$上的平面曲线，则积分(2)变为

$$\int_{(l)} P\mathrm{d}x + Q\mathrm{d}y$$

其中$P$与$Q$是沿$(l)$确定的$(x,y)$的函数.

**67. 力场作的功，例**

计算功的问题自然的引到曲线积分的概念. 设在力$\boldsymbol{F}$的作用下点$M$画出轨线$(l)$，而$\boldsymbol{F}$是沿$(l)$的点的函数. 为要计算功，把$(l)$分成小的部分，考虑这些部分中的一个$M_kM_{k+1}$. 由于这部分很小，在这一部分上差不多可以算作力$\boldsymbol{F}$具有常数值，就取它在点$M_k$的值，并且可以用弦$\overline{M_kM_{k+1}}$来替代弧$\overset{\frown}{M_kM_{k+1}}$. 如此，

在这一小部分上，功可以近似的由乘积

$$\Delta E_k \sim |F_k| |\overline{M_kM_{k+1}}| \cos(F_k, \overline{M_kM_{k+1}})$$

来表达，其中用 $|F_k|$ 记在点 $M_k$ 的向量 $\boldsymbol{F}$ 的长度，用 $|\overline{M_kM_{k+1}}|$ 记线段 $\overline{M_kM_{k+1}}$ 的长度，用 $\Delta E_k$ 记在这一部分 $\overset{\frown}{M_kM_{k+1}}$ 上的功. 利用由解析几何学已知的关于两个方向的夹角的公式，可以写成

$$\Delta E_k \sim |F_k| |\overline{M_kM_{k+1}}| [\cos(F_k, X)\cos(\overline{M_kM_{k+1}}, X) + \cos(F_k, Y)\cos(\overline{M_kM_{k+1}}, Y) + \cos(F_k, Z)\cos(\overline{M_kM_{k+1}}, Z)]$$

或者，去掉括号并用 $P, Q, R$ 记 $\boldsymbol{F}$ 在各坐标轴上的投影

$$\Delta E_k \sim P_k \Delta x_k + Q_k \Delta y_k + R_k \Delta z_k$$

其中 $P, Q, R$ 的附标指明要取这些函数在点 $M_k$ 的值. 作出各部分上功的和再取极限，就得到对于全部的功的正确表达式

$$E = \int_{(l)} P\mathrm{d}x + Q\mathrm{d}y + R\mathrm{d}z$$

**例 1** 常重力作用在质量为 $m$ 的质点 $M$ 上，由位置 $M_1(a_1, b_1, c_1)$ 沿任何曲线 $(l)$ 移动到 $M_2(a_2, b_2, c_2)$ 时，所做的功由积分

$$\int_{(l)} P\mathrm{d}x + Q\mathrm{d}y + R\mathrm{d}z = \int_{c_1}^{c_2} mg\,\mathrm{d}z = mg(c_2 - c_1)$$

表达（我们取 $OZ$ 轴竖直向下），由此看出，这个功只依赖于点的起始位置与最终位置，而与点运动所经过的路径无关. 这里我们遇到曲线积分的这样一个例子，它的大小只依赖于求积分的起点与终点，而与路径无关.

**例 2** 求当质量为 1 的质点由位置 $M_1$ 移动到位置 $M_2$ 时，向着质量为 $m$ 的不动中心的引力所做的功. 把不动中心放在坐标原点，用 $r$ 记动点的向量半径，我们看出，力 $\boldsymbol{F}$ 的方向与 $\overline{OM}$ 的方向相反，而大小等于 $\frac{fm}{r^2}$，其中 $f$ 是引力常数. 如此求出

$$P = -\frac{fm}{r^2} \cdot \frac{x}{r}, Q = -\frac{fm}{r^2} \cdot \frac{y}{r}, R = -\frac{fm}{r^2} \cdot \frac{z}{r}$$

$$E = -fm\int_{(l)} \frac{x\mathrm{d}x + y\mathrm{d}y + z\mathrm{d}z}{r^3} = -fm\int_{(l)} \frac{r\mathrm{d}r}{r^3} = fm\int_{(l)} \mathrm{d}\frac{1}{r}$$

若用 $r_2$ 与 $r_1$ 分别记点 $M_2$ 与 $M_1$ 到引力中心的距离，则

$$E = fm\left(\frac{1}{r_2} - \frac{1}{r_1}\right)$$

这个功，也就是这个曲线积分，只依赖于起点与终点，而与路径无关.

若引用质点的势量

$$U = \frac{fm}{r}$$

于是

$$P=\frac{\partial U}{\partial x}, Q=\frac{\partial U}{\partial y}, R=\frac{\partial U}{\partial z}$$

则功就由势量 $U$ 在点 $M_2$ 与 $M_1$ 的值之差来表达,就是说

$$E=U(M_2)-U(M_1)$$

在以下的例中,我们考虑沿平面曲线的曲线积分.

**例 3** 考虑密度均匀的不可压缩流体的平面稳定流动,我们算作它的密度等于1.在这样的运动中,在点 $M(x,y)$ 的流体的质点的速度 $\boldsymbol{v}$ 只依赖于 $(x,y)$.我们计算这流体在单位时间内通过给定的界线 $(l)$ 的流量(图 60).用 $u$ 与 $v$ 各记速度 $\boldsymbol{v}$ 在两坐标轴上的投影.把界线 $(l)$ 分为单元 $\widehat{MM'}=\mathrm{d}s$.算作这单元上所有的质点的速度近似相同,我们看出,对于非常小的时间单元 $\mathrm{d}t$,在这流动中,这个单元 $\mathrm{d}s$ 上的所有的点在向量 $\boldsymbol{v}$ 的方向移动一段 $|\boldsymbol{v}|\mathrm{d}t$,而达到位置 $NN'$.平行四边形 $MNN'M'$ 的面积由底 $\mathrm{d}s$ 与一个量的乘积来表达,这个量就是向量 $\boldsymbol{v}\mathrm{d}t$ 在曲线 $(l)$ 的外向法线的方向 $(n)$ 上的投影,就是

$$面积\ MNN'M'=|\boldsymbol{v}|\cos(\boldsymbol{v},n)\mathrm{d}t\mathrm{d}s$$

其中 $|\boldsymbol{v}|$ 是向量 $\boldsymbol{v}$ 的长度.用 $(s)$ 记曲线 $(l)$ 逆时针转时的切线方向,就有

$$(n,X)=(s,Y),(n,Y)=(s,X)-\pi \tag{9}$$

其中我们用 $(\alpha,\beta)$ 记由 $\alpha$ 的方向转到 $\beta$ 的方向的角度,逆时针方向算作正的.如此我们就有

$$\cos(n,X)=\cos(s,Y),\cos(n,Y)=-\cos(s,X)$$

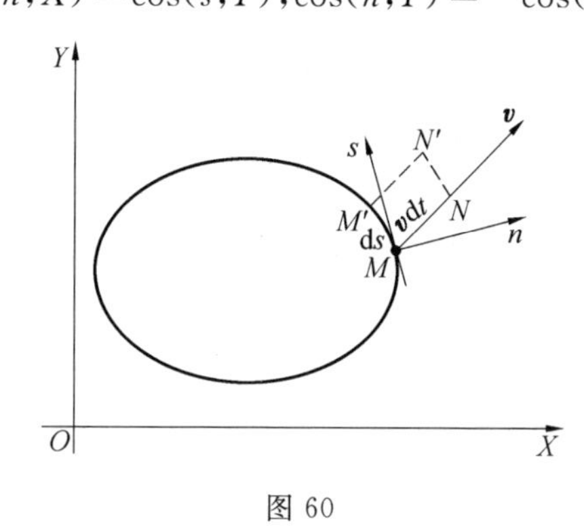


图 60

但是,已知两个方向之间的角的余弦由公式

$$\cos(\boldsymbol{v},n)=\cos(\boldsymbol{v},X)\cos(n,X)+\cos(\boldsymbol{v},Y)\cos(n,Y)$$

来表达,或者根据公式(9)

$$\cos(\boldsymbol{v},n)=\cos(\boldsymbol{v},X)\cos(s,Y)-\cos(\boldsymbol{v},Y)\cos(s,X)$$

代入到面积的表达式中并注意

$$|\boldsymbol{v}|\cos(\boldsymbol{v},X)=u,\ |\boldsymbol{v}|\cos(\boldsymbol{v},Y)=v$$

$$\mathrm{d}s\cos(s,X)=\Delta x,\mathrm{d}s\cos(s,Y)=\Delta y$$

最后得到

$$\text{面积 } MNN'M' = (-v\Delta x + u\Delta y)\mathrm{d}t$$

这里,若角$(\boldsymbol{v},n)$是钝角,则$\cos(\boldsymbol{v},n)$是负的,于是得到的面积带有负号,这个负号对应于流体流入以曲线$(l)$为界的区域的情形.

在时间$\mathrm{d}t$内,流体通过界线$(l)$的全部的量就是

$$\mathrm{d}t\sum(-v\Delta x + u\Delta y) = \mathrm{d}t\int_{(l)} -v\mathrm{d}x + u\mathrm{d}y$$

而在单位时间通过的流体是

$$q = \int_{(l)} -v\mathrm{d}x + u\mathrm{d}y \tag{10}$$

其中沿曲线$(l)$求积分要取逆时针方向.注意,界线$(l)$可以是封闭的.当流体流向法线$(n)$所指的一侧时,由公式(10)计算出的流体的量$q$带有(+)号,若流向相反的一侧,则带有(−)号.

若界线$(l)$内没有放出流体的源泉(正的源泉),也没有流入的吸吮点(负的源泉),则$q$应当等于零,否则出现在$(l)$内的流体或者增多,或者减少,这与不可压缩以及没有源泉的性质相违背.

如此,不可压缩流体的稳定的平面流动由等式

$$\int_{(l)} -v\mathrm{d}x + u\mathrm{d}y = 0 \tag{11}$$

突出的表示出来,对于任何内部没有源泉的界线$(l)$,这等式应当成立.

**例4** 在热力学中任何物体的情况由三个物理的量来确定:压力$p$,容积$v$以及(绝对)温度$T$.这些物理量由一个关系式

$$f(v,p,T) = 0$$

联系.例如,在理想气体的情形下有克拉坡朗公式

$$pv - RT = 0$$

如此物体的情况就由这三个量中的两个来确定,例如$p$与$v$,也就是由平面$pOv$上的点$M(p,v)$来确定.

若物体的情况在改变,则确定它的点在平面$pOv$上画出曲线,这曲线叫作所考虑的过程的线图,若物体会回到原始的情况,这种过程就叫作循环过程,而它的线图就是封闭的曲线$(l)$.

为要确定在这过程中,物体所吸收的热量,把这过程分为非常小的单元,对应的$p,v,T$就有非常小的改变量$\Delta p,\Delta v,\Delta T$.若这些量中只有一个改变,则物体所吸收的热量与对应的变量的改变量近似成比例.若三个变量全都立刻改变,则依照小作用量的原理[I,68],全改变量$\Delta Q$就等于这些部分改变量之和.换句话说,就是我们有下面形状的近似等式

$$\Delta Q \approx A\Delta p + B\Delta v + C\Delta T$$

于是最后得到

$$Q=\sum\Delta Q=\int A\mathrm{d}p+B\mathrm{d}v+C\mathrm{d}T \tag{12}$$

根据物态方程，通过 $v$ 与 $p$ 来表达 $T$，我们得到

$$T=\varphi(v,p),\mathrm{d}T=\frac{\partial\varphi}{\partial p}\mathrm{d}p+\frac{\partial\varphi}{\partial v}\mathrm{d}v$$

把 $T$ 与 $\mathrm{d}T$ 的这两个表达式代入到公式(12) 的右边，最后求出

$$Q=\int_{(l)}P\mathrm{d}p+V\mathrm{d}v$$

其中 $P$ 与 $V$ 是 $p$ 与 $v$ 的已知函数.

**例 5** 设所考虑的过程是燃气机或蒸汽机的操作计气缸中气体或蒸汽的膨胀或收缩.那时，容积的改变 $\Delta v$ 就与在压力 $p$ 的作用下气缸中活塞的位移成比例，所以压力 $p$ 产生的功，当适当的选择单位时，就由乘积 $p\Delta v$ 来表达，而在整个循环过程中全部的功就是

$$E=\int_{(l)}p\mathrm{d}v$$

### 68. 面积与曲线积分

我们计算在平面 $XOY$ 上介于封闭曲线$(l)$ 的区域$(\sigma)$ 的面积 $\sigma$. 为简单起见，设平行于 $OY$ 轴的直线与曲线$(l)$ 的交点不多于两个. 用 $y_1$ 记平行于 $OY$ 轴的直线进入区域$(\sigma)$ 的点的纵坐标，$y_2$ 记它穿出区域$(\sigma)$ 的点的纵坐标，并用 $a$ 与 $b$ 各记曲线$(l)$ 的两个极端点的横坐标(图 61)，我们就有[I,101]

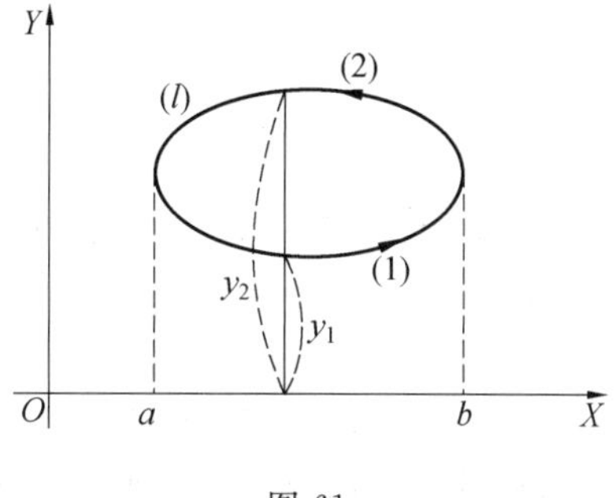


图 61

$$\sigma=\int_a^b(y_2-y_1)\mathrm{d}x$$

设(1) 与(2) 各为对应于进入点与穿出点的曲线的一部. 积分

$$\int_a^b y_2\mathrm{d}x$$

就恰好是曲线积分

$$\int_{(2)}y\mathrm{d}x$$

沿由 $x=b$ 到 $x=a$ 的方向就要取相反的符号. 同样积分

$$\int_a^b y_1\mathrm{d}x$$

与曲线积分

$$\int_{(1)} y\mathrm{d}x$$

相同,取由 $x=a$ 到 $x=b$ 的方向.

最后就有

$$\sigma=\int_a^b y_2\,\mathrm{d}x-\int_a^b y_1\,\mathrm{d}x=-\left[\int_{(1)a}^b y\mathrm{d}x+\int_{(2)b}^a y\mathrm{d}x\right]=-\int_{(l)} y\mathrm{d}x \qquad (13)$$

这里曲线$(l)$ 取逆时针方向.

同样方法可以求出

$$\sigma=\int_{(l)} x\mathrm{d}y \qquad (14)$$

公式(13) 与(14) 相加后再用 2 除,就得到

$$\sigma=\frac{1}{2}\int_{(l)} x\mathrm{d}y-y\mathrm{d}x \qquad (15)$$

我们得出公式(13) 时,假设了平行于 $OY$ 轴的直线与$(l)$ 的交点不多于两个.不难看出,对于较普遍的界线,这个公式仍然正确.先考虑区域$(\sigma)$ 介于两个平行于 $OY$ 轴的线段以及曲线(1),(2) 的情形(图 62).重复上面的讨论,得到

$$\sigma=-\left[\int_{(1)} y\mathrm{d}x+\int_{(2)} y\mathrm{d}x\right]$$

在 $CD$ 与$BA$ 上,$x$ 是常量,于是 $\mathrm{d}x=0$,所以沿这两个线段$\int y\mathrm{d}x$ 等于零.在上式右边补充上这两个等于零的积分,并给它们带上负号,于是对于所考虑的情形得到公式(13).对于具有更普遍形式的界线$(l)$ 的区域(图 63),我们采取下述的方法.引平行于 $OY$ 轴的直线,把$(\sigma)$ 分为有限个部分,再对每一部分应用公式(13).这些公式相加,在左边就得到全部区域的面积 $\sigma$,而右边是沿界线$(l)$ 的积分,因为,如上所述,沿所作的辅助界线的积分等于零.同样的,对于普遍形状的界线,公式(14) 与(15) 也仍然正确.

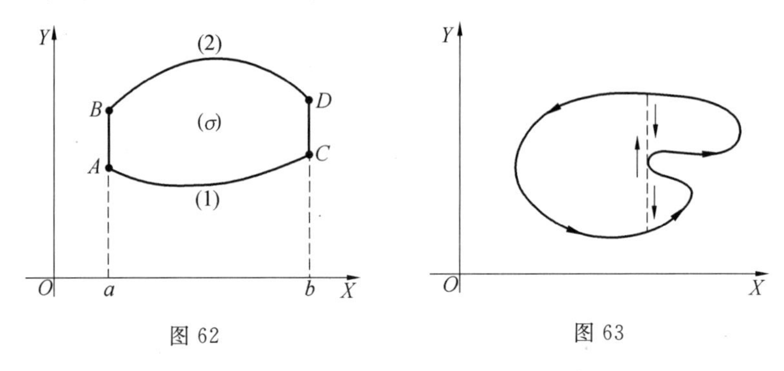


图 62　　图 63

在椭圆

$$x=a\cos t,\ y=b\sin t \quad (0\leqslant t\leqslant 2\pi)$$

的情形下，公式(15) 给出

$$\sigma=\frac{1}{2}\int_{0}^{2\pi}(a\cos t\cdot b\cos t+b\sin t\cdot a\sin t)\mathrm{d}t=\frac{1}{2}ab\int_{0}^{2\pi}\mathrm{d}t=\pi ab$$

在上述关于面积的公式中，当求沿$(l)$ 的积分时，这个界线要取逆时针的方向才对. 或者，最好是说，界线$(l)$ 要取这样的方向，使得要把 $OX$ 轴在这方向转一个角度$\frac{\pi}{2}$ 时，它与 $OY$ 轴的方向重合. 若 $OY$ 轴的方向不是向上的，而是向下的，则这个关于面积的公式仍然正确，不过沿$(l)$ 求积分时就应当取顺时针方向. 以后我们总保持上述关于平面上封闭界线的方向的条件.

**69. 格林公式**

现在我们建立一个基本公式，这个公式联系着沿曲面的积分与沿这个曲面的界线的曲线积分. 我们由曲面是平面区域的情形开始. 在这情形下，我们所要建立的公式叫作格林公式.

应用公式(7)[56] 计算二重积分

$$\iint_{(\sigma)}\frac{\partial P(x,y)}{\partial y}\mathrm{d}\sigma$$

其中 $P(x,y)$ 是$(x,y)$ 的函数.

先对 $y$ 求积分，并设平行于 $OY$ 轴的直线与区域$(\sigma)$ 的界线$(l)$ 的交点不多于两点(图 61)，我们得到

$$\iint_{(\sigma)}\frac{\partial P}{\partial y}\mathrm{d}\sigma=\iint_{(\sigma)}\frac{\partial P}{\partial y}\mathrm{d}x\mathrm{d}y=\int_{a}^{b}\mathrm{d}x\int_{y_1}^{y_2}\frac{\partial P}{\partial y}\mathrm{d}y$$
$$=\int_{a}^{b}[P(x,y_2)-P(x,y_1)]\mathrm{d}x$$

另一方面，积分

$$\int_{a}^{b}P(x,y_1)\mathrm{d}x,\int_{a}^{b}P(x,y_2)\mathrm{d}x$$

就恰好各自是由点 $x=a$ 到 $x=b$ 沿界线$(l)$ 的部分(1) 与(2) 的曲线积分

$$\int P(x,y)\mathrm{d}x$$

改变其中第二个的积分方向，就得到

$$\int_{a}^{b}P(x,y_2)\mathrm{d}x=-\int_{b}^{a}P(x,y_2)\mathrm{d}x=-\int_{(2)b}^{a}P(x,y)\mathrm{d}x$$

由此

$$\iint_{(\sigma)}\frac{\partial P}{\partial y}\mathrm{d}\sigma=-\int_{(2)b}^{a}P(x,y)\mathrm{d}x-\int_{(1)a}^{b}P(x,y)\mathrm{d}x$$

或

$$\iint_{(\sigma)}\frac{\partial P}{\partial y}\mathrm{d}\sigma=-\int_{(l)}P\mathrm{d}x\tag{16}$$

其中界线$(l)$取逆时针方向(图 61).

用同样方法计算积分

$$\iint\limits_{(\sigma)} \frac{\partial Q(x,y)}{\partial x} \mathrm{d}\sigma$$

其中$Q$是$(x,y)$的另一个函数. 为简单起见,设平行于$OX$轴的直线与界线$(l)$的交点不多于两个,我们得到

$$\begin{aligned}\iint\limits_{(\sigma)} \frac{\partial Q}{\partial x} \mathrm{d}\sigma &= \iint\limits_{(\sigma)} \frac{\partial Q}{\partial x} \mathrm{d}x\mathrm{d}y = \int_{\alpha}^{\beta} \mathrm{d}y \int_{x_1}^{x_2} \frac{\partial Q}{\partial x} \mathrm{d}x \\ &= \int_{\alpha}^{\beta} [Q(x_2,y) - Q(x_1,y)] \mathrm{d}y\end{aligned}$$

这个表达式也可以化为沿封闭界线的曲线积分

$$\iint\limits_{(\sigma)} \frac{\partial Q}{\partial x} \mathrm{d}\sigma = \int_{(l)} Q\mathrm{d}y \tag{17}$$

由方程(17)减掉方程(16),我们就得到格林公式

$$\iint\limits_{(\sigma)} \left(\frac{\partial Q}{\partial x} - \frac{\partial P}{\partial y}\right) \mathrm{d}\sigma = \int_{(l)} P\mathrm{d}x + Q\mathrm{d}y \tag{18}$$

我们引出公式(16)时,假定了平行于$OY$轴的直线与$(l)$的交点不多于两个. 与上一段中的讨论完全一样,可以证明,对于普遍形状的区域,这个公式也是正确的. 这个附注同样适用于公式(17)与(18).

当区域$(\sigma)$介于几条曲线时(图 64),这些讨论仍然适用. 这时,在公式(18)的右边,需要沿作为这区域的界线的所有的曲线求积分,并且当坐标轴取如图 64 所示的方向时,沿外边界线的积分应当取逆时针方向,而沿里面界线的积分应当取顺时针方向,就是说,沿所有的界线求积分时,区域$(\sigma)$保持在左边.

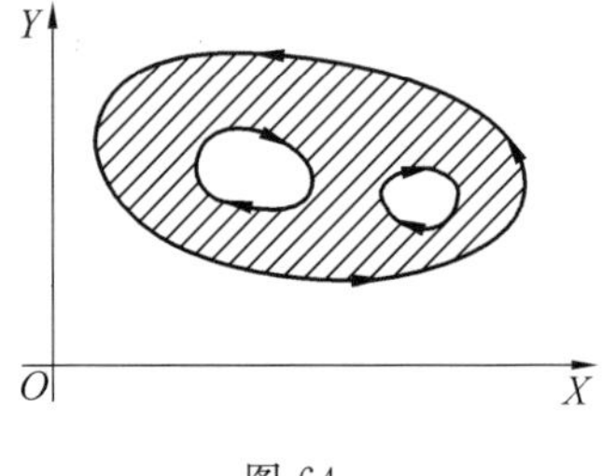

图 64

注意,格林公式(18)可以写成另外的形状. 设$t$是曲线$l$的切线,与$l$取相同的方向,而且$n$是$l$的法线,取由$\sigma$向外的方向. 由$n$的方向逆时针转一个直角就得到$t$的方向,于是推知,对于$t$及$n$与坐标轴作成的角,我们有:$(t,X)=\pi+(n,Y)$与$(t,Y)=(n,X)$,若$\mathrm{d}s$是曲线的弧单元,则$\mathrm{d}x=\mathrm{d}s\cdot\cos(t,X)$,$\mathrm{d}y=\mathrm{d}s\cdot\cos(t,Y)$. 就是,$\mathrm{d}x=-\mathrm{d}s\cdot\cos(n,Y)$,$\mathrm{d}y=\mathrm{d}s\cdot\cos(n,X)$. 代入到公式(18)中,并用$(-Q)$替代$P$,$P$替代$Q$,就得到

$$\iint\limits_{(\sigma)} \left(\frac{\partial P}{\partial x} + \frac{\partial Q}{\partial y}\right) \mathrm{d}\sigma = \int_{(l)} [P\cos(n,X) + Q\cos(n,Y)] \mathrm{d}s \tag{18'}$$

格林公式的这个形状表示出在平面情形下的奥斯特洛格拉得斯基公式.

**70. 司铎克斯公式**

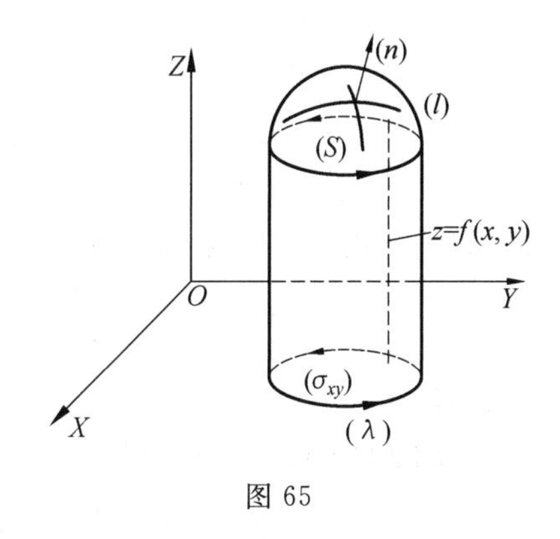

图 65

现在讲具有界线$(l)$的任何非封闭曲面$(S)$的情形(图65).假设平行于$z$轴的直线与$(S)$只交于一点,并保留[62]中所有的记法.$l$在平面$XOY$上的投影给出区域$(\sigma_{xy})$的界线$(\lambda)$.界线$(\lambda)$的正方向取作逆时针方向,并且$(l)$的正方向取对应的方向.$(S)$的法线$n$的方向这样取,使得它与$OZ$轴作成锐角,于是$\cos(n,Z)>0$.这时,[62]公式(24)中需要取下边的符号,于是这些公式给出

$$p\cos(n,Z)=-\cos(n,X),q\cos(n,Z)=-\cos(n,Y) \tag{19}$$

而[62]中公式(26)可以写成

$$\mathrm{d}\sigma_{xy}=\cos(n,Z)\mathrm{d}S \tag{20}$$

设$P(x,y,z)$是给定在曲面$(S)$附近的任何函数,并且它以及它的一阶导数是连续的.我们考虑积分

$$\int_{(l)} P(x,y,z)\mathrm{d}x$$

曲线$(l)$在$(S)$上,利用这曲面的方程:$z=f(x,y)$,我们可以在积分号下用$f(x,y)$代入作$z$.这时被积函数$P[x,y,f(x,y)]$就只含有$x$与$y$.$(\lambda)$上变点的坐标$(x,y)$也就是$(l)$上对应点的这两个坐标,所以沿$(l)$的积分可以用沿$(\lambda)$的积分来替换

$$\int_{(l)} P(x,y,z)\mathrm{d}x=\int_{(\lambda)} P[x,y,f(x,y)]\mathrm{d}x$$

对于右边的积分应用格林公式(18),这里,在所给的情形下,$P=P[x,y,f(x,y)]$,$Q=0$,而$(l)$是$(\lambda)$.计算$\frac{\partial P}{\partial y}$时,需要求$P$直接对$y$的导数,以及通过第三变量$z$求对$y$的导数,而$z$我们已经用$f(x,y)$替换了

$$\frac{\partial \dot{P}}{\partial y}=\frac{\partial P(x,y,z)}{\partial y}+\frac{\partial P(x,y,z)}{\partial z}\cdot\frac{\partial f(x,y)}{\partial y}$$

这个表达式$P$中的字母$z$应当是$f(x,y)$.公式(18)给出

$$\begin{aligned}\int_{(l)} P(x,y,z)\mathrm{d}x&=\int_{(\lambda)} P[x,y,f(x,y)]\mathrm{d}x\\&=-\iint_{(\sigma_{xy})}\left[\frac{\partial P(x,y,z)}{\partial y}+\frac{\partial P(x,y,z)}{\partial z}\cdot\frac{\partial f(x,y)}{\partial y}\right]\mathrm{d}\sigma_{xy}\end{aligned}$$

依照公式(20),通过曲面$(S)$的单元$\mathrm{d}S$来表达$\mathrm{d}\sigma_{xy}$,这个二重积分就化为沿曲面$(S)$的积分[63]

$$\int_{(l)} P(x,y,z)\mathrm{d}x$$
$$=-\iint_{(S)}\left[\frac{\partial P(x,y,z)}{\partial y}+\frac{\partial P(x,y,z)}{\partial z}\cdot\frac{\partial f(x,y)}{\partial y}\right]\cos(n,Z)\mathrm{d}S$$

于是,利用公式(19)中第二个,最后得到

$$\int_{(l)} P\mathrm{d}x=\iint_{(S)}\left[\frac{\partial P}{\partial z}\cos(n,Y)-\frac{\partial P}{\partial y}\cos(n,Z)\right]\mathrm{d}S \tag{21}$$

若 $Q(x,y,z)$ 与 $R(x,y,z)$ 是给定在$(S)$附近的另外两个函数,则按照坐标 $x,y,z$ 的循环排列,得到两个类似的公式

$$\int_{(l)} Q\mathrm{d}y=\iint_{(S)}\left[\frac{\partial Q}{\partial x}\cos(n,Z)-\frac{\partial Q}{\partial z}\cos(n,X)\right]\mathrm{d}S$$
$$\int_{(l)} R\mathrm{d}z=\iint_{(S)}\left[\frac{\partial R}{\partial y}\cos(n,X)-\frac{\partial R}{\partial x}\cos(n,Y)\right]\mathrm{d}S$$

把所得到的三个公式相加,就得出司铎克斯公式

$$\int_{(l)} P\mathrm{d}x+Q\mathrm{d}y+R\mathrm{d}z=\iint_{(S)}\left[\left(\frac{\partial R}{\partial y}-\frac{\partial Q}{\partial z}\right)\cos(n,X)+\left(\frac{\partial P}{\partial z}-\frac{\partial R}{\partial x}\right)\cos(n,Y)+\left(\frac{\partial Q}{\partial x}-\frac{\partial P}{\partial y}\right)\cos(n,Z)\right]\mathrm{d}S \tag{22}$$

这个公式联系了沿曲面的界线的曲线积分与沿这曲面的积分,并且这个关系式类似于联系着沿某一三维区域的表面的积分与沿这区域的积分的奥斯特洛格拉得斯基公式.格林公式当$(S)$是平面 $XOY$ 上的平面区域时是司铎克斯公式的一个特殊情形.这时,$(l)$是平面 $XOY$ 上的封闭曲线,$\mathrm{d}z=0$,而且$(n)$与 $OZ$ 的方向相同,于是 $\cos(n,X)=\cos(n,Y)=0$,$\cos(n,Z)=1$.把所有这些代入到公式(22)中,就得到公式(18).

我们引出公式(21)时,假定了平行于 $OZ$ 轴的直线与$(S)$只交于一点.若不这样,就用辅助曲线把$(S)$分成几部分,使得每一部分满足上述条件,于是对每一部分可以应用公式(21).如此,把对于所有各部分得到的公式相加,左边就有沿界线$(l)$的积分.因为沿辅助界线的积分要在相反的方向各取一次,于是相消.在右边我们得到沿整个曲面$(S)$的二重积分,就是说公式(21)在普遍的情形下是正确的.同样的附注对于一般公式(22)也对.这时,只要$(l)$与法线$(n)$的方向合乎下述条件:依法线$(n)$方向站立沿$(l)$走时,曲面$(S)$应当在左边.这个法则与图 65 上所标明的坐标系的选取有关.在这坐标系中,站在 $OZ$ 轴的方向来观察,看出当 $OX$ 轴逆时针转一个角度$\frac{\pi}{2}$时,转到 $OY$ 轴.假若这样转时需要取顺时针方向,则上面的法则中,“左边”这两个字就需要换成“右边”.

若采用[64]中所述的曲面积分的记法,则公式(22)可以写成下面的形状

$$\int_{(l)} P\mathrm{d}x + Q\mathrm{d}y + R\mathrm{d}z$$

$$= \iint\limits_{(S)} \left(\frac{\partial R}{\partial y} - \frac{\partial Q}{\partial z}\right)\mathrm{d}y\mathrm{d}z + \left(\frac{\partial P}{\partial z} - \frac{\partial R}{\partial x}\right)\mathrm{d}z\mathrm{d}x + \left(\frac{\partial Q}{\partial x} - \frac{\partial P}{\partial y}\right)\mathrm{d}x\mathrm{d}y \quad (23)$$

沿曲面$(S)$的哪一侧以及$(n)$的方向都依照上述的法则来取.

**71. 平面上曲线积分与路径的无关性**

[67]中所讲的几个曲线积分的例子说明了,在某些情形下,曲线积分的数值与积分路径无关,只依赖于求积分的起点与终点,而在另外的情形下,求积分所沿的弧会影响积分的数值.现在,我们利用格林公式与司铎克斯公式,来求在什么条件下积分的数值才不依赖于积分路径.我们由平面的情形开始,先求曲线积分

$$\int_{(A)}^{(B)} P\mathrm{d}x + Q\mathrm{d}y$$

与路径无关的条件.由曲线(1)与(2)联结点$(A)$与$(B)$(图66),我们就应当有

$$\int_{(1)(A)}^{(B)} P\mathrm{d}x + Q\mathrm{d}y = \int_{(2)(A)}^{(B)} P\mathrm{d}x + Q\mathrm{d}y \quad (24)$$

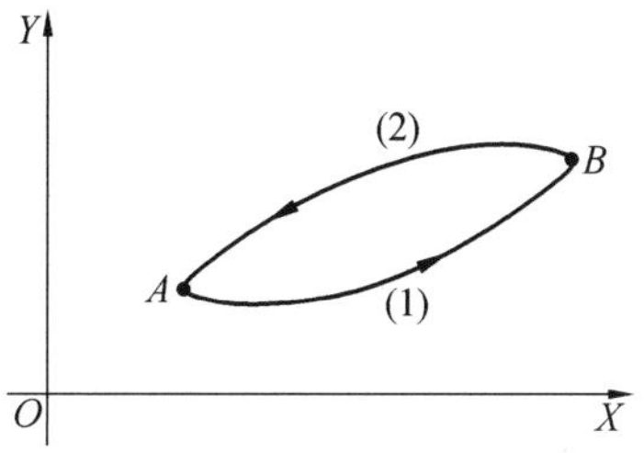

Y (2) B A (1) O X

图 66

或者利用性质Ⅱ[66]

$$\int_{(1)(A)}^{(B)} P\mathrm{d}x + Q\mathrm{d}y - \int_{(2)(A)}^{(B)} P\mathrm{d}x + Q\mathrm{d}y = 0$$

$$\int_{(1)(A)}^{(B)} P\mathrm{d}x + Q\mathrm{d}y + \int_{(2)(B)}^{(A)} P\mathrm{d}x + Q\mathrm{d}y = \int_{(l)} P\mathrm{d}x + Q\mathrm{d}y = 0 \quad (25)$$

其中$(l)$是由曲线(1)与(2)组成的封闭曲线,在(1)上取由$(A)$到$(B)$的方向,在(2)上取由$(B)$到$(A)$的方向.如此,由于点$(A)$与$(B)$的任意性,我们看出,沿任何封闭界线$(l)$的积分应当等于零.反之,若沿封闭界线$(l)$的积分等于零,则沿(1)的积分等于沿(2)的积分,因为由等式(25)反回来可以推出等式(24).若联结点$A$与$B$的曲线(1)与(2)相交,则用一条不与曲线(1)及(2)相交的曲线(3)来联结$A$与$B$,由等式

$$\int_{(1)(A)}^{(B)} P\mathrm{d}x + Q\mathrm{d}y = \int_{(3)(A)}^{(B)} P\mathrm{d}x + Q\mathrm{d}y$$

$$\int_{(2)(A)}^{(B)} P\mathrm{d}x + Q\mathrm{d}y = \int_{(3)(A)}^{(B)} P\mathrm{d}x + Q\mathrm{d}y$$

就有

$$\int_{(1)(A)}^{(B)} P\mathrm{d}x + Q\mathrm{d}y = \int_{(2)(A)}^{(B)} P\mathrm{d}x + Q\mathrm{d}y$$

所以,积分与路径无关这条件与沿任何封闭界线$(l)$的积分等于零的条件一致.

若满足后面这条件，则由公式(18) 我们得到

$$\iint_{(\sigma)}\left(\frac{\partial Q}{\partial x}-\frac{\partial P}{\partial y}\right)\mathrm{d}\sigma=0 \tag{26}$$

这里，积分区域$(\sigma)$ 可以任意取.

以下我们证明，由此推出

$$\frac{\partial Q}{\partial x}-\frac{\partial P}{\partial y}=0 \tag{27}$$

是恒等式，就是说，对于所有的 $x$ 与 $y$ 的值，这等式均成立.

为此，设在某一点 $C(a,b)$，差

$$\frac{\partial Q}{\partial x}-\frac{\partial P}{\partial y}=f(x,y)$$

不等于零，若它大于零. 根据导数$\frac{\partial Q}{\partial x}$ 与$\frac{\partial P}{\partial y}$ 的连续性，我们可以假设上述的差在某一个以 $C$ 为圆心的小圆$(\sigma_0)$ 上是正的. 作积分

$$\iint_{(\sigma_0)}f(x,y)\mathrm{d}\sigma=\iint_{(\sigma_0)}\left(\frac{\partial Q}{\partial x}-\frac{\partial P}{\partial y}\right)\mathrm{d}\sigma$$

并对它应用中值定理[61]

$$\iint_{(\sigma_0)}\left(\frac{\partial Q}{\partial x}-\frac{\partial P}{\partial y}\right)\mathrm{d}\sigma=f(\xi,\eta)\sigma_0$$

其中$(\xi,\eta)$ 是$(\sigma_0)$ 中某一点，所以 $f(\xi,\eta)>0$，由此推出

$$\iint_{(\sigma_0)}\left(\frac{\partial Q}{\partial x}-\frac{\partial P}{\partial y}\right)\mathrm{d}\sigma>0$$

而这与对于任何的区域$(\sigma)$ 积分(26) 等于零相违背. 所以条件(27) 是积分与路径无关的必要条件. 不难看出，它也是充分条件，因为根据公式(18)，由条件(27) 推出，沿任何封闭曲线，积分$\int_{(l)}P\mathrm{d}x+Q\mathrm{d}y$ 等于零，这就相当于积分与路径无关.

所以，条件(27) 是一个必要且充分条件，使得积分

$$\int_{(A)}^{(B)}P\mathrm{d}x+Q\mathrm{d}y \tag{28}$$

与积分路径无关，而只是点 $A$ 与 $B$ 的坐标的函数.

若这条件满足，我们固定住点 $A(x_0,y_0)$，而算作只是点 $B(x,y)$ 在变，则积分(28) 是$(x,y)$ 的函数，或者说是点 $B$ 的函数

$$\int_{(x_0,y_0)}^{(x,y)}P\mathrm{d}x+Q\mathrm{d}y=U(x,y) \tag{29}$$

我们来讨论这个函数的性质. 保持 $y$ 不变，只给 $x$ 一个改变量 $\Delta x$，得到

$$U(x+\Delta x,y)-U(x,y)=\int_{(x_0,y_0)}^{(x+\Delta x,y)}P\mathrm{d}x+Q\mathrm{d}y-\int_{(x_0,y_0)}^{(x,y)}P\mathrm{d}x+Q\mathrm{d}y$$

由于积分与积分路径的无关性，我们可以算作，第一个积分的路径由联结点 $A$ 及 $B$ 的曲线 $AB$ 与直线段 $BB'$ 组成(图 67)，而第二个积分的路径就是第一个积分路径中的曲线 $AB$. 消去沿 $AB$ 的积分就剩下

$$U(x+\Delta x, y)-U(x, y)=\int_{(x, y)}^{(x+\Delta x, y)} P\mathrm{d}x+Q\mathrm{d}y$$

$$=\int_{x}^{x+\Delta x} P(x, y)\mathrm{d}x$$

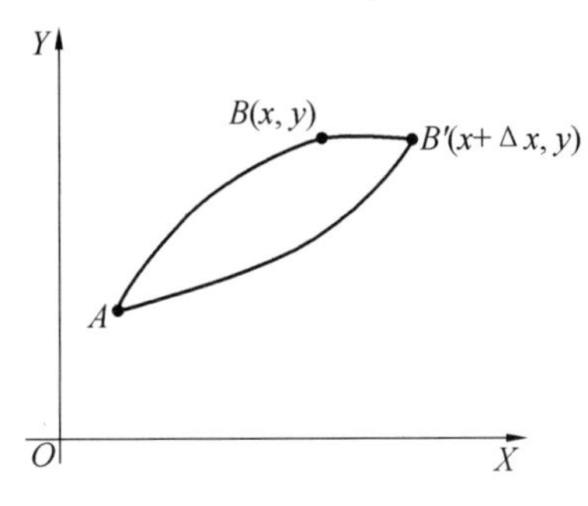


图 67

因为在直线 $BB'$ 上 $y$ 不改变，于是 $\mathrm{d}y=0$. 应用中值定理[I,95]，我们求出

$$U(x+\Delta x, y)-U(x, y)=\Delta x P(x+\theta\Delta x, y) \quad (0<\theta<1)$$

用 $\Delta x$ 除它并令 $\Delta x$ 趋向 0，得到

$$\frac{\partial U}{\partial x}=\lim_{\Delta x\to 0} P(x+\theta\Delta x, y)=P(x, y) \tag{30}$$

同样方法可以求出

$$\frac{\partial U}{\partial y}=Q(x, y) \tag{31}$$

关系式(30) 与(31) 告诉我们[I,68]

$$\mathrm{d}U=\frac{\partial U}{\partial x}\mathrm{d}x+\frac{\partial U}{\partial y}\mathrm{d}y=P\mathrm{d}x+Q\mathrm{d}y$$

如此说明了，当满足条件(27) 时，被积表达式

$$P\mathrm{d}x+Q\mathrm{d}y \tag{32}$$

是公式(29) 所确定的函数 $U(x, y)$ 的全微分. 不难证明公式

$$U_1(x, y)=U(x, y)+C \tag{33}$$

给出全微分等于(32) 的函数 $U_1(x, y)$ 的一般表达式，其中 $C$ 是任意常数. 事实上，我们应当有

$$\mathrm{d}U=P\mathrm{d}x+Q\mathrm{d}y$$

$$\mathrm{d}U_1=P\mathrm{d}x+Q\mathrm{d}y$$

由此

$$\mathrm{d}(U_1-U)=0$$

但是若某一函数的微分恒等于零，则这个函数对所有的自变量的偏导数等

于零，于是推知，这函数是个常量，就是说

$$U_1 - U = C$$

于是证完.

注意，当保持有条件(27) 时，下面这等式显然成立

$$\int_{(A)}^{(B)} P\mathrm{d}x + Q\mathrm{d}y = \int_{(A)}^{(B)} \mathrm{d}U_1 = U_1(B) - U_1(A) \tag{34}$$

反之，设存在这样的函数 $U_1$，使得

$$\mathrm{d}U_1 = P\mathrm{d}x + Q\mathrm{d}y \tag{35}$$

我们可以证明，条件

$$\frac{\partial Q}{\partial x} - \frac{\partial P}{\partial y} = 0$$

应当是必要的，并且函数 $U_1$ 由公式

$$U_1(x, y) = \int_{(x_0, y_0)}^{(x, y)} P\mathrm{d}x + Q\mathrm{d}y + C$$

来确定.

为此，可以把关系式(35) 写成

$$P\mathrm{d}x + Q\mathrm{d}y = \frac{\partial U_1}{\partial x}\mathrm{d}x + \frac{\partial U_1}{\partial y}\mathrm{d}y$$

并且因为作为自变量的微分的 $\mathrm{d}x$ 与 $\mathrm{d}y$ 是任意的[I,68]，则这等式只有当 $\mathrm{d}x$ 与 $\mathrm{d}y$ 在两边的系数相等时，才能成立，就是说

$$P = \frac{\partial U_1}{\partial x}, Q = \frac{\partial U_1}{\partial y}$$

由此已经显示出

$$\frac{\partial P}{\partial y} = \frac{\partial^2 U_1}{\partial x \partial y} = \frac{\partial^2 U_1}{\partial y \partial x} = \frac{\partial Q}{\partial x}$$

所以，这时满足条件(27)，并且根据以前的讨论，积分

$$U(x, y) = \int_{(x_0, y_0)}^{(x, y)} P\mathrm{d}x + Q\mathrm{d}y$$

只依赖于$(x, y)$，且具有下面这性质

$$\mathrm{d}U = P\mathrm{d}x + Q\mathrm{d}y = \mathrm{d}U_1$$

由此推出

$$U_1 = U + C$$

于是证完. 所以，使得表达式 $P\mathrm{d}x + Q\mathrm{d}y$ 是某一个函数 $U_1$ 的全微分的必要且充分条件就是恒等式

$$\frac{\partial P}{\partial y} = \frac{\partial Q}{\partial x}$$

成立，当满足这条件时函数 $U_1$ 由公式

$$U_1(x,y)=\int_{(x_0,y_0)}^{(x,y)} P\mathrm{d}x+Q\mathrm{d}y+C \tag{36}$$

来确定.

**72. 复通区域的情形**

条件(27)是使得曲线积分

$$\int_{(A)}^{(B)} P\mathrm{d}x+Q\mathrm{d}y$$

与路径无关的必要且充分条件,这个证明主要基于下列两个情况:

(1)函数 $P$ 与 $Q$ 以及它们的一阶偏导数在所考虑的 $(x,y)$ 的区域上是连续的.

(2)若在给定的区域上随意画出一个封闭的界线 $(l)$,则包含在 $(l)$ 之内的一部分平面整个属于那样一个区域,在那个区域上连续性的条件以及条件(27)成立.

第一个条件主要是因为当证明时所述的函数出现在积分号下.第二个条件是因为要应用格林公式,就是要用二重积分来表示曲线积分.它就相当于:在这区域上画出的任何一个封闭界线,可以连续的收缩为一点而不出乎这个区域,或者换句话说,这个条件相当于这个区域没有洞.

现在设在某一个有两个洞的区域 $(\sigma)$ 上(图68),函数 $P$ 与 $Q$ 以及所述的导数连续并满足条件(27).若在这样的区域上取一个封闭界线 $(l_0)$,在其内没有洞,则对于这样的界线以及以它为界的区域,格林公式(18)是适用的,于是根据条件(27)沿这样的封闭界线 $(l_0)$ 的积分等于零.现在取封闭界线 $(l_1)$,在其中出现洞(Ⅰ).这时公式(18)不适用,于是一般说来沿 $(l_1)$ 的积分(28)就不等于零.我们来证明,这个积分的数值不依赖于界线 $(l_1)$ 的形状,而重要的只是这个界线环绕着一个洞(Ⅰ),取出环绕着洞(Ⅰ)的两个界线 $(l_1)$ 与 $(l_2)$.我们需要证明沿 $(l_1)$ 与 $(l_2)$ 的积分(28)的数值相同.引用连接 $(l_1)$ 与 $(l_2)$ 的辅助界线 $(ab)$.曲线 $(l_1)$,$(l_2)$ 以 $(ab)$ 连合起来是一个封闭界线,而且其中没有洞,并且这个界线应当取箭头指明的方向.于是推知,对于这个界线公式(18)适用,根

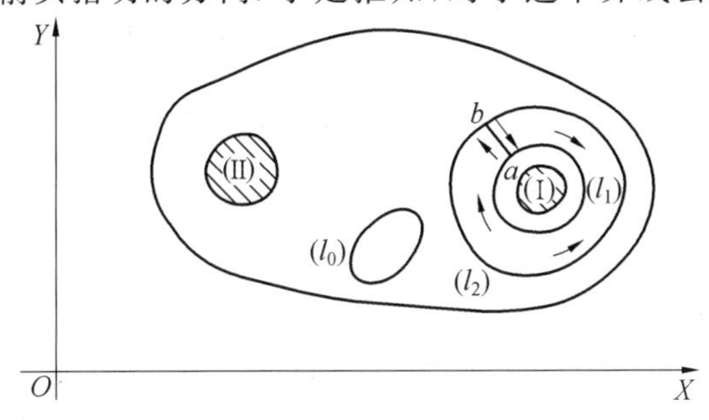


图 68

据(27),沿这界线的积分等于零

$$\oint_{(l_1)}+\int_{(ba)}+\oint_{(l_2)}+\int_{(ab)}=0$$

这里沿$(ab)$与$(ba)$的积分取相反的方向,所以相消,沿$(l_1)$的积分需要取顺时针方向,沿$(l_2)$的积分取逆时针方向.改变沿$(l_1)$积分方向并改变符号,结果不变,我们就得到

$$\oint_{(l_2)}-\oint_{(l_1)}=0$$

或,最后得到

$$\oint_{(l_1)}P\mathrm{d}x+Q\mathrm{d}y=\oint_{(l_2)}P\mathrm{d}x+Q\mathrm{d}y$$

就是说,实际上,都取逆时针方向时,沿$(l_1)$与$(l_2)$的积分的数值相同.如此,洞(Ⅰ)对应于一个确定的常数$\omega_1$,它等于沿任何环绕着洞(Ⅰ)的封闭界线时积分(28)的数值.同理洞(Ⅱ)对应于另一个常数$\omega_2$.

若在区域$(D)$上由洞到外界线引出两条割断$(ab)$与$(cd)$(图69),则得到一个新的区域,在其内没有洞,于是根据条件(27)在这区域上可以作出一个函数

$$U(x,y)=\int_{(x_0,y_0)}^{(x,y)}P\mathrm{d}x+Q\mathrm{d}y$$

不过,根据以上所述,在割断$(ab)$上的相对两侧,这函数的值差一个常数$\omega_1$,而在$(cd)$上差一个常数$\omega_2$.若去掉割断回到最初的区域$(D)$,则在这区域上函数$U(x,y)$是多值的.环绕洞一圈这函数就加一项$\omega_1$或$\omega_2$,就是说,函数$U(x,y)$含有不定项$m_1\omega_1+m_2\omega_2$,其中$m_1$与$m_2$是任何整数.所有我们的讨论适用于区域上有任何多个洞的情形,并且洞也可以是一个点,就是说只是由一个点作成的洞.洞的数目加上一普通叫作区域$(D)$的连通度,具有洞的区域叫作复通区域.$\omega_1$与$\omega_2$这两个数叫作表达式$P\mathrm{d}x+Q\mathrm{d}y$的循环数或函数$U(x,y)$的循环常数.

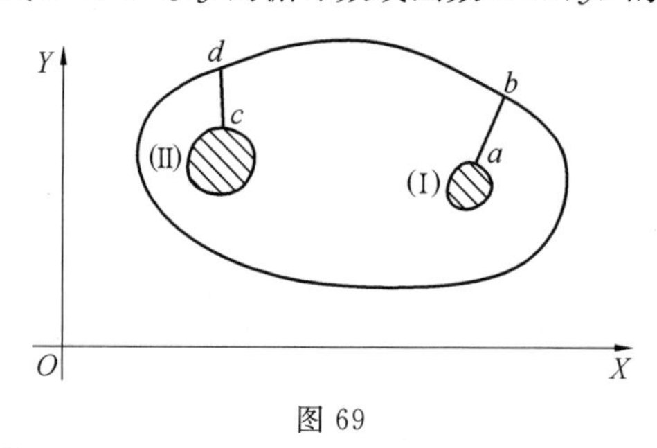


图 69

**例**　考虑函数

$$\varphi=\arctan\frac{y}{x}$$

它确定于区域$(D)$上,区域$(D)$是介于两个以坐标原点为圆心的同心圆周之间

的区域.

由公式

$$P=\frac{\partial\varphi}{\partial x}=-\frac{y}{x^2+y^2}$$

$$Q=\frac{\partial\varphi}{\partial y}=\frac{x}{x^2+y^2} \tag{37}$$

来确定 $P$ 与 $Q$.

这两个函数以及所述的导数在区域$(D)$上连续,并且不难验证它们满足关系式(27).考虑曲线积分

$$\int_{(l)}P\mathrm{d}x+Q\mathrm{d}y=\int_{(l)}\frac{-y\mathrm{d}x+x\mathrm{d}y}{x^2+y^2}$$

取积分路径为以原点为圆心,半径等于 $a$ 的圆周$(l_1)$.代入 $x=a\cos\varphi, y=a\sin\varphi$,得到

$$\int_{(l_1)}\frac{-y\mathrm{d}x+x\mathrm{d}y}{x^2+y^2}=\int_0^{2\pi}\mathrm{d}\varphi=2\pi$$

在所给的情形下,区域$(D)$有一个洞,并且循环常数 $\omega_1=2\pi$

$$U_1(x,y)=\int P\mathrm{d}x+Q\mathrm{d}y=\int\frac{\partial\varphi}{\partial x}\mathrm{d}x+\frac{\partial\varphi}{\partial y}\mathrm{d}y=\varphi$$

当环绕洞一圈时获得一项 $2\pi$.注意,这里的圆周的半径可以算作是零,则洞可以算作是个点.事实告诉我们要除去点(0,0).在这点函数 $P$ 与 $Q$ 取未定式$\frac{0}{0}$.

**73. 空间曲线积分与路径的无关性**

像在平面上一样,空间曲线积分与路径无关的条件和沿任何封闭界线的积分等于零的条件一致.考虑积分

$$\int_{(l)}P\mathrm{d}x+Q\mathrm{d}y+R\mathrm{d}z \tag{38}$$

利用司铎克斯公式(22),像前面一样可以证明,积分(38)与路径无关的必要且充分条件由三个恒等式

$$\frac{\partial R}{\partial y}-\frac{\partial Q}{\partial z}=0,\frac{\partial P}{\partial z}-\frac{\partial R}{\partial x}=0,\frac{\partial Q}{\partial x}-\frac{\partial P}{\partial y}=0 \tag{39}$$

来表达.

若满足这些条件,则可以作出点的函数 $U(x,y,z)$

$$U(x,y,z)=\int_{(x_0,y_0,z_0)}^{(x,y,z)}P\mathrm{d}x+Q\mathrm{d}y+R\mathrm{d}z \tag{40}$$

并且像之前一样,可以证明

$$\frac{\partial U}{\partial x}=P,\frac{\partial U}{\partial y}=Q,\frac{\partial U}{\partial z}=R \tag{41}$$

$$P\mathrm{d}x+Q\mathrm{d}y+R\mathrm{d}z=\mathrm{d}U \tag{42}$$

$$\int_{(A)}^{(B)} P\mathrm{d}x + Q\mathrm{d}y + R\mathrm{d}z = U(B) - U(A) \tag{43}$$

此外,条件(39)是使得表达式 $P\mathrm{d}x + Q\mathrm{d}y + R\mathrm{d}z$ 是某一个函数 $U_1$ 的全微分的必要且充分条件,并且,若满足这些条件,则 $U_1$ 由公式

$$U_1 = \int_{(x_0,y_0,z_0)}^{(x,y,z)} P\mathrm{d}x + Q\mathrm{d}y + R\mathrm{d}z + C$$

来确定,其中 $C$ 是任意常数.

空间复通区域的概念具有某些特点.作为一个例子,我们考虑一个区域$(D)$,由一个球的内部组成,其中挖去两个管(Ⅰ)与(Ⅱ),这两个管穿通球面,如图70所示.若取出一个环绕着管(Ⅰ)的封闭界线$(l_1)$,则不可能在其上画出一个完全包含于$(D)$的曲面,于是推知,如果在区域$(D)$上即使满足条件(39),对于$(l_1)$也不能应用司铎克斯公式,一般说来,沿$(l_1)$的积分的数值不等于零.但是它的数值不依赖于$(l_1)$的形状.而重要的只是$(l_1)$是一个在$(D)$上地环绕着一个管(Ⅰ)的封闭曲线.如此得到一个关于管(Ⅰ)的循环常数 $\omega_1$.同理,对于第二个管(Ⅱ),我们有第二个循环常数 $\omega_2$.在这情形下,由公式(40)所确定的函数 $U(x,y,z)$ 是多值函数,含有不定项 $m_1\omega_1 + m_2\omega_2$,其中 $m_1$ 与 $m_2$ 是任何的整数.

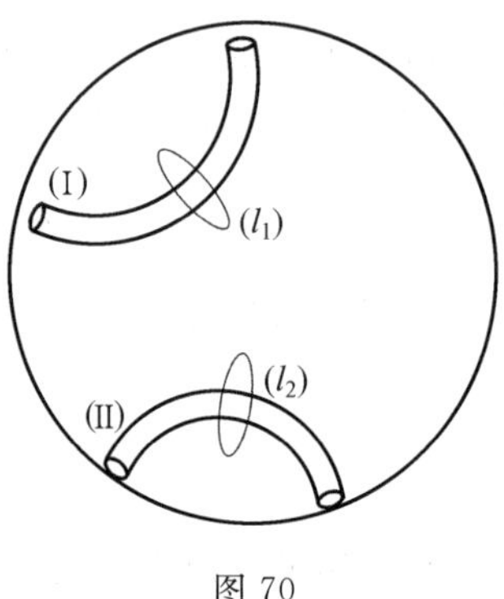


图 70

注意,若区域$(D)$是介于两个同心球面之间的一部分空间,而在这区域上满足条件(39),则没有任何的循环常数,而函数(40)是单值的.实际上,由几何显见,在这情形下,在任何属于$(D)$的封闭界线上可以画出一个属于$(D)$的曲面,所以对于在$(D)$上的任何封闭界线可以应用司铎克斯公式(22),于是由条件(39)推出沿这样的界线的积分等于零.

**例** 考虑在柱面坐标系以及球面坐标系中出现的角度 $\varphi$

$$\varphi = \arctan \frac{y}{x}$$

我们由公式(37)来确定函数 $P$ 与 $Q$ 沿整个 $OZ$ 轴,这些表达式取未定式 $\frac{0}{0}$ 的形状.考虑空间的曲线积分

$$\int_{(l)} P\mathrm{d}x + Q\mathrm{d}y = \int_{(l)} \frac{-y\mathrm{d}x + x\mathrm{d}y}{x^2 + y^2}$$

时,要除去一个包含有 $OZ$ 轴的管,而且,沿任何环绕着这样的管的封闭界线求上面的积分的大小时,给出循环常数 $2\pi$.

**74. 流体的稳定流动**

设在不可压缩流体的平面稳定流动中,$\boldsymbol{v}(x,y)$ 是速度向量,$u(x,y)$ 与

$v(x,y)$ 各为它在两坐标轴上的投影. 在[67] 例 3 中我们看出,没有源泉出现的条件使得积分

$$\int_{(l)} -v\mathrm{d}x + u\mathrm{d}y \tag{44}$$

沿任何封闭界线等于零,或者说这个积分与路径无关. 根据条件(27),为此必须且仅须

$$\frac{\partial(-v)}{\partial y} = \frac{\partial u}{\partial x} \text{ 或 } \frac{\partial u}{\partial x} + \frac{\partial v}{\partial y} = 0 \tag{45}$$

这也是不可压缩流体的特征. 当满足条件(45) 时,表达式

$$-v\mathrm{d}x + u\mathrm{d}y$$

是某一个函数 $\psi(M)$ 的全微分,这个函数由下面的关系式来确定

$$\psi(B) - \psi(A) = \int_{(A)}^{(B)} -v\mathrm{d}x + u\mathrm{d}y \tag{46}$$

函数 $\psi(M)$ 叫作流函数,它有简单的物理意义:差 $\psi(B)-\psi(A)$ 给出,在单位时间内,穿过以点 $A$ 与点 $B$ 为起点与终点的任意一个界线的液体的量. 这可以由关于穿出的液体的量的公式(10)[67] 直接推出.

若在区域中个别的点有源泉出现,则去掉这些点,就得到一个具有洞的区域,在其上条件(45) 成立. 对于某一个洞的循环常数等于积分(44) 沿环绕着这个洞的一个封闭曲线的值,显然这个循环常数给出对应的源泉在单位时间内放出的液体的量 $q$. 这时,函数 $\psi(M)$ 是多值的. 若 $q<0$,则源泉是负的(吸吮).

除积分(44) 外,我们再考虑积分

$$\int_{(l)} u\mathrm{d}x + v\mathrm{d}y \tag{47}$$

这个量通常叫作沿界线$(l)$ 的速度环流. 假设沿任何封闭界线的速度环流等于零,就是说积分(47) 与路径无关. 换句话说,这表示没有涡旋的流动. 所作的假定相当于存在有函数 $\varphi(M)$

$$\varphi = \int_{(x_0,y_0)}^{(x,y)} u\mathrm{d}x + v\mathrm{d}y \tag{48}$$

使得速度向量 $\boldsymbol{v}$ 的投影 $u$ 与 $v$ 的偏导数为

$$u = \frac{\partial\varphi}{\partial x}, v = \frac{\partial\varphi}{\partial y} \tag{49}$$

函数 $\varphi$ 叫作速度势. 若在一个复通区域(具有洞的区域) 积分(48) 与路径无关的条件成立,则一般说来,速度势就是多值函数. 积分(48) 关于任何洞的循环常数给出对应于这个洞的涡旋强度.

由等式(46) 推出[71]

$$-v = \frac{\partial\psi}{\partial x}, u = \frac{\partial\psi}{\partial y}$$

比较公式(49)与这些等式,得到联系着速度势 $\varphi$ 与流函数 $\psi$ 的两个方程

$$\frac{\partial\varphi}{\partial x}=\frac{\partial\psi}{\partial y},\frac{\partial\varphi}{\partial y}=-\frac{\partial\psi}{\partial x} \tag{50}$$

这两个方程通常叫作柯西-黎曼方程,它们在复变函数论中具有基本的重要性,复变函数理论于流体力学平面问题的广泛应用,以这两个方程在流体力学中的上述意义为基础.

在空间稳定运动的情形下,速度向量 $\boldsymbol{v}(x,y,z)$ 有三个分量 $u(x,y,z)$, $v(x,y,z)$, $w(x,y,z)$,而且替代积分(48)需要考虑积分

$$\int_{(l)} u\mathrm{d}x+v\mathrm{d}y+w\mathrm{d}z$$

于是若满足与路径无关的条件

$$\frac{\partial w}{\partial y}-\frac{\partial v}{\partial z}=0,\frac{\partial u}{\partial z}-\frac{\partial w}{\partial x}=0,\frac{\partial v}{\partial x}-\frac{\partial u}{\partial y}=0$$

则存在有速度势

$$\varphi=\int_{(x_0,y_0,z_0)}^{(x,y,z)} u\mathrm{d}x+v\mathrm{d}y+w\mathrm{d}z$$

并且

$$u=\frac{\partial\varphi}{\partial x},v=\frac{\partial\varphi}{\partial y},w=\frac{\partial\varphi}{\partial z}$$

在下一章中我们再讲不可压缩流体的条件(45)推广到空间的情形.

**75. 积分因子**

若表达式

$$P\mathrm{d}x+Q\mathrm{d}y \tag{51}$$

不是全微分,就是说若

$$\frac{\partial P}{\partial y}-\frac{\partial Q}{\partial x}\neq 0$$

则我们可以证明,总可以求出这样一个函数 $\mu$,它与表达式(51)的乘积是一个全微分

$$\mu(P\mathrm{d}x+Q\mathrm{d}y)=\mathrm{d}U \tag{52}$$

任何一个这样的函数叫作表达式(51)的一个积分因子.

为要使得函数 $\mu$ 是表达式(51)的积分因子,根据[71],必须且仅须满足等式

$$\frac{\partial(\mu P)}{\partial y}-\frac{\partial(\mu Q)}{\partial x}=0 \tag{53}$$

这个等式可以写成

$$P\frac{\partial\mu}{\partial y}-Q\frac{\partial\mu}{\partial x}+\mu\left(\frac{\partial P}{\partial y}-\frac{\partial Q}{\partial x}\right)=0 \tag{54}$$

这可以考虑为确定因子 $\mu$ 的方程．一般说来，这个方程不容易利用，因为它是偏微分方程，而偏微分方程的求积分问题比常微分方程的求积分问题复杂．

若表达式(51) 是全微分，则微分方程

$$P\mathrm{d}x + Q\mathrm{d}y = 0 \tag{55}$$

叫作全微分方程．

可以立刻求出它的积分来．现在，设 $U$ 是一个函数，使得

$$\mathrm{d}U = P\mathrm{d}x + Q\mathrm{d}y$$

作了相当于条件(27) 的假定时，这个函数总可以由公式(29) 求出来．方程(55) 相当于等式 $\mathrm{d}U = 0$，就是说

$$U = C \tag{56}$$

这样的等式给出所给的微分方程(55) 的一般积分．

现在设表达式(51) 不是全微分．根据存在定理[51]，微分方程(55) 总有一般积分，我们把它写成

$$F(x, y) = C$$

函数 $F(x, y)$ 应当满足关系式

$$\frac{\partial F(x, y)}{\partial x} + \frac{\partial F(x, y)}{\partial y} \cdot \frac{\mathrm{d}y}{\mathrm{d}x} = 0$$

其中，根据方程(55)，应当用$\left(-\frac{P}{Q}\right)$来替代$\frac{\mathrm{d}y}{\mathrm{d}x}$，就是说，下面这恒等式成立[7]

$$\frac{\frac{\partial F}{\partial x}}{P} = \frac{\frac{\partial F}{\partial y}}{Q}$$

用 $\mu$ 来记这两个相等的比的共同的数值，我们就有

$$\frac{\partial F}{\partial x} = \mu P, \frac{\partial F}{\partial y} = \mu Q$$

就是说，$\mu$ 是表达式(51) 的积分因子．

这个理由证明了任何表达式 $P\mathrm{d}x + Q\mathrm{d}y$ 有积分因子．

求出表达式(51) 的积分因子，再由它求出函数 $F$，就可以立刻写出微分方程(55) 的一般积分

$$F = C$$

**例 1**　流体的平面稳定流动的流线具有微分方程[52]

$$\frac{\mathrm{d}x}{u} = \frac{\mathrm{d}y}{v} \text{ 或 } -v\mathrm{d}x + u\mathrm{d}y = 0 \tag{57}$$

其中 $u$ 与 $v$ 是速度向量 $\boldsymbol{v}$ 在两坐标轴上的投影．若流体不可压缩，则满足条件

$$\frac{\partial u}{\partial x} + \frac{\partial v}{\partial y} = 0$$

它说明表达式

$$-v\mathrm{d}x+u\mathrm{d}y \tag{58}$$

是某一个函数的全微分.实际上,在[74]中我们看到

$$-v\mathrm{d}x+u\mathrm{d}y=\mathrm{d}\psi$$

其中 $\psi$ 是流函数,于是流线的方程是

$$\psi=C$$

它也是方程

$$-v\mathrm{d}x+u\mathrm{d}y=0$$

的一般积分.

**例 2** 在[67]例 4 中我们讲过关于简单的热过程,并且给了在这过程中得到的微小的热量的表达式,它依赖于压力 $p$,容积 $v$ 以及温度 $T$ 的微小的改变量.

我们写出,当这三个量中任何两个算作自变量时,$\mathrm{d}Q$ 的三个表达式

$$\mathrm{d}Q=\begin{cases}c_v\mathrm{d}T+c_1\mathrm{d}v & (T,v\text{ 是自变量})\\ c_p\mathrm{d}T+c_2\mathrm{d}p & (T,p\text{ 是自变量})\\ P\mathrm{d}p+V\mathrm{d}v & (p,v\text{ 是自变量})\end{cases} \tag{59}$$

$c_v$ 与 $c_p$ 这两个量特别重要,它们各叫作物质的定容比热与定压比热.

若我们在公式(59)中通过其他的变量来表达一个变量,则得到一套系数间的关系式.

在等式

$$c_p\mathrm{d}T+c_2\mathrm{d}p=c_v\mathrm{d}T+c_1\mathrm{d}v \tag{60}$$

中算作 $T$ 与 $v$ 是自变量.设

$$\mathrm{d}p=\frac{\partial p}{\partial T}\mathrm{d}T+\frac{\partial p}{\partial v}\mathrm{d}v$$

把这个 $\mathrm{d}p$ 的表达式代入到等式(60)中,再令 $\mathrm{d}T$ 与 $\mathrm{d}v$ 的系数相等,就得到

$$c_v=c_p+c_2\frac{\partial p}{\partial T} \tag{61}$$

$$c_1=c_2\frac{\partial p}{\partial v} \tag{62}$$

同样方法,由等式

$$c_v\mathrm{d}T+c_1\mathrm{d}v=P\mathrm{d}p+V\mathrm{d}v$$

我们得到

$$c_v=P\frac{\partial p}{\partial T} \tag{63}$$

$$c_1=V+P\frac{\partial p}{\partial v} \tag{64}$$

在理想气体的情形下,我们有物态方程

$$pv = RT$$

由此推知

$$\frac{\partial p}{\partial T} = \frac{R}{v}, \frac{\partial p}{\partial v} = -\frac{p}{v}, \frac{\partial v}{\partial T} = \frac{R}{p}, \frac{\partial v}{\partial p} = -\frac{v}{p}, \frac{\partial T}{\partial p} = \frac{v}{R}, \frac{\partial T}{\partial v} = \frac{p}{R}$$

这时关系式(61) ～ (64) 给出

$$c_v = c_p + c_2 \frac{R}{v}, c_1 = -c_2 \frac{p}{v}, c_v = P \frac{R}{v}, c_1 = -P \frac{p}{v} + V \tag{65}$$

由这些等式,可以通过基础的 $c_v$ 与 $c_p$ 来表达 $c_1, c_2, P, V$ 这些量

$$c_1 = (c_p - c_v) \frac{p}{R}, c_2 = -(c_p - c_v) \frac{v}{R}, P = c_v \frac{v}{R}, V = c_p \frac{p}{R} \tag{66}$$

一般说来,$\mathrm{d}Q$ 的表达式不是全微分. 但是根据热力学的两个基本原理,可以肯定:

Ⅰ. $\mathrm{d}Q$ 与压力 $p$ 作的功 $p\mathrm{d}v$ 之差是个全微分

$$\mathrm{d}Q - p\mathrm{d}v = \mathrm{d}U$$

这里函数 $U$ 叫作内能.

Ⅱ. $\mathrm{d}Q$ 被绝对温度 $T$ 除得的商是个全微分,或者换句话说,$\frac{1}{T}$ 是表达式 $\mathrm{d}Q$ 的积分因子

$$\frac{\mathrm{d}Q}{T} = \mathrm{d}S$$

这里函数 $S$ 叫作熵.

根据公式(59) 中第一个公式,由原理 Ⅰ 告诉我们

$$\mathrm{d}U = \mathrm{d}Q - p\mathrm{d}v = c_v \mathrm{d}T + (c_1 - p)\mathrm{d}v$$

由此

$$\left.\frac{\partial c_v}{\partial v}\right|_T = \left.\frac{\partial (c_1 - p)}{\partial T}\right|_v \tag{67}$$

记号 $T$ 与 $v$ 用来记求微商时算作非常量的那个变量.

同样,由原理 Ⅱ 给出

$$\mathrm{d}S = \frac{\mathrm{d}Q}{T} = \frac{c_v}{T}\mathrm{d}T + \frac{c_1}{T}\mathrm{d}v$$

由此

$$\left.\frac{1}{T}\frac{\partial c_v}{\partial v}\right|_T = \left.\frac{\partial}{\partial T}\left(\frac{c_1}{T}\right)\right|_v = \left.\frac{1}{T}\frac{\partial c_1}{\partial T}\right|_v - \frac{c_1}{T^2} \tag{68}$$

比较方程(67) 与(68),求得

$$\frac{\partial p}{\partial T} = \frac{c_1}{T} \tag{69}$$

再应用到理想气体的情形,由此我们得到结论

$$\frac{\partial p}{\partial T}=\frac{R}{v}=\frac{c_1}{T}, c_1=\frac{RT}{v}=p \tag{70}$$

另一方面,由方程(66)说明

$$c_1=p=(c_p-c_v)\frac{p}{R}, \text{就是 } c_p-c_v=R \tag{71}$$

以实验的数据为基础,算作:

Ⅲ. 理想气体的定压比热 $c_p$ 是常量,所以 $c_v=c_p-R$ 也是常量.

由公式(71)推知 $c_p>c_v$,并且为简短起见,我们记作

$$\frac{c_p}{c_v}=k$$

其中 $k>1$,根据公式(66)与(71),不难求出最后的结果

$$c_1=p, c_2=-v, P=\frac{v}{k-1}, V=p\frac{k}{k-1}$$

据此,由公式(59)给出下面这些关于 $\mathrm{d}Q$, $\mathrm{d}U$ 以及 $\mathrm{d}S$ 的表达式

$$\mathrm{d}Q=\begin{cases} c_v\mathrm{d}T+p\mathrm{d}v \\ c_p\mathrm{d}T-v\mathrm{d}p \\ \dfrac{v\mathrm{d}p+kp\mathrm{d}v}{k-1} \end{cases} \tag{72}$$

$$\mathrm{d}U=c_v\mathrm{d}T \tag{73}$$

$$\mathrm{d}S=c_v\frac{\mathrm{d}T}{T}+\frac{p}{T}\mathrm{d}v=c_v\frac{\mathrm{d}T}{T}+R\frac{\mathrm{d}v}{v} \tag{74}$$

在等温过程中,温度保持常量,就是说 $\mathrm{d}T=0$,于是

$$\mathrm{d}Q=p\mathrm{d}v$$

就是说,全部吸收的热量来自压力所作的功,当由容积 $v_1$ 转换到容积 $v_2$ 时,吸收热量的全部改变量就是

$$\int_{v_1}^{v_2}p\mathrm{d}v$$

当温度恒定时,这过程的图形叫作等温图.

不吸入或放出热量的过程叫作绝热过程.它的特征条件是

$$\mathrm{d}Q=0 \text{ 或 } \mathrm{d}S=0(S=\text{常量})$$

或熵是常量.熵可以由公式(74)来确定

$$S=c_v\lg T+R\lg v+C$$

所以绝热过程的特征条件是

$$c_v\lg T+R\lg v=\text{常量}$$

或者取$\frac{1}{c_v}$次方幂

$$Tv^{k-1}=\text{常量}$$

于是因为 $T=\frac{pv}{R}$,则得到最后的结果

$$pv^k=\text{常量} \tag{75}$$

最后,当容积是常量时,我们有 $\mathrm{d}v=0$,于是

$$\mathrm{d}Q=c_v\mathrm{d}T$$

当气体由温度 $T_1$ 转换到温度 $T_2$ 时

$$\mathrm{d}Q=c_v(T_2-T_1) \tag{76}$$

**76. 三个变量的全微分方程**

由方程(55)推广到三个变量的情形,得到

$$P\mathrm{d}x+Q\mathrm{d}y+R\mathrm{d}z=0 \tag{77}$$

其中 $P$,$Q$ 与 $R$ 是给定的函数.若满足条件(39),则方程(77)的左边是某一个函数 $U(x,y,z)$ 的全微分,于是方程(77)的一般积分就是

$$U(x,y,z)=C \tag{78}$$

其中 $C$ 是任意常数.方程(78)的几何意义是给出空间的一个曲面族.若方程(77)的左边不是全微分,则要求积分因子,就是要求这样的函数 $\mu(x,y,z)$,使得方程

$$\mu(P\mathrm{d}x+Q\mathrm{d}y+R\mathrm{d}z)=0 \tag{79}$$

的左边是全微分.这时,条件(39)给出

$$\frac{\partial(\mu R)}{\partial y}-\frac{\partial(\mu Q)}{\partial z}=0,\frac{\partial(\mu P)}{\partial z}-\frac{\partial(\mu R)}{\partial x}=0,\frac{\partial(\mu Q)}{\partial x}-\frac{\partial(\mu P)}{\partial y}=0$$

它们可以写成

$$\begin{cases}\mu\left(\frac{\partial R}{\partial y}-\frac{\partial Q}{\partial z}\right)=Q\frac{\partial\mu}{\partial z}-R\frac{\partial\mu}{\partial y}\\ \mu\left(\frac{\partial P}{\partial z}-\frac{\partial R}{\partial x}\right)=R\frac{\partial\mu}{\partial x}-P\frac{\partial\mu}{\partial z}\\ \mu\left(\frac{\partial Q}{\partial x}-\frac{\partial P}{\partial y}\right)=P\frac{\partial\mu}{\partial y}-Q\frac{\partial\mu}{\partial x}\end{cases} \tag{80}$$

将这些等式各乘以 $P$,$Q$,$R$,然后相加再消去 $\mu$,就得到 $P$,$Q$ 与 $R$ 之间的一个关系式

$$P\left(\frac{\partial R}{\partial y}-\frac{\partial Q}{\partial z}\right)+Q\left(\frac{\partial P}{\partial z}-\frac{\partial R}{\partial x}\right)+R\left(\frac{\partial Q}{\partial x}-\frac{\partial P}{\partial y}\right)=0 \tag{81}$$

如此,假定积分因子 $\mu$ 存在,我们推出系数 $P$,$Q$,$R$ 应当满足的必要条件(81).可以证明(我们不证)这个条件也是充分的,就是说,方程(77)不总有积分因子,积分因子存在的必要且充分条件是等式(81).若 $\mu$ 存在,则方程(79)的左边是某一个函数 $U$ 的全微分,而且等式(78)给出方程(79)与(77)的一般积分.若不满足条件(81),则方程(77)就没有(78)形状的一般积分.条件(81)有时叫作方程(77)的全可积条件.

如果一般积分存在,我们来看方程(77) 及其一般积分的几何意义.函数

$$P(x,y,z),Q(x,y,z),R(x,y,z)$$

在每一个点确定了某一向量 $\boldsymbol{v}(x,y,z)$,它们就是这个向量在三个坐标轴上的投影.微分方程组

$$\frac{\mathrm{d}x}{P}=\frac{\mathrm{d}y}{Q}=\frac{\mathrm{d}z}{R}$$

确定空间的某一曲线族$(L)$,在该曲线族中曲线上每一个点对应的向量 $\boldsymbol{v}$ 指向沿该曲线的切线的方向.与在[52] 中稳定流的流线有完全类似的作用.方程(77) 相当于具有支量 $\mathrm{d}x,\mathrm{d}y,\mathrm{d}z$ 的无穷小位移与向量 $\boldsymbol{v}$ 垂直的条件,就是说,方程(77) 在每一个点确定某一个垂直于 $\boldsymbol{v}$ 的平面单元,或者说,这平面单元在通过所取的点的曲线族$(L)$ 的一条曲线的法面上.一般积分(78) 给出一个曲面族,它们在每一个点的切面满足垂直于 $\boldsymbol{v}$ 这个条件.换句话说,曲面(78) 是正交于曲线$(L)$ 的.若给定充满空间的一个曲线族$(L)$,则可在每一个点处定出与曲线族中曲线相切的一个向量 $\boldsymbol{v}$,取它的长度等于一,取它的支量为 $P,Q,R$ 并作出方程(77).这时等式(81) 给出所给曲线族与某一曲面族正交的条件.

**77.二重积分的换元法则**

在这一节(§2) 的末尾,我们讲在[57] 中所述的二重积分换元公式的推求法.设有变换

$$x=\varphi(u,v),y=\psi(u,v) \tag{82}$$

这里我们考虑$(x,y)$ 与$(u,v)$ 是平面上点的直角坐标.公式(82) 给出平面上点的变换,这时点$(u,v)$ 变换到点$(x,y)$.设在平面上有区域$(\sigma_1)$ 具有界线$(l_1)$,以及区域$(\sigma)$ 具有界线$(l)$.假设:(1) 函数(82) 以及它们的一阶导数在区域$(\sigma_1)$ 上连续;(2) 公式(82) 给出具有界线$(l_1)$ 的区域$(\sigma_1)$ 与具有界线$(l)$ 的区域$(\sigma)$ 之间一一对应,就是说,$(\sigma_1)$ 中任何一点$(u,v)$ 对应于$(\sigma)$ 中一个确定的点$(x,y)$,反之亦然,并且$(l_1)$ 上的点对应于$(l)$ 上的点;(3) 函数(82) 对于变量$(u,v)$ 的函数行列式

$$\frac{D(\varphi,\psi)}{D(u,v)}=\frac{\partial\varphi(u,v)}{\partial u}\cdot\frac{\partial\psi(u,v)}{\partial v}-\frac{\partial\varphi(u,v)}{\partial v}\cdot\frac{\partial\psi(u,v)}{\partial u} \tag{83}$$

在区域$(\sigma_1)$ 上保持有确定的符号.

若当沿$(l_1)$ 取逆时针方向转时,对应的点$(x,y)$ 沿$(l)$ 也取逆时针方向转,就说$(\sigma)$ 与$(\sigma_1)$ 之间对应是正的,相反的情形,当沿$(l_1)$ 转对应于沿$(l)$ 的相反的方向转时,就叫作反对应.区域$(\sigma)$ 的面积由积分[68]

$$\sigma=\int_{(l)}x\mathrm{d}y$$

来表达,这里取逆时针方向求积分.

依照公式(82) 引用新的变量,就得到

$$\sigma=\pm\int_{(l_1)}\varphi(u,v)\mathrm{d}\psi(u,v)=\pm\int_{(l_1)}\varphi\frac{\partial\psi}{\partial u}\mathrm{d}u+\varphi\frac{\partial\psi}{\partial v}\mathrm{d}v \tag{84}$$

我们令沿$(l_1)$的积分取逆时针方向.若是正对应,则变换的结果得到的就是沿$(l_1)$的这个方向,所以在公式(84)中需要取(+)号.若是反对应,则变换的结果是沿$(l)$要取相反的方向,不过写上(-)号之后,仍然可以取逆时针方向求积分.

应用格林公式(18)于积分(84),令$x=u,y=v,P=\varphi\frac{\partial\psi}{\partial u},Q=\varphi\frac{\partial\psi}{\partial v}$.这时得到

$$\frac{\partial Q}{\partial u}-\frac{\partial P}{\partial v}=\frac{D(\varphi,\psi)}{D(u,v)} \tag{85}$$

于是推知

$$\sigma=\pm\iint_{(\sigma_1)}\frac{D(\varphi,\psi)}{D(u,v)}\mathrm{d}u\mathrm{d}v$$

应用中值定理[61]于这个二重积分,得到

$$\sigma=\pm\sigma_1\left[\frac{D(\varphi,\psi)}{D(u,v)}\right]\Bigg|_{(u_0,v_0)} \tag{86}$$

其中函数行列式(83)取在某一个属于$(\sigma_1)$的点$(u_0,v_0)$处的值.因$\sigma$与$\sigma_1$都是正的,由后面这公式推出,若是正对应,则行列式(83)有(+)号,而当反对应时有(-)号.

现在来推求换元公式.设$f(x,y)$是一个函数,在区域$(\sigma)$上连续.分$(\sigma_1)$为$n$部分,$\tau'_1,\tau'_2,\cdots,\tau'_n$.根据(82),这些部分将对应于$(\sigma)$分成的各部分$\tau_1,\tau_2,\cdots,\tau_n$.这些部分的面积也用同样的字母$\tau'_k$与$\tau_k$来记.由公式(86),就有

$$\tau_k=\tau'_k\left|\frac{D(\varphi,\psi)}{D(u,v)}\right|_{(u_k,v_k)}$$

其中$(u_k,v_k)$是$\tau'_k$中某一个点,它对应于某一个点$x_k=\varphi(u_k,v_k),y_k=\psi(u_k,v_k)$,于是我们可以写成

$$\sum_{k=1}^{n}f(x_k,y_k)\tau_k=\sum_{k=1}^{n}f[\varphi(u_k,v_k),\psi(u_k,v_k)]\left|\frac{D(\varphi,\psi)}{D(u,v)}\right|_{(u_k,v_k)}\cdot\tau'_k$$

取极限,得到二重积分的换元公式

$$\iint_{(\sigma)}f(x,y)\mathrm{d}x\mathrm{d}y=\iint_{(\sigma_1)}f[\varphi(u,v),\psi(u,v)]\left|\frac{D(\varphi,\psi)}{D(u,v)}\right|\mathrm{d}u\mathrm{d}v \tag{87}$$

它与[57]中公式(13)相同.

我们提出公式(86)的一个推论.设区域$(\sigma_1)$无限缩小于一点$(u,v)$.这时$(\sigma)$将无限缩小于一个对应的点$(x,y)$,而且属于$(\sigma_1)$的点$(u_0,v_0)$将趋向$(u,v)$.取极限,由(86)得到

$$\left|\frac{D(\varphi,\psi)}{D(u,v)}\right|=\lim\frac{\sigma}{\sigma_1}$$

就是说，面积的比以函数行列式在对应点的绝对值为极限，在[57]中我们已经讲过这个. 同样，若把一元函数 $x=f(u)$ 考虑作直线上点的变换，它把具有坐标 $u$ 的点变换到具有坐标 $x$ 的点，则导数的绝对值 $|f'(u)|$ 给出所述直线上对应长度比的极限，换句话说就是，当作所述点的变换时，它给出在具有坐标 $u$ 的指定的点的线性形变的系数.

注意，当推出公式(85)时，我们利用了二阶微商 $\frac{\partial^2\varphi}{\partial u\partial v}$ 以及它与求微商的顺序的无关性. 如此，严格说来，在这一段开始所作的假定中，需要再补充上 $\frac{\partial^2\varphi}{\partial u\partial v}$ 存在而且连续，我们知道[I,155]，由此就可以推出它与求微商的顺序无关.

若$(v)$是一个空间区域，以曲面$(S)$为界，则应用奥斯特洛格拉得斯基公式，令 $P=Q=0,R=z$，可以用下面形状的曲面积分来表达这个区域的容积

$$v=\iint\limits_{(S)}z\cos(n,Z)\mathrm{d}S$$

利用这个容积的表达式，与以上我们对于二重积分所作的方法差不多，可以证明三重积分的换元公式[60].

# §3 反常积分与依赖于参变量的积分

**78. 积分号下求积分法**

我们计算重积分时，曾遇到一种定积分，它的被积函数以至于积分限都依赖于一个参变量. 现在我们比较仔细的来讨论这样的积分.

我们考虑积分

$$I(y)=\int_{x_1}^{x_2}f(x,y)\mathrm{d}x$$

其中积分变量记作 $x$，被积函数不仅依赖于 $x$，而且也依赖于参变量 $y$，积分限 $x_1$ 与 $x_2$ 也依赖于 $y$. 在这情形下，显然，积分的结果是 $y$ 的函数. 由[56]中公式(7)有

$$\int_\alpha^\beta I(y)\mathrm{d}y=\int_\alpha^\beta \mathrm{d}y\int_{x_1}^{x_2}f(x,y)\mathrm{d}x=\int_a^b\mathrm{d}x\int_{y_1}^{y_2}f(x,y)\mathrm{d}y \tag{1}$$

这叫作对积分号下的参变量求定积分的公式. 当积分限 $x_1$ 与 $x_2$ 不依赖于 $y$ 而是常数 $a,b$ 时，它得到特别简单的形状[56]

$$\int_\alpha^\beta I(y)\mathrm{d}y=\int_\alpha^\beta \mathrm{d}y\int_a^b f(x,y)\mathrm{d}x=\int_a^b\mathrm{d}x\int_\alpha^\beta f(x,y)\mathrm{d}y \tag{2}$$

在所有这些公式中，在积分区域上，我们算作被积函数 $f(x,y)$ 是这两个变量的连续函数，而这个区域算作是有限的. 在相反的情形下，我们就要讨论反常重积分. 以后我们考虑这样的积分.

**例** 有时用上述方法来计算一个函数的定积分，而这个函数的不定积分不知道. 我们应用它来计算积分

$$I=\int_0^{+\infty} e^{-x^2}\,dx \tag{3}$$

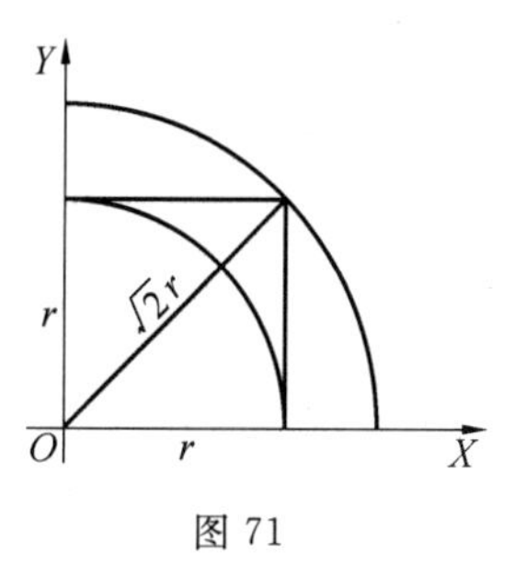

图 71

设$(D')$是以原点为圆心，以 $r$ 为半径的圆在第一象限的四分之一，$(D'')$是介于直线 $x=0, x=r, y=0, y=r$ 之间的方块，最后，$(D''')$是以原点为圆心，以$\sqrt{2}r$ 为半径的圆的四分之一(图 71). 显然，$(D')$是$(D'')$的一部分，$(D'')$是$(D''')$的一部分. 沿这些区域取正的函数 $e^{-x^2-y^2}$ 的二重积分. 就有明显的不等式

$$\iint_{(D')} e^{-x^2-y^2}\,dx\,dy<\iint_{(D'')} e^{-x^2-y^2}\,dx\,dy<\iint_{(D''')} e^{-x^2-y^2}\,dx\,dy$$

引用极坐标：$x=\rho\cos\varphi, y=\rho\sin\varphi$，就得到[56]

$$\iint_{(D')} e^{-x^2-y^2}\,dx\,dy=\int_0^{\frac{\pi}{2}}d\varphi\int_0^r e^{-\rho^2}\rho\,d\rho=\frac{\pi}{2}\left[-\frac{1}{2}e^{-\rho^2}\right]\Bigg|_{\rho=0}^{\rho=r}=\frac{\pi}{4}(1-e^{-r^2})$$

用$\sqrt{2}r$ 来替换 $r$，就有

$$\iint_{(D''')} e^{-x^2-y^2}\,dx\,dy=\frac{\pi}{4}(1-e^{-2r^2})$$

沿方块$(D'')$求积分，给出

$$\iint_{(D'')} e^{-x^2-y^2}\,dx\,dy=\int_0^r e^{-x^2}\,dx\cdot\int_0^r e^{-y^2}\,dy=(\int_0^r e^{-x^2}\,dx)^2$$

于是上面写的不等式化为下面的形状

$$\frac{\pi}{4}(1-e^{-r^2})<(\int_0^r e^{-x^2}\,dx)^2<\frac{\pi}{4}(1-e^{-2r^2})$$

当 $r$ 趋向无穷时，这不等式两端的两项都趋向$\frac{\pi}{4}$，于是推知，中间的一项也应当趋向这个相同的极限，由此推出积分(3)的值

$$\int_0^{+\infty} e^{-x^2}\,dx=\frac{\sqrt{\pi}}{2} \tag{4}$$

不难看出[I,94]

$$\int_{-\infty}^{+\infty} e^{-x^2}\,dx=2\int_0^{+\infty} e^{-x^2}\,dx=\sqrt{\pi} \tag{5}$$

如果利用沿整个第一象限的反常积分，就直接得到这个结果，我们把第一

象限记作$(P)$.实际上

$$\iint\limits_{(P)} e^{-x^2-y^2}\,dx\,dy=\int_0^{+\infty} e^{-x^2}\,dx\cdot\int_0^{+\infty} e^{-y^2}\,dy=I^2$$

再引用极坐标

$$I^2=\iint\limits_{(P)} e^{-\rho^2}\rho\,d\rho\,d\varphi=\int_0^{\frac{\pi}{2}}d\varphi\int_0^{+\infty} e^{-\rho^2}\rho\,d\rho=\frac{\pi}{2}\left[-\frac{1}{2}e^{-\rho^2}\right]\Bigg|_{\rho=0}^{\rho=+\infty}=\frac{\pi}{4}$$

由此 $I=\frac{\sqrt{\pi}}{2}$,这与上面得到的结果一致.

**79. 迪利克雷公式**

给定公式(1)中 $y$ 的函数 $x_1$ 与 $x_2$ 以及 $y$ 的改变区间$(\alpha,\beta)$,在平面 $XOY$ 上就确定出某一个区域$(\sigma)$.在应用中常遇到的情形是这样的区域:由三条直线

$$y=x,y=b,x=a$$

作成的等腰三角形(图 72).

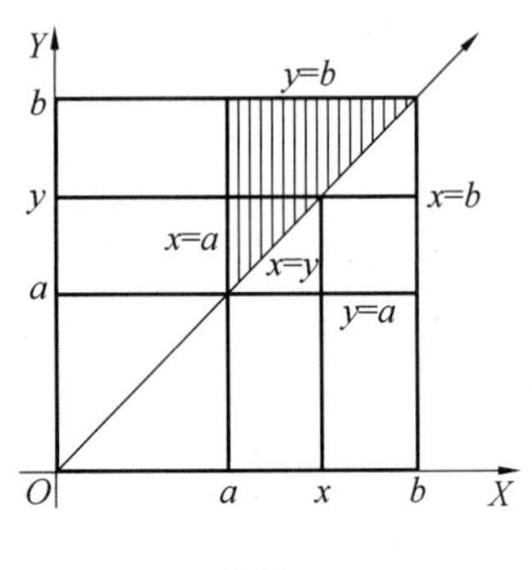

图 72

把沿这三角形面积的二重积分化为两次积分时有两种情形,一种情形是先对 $x$ 求积分,再对 $y$ 求;另一种情形是先对 $y$ 求积分,再对 $x$ 求,得到公式

$$\int_a^b dy\int_a^y f(x,y)\,dx=\int_a^b dx\int_x^b f(x,y)\,dy \tag{6}$$

它叫作迪利克雷公式.

**例** 亚贝尔问题:确定一条分布在竖直平面上的曲线,使它具有下述性质,当有质量的一个质点由曲线上任何高度为 $h$ 的点 $M$ 沿这曲线下降到曲线的最低点 $O$ 时(图 73),如果没有初速度,它到点 $O$ 所用的时间 $T$ 是高度 $h$ 的一个已知函数

$$T=\varphi(h)$$

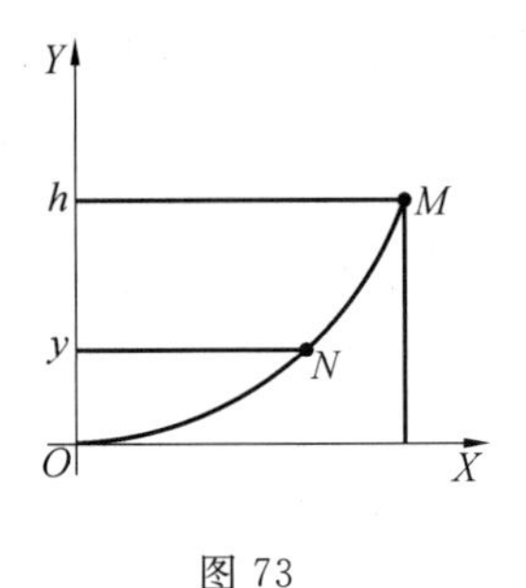

图 73

取竖直向上的方向作 $OY$ 轴的方向,水平方向作 $OX$ 轴的方向,令坐标原点位于未知曲线的最低点,把未知曲线的方程写作

$$x=f(y)$$

设

$$ds=dy\sqrt{1+[f'(y)]^2}=u(y)\,dy$$

$$u(y)=\sqrt{1+[f'(y)]^2} \tag{7}$$

依照活力定律,当这点由起始位置 $M$ 移动到点 $N$ 时,动能的改变量等于引力所做的功,因为曲线的反作用垂直于点的移动方向,所以不做功,就是

$$\frac{1}{2}mv^2 = mg(h-y), v = \frac{\mathrm{d}s}{\mathrm{d}t}$$

或者

$$\frac{1}{2}\left(\frac{\mathrm{d}s}{\mathrm{d}t}\right)^2 = g(h-y)$$

$$\mathrm{d}t = \frac{-\mathrm{d}s}{\sqrt{2g(h-y)}} = \frac{1}{\sqrt{2g}}\frac{-u(y)}{\sqrt{h-y}}\mathrm{d}y$$

这里我们取(—) 号是因为当 $t$ 增加时点的高度 $h$ 减小.

由点 $M$ 下降到点 $O$ 所用时间对应于 $y$ 由 $h$ 改变到 0,所以

$$\varphi(h) = T = \frac{1}{\sqrt{2g}}\int_0^h \frac{u(y)\mathrm{d}y}{\sqrt{h-y}} \tag{8}$$

如此,我们就要由方程(8) 来确定未知函数 $u(y)$. 因为未知函数 $u(y)$ 出现在积分号下,所以它叫作积分方程.

方程(8) 两边乘以 $\frac{1}{\sqrt{z-h}}$,再由 0 到 $z$ 对 $h$ 求积分

$$\int_0^z \frac{\varphi(h)}{\sqrt{z-h}}\mathrm{d}h = \frac{1}{\sqrt{2g}}\int_0^z \frac{\mathrm{d}h}{\sqrt{z-h}}\int_0^h \frac{u(y)\mathrm{d}y}{\sqrt{h-y}}$$

右边的两次积分可以依照迪利克雷公式化为下面的形式

$$\begin{aligned}\int_0^z \frac{\mathrm{d}h}{\sqrt{z-h}}\int_0^h \frac{u(y)\mathrm{d}y}{\sqrt{h-y}} &= \int_0^z \mathrm{d}y\int_y^z \frac{u(y)}{\sqrt{(z-h)(h-y)}}\mathrm{d}h \\ &= \int_0^z u(y)\mathrm{d}y\int_y^z \frac{\mathrm{d}h}{\sqrt{(z-h)(h-y)}}\end{aligned} \tag{9}$$

里边的积分计算起来不怎么难,只要由公式

$$h = y + t(z-y)$$

引用新的变量 $t$.

当 $h$ 由 $y$ 改变到 $z$ 时,变量 $t$ 由 0 改变到 1,并且我们有

$$z-h = (z-y)(1-t), h-y = (z-y)t, \mathrm{d}h = (z-y)\mathrm{d}t$$

由此

$$\begin{aligned}\int_y^z \frac{\mathrm{d}h}{\sqrt{(z-h)(h-y)}} &= \int_0^1 \frac{\mathrm{d}t}{\sqrt{t(1-t)}} = \int_0^1 \frac{\mathrm{d}t}{\sqrt{\frac{1}{4}-\left(t-\frac{1}{2}\right)^2}} \\ &= \arcsin(2t-1)\Big|_{t=0}^{t=1} \\ &= \arcsin 1 - \arcsin(-1) = \frac{\pi}{2} - \left(-\frac{\pi}{2}\right) = \pi\end{aligned}$$

于是最后得到

$$\frac{\pi}{\sqrt{2g}}\int_0^z u(y)\mathrm{d}y=\int_0^z \frac{\varphi(h)\mathrm{d}h}{\sqrt{z-h}}$$

或

$$\int_0^z u(y)\mathrm{d}y=F(z) \tag{10}$$

其中 $F(z)$ 是 $z$ 的一个已知函数，由公式

$$F(z)=\frac{\sqrt{2g}}{\pi}\int_0^z \frac{\varphi(h)\mathrm{d}h}{\sqrt{z-h}}$$

来确定.

由关系式(10) 对 $z$ 求导数，得到

$$u(z)=\frac{\mathrm{d}F(z)}{\mathrm{d}z}=\frac{\sqrt{2g}}{\pi}\frac{\mathrm{d}}{\mathrm{d}z}\int_0^z \frac{\varphi(h)\mathrm{d}h}{\sqrt{z-h}} \tag{11}$$

它给出这个问题的解，因为知道了函数 $u(y)$，就不难由公式(7) 求出 $x=f(y)$.

最后我们讲一个特殊情形 —— 等时降落曲线，对于它，到最低点的下降时间不依赖于高度 $h$，就是

$$\varphi(h)=\text{常数}=c$$

这时我们有

$$F(z)=\frac{\sqrt{2g}}{\pi}\int_0^z \frac{c\mathrm{d}h}{\sqrt{z-h}}=\frac{c\sqrt{2g}}{\pi}2\sqrt{z}$$

$$u(z)=\frac{c\sqrt{2g}}{\pi\sqrt{z}}$$

为要确定 $x=f(y)$，根据公式(7)，现在有

$$(\mathrm{d}x)^2+(\mathrm{d}y)^2=\frac{2gc^2}{\pi^2}\cdot\frac{(\mathrm{d}y)^2}{y}=\frac{A}{y}(\mathrm{d}y)^2 \quad \left(A=\frac{2gc^2}{\pi^2}\right)$$

设

$$y=a(1+\cos t),\mathrm{d}y=-a\sin t\mathrm{d}t,A=2a$$

我们就求出

$$\mathrm{d}x=\mathrm{d}y\sqrt{\frac{2a}{y}-1}=\sqrt{\frac{1-\cos t}{1+\cos t}}\cdot(-a\sin t)\mathrm{d}t=-2a\sin^2\frac{t}{2}\mathrm{d}t$$

$$x=x_0-a(t-\sin t)$$

其中 $x_0$ 是积分常数.读者容易证明，得到的曲线是旋轮线，只不过它的位置不是像[I,79] 中所放的一样.

以后我们再讲，在一般公式(11) 中怎样对 $z$ 求导数.

对于求得这个解的理由我们提出下面几点.注意，我们求得积分方程(8) 的解(11) 时，假设了这样的解存在.严格说来，我们还应当验证这个解(11)，就是说，把 $u(z)$ 的表达式(11) 代入到方程(8)，再证明左右两边一致.还要提出，

二重积分(9) 是这种意义的反常积分,它的被积函数成为无穷大.以后我们将看到它存在,并且不难证明,在所给的情形下,把它化为二次积分的公式(1) 可以应用.

**80. 积分号下求导数法**

考虑依赖于参变量 $y$ 的积分

$$I(y)=\int_a^b f(x,y)\mathrm{d}x \tag{12}$$

现在我们算作积分限 $a$ 与 $b$ 不依赖于 $y$. 设在矩形 $a\leqslant x\leqslant b,\alpha\leqslant y\leqslant\beta$ 上 $f(x,y)$ 连续且有连续偏导数$\dfrac{\partial f(x,y)}{\partial y}$. 我们来证明,在这些假定下,导数$\dfrac{\mathrm{d}I(y)}{\mathrm{d}y}$ 存在,并且可以在积分号下对 $y$ 求导数得来,就是

$$\frac{\mathrm{d}}{\mathrm{d}y}\int_a^b f(x,y)\mathrm{d}x=\int_a^b\frac{\partial f(x,y)}{\partial y}\mathrm{d}x \tag{13}$$

函数 $I(y)$ 的改变量 $\Delta I(y)$ 由公式

$$\Delta I(y)=I(y+\Delta y)-I(y)=\int_a^b[f(x,y+\Delta y)-f(x,y)]\mathrm{d}x \tag{14}$$

确定.

应用有限改变量公式,得到

$$f(x,y+\Delta y)-f(x,y)=\Delta y\frac{\partial f(x,y+\theta\Delta y)}{\partial y}\quad(0<\theta<1) \tag{15}$$

注意到函数$\dfrac{\partial f(x,y)}{\partial y}$在所述矩形上的一致连续性,可以写成

$$\frac{\partial f(x,y+\theta\Delta y)}{\partial y}=\frac{\partial f(x,y)}{\partial y}+\eta(x,y,\Delta y) \tag{16}$$

并且可证明:当 $\Delta y\to 0$ 时,对于 $x$ 与 $y$ 来讲,$\eta(x,y,\Delta y)$ 一致趋向于零,就是说,对于任何一个正数 $\varepsilon$,存在这样一个 $\delta$,使得只要 $|\Delta y|<\delta$,则 $|\eta(x,y,\Delta y)|<\varepsilon$. 由此推出

$$\left|\int_a^b\eta(x,y,\Delta y)\mathrm{d}x\right|\leqslant\int_a^b\varepsilon\,\mathrm{d}x=\varepsilon(b-a)\quad(|\Delta y|<\delta)$$

再由于 $\varepsilon$ 的任意小性,我们有

$$\text{当 }\Delta y\to 0\text{ 时},\int_a^b\eta(x,y,\Delta y)\mathrm{d}x\to 0 \tag{17}$$

回到公式(14). 利用公式(15) 与(16),并注意到 $\Delta y$ 不依赖于 $x$,可以写成

$$\Delta I(y)=\Delta y\int_a^b\frac{\partial f(x,y)}{\partial y}\mathrm{d}x+\Delta y\int_a^b\eta(x,y,\Delta y)\mathrm{d}x$$

用 $\Delta y$ 除上述公式后再求极限,根据公式(17),我们得到

$$\lim_{\Delta y\to 0}\frac{\Delta I(y)}{\Delta y}=\int_a^b\frac{\partial f(x,y)}{\partial y}\mathrm{d}x$$

于是证明了公式(13). 注意,若只是假设这个函数 $f(x,y)$ 连续,则由此以及公式(14),当 $\Delta y \to 0$ 时,对于 $x$ 与 $y$ 来讲,差$[f(x,y+\Delta y)-f(x,y)]$一致趋向于零,就可以推出 $I(y)$ 是 $y$ 的连续函数.

现在我们在以前的假定下考虑关于 $f(x,y)$ 的积分

$$I_1(y)=\int_{x_1}^{x_2} f(x,y)\mathrm{d}x \tag{18}$$

其中积分限 $x_1$ 与 $x_2$ 属于$(a,b)$,且依赖于 $y$,并且我们假设这两个函数有对 $y$ 的导数,于是它们连续.

当 $y$ 得到改变量 $\Delta y$ 时,$x_1$ 与 $x_2$ 得到的改变量各记作 $\Delta x_1$ 与 $\Delta x_2$.

我们有

$$\begin{aligned}\Delta I_1(y)&=I_1(y+\Delta y)-I_1(y)\\&=\int_{x_1+\Delta x_1}^{x_2+\Delta x_2} f(x,y+\Delta y)\mathrm{d}x-\int_{x_1}^{x_2} f(x,y)\mathrm{d}x\end{aligned} \tag{19}$$

注意[I,94]

$$\int_{x_1+\Delta x_1}^{x_2+\Delta x_2}=\int_{x_1}^{x_2}+\int_{x_2}^{x_2+\Delta x_2}-\int_{x_1}^{x_1+\Delta x_1}$$

我们可以把等式(19) 写成

$$\begin{aligned}\Delta I_1(y)=&\int_{x_1}^{x_2}[f(x,y+\Delta y)-f(x,y)]\mathrm{d}x+\\&\int_{x_2}^{x_2+\Delta x_2} f(x,y+\Delta y)\mathrm{d}x-\int_{x_1}^{x_1+\Delta x_1} f(x,y+\Delta y)\mathrm{d}x\end{aligned} \tag{20}$$

在这些计算中,我们假设当 $\alpha \leqslant y \leqslant \beta$ 且 $x$ 取属于所写的积分的积分区间的所有的值时,函数 $f(x,y)$ 满足上述的条件.

依照中值定理[I,95] 可以写成

$$\begin{aligned}\int_{x_1}^{x_1+\Delta x_1} f(x,y+\Delta y)\mathrm{d}x&=\Delta x_1 f(x_1+\theta_1\Delta x_1,y+\Delta y)\\&=\Delta x_1[f(x_1,y)+\eta_1]\quad(0<\theta_1<1)\\\int_{x_2}^{x_2+\Delta x_2} f(x,y+\Delta y)\mathrm{d}x&=\Delta x_2 f(x_2+\theta_2\Delta x_2,y+\Delta y)\\&=\Delta x_2[f(x_2,y)+\eta_2]\quad(0<\theta_2<1)\end{aligned}$$

若 $\Delta y \to 0$,则 $\Delta x_1$ 与 $\Delta x_2 \to 0$,根据 $f(x,y)$ 的连续性,可以肯定,这时 $\eta_1$ 与 $\eta_2 \to 0$.

把这两个表达式代入公式(20) 中,利用公式(15) 与(16),再除以 $\Delta y$,得到

$$\begin{aligned}\frac{\Delta I_1(y)}{\Delta y}=&\int_{x_1}^{x_2}\frac{\partial f(x,y)}{\partial y}\mathrm{d}x+[f(x_2,y)+\eta_2]\frac{\Delta x_2}{\Delta y}-\\&[f(x_1,y)+\eta_1]\frac{\Delta x_1}{\Delta y}+\int_{x_1}^{x_2}\eta(x,y,\Delta y)\mathrm{d}x\end{aligned}$$

取极限,根据公式(17),得到下面这个求积分(18) 的导数的公式

$$\frac{\mathrm{d}}{\mathrm{d}y}\int_{x_1}^{x_2} f(x,y)\mathrm{d}x = \int_{x_1}^{x_2} \frac{\partial f(x,y)}{\partial y}\mathrm{d}x + f(x_2,y)\frac{\mathrm{d}x_2}{\mathrm{d}y} - f(x_1,y)\frac{\mathrm{d}x_1}{\mathrm{d}y} \quad (21)$$

若 $x_1$ 与 $x_2$ 不依赖于 $y$,则得到公式(13).像(13)这样的公式,当求二重积分对参变量的导数时,只要积分区域$(B)$不依赖于这参变量,也是正确的.例如若沿区域$(B)$的二重积分的被积函数 $f(M,t)$,不只是依赖于变点 $M$,而且也依赖于参变量 $t$,则

$$\frac{\mathrm{d}}{\mathrm{d}t}\iint_{(B)} f(M,t)\mathrm{d}\sigma = \iint_{(B)} \frac{\partial f(M,t)}{\partial t}\mathrm{d}\sigma \quad (22)$$

当点 $M$ 在包含有界线的区域$(B)$上改变并且 $t$ 在某一区间上改变时,我们算作 $f(M,t)$ 与 $\frac{\partial f(M,t)}{\partial t}$ 是连续函数.

注意,当我们证明公式(13)与(21)成立时,积分区间是有限的,在下面的例子中,对于无穷区间我们也要应用公式(13).以后再讲可以这样应用的条件.

由上面的公式也可以推出,若 $f(x,y)$,$x_2(y)$ 与 $x_1(y)$ 是连续函数,则积分(18)也是 $y$ 的连续函数.

**81. 例 1** 在[28]中我们求过方程

$$\frac{\mathrm{d}^2 y}{\mathrm{d}t^2} + k^2 y = f(t)$$

满足初始条件

$$y\Big|_{t=0} = \frac{\mathrm{d}y}{\mathrm{d}t}\Big|_{t=0} = 0 \quad (23)$$

的特殊解.

它具有下面的形状

$$y = \frac{1}{k}\int_0^t f(u)\sin k(t-u)\mathrm{d}u$$

依照法则(21)直接求导数,不难验证这是个解.我们有

$$\frac{\mathrm{d}y}{\mathrm{d}t} = \int_0^t f(u)\cos k(t-u)\mathrm{d}u + \frac{1}{k}f(u)\sin k(t-u)\Big|_{u=t} = \int_0^t f(u)\cos k(t-u)\mathrm{d}u$$

$$\frac{\mathrm{d}^2 y}{\mathrm{d}t^2} = -k\int_0^t f(u)\sin k(t-u)\mathrm{d}u + f(u)\cos k(t-u)\Big|_{u=t} = -k^2 y + f(t)$$

就是说,实际上

$$\frac{\mathrm{d}^2 y}{\mathrm{d}t^2} + k^2 y = f(t)$$

若设 $t=0$,由上面的公式可直接得到等式(23).

**例 2** 设要计算积分[I,110]

$$I_1 = \int_0^1 \frac{\lg(1+x)}{1+x^2}\mathrm{d}x$$

引用参变量 $\alpha$，考虑

$$I(\alpha)=\int_0^\alpha \frac{\lg(1+\alpha x)}{1+x^2}\mathrm{d}x$$

直接看出

$$I(0)=0, I(1)=I_1$$

对于参变量 $\alpha$ 施用公式(21)，给出

$$\frac{\mathrm{d}I(\alpha)}{\mathrm{d}\alpha}=\int_0^\alpha \frac{x}{(1+\alpha x)(1+x^2)}\mathrm{d}x+\frac{\lg(1+\alpha^2)}{1+\alpha^2}$$

分解这个有理分式为部分分式，得到

$$\frac{x}{(1+\alpha x)(1+x^2)}=\frac{1}{1+\alpha^2}\left[-\frac{\alpha}{1+\alpha x}+\frac{x}{1+x^2}+\frac{\alpha}{1+x^2}\right]$$

再对 $x$ 积分

$$\int_0^\alpha \frac{x}{(1+\alpha x)(1+x^2)}\mathrm{d}x=-\frac{\lg(1+\alpha^2)}{2(1+\alpha^2)}+\frac{\alpha\arctan\alpha}{1+\alpha^2}$$

最后结果

$$\frac{\mathrm{d}I(\alpha)}{\mathrm{d}\alpha}=-\frac{\lg(1+\alpha^2)}{2(1+\alpha^2)}+\frac{\alpha\arctan\alpha}{1+\alpha^2}+\frac{\lg(1+\alpha^2)}{1+\alpha^2}=\frac{\lg(1+\alpha^2)}{2(1+\alpha^2)}+\frac{\alpha\arctan\alpha}{1+\alpha^2}$$

$$I(\alpha)=\frac{1}{2}\int_0^\alpha \frac{\lg(1+\alpha^2)}{1+\alpha^2}\mathrm{d}\alpha+\int_0^\alpha \frac{\alpha\arctan\alpha}{1+\alpha^2}\mathrm{d}\alpha \tag{24}$$

这里我们没有写常数项，因为 $I(0)=0$. 对于第二项应用分部积分法则

$$\int_0^\alpha \frac{\alpha\arctan\alpha}{1+\alpha^2}\mathrm{d}\alpha=\frac{1}{2}\int_0^\alpha \arctan\alpha\,\mathrm{d}(\lg(1+\alpha^2))$$

$$=\frac{1}{2}\arctan\alpha\cdot\lg(1+\alpha^2)\Big|_{\alpha=0}^{\alpha=\alpha}-\frac{1}{2}\int_0^\alpha \frac{\lg(1+\alpha^2)}{1+\alpha^2}\mathrm{d}\alpha$$

于是根据公式(24) 推知

$$I(\alpha)=\frac{1}{2}\arctan\alpha\cdot\lg(1+\alpha^2)$$

当 $\alpha=1$ 时，可得

$$I_1=\int_0^1 \frac{\lg(1+x)}{1+x^2}\mathrm{d}x=\frac{\pi}{8}\lg 2$$

**例 3** 计算积分

$$\int_0^{+\infty} \frac{\sin\beta x}{x}\mathrm{d}x$$

替代这个积分，我们来考虑外表上较复杂的积分

$$I(\alpha,\beta)=\int_0^{+\infty} \mathrm{e}^{-\alpha x}\frac{\sin\beta x}{x}\mathrm{d}x \quad (\alpha>0) \tag{25}$$

对 $\beta$ 求导数

$$\frac{\partial I(\alpha,\beta)}{\partial\beta}=\int_0^{+\infty} \frac{\partial}{\partial\beta}\left(\mathrm{e}^{-\alpha x}\frac{\sin\beta x}{x}\right)\mathrm{d}x=\int_0^{+\infty} \mathrm{e}^{-\alpha x}\cos\beta x\,\mathrm{d}x$$

后面的积分不难计算[I,201]

$$\frac{\partial I(\alpha,\beta)}{\partial\beta}=\int_0^{+\infty}\mathrm{e}^{-\alpha x}\cos\beta x\,\mathrm{d}x=\mathrm{e}^{-\alpha x}\frac{-\alpha\cos\beta x+\beta\sin\beta x}{\alpha^2+\beta^2}\Bigg|_{x=0}^{x=+\infty}=\frac{\alpha}{\alpha^2+\beta^2}$$

由此可得

$$I(\alpha,\beta)=\int\frac{\alpha\,\mathrm{d}\beta}{\alpha^2+\beta^2}+C=\arctan\frac{\beta}{\alpha}+C \tag{26}$$

只剩下要确定积分常数 $C$,它不依赖于 $\beta$. 为此,在等式(25)与(26)中,我们令 $\beta$ 逼近 0

$$\lim_{\beta\to0}I(\alpha,\beta)=I(\alpha,0)=0,I(\alpha,0)=\arctan 0+C=0$$

由此可见 $C=0$. 所以我们有

$$I(\alpha,\beta)=\arctan\frac{\beta}{\alpha}$$

当 $\alpha=0$ 时,由 $I(\alpha,\beta)$ 得到所给的积分,这里 $\alpha$ 需要从正数一方面逼近零,就是 $\alpha\to+0$. 若在上面的等式中令 $\alpha$ 逼近零,则得到不同的极限,要看 $\beta>0$ 还是 $\beta<0$.

$$\lim_{\alpha\to+0}\arctan\frac{\beta}{\alpha}=\begin{cases}\dfrac{\pi}{2} & (\text{当 }\beta>0\text{ 时})\\ -\dfrac{\pi}{2} & (\text{当 }\beta<0\text{ 时})\\ 0 & (\text{当 }\beta=0\text{ 时})\end{cases}$$

所以最后结果是

$$I(\beta)=\int_0^{+\infty}\frac{\sin\beta x}{x}\mathrm{d}x=\begin{cases}\dfrac{\pi}{2} & (\text{当 }\beta>0\text{ 时})\\ -\dfrac{\pi}{2} & (\text{当 }\beta<0\text{ 时})\\ 0 & (\text{当 }\beta=0\text{ 时})\end{cases}$$

**注意**　左边的积分给出一个 $\beta$ 的不连续函数 $I(\beta)$. 图 74 上表示出这个不连续函数的图形,它的组成部分是两条半直线与一个点.

**例 4**　有明显的等式

$$\int_0^{+\infty}\mathrm{e}^{-\alpha x}\mathrm{d}x=\frac{1}{\alpha}\quad(\alpha>0)$$

对 $\alpha$ 求导数 $k$ 次,得到

① 以上的讨论是不严格的,因为假设了等式 $\lim\limits_{\beta\to0}I(\alpha,\beta)=I(\alpha,0)$,$\lim\limits_{\alpha\to+0}I(\alpha,\beta)=I(0,\beta)$. 若是知道 $I(\alpha,\beta)$ 是 $\beta$ 以及 $\alpha$ 的连续函数,它们才可以算作显然成立. 此外,还要注意,若在积分号下没有引进因子 $\mathrm{e}^{-\alpha x}$,则求积分 $\int_0^{+\infty}\cos\beta x\,\mathrm{d}x$ 对 $\beta$ 的导数就没有意义. 在[85]中在给 $I(\alpha,\beta)$ 连续的严格证明.

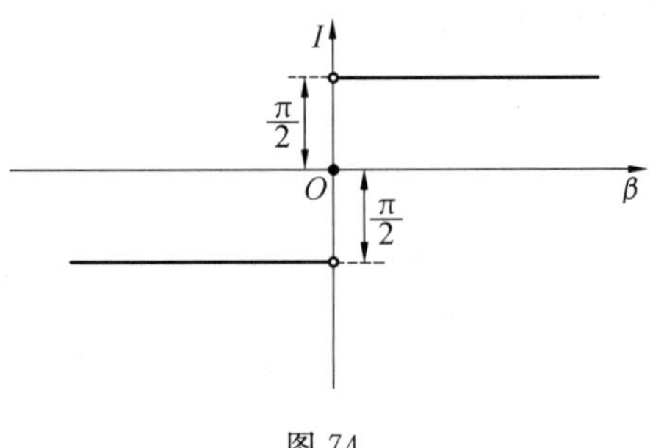

图 74

$$\int_0^{+\infty} e^{-\alpha x} x^k dx = \frac{k!}{\alpha^{k+1}}$$

现在考虑积分

$$I_n = \int_0^{+\infty} e^{-\alpha x^2} x^n dx \quad (\alpha > 0)$$

若 $n$ 是奇数:$n = 2k+1$,则用替换 $x^2 = t$ 来计算 $I_n$

$$I_{2k+1} = \int_0^{+\infty} e^{-\alpha x^2} x^{2k} x\, dx = \frac{1}{2}\int_0^{+\infty} e^{-\alpha t} t^k dt = \frac{1}{2}\frac{k!}{\alpha^{k+1}}$$

为要考虑 $n$ 是偶数的情形,在公式(4)中引用新的积分变量 $x = \sqrt{\alpha t}$. 在得到的结果中再用 $x$ 替换 $t$,就有公式

$$I_0 = \int_0^{+\infty} e^{-\alpha x^2} dx = \frac{1}{2}\sqrt{\frac{\pi}{\alpha}}$$

对 $\alpha$ 求导数 $k$ 次,求得

$$\frac{d^k I_0}{d\alpha^k} = (-1)^k \int_0^{\infty} e^{-\alpha x^2} x^{2k} dx$$

由此可得

$$I_{2k} = (-1)^k \frac{d^k}{d\alpha^k}\left(\frac{1}{2}\sqrt{\frac{\pi}{\alpha}}\right) = \frac{\sqrt{\pi}}{2} \cdot \frac{1 \cdot 3 \cdot \cdots \cdot (2k-1)}{2^k \cdot \alpha^{k+\frac{1}{2}}}$$

**例 5** 积分

$$I(\beta) = \int_0^{+\infty} e^{-\alpha x^2} \cos \beta x\, dx \quad (\alpha > 0)$$

依赖于两个参变量 $\alpha$ 与 $\beta$,我们把 $\alpha$ 考虑作常量. 对 $\beta$ 求导数

$$\frac{dI(\beta)}{d\beta} = -\int_0^{+\infty} e^{-\alpha x^2} \sin \beta x \cdot x\, dx = \frac{1}{2\alpha}\int_0^{+\infty} \sin \beta x\, de^{-\alpha x^2}$$

应用分部积分法则

$$\frac{dI(\beta)}{d\beta} = \frac{1}{2\alpha} e^{-\alpha x^2} \sin \beta x \Big|_{x=0}^{x=+\infty} - \frac{\beta}{2\alpha}\int_0^{+\infty} e^{-\alpha x^2} \cos \beta x\, dx = -\frac{\beta}{2\alpha}\int_0^{+\infty} e^{-\alpha x^2} \cos \beta x\, dx$$

就是

$$\frac{\mathrm{d}I(\beta)}{\mathrm{d}\beta}=-\frac{\beta}{2\alpha}I(\beta)$$

在这个微分方程中分离变量

$$\frac{\mathrm{d}I(\beta)}{I(\beta)}=-\frac{\beta}{2\alpha}\mathrm{d}\beta$$

由此求积分,得到

$$I(\beta)=C\mathrm{e}^{-\frac{\beta^2}{4\alpha}} \tag{27}$$

其中常数 $C$ 已经不依赖于 $\beta$. 令 $\beta=0$,就有

$$I(0)=\int_0^{+\infty}\mathrm{e}^{-\alpha x^2}\mathrm{d}x=\frac{1}{2}\sqrt{\frac{\pi}{\alpha}}$$

另外,根据公式(27)

$$I(0)=C$$

于是推知:$C=\frac{1}{2}\sqrt{\frac{\pi}{\alpha}}$,把这个 $C$ 的表达式代入到公式(27)中,得到最后结果

$$\int_0^{+\infty}\mathrm{e}^{-\alpha x^2}\cos\beta x\,\mathrm{d}x=\frac{1}{2}\sqrt{\frac{\pi}{\alpha}}\mathrm{e}^{-\frac{\beta^2}{4\alpha}}$$

在得到的结果中,用 $\alpha^2$ 来替换 $\alpha$,得到

$$\int_0^{+\infty}\mathrm{e}^{-\alpha^2x^2}\cos\beta x\,\mathrm{d}x=\frac{\sqrt{\pi}}{2\alpha}\mathrm{e}^{-\frac{\beta^2}{4\alpha^2}}$$

以后我们讨论热传导方程时要利用它.

**82. 反常积分**

我们已经不止一次遇到被积函数或是积分限成为无穷大的积分.在[I,97,98]中,我们讲过当满足某些条件时这样的积分的确定的意义,现在我们仔细讲这种积分.

1. 被积函数成为无穷大的

设在积分

$$\int_a^b f(x)\mathrm{d}x\quad(b>a)$$

中,函数 $f(x)$ 当 $a\leqslant x<b$ 时连续,而当 $x=b$ 时成为无穷大,或者,确切地说,设当 $x$ 由小于 $b$ 的值趋向 $b$ 时,$f(x)$ 不是有界的.那时依照定义[I,97],我们写成

$$\int_a^b f(x)\mathrm{d}x=\lim_{\varepsilon\to+0}\int_a^{b-\varepsilon}f(x)\mathrm{d}x$$

只是要写在这等式右边的极限存在.现在我们来求它存在的条件.依照柯西基本法则[I,31],变量的极限存在的必要且充分条件是使得由改变的某一阶段起,这变量的任何两个值之差的绝对值要小于任何预先给定的一个正数.在所

考虑的情形下,这个差是

$$\int_{a}^{b-\varepsilon''} f(x)\mathrm{d}x-\int_{a}^{b-\varepsilon'} f(x)\mathrm{d}x=\int_{b-\varepsilon'}^{b-\varepsilon''} f(x)\mathrm{d}x \quad (\varepsilon''<\varepsilon')$$

如此我们得到下面的一般条件:为要反常积分

$$\int_{a}^{b} f(x)\mathrm{d}x$$

存在(收敛),其中被积函数 $f(x)$ 当 $x=b-0$ 时成为无穷大,必须且仅须当随意给定一个正数 $\delta$ 时,有这样一个 $\eta$ 存在,使得

$$\text{当 } 0<\varepsilon' \text{ 与 } \varepsilon''<\eta \text{ 时}, \left|\int_{b-\varepsilon'}^{b-\varepsilon''} f(x)\mathrm{d}x\right|<\delta$$

**注意** 由已知的不等式[I,95]

$$\left|\int_{b-\varepsilon'}^{b-\varepsilon''} f(x)\mathrm{d}x\right| \leqslant \int_{b-\varepsilon'}^{b-\varepsilon''} |f(x)| \mathrm{d}x$$

直接断定,由积分

$$\int_{a}^{b} |f(x)| \mathrm{d}x \tag{28}$$

的收敛可以推出积分

$$\int_{a}^{b} f(x)\mathrm{d}x \tag{29}$$

的收敛.

反过来是不对的,就是说,由积分(29)收敛不能推出积分(28)收敛.若积分(28)收敛,则叫作积分(29)绝对收敛[比较 I,124].

由一般的判别法推出应用上特别重要的柯西判别法:若被积函数 $f(x)$ 当 $a\leqslant x<b$ 时连续,则当 $x$ 逼近于 $b$ 时满足条件

$$|f(x)|<\frac{A}{(b-x)^{p}} \tag{30}$$

其中 $A$ 与 $p$ 是正的常数,并且 $p<1$,则反常积分(29)收敛,而且绝对收敛.

若

$$|f(x)|>\frac{A}{(b-x)^{p}}, \text{且 } p\geqslant 1 \tag{31}$$

则积分(29)不存在.

事实上,在条件(30)的情形下,我们有

$$\left|\int_{b-\varepsilon'}^{b-\varepsilon''} f(x)\mathrm{d}x\right| \leqslant \int_{b-\varepsilon'}^{b-\varepsilon''} |f(x)| \mathrm{d}x<A\int_{b-\varepsilon'}^{b-\varepsilon''} \frac{\mathrm{d}x}{(b-x)^{p}}=A\frac{\varepsilon'^{1-p}-\varepsilon''^{1-p}}{1-p}$$

这时,当 $\varepsilon'$ 与 $\varepsilon''$ 足够小时,右边可以随意多小,因为指数 $(1-p)$ 是正的 $(p<1)$.

在条件(31)的情形下,首先我们可以相信,在点 $x=b$ 的近旁,连续函数 $f(x)$ 不变号,因为根据条件(31),$f(x)$ 的绝对值保持大于一个正数,于是推

知，$f(x)$ 不能等于零，所以不可以变号. 我们限制考虑 $f(x)$ 是正的情形，就有

$$\int_{b-\varepsilon'}^{b-\varepsilon''} f(x)\mathrm{d}x > A\int_{b-\varepsilon'}^{b-\varepsilon''} \frac{\mathrm{d}x}{(b-x)^p} = \begin{cases} A\lg \dfrac{\varepsilon'}{\varepsilon''}, \text{当 } p=1 \text{ 时} \\ A\dfrac{\varepsilon'^{1-p}-\varepsilon''^{1-p}}{1-p} \end{cases}$$

由于条件 $1-p<0$，当 $\varepsilon'$ 与 $\varepsilon''$ 足够小时，这等式右边可以随意多大.

柯西判别法的几何意义十分清楚，因为在条件(30) 的情形下，曲线 $y=f(x)$ 当 $x$ 逼近于 $b$ 时整个出现在一个区域内部，这个区域以两条对称的曲线

$$y=\pm\frac{A}{(b-x)^p} \tag{32}$$

为界(图 75)，当 $p<1$ 时，它们有有限面积，所以 $f(x)$ 也有有限面积. 在条件(31) 的情形下，曲线 $y=f(x)$ 在点 $x=b$ 的近旁超出上述的区域，并且因为曲线(32) 当 $p\geqslant 1$ 时没有有限面积，于是曲线 $y=f(x)$ 也就没有有限面积(图 76).

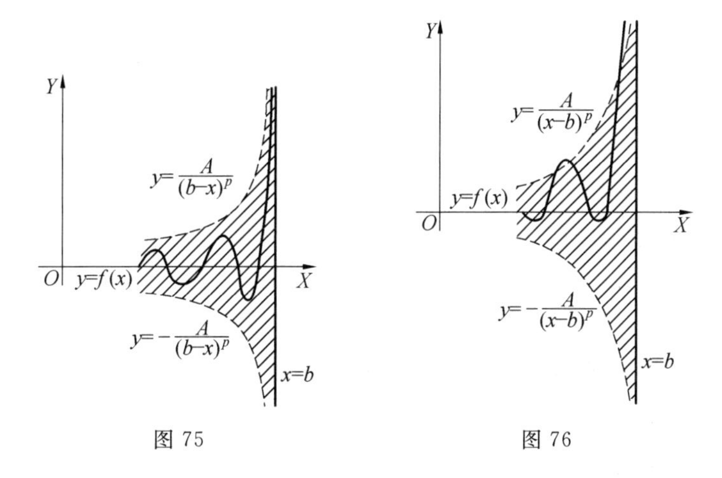


图 75　　图 76

完全类似的，可以考虑，在下限 $x=a$ 或在积分区间的某一个中间点 $x=c$，$f(x)$ 成为无穷大时的情形[I,97].

2. 无穷积分限

现在我们考虑 $b=+\infty$ 的情形，就是反常积分

$$\int_a^{+\infty} f(x)\mathrm{d}x=\lim_{b\to+\infty}\int_a^b f(x)\mathrm{d}x$$

假设当 $x\geqslant a$ 时 $f(x)$ 连续. 像上面的情形一样，应用柯西判别法得到：为要反常积分

$$\int_a^{+\infty} f(x)\mathrm{d}x \tag{33}$$

存在(收敛)，必须且仅须当随意给定一个小的正数 $\delta$ 时，存在有这样一个正数 $N$，使得

$$\text{当 } b' \text{ 与 } b'' > N \text{ 时}, \left| \int_{b'}^{b''} f(x) \mathrm{d}x \right| < \delta$$

特别是,像情形 1 一样,可以证明柯西判别法:若被积函数 $f(x)$ 当 $x \geqslant a$ 时连续,并且

$$|f(x)| < \frac{A}{x^p}, p > 1 \tag{34}$$

则反常积分(33) 绝对收敛.

若

$$|f(x)| > \frac{A}{x^p}, p \leqslant 1 \tag{35}$$

则积分(33) 不存在.

用完全类似的方法可以考虑反常积分[I,98]

$$\int_{-\infty}^{b} f(x) \mathrm{d}x \text{ 与} \int_{-\infty}^{+\infty} f(x) \mathrm{d}x$$

现在讲应用柯西判别法时比较方便的方法. 先讲形状如(33) 的积分. 它的收敛条件(34) 的特点,是要存在有这样的一个 $p > 1$,使得当 $x \to +\infty$ 时,乘积 $f(x)x^p$ 保持有界. 若

$$\lim_{x \to +\infty} f(x)x^p$$

有有限的极限存在,则这条件自然满足.

同样,若极限

$$\lim_{x \to +\infty} f(x)x^p \quad (p \leqslant 1)$$

存在,而不是零(有限或无穷),则发散的条件(35) 成立. 例如,[81] 例 5 中的积分是绝对收敛的,因为对于任何正数 $p$,当 $x \to +\infty$ 时,乘积 $\mathrm{e}^{-\alpha x^2} \cos \beta x \cdot x^p$ 趋向零. 实际上,因子 $\cos \beta x$ 的绝对值不超过 1,而乘积 $\mathrm{e}^{-\alpha x^2} x^p \to 0$,这不难由洛必达法则肯定,我们可以设 $p = 2$[I,65].

积分

$$\int_0^{+\infty} \frac{5x^2 + 1}{x^3 + 4} \mathrm{d}x$$

是发散的,因为

$$\lim_{x \to +\infty} \frac{5x^2 + 1}{x^3 + 4} x = 5 \quad (p = 1)$$

一般说来,具有一个或两个无穷限的有理分式的积分,只是当分母的次数比分子的次数至少高两次时才收敛. 此外,这样的积分收敛还必须当这分式化为最简以后分母在积分区间上不等于零. 若这区间是$(-\infty, +\infty)$,则分母应当没有实根.

完全类似的方法可以应用于被积函数成为无穷大的积分的收敛与发散的

条件.例如,积分

$$\int_0^1 \frac{\sin x}{x^m} dx$$

当 $m < 2$ 时收敛,因为当 $x \to +0$ 时,乘积 $\frac{\sin x}{x^m} x^{m-1} = \frac{\sin x}{x}$ 趋向 1,而 $p = m - 1 < 1$. 反之,当 $m \geqslant 2$ 时,上面这积分发散.

**83. 非绝对收敛积分**

柯西判别法只给出反常积分收敛的充分条件(30)或(34).例如,它不能应用于非绝对收敛积分,就是这样的积分

$$\int_a^b f(x) dx \text{ 或} \int_a^{+\infty} f(x) dx$$

收敛,而

$$\int_a^b | f(x) | dx \text{ 或} \int_a^{+\infty} | f(x) | dx$$

不收敛.我们讲一个非绝对收敛积分的判别法:若积分

$$F(x) = \int_a^x f(t) dt \quad (a > 0)$$

当 $x$ 无限增加时保持有界,则对于任何的 $p > 0$,积分

$$\int_a^{+\infty} \frac{f(x)}{x^p} dx$$

收敛.实际上,应用分部积分法则,得到

$$\int_a^N \frac{f(x)}{x^p} dx = \int_a^N \frac{1}{x^p} dF(x) = \frac{F(x)}{x^p} \Bigg|_{x=a}^{x=N} + p \int_a^N \frac{F(x)}{x^{1+p}} dx$$

或者,注意 $F(a) = 0$

$$\int_a^N \frac{f(x)}{x^p} dx = \frac{F(N)}{N^p} + p \int_a^N \frac{F(x)}{x^{1+p}} dx$$

当 $N$ 无限增加时,右边第一项趋向零,因为由条件 $F(N)$ 保持有界而 $p > 0$. 依照柯西判别法,由积分表示的第二项收敛,因为由条件被积函数的分子当 $x \to +\infty$ 时保持有界,而在分母中 $x$ 的次数高于一次.所以,存在有极限

$$\int_a^{+\infty} \frac{f(x)}{x^p} dx = \lim_{N \to +\infty} \int_a^N \frac{f(x)}{x^p} dx = p \int_a^{+\infty} \frac{F(x)}{x^{1+p}} dx$$

**例 1** 取在[81]例 3 中我们考虑过的积分

$$\int_0^{+\infty} \frac{\sin \beta x}{x} dx \tag{36}$$

**注意** 当 $x = 0$ 时,被积函数取有限值 $\beta$,所以这积分的反常性只在于无穷限.再者,显然

$$\int_a^N \sin \beta x \, dx = -\left[\frac{1}{\beta} \cos \beta x\right] \Bigg|_{x=a}^{x=N}$$

由此

$$\left|\int_a^N \sin \beta x \, \mathrm{d}x\right| \leqslant \frac{2}{\beta} \quad (\beta > 0)$$

就是说，对于任何的 $a$ 与 $N$，积分 $\int_a^N \sin \beta x \, \mathrm{d}x$ 保持有界. 于是应用所证明的定理于积分(36)，知道它收敛.

**例 2** 再考虑积分

$$\int_0^{+\infty} \sin x^2 \, \mathrm{d}x \tag{37}$$

替换变量 $x=\sqrt{t}$，把它化为

$$\frac{1}{2}\int_0^{+\infty} \frac{\sin t}{\sqrt{t}} \mathrm{d}t$$

像在例 1 中所作的一样，可以证明它收敛. 我们仔细讲些使得积分(37) 收敛的理由. 图 77 表示被积函数 $f(x)=\sin x^2$ 的图形，当 $x \to +\infty$ 时，它不趋向于零，显然，柯西判别法不能用. 分区间 $(0, +\infty)$ 为部分区间

$$(0,\sqrt{\pi}),(\sqrt{\pi},\sqrt{2\pi}),(\sqrt{2\pi},\sqrt{3\pi}),\cdots,(\sqrt{n\pi},\sqrt{(n+1)\pi}),\cdots$$

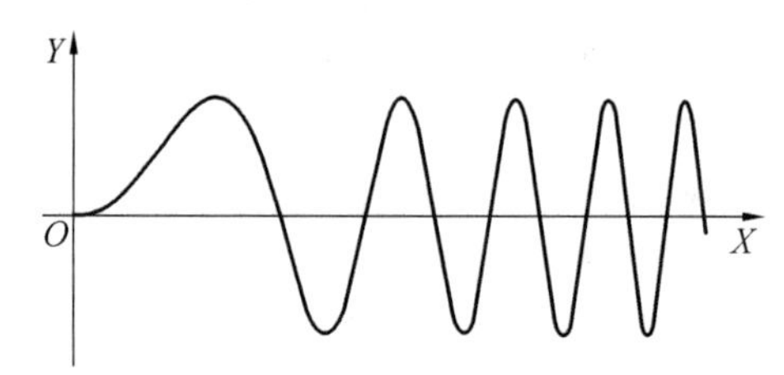


图 77

在其中每一个区间上，函数 $y=\sin x^2$ 保持不变号：在第一个区间(+)，在第二个区间(−)，在第三个区间(+) 等. 设

$$u_n=(-1)^n\int_{\sqrt{n\pi}}^{\sqrt{(n+1)\pi}} \sin x^2 \, \mathrm{d}x$$

引用新的变量 $t$ 来替代 $x$

$$x=\sqrt{t+n\pi}$$

得到

$$u_n=\frac{(-1)^n}{2}\int_0^{\pi} \frac{\sin(t+n\pi)}{\sqrt{t+n\pi}} \mathrm{d}t=\frac{1}{2}\int_0^{\pi} \frac{\sin t}{\sqrt{t+n\pi}} \mathrm{d}t$$

由此看出，数 $u_n$ 是正的，而且当正整数 $n$ 增加时 $u_n$ 减小. 此外，由不等式

$$u_n<\frac{1}{2}\int_0^{\pi} \frac{\mathrm{d}t}{\sqrt{n\pi}}=\frac{1}{2}\sqrt{\frac{\pi}{n}}$$

推知，当 $n \to +\infty$ 时，$u_n \to 0$. 由以上所有叙述推出，交错级数

$$u_0 - u_1 + u_2 - u_3 + \cdots + (-1)^n u_n + \cdots \tag{38}$$

收敛[I,123].

现在设

$$\sqrt{m\pi} \leqslant b \leqslant \sqrt{(m+1)\pi} \tag{39}$$

并考虑积分

$$\begin{aligned}\int_0^b \sin x^2 \mathrm{d}x &= \int_0^{\sqrt{\pi}} \sin x^2 \mathrm{d}x + \int_{\sqrt{\pi}}^{\sqrt{2\pi}} \sin x^2 \mathrm{d}x + \cdots + \\ &\quad \int_{\sqrt{(m-1)\pi}}^{\sqrt{m\pi}} \sin x^2 \mathrm{d}x + \int_{\sqrt{m\pi}}^{b} \sin x^2 \mathrm{d}x \\ &= u_0 - u_1 + \cdots + (-1)^{m-1} u_{m-1} + \theta(-1)^m u_m \end{aligned} \tag{40}$$

其中 $0 \leqslant \theta < 1$,因为最后的区间$(\sqrt{m\pi}, b)$只是区间$(\sqrt{m\pi}, \sqrt{(m+1)\pi})$的一部分,甚至于当 $b = \sqrt{m\pi}$ 时它就没有了. 当 $b \to +\infty$ 时,由不等式(39)确定的整数 $m$ 就趋向 $+\infty$,再由级数(38)的收敛性以及等式(40)推出反常积分

$$\int_0^{+\infty} \sin x^2 \mathrm{d}x = \lim_{b \to +\infty} \int_0^b \sin x^2 \mathrm{d}x = u_0 - u_1 + u_2 - u_3 + \cdots$$

存在.

在这一个情形下,反常积分存在是由于被积函数的交错性,也由于出现在 $OX$ 轴上下的一序列的面积,当由原点向远移时,逐渐减小且趋向于零,这里后面这个情况并不是它们的高趋向于零,而是面积无限缩小.

同样可以考虑积分(36).

在卷 Ⅲ 中,我们将得到积分(37)的值如下

$$\int_0^{+\infty} \sin x^2 \mathrm{d}x = \int_0^{+\infty} \cos x^2 \mathrm{d}x = \frac{1}{2}\sqrt{\frac{\pi}{2}}$$

上面写的这个积分叫作富列聂积分或折射积分. 后面这个名词是联系于这些积分在光学中的应用的.

**84. 一致收敛积分**①

若反常积分的被积函数依赖于一个参变量 $y$,则在[82]1 与 2 的一般判别法中谈到的数 $\eta$ 与 $N$,一般说来依赖于 $y$. 若当 $y$ 在区间 $\alpha \leqslant y \leqslant \beta$ 上改变时,在条件

$$\text{当 } 0 < \varepsilon' \text{ 与 } \varepsilon'' < \eta \text{ 时}, \left| \int_{b-\varepsilon'}^{b-\varepsilon''} f(x, y) \mathrm{d}x \right| < \delta \tag{41}$$

$$\text{当 } b' \text{ 与 } b'' > N \text{ 时}, \left| \int_{b'}^{b''} f(x, y) \mathrm{d}x \right| < \delta \tag{42}$$

中可以选择不依赖于 $y$ 的值的数 $\eta$ 与 $N$,则叫反常积分

① 读这一段之前回忆一下一致收敛级数的定理是有用的.

$$\int_a^b f(x,y)\mathrm{d}x, \int_a^{+\infty} f(x,y)\mathrm{d}x \tag{43}$$

关于 $y$ 一致收敛.

特别是,当应用柯西判别法时,若常数 $A$ 与 $p$ 不依赖于 $y$,则所考虑的积分一致收敛.

任何一个收敛的反常积分,可以表示成收敛级数的形状,它的每一项是一个普通积分.这个道理以上我们已经利用过.我们回到积分(43)中第一个积分.给定一串下降而趋向于零的正数

$$\varepsilon_1, \varepsilon_2, \varepsilon_3, \cdots, \varepsilon_n, \cdots \tag{44}$$

可以写成

$$\begin{aligned}\int_a^b f(x,y)\mathrm{d}x &= \int_a^{b-\varepsilon_1} f(x,y)\mathrm{d}x + \int_{b-\varepsilon_1}^{b-\varepsilon_2} f(x,y)\mathrm{d}x + \int_{b-\varepsilon_2}^{b-\varepsilon_3} f(x,y)\mathrm{d}x + \cdots + \\ &\quad \int_{b-\varepsilon_n}^{b-\varepsilon_{n+1}} f(x,y)\mathrm{d}x + \cdots \\ &= u_0(y) + u_1(y) + u_2(y) + \cdots + u_n(y) + \cdots \end{aligned} \tag{45}$$

其中

$$u_n(y) = \int_{b-\varepsilon_n}^{b-\varepsilon_{n+1}} f(x,y)\mathrm{d}x \tag{46}$$

在积分(43)中第二个积分的情形,给定一串无限上升的数

$$b_1, b_2, b_3, \cdots, b_n, \cdots \tag{47}$$

就有

$$\begin{aligned}\int_a^{+\infty} f(x,y)\mathrm{d}x &= \int_a^{b_1} f(x,y)\mathrm{d}x + \int_{b_1}^{b_2} + \int_{b_2}^{b_3} + \cdots + \int_{b_n}^{b_{n+1}} + \cdots \\ &= u_0(y) + u_1(y) + u_2(y) + \cdots + u_n(y) + \cdots \end{aligned} \tag{48}$$

由积分与级数一致收敛的定义[I,143]直接推出,若反常积分一致收敛,则无论数(44)或(47)怎样选择,对应于它的级数也一致收敛.实际上,例如,级数(45)很靠后的项的和等于一个沿逼近于 $b$ 的线段的积分,对于这样的积分,不等式(41)成立.

一致收敛积分的性质类似于一致收敛级数的性质[I,146].为确定起见,我们对于积分(43)中第二个积分来叙述这些性质,不过所讲的对第一个积分也适用.

(1) 若函数 $f(x,y)$ 当 $a \leqslant x$ 时连续,且当 $y$ 在一个有限区间 $\alpha \leqslant y \leqslant \beta$ 上改变时,积分

$$\int_a^{+\infty} f(x,y)\mathrm{d}x \tag{49}$$

一致收敛,则当 $\alpha \leqslant y \leqslant \beta$ 时,它是 $y$ 的连续函数.

(2) 在同样条件下,在积分号下求积分的公式成立

$$\int_{\alpha}^{\beta}\mathrm{d}y\int_{a}^{+\infty}f(x,y)\mathrm{d}x=\int_{a}^{+\infty}\mathrm{d}x\int_{\alpha}^{\beta}f(x,y)\mathrm{d}y \tag{50}$$

(3) 若 $f(x,y)$ 与$\dfrac{\partial f(x,y)}{\partial y}$ 连续,积分(49) 收敛,而且积分

$$\int_{a}^{+\infty}\frac{\partial f(x,y)}{\partial y}\mathrm{d}x \tag{51}$$

一致收敛,则在积分号下求导数的公式成立

$$\frac{\mathrm{d}}{\mathrm{d}y}\int_{a}^{+\infty}f(x,y)\mathrm{d}x=\int_{a}^{+\infty}\frac{\partial f(x,y)}{\partial y}\mathrm{d}x \tag{52}$$

我们证明性质(1) 与(3). 依照[80] 中的证明,级数(48) 的项

$$u_n(y)=\int_{b_n}^{b_{n+1}}f(x,y)\mathrm{d}x \tag{53}$$

是连续函数,并且根据积分的一致收敛性,这级数也一致收敛,于是推知,级数的和,就是积分(49),也是连续函数[I,146].

为要证明(3),我们提出,由[80] 推知,积分(53) 可以在积分号下求导数,就是说

$$u'_n(y)=\int_{b_n}^{b_{n+1}}\frac{\partial f(x,y)}{\partial y}\mathrm{d}x$$

不过,根据积分(51) 的一致收敛性,我们有一致收敛的级数

$$\int_{a}^{+\infty}\frac{\partial f(x,y)}{\partial y}\mathrm{d}x=\sum_{n=0}^{+\infty}\int_{b_n}^{b_{n+1}}\frac{\partial f(x,y)}{\partial y}\mathrm{d}x=\sum_{n=0}^{+\infty}u'_n(y) \tag{54}$$

所以,级数(48) 收敛,而且由导数作成的级数一致收敛. 由此推知[I,146],级数(54) 的和是级数(48) 的和的导数,这就可以化为公式(52).

我们讲一个反常积分的绝对与一致收敛性的简单判别法,与级数的绝对与一致收敛性的判别法[I,147] 类似. 我们对积分(43) 中第二个积分来作. 对于第一个积分有类似的判别法成立.

像以前一样,设 $f(x,y)$ 当 $a\leqslant x$ 且 $\alpha\leqslant y\leqslant\beta$ 时连续. 若存在有一个当 $a\leqslant x$ 时连续且是正的函数 $\varphi(x)$, 使得当 $a\leqslant x$ 且 $\alpha\leqslant y\leqslant\beta$ 时, $|f(x,y)|\leqslant\varphi(x)$,并且积分

$$\int_{a}^{+\infty}\varphi(x)\mathrm{d}x \tag{55}$$

收敛,则积分(49) 绝对收敛,而且一致收敛(关于 $y$). 根据收敛性(55),当给定任何 $\delta>0$ 时,存在这样一个 $N$,使得

$$\text{当 } b' \text{ 与 } b''>N \text{ 时},\int_{b'}^{b''}\varphi(x)\mathrm{d}x<\delta$$

这里这个 $N$ 不依赖于 $y$,因为 $\varphi(x)$ 不含有 $y$. 于是由 $|f(x,y)|\leqslant\varphi(x)$ 推出

$$\text{当 } b' \text{ 与 } b''>N \text{ 时},\left|\int_{b'}^{b''}f(x,y)\mathrm{d}x\right|\leqslant\int_{b'}^{b''}|f(x,y)|\mathrm{d}x\leqslant\int_{b'}^{b''}\varphi(x)\mathrm{d}x<\delta$$

就是说，这个不依赖于 $y$ 的 $N$，对于积分(49)，甚至于对于积分

$$\int_{a}^{+\infty} |f(x,y)|\, dx$$

都适用，于是证明了我们的肯定.

**85. 例 1** 再仔细考虑[81]中例 3

$$I(\alpha,\beta)=\int_{0}^{+\infty} e^{-\alpha x} \frac{\sin \beta x}{x} dx \tag{56}$$

现在算作 $\alpha$ 是固定的正数，而把积分(56)考虑作依赖于参变量 $\beta$ 的积分. 注意，当 $x=0$ 时，商式 $\frac{\sin \beta x}{x}$ 保持连续，而且当 $x=0$ 时，它等于 $\beta$，所以积分(56)的反常性只在于无穷限. 对于正的 $x>1$ 我们有 $\left|\frac{\sin \beta x}{x}\right|<1$，从而

$$\left|e^{-\alpha x} \frac{\sin \beta x}{x}\right|<e^{-\alpha x}$$

而且积分

$$\int_{1}^{+\infty} e^{-\alpha x} dx=\left[-\frac{1}{\alpha} e^{-\alpha x}\right]\Bigg|_{x=1}^{x=+\infty}=\frac{1}{\alpha} e^{-\alpha}$$

收敛，于是推知，依照所证明的判别法，积分(56)关于 $\beta$ 一致收敛. 在积分号下求它对 $\beta$ 的导数，得到积分

$$\int_{0}^{+\infty} e^{-\alpha x} \cos \beta x\, dx$$

根据 $|e^{-\alpha x} \cos \beta x|<e^{-\alpha x}$，它也一致收敛. 由此推出，积分(56)是 $\beta$ 的连续函数，并且它可以在积分号下求导数. 为要断定这个例子中的所有计算，只剩下要证明 $\lim\limits_{\alpha \to +0} I(\alpha,\beta)=I(0,\beta)$，就是说，当固定住 $\beta$ 时，在零的右边，积分(56)是 $\alpha$ 的连续函数. 我们来证明，当 $\alpha \geqslant 0$ 时，它是 $\alpha$ 的连续函数. 以前我们已经证明了当 $\alpha=0$ 时它收敛.

可以算作 $\beta>0$，这并不限制一般性，因为 $\beta<0$ 的情形只要改变积分的符号就可以化为 $\beta>0$ 的情形，在 $\beta=0$ 的情形这个肯定是显然的.

以下的作法与在[83]中我们对于富列聂积分所作的类似. 分全部区间 $(0,+\infty)$ 为部分区间

$$\left(0,\frac{\pi}{\beta}\right),\left(\frac{\pi}{\beta},\frac{2\pi}{\beta}\right),\cdots,\left(\frac{n\pi}{\beta},\frac{(n+1)\pi}{\beta}\right),\cdots$$

在第一个部分区间上，被积函数

$$f(x)=e^{-\alpha x} \frac{\sin \beta x}{x} \quad (\alpha \geqslant 0 \text{ 而 } \beta>0)$$

有(+)号，在第二个部分区间上有(−)号等. 设

$$u_{n}(\alpha)=(-1)^{n} \int_{\frac{n\pi}{\beta}}^{\frac{(n+1)\pi}{\beta}} e^{-\alpha x} \frac{\sin \beta x}{x} dx$$

引用新的变量 $t=x-\frac{n\pi}{\beta}$ 来替代 $x$，得到

$$u_n(\alpha)=\int_0^{\frac{\pi}{\beta}} \mathrm{e}^{-\alpha t-\frac{n\alpha\pi}{\beta}} \frac{\sin \beta t}{t+\frac{n\pi}{\beta}} \mathrm{d}t$$

由此看出，$u_n(\alpha)$ 是正的，而且当 $n$ 增加时 $u_n(\alpha)$ 下降.

此外，由不等式

$$|u_n(\alpha)|<\int_0^{\frac{\pi}{\beta}} \frac{1}{\frac{n\pi}{\beta}} \mathrm{d}t=\frac{1}{n} \tag{57}$$

推知，当 $n\to+\infty$ 时，$u_n(\alpha)\to 0$.

所以，当 $\alpha\geqslant 0$ 时，我们可以把这积分表示成交错级数之和的形状

$$\int_0^{+\infty} \mathrm{e}^{-\alpha x} \frac{\sin \beta x}{x} \mathrm{d}x=u_0(\alpha)-u_1(\alpha)+u_2(\alpha)-\cdots+(-1)^n u_n(\alpha)+\cdots \tag{58}$$

根据公式(57) 与[I,123] 中的定理，这级数的余项有估计值

$$|r_n(\alpha)|<|u_{n+1}(\alpha)|<\frac{1}{n+1}$$

$\frac{1}{n+1}$ 不依赖于 $\alpha$，并且当 $n\to+\infty$ 时，$\frac{1}{n+1}\to 0$. 由此推出，当 $\alpha\geqslant 0$ 时这级数一致收敛，于是推知[I,146] 它的和是连续的，因为根据[80]，这级数的项 $u_n(\alpha)$ 是连续函数.

注意，只由级数(58) 当 $\alpha\geqslant 0$ 时的一致收敛性，没有补充的理由，还不能推知积分的一致收敛性. 在所给的情形下，可以证明，当 $\alpha\geqslant 0$ 时，这积分一致收敛.

**注意** 当 $\beta>0$ 时，积分

$$\int_0^{+\infty} \frac{\sin \beta x}{x} \mathrm{d}x$$

等于 $\frac{\pi}{2}$，当 $\beta<0$ 时等于 $-\frac{\pi}{2}$，当 $\beta=0$ 时等于零. 这个积分给出一个 $\beta$ 的函数，当 $\beta=0$ 时，有连续性的间断点. 由此推出，在含有 $\beta=0$ 的 $\beta$ 的改变区间上，所写的积分关于 $\beta$ 不可能一致收敛. 若我们取零的右边这个区间，则积分的量 $\frac{\pi}{2}$ 对 $\beta$ 的导数等于零，不过这个积分不能在积分号下求导数，因为这样求导数之后得到 $\cos \beta x$ 沿区间 $(0,+\infty)$ 的积分，它没有意义.

**例 2** 在[81] 例 4 中，我们在积分号下求过积分

$$\int_0^{+\infty} \mathrm{e}^{-\alpha x} \mathrm{d}x=\frac{1}{\alpha} \quad (\alpha>0)$$

对 $\alpha$ 的导数 $k$ 次. 为要证明这个运算合理,只要证明,当 $k$ 是正整数时,在任何区间 $c \leqslant \alpha \leqslant d$ 上(其中 $c > 0$),积分

$$\int_0^{+\infty} e^{-\alpha x} x^k dx$$

一致收敛. 因为在积分区间 $x \geqslant 0$ 上,显然 $e^{-\alpha x} \leqslant e^{-cx}$ 且 $e^{-\alpha x} x^k \leqslant e^{-cx} x^k$,根据在[84] 中所证的一致收敛性的判别法,我们只需证明积分

$$\int_0^{+\infty} e^{-cx} x^k dx$$

收敛. 不过若记作 $f(x) = e^{-cx} x^k$,则应用普通的洛必达法则[I,65],可以肯定,当 $x \to +\infty$ 时,$f(x)x^2 = e^{-cx} x^{k+2} \to 0$,于是依照[82] 中所讲的法则,我们看出所写的积分实际上收敛.

**例 3** 在[79] 中我们得到下面形状的亚贝尔问题的解

$$u(z) = \frac{\sqrt{2g}}{\pi} \frac{d}{dz} \int_0^z \frac{\varphi(h) dh}{\sqrt{z - h}}$$

现在我们证明,可以计算这等式右边的导数. 记

$$I(z) = \int_0^z \frac{\varphi(h) dh}{\sqrt{z - h}}$$

如果在积分号下对 $z$ 求导数,在积分号下我们就得到 $(z - h)^{-\frac{3}{2}}$,它给出发散积分[82],所以需要换个作法. 用分部积分法则来表示积分 $I(z)$,假设当 $h > 0$ 时存在有连续的导数 $\varphi'(h)$,并且它在 $h = 0$ 近旁是有界的

$$\begin{aligned}\int_0^z \frac{\varphi(h) dh}{\sqrt{z - h}} &= -2\int_0^z \varphi(h) d\sqrt{z - h} \\ &= -2\varphi(h)\sqrt{z - h}\Big|_{h=+0}^{h=z} + 2\int_0^z \varphi'(h)\sqrt{z - h}\, dh \\ &= 2\varphi(+0)\sqrt{z} + 2\int_0^z \varphi'(h)\sqrt{z - h}\, dh\end{aligned}$$

记作 $\varphi(+0) = \lim\limits_{h \to +0} \varphi(h)$. 这是个常数,一般说来,它不等于零,这里依照所给的定义 $\varphi(0) = 0$. 由上面写的公式求导数,根据[80] 中公式(21),我们求得

$$\frac{d}{dz}\int_0^z \frac{\varphi(h) dh}{\sqrt{z - h}} = \frac{\varphi(+0)}{\sqrt{z}} + \int_0^z \frac{\varphi'(h)}{\sqrt{z - h}} dh \tag{59}$$

若 $\varphi(h)$ 是常量,则 $\varphi'(h) = 0$,我们就有以前已经得到的公式. 若 $\varphi(+0) = 0$,则得到

$$\frac{d}{dz}\int_0^z \frac{\varphi(h) dh}{\sqrt{z - h}} = \int_0^z \frac{\varphi'(h) dh}{\sqrt{z - h}} \tag{59'}$$

对于反常积分 $I(z)$ 应用[80] 中公式(21),我们以前没有证明过. 注意,若依照公式 $h = zu$ 引用新的变量 $u$ 来替代 $h$,则对于 $I(z)$ 得到一个带有常数限的

积分

$$I(z)=\sqrt{z}\int_0^1 \frac{\varphi(zu)\,\mathrm{d}u}{\sqrt{1-u}}$$

像以上一样,假设当 $h>0$ 时存在有连续的且有界的导数 $\varphi'(h)$,不难验证,在积分号下可以求导数

$$\frac{\mathrm{d}I(z)}{\mathrm{d}z}=\frac{1}{2\sqrt{z}}\int_0^1 \frac{\varphi(zu)\,\mathrm{d}u}{\sqrt{1-u}}+\sqrt{z}\int_0^1 \frac{\varphi'(zu)u\,\mathrm{d}u}{\sqrt{1-u}}$$

用分部积分法则求出第一个积分,再回到原来的变量 $h$,仍然得到公式(59).

**86. 反常重积分**

现在我们来考虑反常重积分,由二重积分开始.像以上一样,反常积分可以有两种类型:(1) 被积函数没有界,(2) 积分区域没有界.先讲第一种情形.设在一个有限区域$(\sigma)$上,除点$C$外,$f(M)$是连续的,并且在点$C$的近旁$f(M)$没有界.除掉一个包含点$C$在内的某一个小区域$(\Delta)$,在剩下的区域$(\sigma-\Delta)$上,函数$f(M)$是连续的,而且没有例外,于是积分

$$\iint\limits_{(\sigma-\Delta)} f(M)\,\mathrm{d}\sigma$$

有意义.

若当$(\Delta)$无限缩向点$C$时,这个积分趋向一个确定的极限,而不依赖于$(\Delta)$是怎么样缩向$C$的,则这个极限叫作函数$f(M)$沿区域$(\sigma)$的反常积分

$$\iint\limits_{(\sigma)} f(M)\,\mathrm{d}\sigma=\lim \iint\limits_{(\sigma-\Delta)} f(M)\,\mathrm{d}\sigma \tag{60}$$

先假设在点$C$的近旁$f(M)$是正的,或者确切地说,它不是负的.设$(\Delta')$与$(\Delta'')$是这样的两个小区域,使得$(\Delta'')$出现在$(\Delta')$内部.这时,沿$(\sigma-\Delta'')$的积分与沿$(\sigma-\Delta')$的积分差一个正数,它等于沿区域$(\Delta'-\Delta'')$的积分,而在这区域上$f(M)\geqslant 0$.由此直接看出,当$(\Delta)$无限缩向$C$时,积分(60)上升(若相继的区域是前一个的部分区域),于是推知,或者趋向一个极限,或者无限上升.若当$(\Delta)$按照某一个确定的规律缩向$C$时,有有限的极限,则当按照任何规律缩小时,就有相同的极限.对于这个极限存在的情形,突出事实是,沿不包含点$C$而出现在使得$f(M)$是正的点$C$的近旁中的任何区域的积分保持小于某一个正数(这时,若近旁缩向$C$,积分就趋向零).若在点$C$的近旁$f(M)\leqslant 0$,则由积分中提出一个负号,就化为以上的情形.现在设在点$C$的任何的小的近旁,$f(M)$有不同的正负号.在这情形下,我们只考虑绝对收敛的积分,就是

$$\iint\limits_{(\sigma)} |f(M)|\,\mathrm{d}\sigma \tag{61}$$

是有意义(或收敛)的那种积分.在其中被积函数已经不是负的,于是对于它以

上的讨论适用.特别是,由这些讨论推知,若 $f_1(M)$ 与 $f_2(M)$ 是两个正的函数,$f_1(M) \leqslant f_2(M)$,并且 $f_2(M)$ 的积分收敛,则 $f_1(M)$ 的积分也收敛.我们的函数 $f(M)$ 可以表示成两个正的函数之差的形状:$f(M)=|f(M)|-[|f(M)|-f(M)]$.由条件积分(61)收敛,于是函数 $2|f(M)|$ 的积分也收敛.在 $f(M) \leqslant 0$ 的点,函数 $[|f(M)|-f(M)]$ 等于 $2|f(M)|$,在 $f(M)>0$ 的点,它等于零,就是说,正的函数 $[|f(M)|-f(M)] \leqslant 2|f(M)|$,于是推知,它的积分也收敛.这时差 $|f(M)|-[|f(M)|-f(M)]$ 的积分收敛,就是 $f(M)$ 的积分收敛.所以,若积分(61)收敛,则 $f(M)$ 的积分收敛.

我们讲积分(61)收敛的一个充分条件:若在点 $C$ 的近旁,函数满足条件 $|f(M)| \leqslant \frac{A}{r^p}$,其中 $r$ 是由点 $C$ 到变点 $M$ 的距离,$A$ 与 $p$ 是常数,并且 $p<2$,则积分(61)收敛.依照以上所述,我们只需证明,沿任何不含有点 $C$ 而包含于以点 $C$ 为圆心且具有某一个半径 $r_0$ 的圆中的任何区域$(\sigma')$,积分(61)保持有界.引用原点在点 $C$ 的极坐标,并注意上面写的对于 $|f(M)|$ 的不等式,得到

$$\iint_{(\sigma')} |f(M)|\,\mathrm{d}\sigma \leqslant A\iint_{(\sigma')} \frac{1}{r^p} r\,\mathrm{d}r\mathrm{d}\varphi = A\iint_{(\sigma')} \frac{1}{r^{p-1}}\mathrm{d}r\mathrm{d}\varphi$$

区域$(\sigma')$一定包含于某一个介于圆周 $r=\eta$ 与 $r=r_0$ 之间的一个圆环中,其中 $\eta$ 可以随意多小.被积函数是正的,于是沿所有的这样的环求积分,只会使结果增加,就是说

$$\iint_{(\sigma')} |f(M)|\,\mathrm{d}\sigma \leqslant A\int_0^{2\pi}\mathrm{d}\varphi\int_\eta^{r_0}\frac{1}{r^{p-1}}\mathrm{d}r = \frac{2\pi A}{2-p}(r_0^{2-p}-\eta^{2-p})$$

**注意** $2-p>0$,我们得到对于$(\sigma')$的积分的估计值

$$\iint_{(\sigma')} |f(M)|\,\mathrm{d}\sigma \leqslant \frac{2\pi A}{2-p} r_0^{2-p} \tag{62}$$

于是证明了以上的断语.

完全类似地,当 $f(M)$ 在某一点 $C$ 的近旁没有界的话,可以定出沿有限区域$(v)$的反常三重积分,所有以上的讨论对于这样的积分都适用.只是所讲的积分的绝对收敛性的充分条件在所给的情形要叙述如下:若在点 $C$ 的近旁,函数满足条件 $|f(M)| \leqslant \frac{A}{r^p}$,其中 $r$ 是由点 $C$ 到变点 $M$ 的距离,$A$ 与 $p$ 是常数,且 $p<3$,则积分

$$\iiint_{(v)} f(M)\,\mathrm{d}v$$

绝对收敛.在所给的情形下,条件 $p<2$ 换成条件 $p<3$,因为在空间极坐标中,容积单元有表达式 $\mathrm{d}v=r^2\sin\theta\,\mathrm{d}r\mathrm{d}\theta\mathrm{d}\varphi$($r^2$ 替代了 $\mathrm{d}\sigma=r\mathrm{d}r\mathrm{d}\varphi$ 中的 $r$).

现在考虑积分区域$(\sigma)$在所有的方向伸展到无穷远的情形,或简单说是积

分区域$(\sigma)$无界的情形. 设$(\sigma_1)$是包含于$(\sigma)$中的一个有限区域,它无限扩展,使得区域$(\sigma)$中任何一点$M$,由扩展的某一阶段起会属于$(\sigma_1)$. 设$f(M)$在$(\sigma)$上连续,可以作出积分

$$\iint_{(\sigma_1)} f(M)\mathrm{d}\sigma \tag{63}$$

若当$(\sigma_1)$无限扩展时,这个积分趋向一个确定的极限,它不依赖于$(\sigma_1)$扩展的方式,则这个极限叫作$f(M)$沿无穷区域$(\sigma)$的积分

$$\iint_{(\sigma)} f(M)\mathrm{d}\sigma = \lim \iint_{(\sigma_1)} f(M)\mathrm{d}\sigma \tag{64}$$

若对于所有的足够远的点$M$,$f(M)\geqslant 0$,则当$(\sigma_1)$扩展时,积分(63)或者有确定的极限,或者无限上升. 对于第一个情形突出的事实是,沿任何在$(\sigma)$内而在一个以原点为圆心且具有某一个半径$r_0$的圆外的任何一个区域或任何有限多个区域,积分保持有界(这时,若$r_0\to\infty$,它将趋向零). 用$(\sigma')$记上述区域的全部. 还要提出,由反常积分的定义推知,若积分

$$\iint_{(\sigma)} |f(M)|\mathrm{d}\sigma \tag{65}$$

收敛,则积分(64)收敛. 在这情形下,它叫作绝对收敛的,我们只考虑这样的积分. 不难证明下述的收敛性的充分条件:若对于所有的足够远的点,函数满足条件$|f(M)|\leqslant \dfrac{A}{r^p}$,其中$r$是由任何一个固定点(原点)到变点$M$的距离,$A$与$p$是常数,且$p>2$,则积分(64)收敛. 利用所写的不等式,并引用极坐标,得到

$$\iint_{(\sigma')} |f(M)|\mathrm{d}\sigma \leqslant A\iint_{(\sigma')} \frac{1}{r^{p-1}}\mathrm{d}r\mathrm{d}\varphi$$

全部区域$(\sigma')$一定包含于一个介于圆周$r=r_0$与$r=R$之间的圆环,其中$R$可以随意多大. 沿所有这样的环求积分,得到

$$\iint_{(\sigma')} |f(M)|\mathrm{d}\sigma \leqslant A\int_0^{2\pi}\mathrm{d}\varphi\int_{r_0}^{R}\frac{1}{r^{p-1}}\mathrm{d}r = \frac{2\pi A}{p-2}\left(\frac{1}{r_0^{p-2}}-\frac{1}{R^{p-2}}\right)$$

**注意** $p-2>0$,就得到所要求的沿$(\sigma')$的积分的估计值

$$\iint_{(\sigma')} |f(M)|\mathrm{d}\sigma \leqslant \frac{2\pi A}{p-2}\frac{1}{r_0^{p-2}}$$

于是证明了上述的断语.

类似的可以确定沿无穷区域的反常三重积分. 上述定理对于三重积分来讲,条件$p>2$需要换成$p>3$. 还要提出,以上所讲的关于$f(M)$成为无穷大的情形的反常积分,对于沿曲面的积分也可以应用.

像我们以上所看到的,反常绝对收敛积分可以化为不负的函数$|f(M)|$与

$[\,|\,f(M)\,|-f(M)\,]$ 的积分，而且对于这样的积分，$(\Delta)$ 以什么方式趋向点 $C$ 或 $(\sigma_1)$ 以什么方式扩展是无关紧要的. 总可以设 $(\Delta)$ 是以点 $C$ 为心的圆或球 $(\Delta\rho)$，它的半径 $\rho$ 趋向零，并且 $(\sigma_1)$ 是 $(\sigma)$ 的一部分，它包含于某一个圆 $(K_R)$ 中，这个圆以原点为圆心，它的半径无限增长. 利用这些附注，不难确定依赖于参变量的反常重积分的一致收敛性的概念. 例如，积分(60)，设它的被积函数依赖于参变量 $\alpha$，若对于任何正数 $\delta$，存在有这样的不依赖于 $\alpha$ 的 $\eta$，使得当 $(\sigma')$ 是 $(\sigma)$ 的一部分且包含于圆 $(\Delta\eta)$ 中时

$$\left|\iint_{(\sigma')} f(M)\,\mathrm{d}\sigma\right| < \delta$$

则它叫作这积分关于 $\alpha$ 一致收敛. 类似的可以确定别的反常积分的一致收敛性. 特别是，由估计值(62)推出，若数 $A$ 与 $p$ 不依赖于 $\alpha$，则积分绝对且一致收敛.

在[84]中所讲的绝对且一致收敛性的判别法与性质对于一致收敛的积分成立.

较复杂的反常积分是被积函数不是在个别的点成为无穷大，而是例如沿某一条线 $(l)$ 成为无穷大. 这时需要用一个区域 $(\Delta)$ 除去这条线，再让区域 $(\Delta)$ 缩向这条线 $(l)$.

设 $f(M)$ 在 $(l)$ 的近旁是正的，可以肯定，这时，沿剩下的区域的积分，或者趋向一个有限的确定的极限，或者趋向无穷大，这里并不依赖于 $(\Delta)$ 以什么方式缩向 $(l)$.

**87. 例 1** 考虑积分

$$\iint_{(\sigma)} \frac{\mathrm{d}x\,\mathrm{d}y}{(1+x^2+y^2)^{\alpha}} \quad (\alpha \neq 1)$$

其中 $(\sigma)$ 是整个平面. 引用极坐标，沿以原点为圆心，以 $R$ 为半径的圆 $(K_R)$ 求积分，得到

$$\iint_{K_R} \frac{r\,\mathrm{d}r\,\mathrm{d}\varphi}{(1+r^2)^{\alpha}} = \frac{\pi}{1-\alpha}\left[\frac{1}{(1+R^2)^{\alpha-1}} - 1\right]$$

若 $\alpha < 1$，则当 $R$ 无限增加时，右边无限上升，于是这积分发散. 若 $\alpha > 1$，则右边有有限的极限 $\dfrac{\pi}{\alpha-1}$，就是说，这积分收敛而且等于 $\dfrac{\pi}{\alpha-1}$. 在后一个情形，可以利用前一段所讲的充分条件来证明收敛性.

**例 2** 考虑积分

$$\iint_{(\sigma)} \frac{y\,\mathrm{d}x\,\mathrm{d}y}{\sqrt{x}}$$

其中 $(\sigma)$ 是介于直线 $x=0, x=1, y=0, y=1$ 之间的方块. 沿边 $x=0$，被积函数成为无穷大. 用窄的竖条除掉这个边，就是说，沿介于直线 $x=\varepsilon, x=1, y=0,$

$y=1(\varepsilon>0)$ 之间的矩形$(\sigma_\varepsilon)$ 求积分

$$\iint\limits_{(\sigma_\varepsilon)} \frac{y\mathrm{d}x\mathrm{d}y}{\sqrt{x}}=\int_0^1 y\mathrm{d}y\int_\varepsilon^1 \frac{\mathrm{d}x}{\sqrt{x}}=1-\sqrt{\varepsilon}$$

当 $\varepsilon\to 0$ 时,有极限且等于 1,就是说,这个积分收敛而且等于 1.

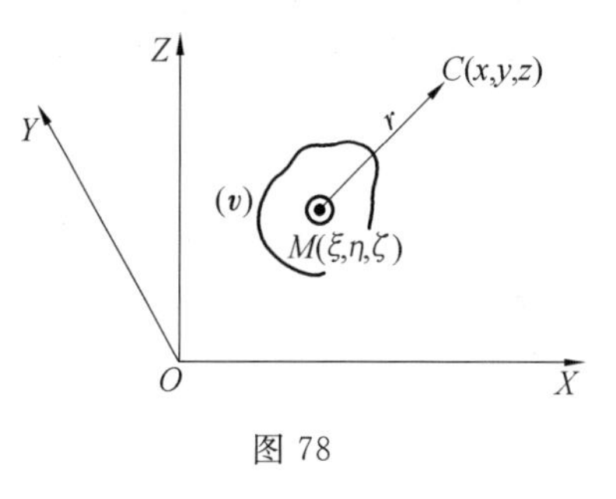

图 78

**例 3** 物质对其外或其内一点的引力(图 78). 设被引点 $C(x,y,z)$ 的质量是 1. 分吸引物质$(v)$ 为物质单元 $\Delta m$,并于其中每个单元上取一点 $M(\xi,\eta,\zeta)$. 用 $r$ 记距离 $CM$,我们得到单元 $\Delta m$ 对点 $C$ 的引力的大小的近似表达式(所有的质量 $\Delta m$ 集中于点 $M$)

$$\frac{\Delta m}{r^2}$$

这里我们算作引力常数等于 1. 因为所述的引力在线段 $CM$ 的方向,则这个引力单元在坐标轴上的投影是

$$\frac{\Delta m}{r^2}\cdot\frac{\xi-x}{r},\frac{\Delta m}{r^2}\cdot\frac{\eta-y}{r},\frac{\Delta m}{r^2}\cdot\frac{\zeta-z}{r}$$

全部引力的投影就有近似表达式

$$X\sim\sum\frac{\xi-x}{r^3}\Delta m,Y\sim\sum\frac{\eta-y}{r^3}\Delta m,Z\sim\sum\frac{\zeta-z}{r^3}\Delta m$$

用 $\mu(\xi,\eta,\zeta)$ 记物质在点 $M$ 的密度,我们有近似表达式

$$\Delta m\sim\mu\Delta v$$

增加单元的数目并使其中每一个单元无限缩小,得到结果

$$X=\iiint\limits_{(v)}\mu\frac{\xi-x}{r^3}\mathrm{d}v,Y=\iiint\limits_{(v)}\mu\frac{\eta-y}{r^3}\mathrm{d}v,Z=\iiint\limits_{(v)}\mu\frac{\zeta-z}{r^3}\mathrm{d}v \tag{66}$$

**注意** 在所写的积分中,积分变量是区域$(v)$ 中变点 $M$ 的坐标$(\xi,\eta,\zeta)$,并且密度 $\mu(\xi,\eta,\zeta)$ 是这些变量的函数. 点 $C$ 的坐标$(x,y,z)$ 在积分号下直接在分子中出现,并且也间接通过中间变量

$$r=\sqrt{(\xi-x)^2+(\eta-y)^2+(\zeta-z)^2}$$

出现,它们是参变量,所以量 $X,Y,Z$ 是 $x,y,z$ 的函数.

若点 $C$ 出现在吸引物质之外,则 $r$ 的大小无论如何不等于零,于是我们要作普通的积分. 若点 $C$ 出现在物质的内部,则当积分变点 $M$ 与点 $C$ 重合时,表达式(66) 中的被积函数成为 $\infty$,于是我们遇到反常积分. 若我们算作 $\mu$ 是连续函数,大体说来,它仍然有意义,因为引用 $\mu_0$ 来记函数 $|\mu|$ 的值的上界,就得到

$$\left|\mu\frac{\xi-x}{r^3}\right|=\left|\mu\frac{1}{r^2}\frac{\xi-x}{r}\right|<\frac{\mu_0}{r^2},\left|\mu\frac{\eta-y}{r^3}\right|<\frac{\mu_0}{r^2},\left|\mu\frac{\zeta-z}{r^3}\right|<\frac{\mu_0}{r^2} \tag{67}$$

在这情形下以前的法则中的数 $p$ 等于 2，而 $A=\mu_0$.

表达所考虑的物质在点 $C$ 的势量的积分

$$U=\iiint_{(v)}\frac{\mu \mathrm{d}v}{r} \tag{68}$$

也就有意义.(以下我们仔细介绍这些概念)

**例 4** 我们有明显的公式

$$\frac{\xi-x}{r}=-\frac{\partial r}{\partial x},\frac{\eta-y}{r}=-\frac{\partial r}{\partial y},\frac{\zeta-z}{r}=-\frac{\partial r}{\partial z}$$

$$\frac{\xi-x}{r^3}=\left(-\frac{1}{r^2}\right)\cdot\left(-\frac{\xi-x}{r}\right)=\frac{\partial}{\partial x}\left(\frac{1}{r}\right),\frac{\eta-y}{r^3}=\frac{\partial}{\partial y}\left(\frac{1}{r}\right),\frac{\zeta-z}{r^3}=\frac{\partial}{\partial z}\left(\frac{1}{r}\right)$$

所以积分(66)可以写成

$$X=\iiint_{(v)}\mu\frac{\partial}{\partial x}\left(\frac{1}{r}\right)\mathrm{d}v,Y=\iiint_{(v)}\mu\frac{\partial}{\partial y}\left(\frac{1}{r}\right)\mathrm{d}v,Z=\iiint_{(v)}\mu\frac{\partial}{\partial z}\left(\frac{1}{r}\right)\mathrm{d}v$$

就是说，这些积分可以由积分(68)在积分号下对 $x,y$ 与 $z$ 求导数得来. 对点的坐标$(x,y,z)$求导数时，其中被积函数有间断点，并且所考虑的情形，不是以上[84]所讲的关于连续性以及可能在积分号下求导数的情形. 以后[200]我们将看到，当 $\mu(\xi,\eta,\zeta)$ 连续时，积分 $X,Y,Z$ 在整个空间是$(x,y,z)$的连续函数，$U$ 是连续函数而且有连续一阶偏导数，并且这些导数可能由积分(68)在积分号下求导数得来，就是说

$$X=\frac{\partial U}{\partial x},Y=\frac{\partial U}{\partial y},Z=\frac{\partial U}{\partial z}$$

由势量 $U$ 在积分号下对 $x,y$ 与 $z$ 求导数两次，并回忆 $\mu(\xi,\eta,\zeta)$ 不依赖于$(x,y,z)$，就得到

$$\frac{\partial^2 U}{\partial x^2}=\iiint_{(v)}\mu\frac{\partial^2}{\partial x^2}\left(\frac{1}{r}\right)\mathrm{d}v,\frac{\partial^2 U}{\partial y^2}=\iiint_{(v)}\mu\frac{\partial^2}{\partial y^2}\left(\frac{1}{r}\right)\mathrm{d}v$$

$$\frac{\partial^2 U}{\partial z^2}=\iiint_{(v)}\mu\frac{\partial^2}{\partial z^2}\left(\frac{1}{r}\right)\mathrm{d}v \tag{69}$$

这些公式只是当点 $C(x,y,z)$ 在吸引物质之外时正确，就是在$(v)$之外时正确. 这时，所有的积分都不是反常的. 若点 $C$ 在$(v)$之内，则直接求导数不难验证，由 $\frac{1}{r}$ 求导数两次给出

$$\frac{\partial^2}{\partial x^2}\left(\frac{1}{r}\right)=\frac{3(\xi-x)^2}{r^5}-\frac{1}{r^3},\frac{\partial^2}{\partial y^2}\left(\frac{1}{r}\right)=\frac{3(\eta-y)^2}{r^5}-\frac{1}{r^3}$$

$$\frac{\partial^2}{\partial z^2}\left(\frac{1}{r}\right)=\frac{3(\zeta-z)^2}{r^5}-\frac{1}{r^3} \tag{70}$$

并且对于积分(69)不能应用[87]中收敛性的判别法，就是说，若点 $C$ 在$(v)$之内，则势量 $U$ 的二阶导数不能在积分号下求导数两次得来.

等式(70)相加,就有

$$\frac{\partial^2}{\partial x^2}\left(\frac{1}{r}\right)+\frac{\partial^2}{\partial y^2}\left(\frac{1}{r}\right)+\frac{\partial^2}{\partial z^2}\left(\frac{1}{r}\right)=\frac{3[(\xi-x)^2+(\eta-y)^2+(\zeta-z)^2]}{r^5}-\frac{3}{r^3}=0$$

于是推知,若点 $C$ 在 $(v)$ 之外,由等式(69)相加恰好得到方程

$$\frac{\partial^2 U}{\partial x^2}+\frac{\partial^2 U}{\partial y^2}+\frac{\partial^2 U}{\partial z^2}=0 \tag{71}$$

所以,占有容积的物质的势量,在出现于这物质之外的点 $C(x,y,z)$ 满足方程(71).以后我们再求,若点 $C$ 出现于物质的内部,这方程需要怎样改变.

**例 5** 考虑半径为 $a$、密度均匀的球的情形($\mu$ 是常量).取 $OZ$ 轴在直线 $OC$ 的方向,其中点 $O$ 是球心(图 79),再引用球坐标 $(\rho,\theta,\varphi)$

$$U=\iiint_{(v)}\mu\frac{\mathrm{d}v}{r}=\mu\int_0^{2\pi}\int_0^{\pi}\int_0^{a}\frac{\rho^2\sin\theta}{r}\mathrm{d}\varphi\mathrm{d}\theta\mathrm{d}\rho \tag{72}$$

不过显然

$$r^2=\rho^2+z^2-2\rho z\cos\theta \tag{73}$$

我们先求关于 $\theta$ 的积分

$$\int_0^{\pi}\frac{\sin\theta\mathrm{d}\theta}{r}$$

引用变量 $r$ 来替代 $\theta$,这时算作 $\rho$ 与 $\varphi$ 是常量.现在分为两种情形:若 $z>\rho$,则当 $\rho$ 与 $\varphi$ 是常量,而 $\theta$ 由 0 改变到 $\pi$ 时,$r$ 的大小由 $(z-\rho)$ 改变到 $(z+\rho)$.若 $z<\rho$,则 $r$ 由 $(\rho-z)$ 改变到 $(\rho+z)$(图 80).此外,根据公式(73),当 $\rho$ 与 $\varphi$ 是常量时

$$r\mathrm{d}r=\rho z\sin\theta\mathrm{d}\theta,\frac{\sin\theta\mathrm{d}\theta}{r}=\frac{\mathrm{d}r}{\rho z}$$

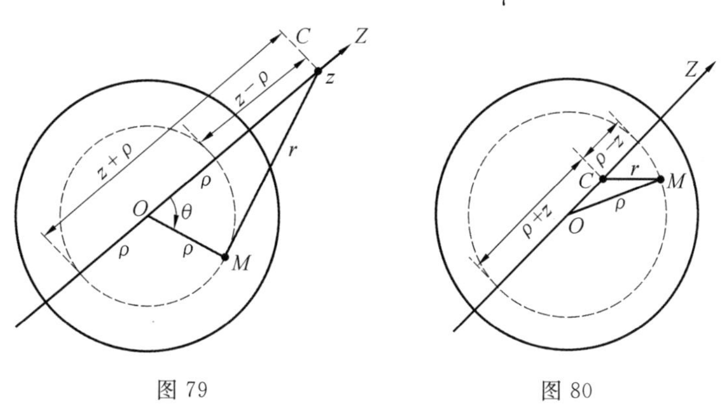


图 79　　　　图 80

所以,得到结果

$$\int_0^{\pi} \frac{\sin \theta \mathrm{d}\theta}{r} = \begin{cases} \displaystyle\int_{z-\rho}^{z+\rho} \frac{\mathrm{d}r}{\rho z} = \frac{2}{z} & (z > \rho) \\ \displaystyle\int_{\rho-z}^{\rho+z} \frac{\mathrm{d}r}{\rho z} = \frac{2}{\rho} & (z < \rho) \end{cases}$$

代入到公式(72)中,我们应当分为两种情形:

(1)点 $C$ 出现在球外或在它的表面上. 这时 $a \leqslant z$,于是所有的在区间 $(0,a)$ 上的 $\rho$ 的值 $\leqslant z$,在这情形下我们有

$$U = \mu\int_0^{2\pi} \mathrm{d}\varphi\int_0^a \frac{2\rho^2 \mathrm{d}\rho}{z} = \frac{4\pi a^3\mu}{3z} = \frac{m}{z} \tag{74}$$

其中 $m$ 是球的全部质量.

(2)点 $C$ 出现在球内(图 80). 这时区间 $(0,a)$ 需要分为两个:$(0,z)$ 与 $(z,a)$,于是我们得到

$$U = \mu\int_0^{2\pi} \mathrm{d}\varphi\left[\int_0^z \frac{2\rho^2 \mathrm{d}\rho}{z} + \int_z^a \frac{2\rho^2 \mathrm{d}\rho}{\rho}\right] = 2\pi\mu\left(a^2 - \frac{1}{3}z^2\right) \tag{75}$$

当 $z=a$ 时,就是点 $C$ 出现在球的表面上时,两个公式(74)与(75)对于 $U$ 给出同一个值,这证明了函数 $U$ 的连续性.

再来计算引力. 根据对称性,它应当是在沿 $OZ$ 轴的方向,所以只需要计算

$$Z = \frac{\partial U}{\partial z}$$

当点 $C$ 出现在球外时,我们利用公式(74)

$$Z = -\frac{m}{z^2} \tag{76}$$

当点 $C$ 出现在球内时,应用公式(75)

$$Z = -\frac{4}{3}\pi\mu z \tag{77}$$

当 $z=a$ 时,两个公式(76)与(77)一致,于是证明了引力 $Z$ 的连续性.

公式(74),(76),(77)说明:均匀球对于球外一点的势量与引力可以由集中球的全部质量于球心得来. 对于球内一点的引力与被引点到球心的距离成比例.

为计算简单起见,我们取了特殊方式的坐标轴,$OZ$ 轴的方向定在 $OC$ 的方向,所以在以上的公式中 $z$ 是点 $C$ 到球心的距离. 对于原点在球心的任何位置的坐标轴,需要用 $\sqrt{x^2+y^2+z^2}$ 来替代 $z$,其中 $(x,y,z)$ 总是点 $C$ 的坐标. 公式(74)与(75)给出

$$U = \frac{m}{\sqrt{x^2+y^2+z^2}} \quad (\text{点 } C \text{ 在球外})$$

$$U = 2\pi\mu\left[a^2 - \frac{1}{3}(x^2+y^2+z^2)\right] \quad (\text{点 } C \text{ 在球内})$$

对于 $U$ 的第一个表达式,显然满足方程(71). 由第二个表达式对 $x$,$y$ 与 $z$ 求导数两次,得到

$$\frac{\partial^2 U}{\partial x^2}+\frac{\partial^2 U}{\partial y^2}+\frac{\partial^2 U}{\partial z^2}=-4\pi\mu \quad (\text{点 } C \text{ 在球内}) \tag{78}$$

以后我们将看到,对于具有变密度的任何的容积($v$),若点 $C$ 出现在($v$)内,这个方程被满足.

**例 6** 设吸引的物质分布在曲面($S$)上,具有密度 $\mu(M)$,它是曲面($S$)上点 $M$ 的函数. 像上面一样,用 $C(x,y,z)$ 来记质量为 1 的被引点,用 $r$ 来记距离 $|CM|$,对于势量 $U$ 得到表达式

$$U=\iint_{(S)}\frac{\mu(M)}{r}\mathrm{d}S \tag{79}$$

并且对于引力的投影有

$$X=\frac{\partial U}{\partial x}=\iint_{(S)}\mu(M)\frac{\partial}{\partial x}\left(\frac{1}{r}\right)\mathrm{d}S, Y=\frac{\partial U}{\partial y}=\iint_{(S)}\mu(M)\frac{\partial}{\partial y}\left(\frac{1}{r}\right)\mathrm{d}S$$

$$Z=\frac{\partial U}{\partial z}=\iint_{(S)}\mu(M)\frac{\partial}{\partial z}\left(\frac{1}{r}\right)\mathrm{d}S$$

势量(79)通常叫作单层的势量. 在这个例子中,我们只考虑点 $C$ 出现在曲面($S$)之外的情形,所以所有的积分都是正常的. 这时,像上面一样,势量(79)满足方程(71).

# §4 关于重积分理论的补充知识

**88. 预备概念**

讨论重积分的理论时,我们是由直观的面积与容积的观念出发的. 在这一节中我们给出这些概念的基础以及重积分理论的基础的严格讲述. 我们先建立一些概念,并证明一些关于点集合的定理,这些都是以后需要的. 我们只对于平面情形加以讲述. 所有以下讲的很容易推广为空间的情形.

考虑作好直角坐标轴 $XY$ 的平面. 以点 $M$ 为心、$\varepsilon$ 为半径的圆叫作点 $M$ 的 $\varepsilon$ 近旁. 我们来考虑在这平面上所有可能的点集合,这些点集合可能是由有限个点或无穷多个点组成的. 设有某一个点集合($P$). 若点 $M$ 的任何一个 $\varepsilon$ 近旁总含有($P$)中的一个无穷点集合,则点 $M$ 叫作集合($P$)的极限点. 这个点 $M$ 可以属于($P$)也可以不属于($P$). 若($P$)的所有的极限点都属于($P$),则集合($P$)叫作闭的. 若点 $M$ 属于($P$),而且点 $M$ 的任一个 $\varepsilon$ 近旁的点都属于集合($P$),则点 $M$ 叫作($P$)的内点.

例如,我们考虑所有出现在正方形:$0<x<1$,$0<y<1$ 之内的点的集合.

在这情形下，所有的点都是这集合的内点．所有的点也都是这集合的极限点．此外，属于这正方形的界线（就是它的边）的所有的点也都是极限点．由于它们是不属于$(P)$的，所以这个集合不是闭集合．

所有的点都是内点的集合叫作开集合．如果开集合$(P)$中的任何两点总可以由所有的点都属于$(P)$的折线联结的话，这样的集合我们就叫作是区域．在这样的定义下，一个正方形的内点自然形成一个区域，不过两个分离开的正方形的内点就不形成一个区域．上述的把区域从所有可能的开集合中区别出来的性质，通常叫作连通性．有时把以上所谓的区域叫作开区域．所谓区域$(P)$的界线是指具有下述性质的点$M'$的集合$(l)$：点$M'$不属于$(P)$，不过在点$M$的任何一个$\varepsilon$近旁中总有属于$(P)$的点．由于$(P)$是由内点组成的，可以肯定，在点$M'$的任何一个$\varepsilon$近旁中总有$(P)$中的点的一个无穷集合，于是区域$(P)$的界线$(l)$可以确定作不属于$(P)$的$(P)$的极限点的集合．不难看出，$(l)$是闭集合．实际上，设点$N$是$(l)$的一个极限点．我们来证明它属于$(l)$．依照极限点的定义，在点$N$的任何一个$\varepsilon$近旁中有$(l)$中的点$M'$出现，于是点$N$不可能属于$(P)$，因为$(P)$的所有的点都是内点．不过点$M'$的任何一个$\varepsilon$近旁中有区域$(P)$的点出现（依照界线的定义），于是推知，点$N$的任何一个$\varepsilon$近旁中有$(P)$的点出现，就是说，点$N$实际上是属于$(l)$的．如果我们把区域$(P)$的界线$(l)$加到区域$(P)$上，显然就得到一个闭集合$(\overline{P})$，有时它叫作闭区域．注意，把界线$(l)$的点加到区域$(P)$上之后，界线的点可能成为新集合$(\overline{P})$的内点．例如，若$(P)$是具有斑痕（中间缺少点或线）的正方形，则斑痕上的点是$(l)$的点，不过把$(l)$加到$(P)$上之后，这些点就成为内点了．

现在我们讲一些概念，这些概念不是联系于区域的，而是联系于平面上点的任何集合$(P)$的．集合$(P)$的所有的极限点的集体叫作集合$(P)$的导集合$(P')$，完全像我们证明$(l)$是闭集合那样，可以证明任何一个导集合是闭集合．设$(P_1)$是平面上不属于$(P)$的所有的点的集合．通常它叫作$(P)$的补集合$(P_1)$．属于$(P)$或$(P_1)$中之一而且属于另一个集合的导集合的点，也就是属于$(P)$及$(P'_1)$或属于$(P_1)$及$(P')$的点，所组成的集合叫作集合$(P)$的界线$(l)$．对于区域来讲，这就相当于以前的界线的定义．对于界线可以给另一个定义，与以上所讲的相当．如果点$M$属于$(P)$，而且存在有点$M$的一个$\varepsilon$近旁，它不含有$(P)$的其他的点，则点$M$叫作这个集合的孤立点．不难看出，集合$(P)$的界线，是由$(P)$的孤立点以及$(P)$的非内点的极限点组成的．像以上一样，可以证明，$(l)$是闭集合．以后我们主要是讲区域．

**注意**　所有以上所讲的可以应用于直线上点的集合，例如$OX$轴上的点．这时，区间$(c-\varepsilon, c+\varepsilon)$叫作点$x=c$的$\varepsilon$近旁，这个区间就是中点在给定的点而长度为$2\varepsilon$的区间．

**89. 集合论中的基本定理**

若集合$(P)$中所有的点都出现在平面的一个有界部分上,则这个集合叫作有界的.这个平面的有界部分总可以算作是边平行于坐标轴的正方形.所以可以说,如果集合$(P)$中所有的点都属于某一个边平行于坐标轴的正方形,则集合$(P)$叫作有界的.

**定理Ⅰ** 任何一个无穷有界点集合$(P)$至少有一个极限点.我们先就$(P)$的点位于一条直线上的情形来证明这个定理,例如都在$OX$轴上.依照条件,集合$(P)$是无穷的,就是说,集合中有无穷多的点,再根据$(P)$的有界性,所有这些点都属于某一个有限区间$(a,b)$.分$(a,b)$为两半.至少在一半$(a_1,b_1)$中含有$(P)$的无穷多个点.把$(a_1,b_1)$再分为两半.至少在一个新的一半$(a_2,b_2)$中含有$(P)$的无穷多个点,如此作下去.我们就得到一个序列的区间

$$(a,b),(a_1,b_1),(a_2,b_2),\cdots,(a_n,b_n),\cdots$$

其中每一个在后面的区间是它前面的区间的一半,而且所有的区间都含有$(P)$中无穷多个点.我们知道,$a_n$与$b_n$有一个共同的极限$p$[Ⅰ,42].对于任何的$\varepsilon>0$,区间$(p-\varepsilon,p+\varepsilon)$含有自某一个$n$起以后的所有的$(a_n,b_n)$,于是它含有$(P)$中无穷多个点,就是说,$p$是$(P)$的极限点,于是证完.

再回到平面的情形来证明这个定理.根据$(P)$的有界性,这个集合中所有的点属于一个正方形:$a\leqslant x\leqslant b,c\leqslant y\leqslant d$,我们把这个正方形记作$[a,b;c,d]$.把这个正方形分为四个相等的部分.至少其中有一个$[a_1,b_1;c_1,d_1]$含有$(P)$中无穷多个点,如此作下去.就有两个序列的区间

$$(a,b),(a_1,b_1),(a_2,b_2),\cdots,(a_n,b_n),\cdots$$

$$(c,d),(c_1,d_1),(c_2,d_2),\cdots,(c_n,d_n),\cdots$$

其中每一个在后面的区间是它前面的区间的一半.如此,$a_n$与$b_n$有某一个共同的极限$p$,$c_n$与$d_n$有某一个共同的极限$q$.作出点$(p,q)$的任何一个$\varepsilon$近旁,总含有由某一个$n$起以后的所有的正方形$[a_n,b_n;c_n,d_n]$,于是推知,它含有$(P)$中无穷多个点,就是说,$(p,q)$是$(P)$的极限点,于是证完.

取出点$(p,q)$的任何一个序列的$\varepsilon$近旁,其中$\varepsilon$取一个序列的下降的值:$\varepsilon_1$,$\varepsilon_2$,…,这些值趋向零.在点$(p,q)$的$\varepsilon_1$近旁中取出某一个属于$(P)$的点$M_1$.再在$\varepsilon_2$近旁中取出某一个属于$(P)$的点$M_2$,不过不要是$M_1$.在$\varepsilon_3$近旁中再取一个属于$(P)$的点$M_3$,不要是$M_1$或$M_2$,…… 如此就得到某一序列的点$M_n$,它们趋向点$M(p,q)$,就是说,距离$M_nM$趋向零,或者说,点$M_n$的坐标$(x_n,y_n)$趋向极限:$x_n\to p,y_n\to q$.换句话说就是,由无穷有界点集合$(P)$中可以选出一个序列的点,它们趋向一个极限点.

以下我们将只考虑有界集合,且不再做特殊声明.设$(P)$与$(Q)$是两个任何的集合.取出$(P)$中任何一点$M$到$(Q)$中任何一点$N$的所有可能的距离

$MN$. 如此我们就得到一堆的数 $MN$，它们不是负的，这些数应当有一个下确界 $\delta$[I,42]. 这个数 $\delta$ 不是负的，它叫作集合$(P)$ 与$(Q)$ 之间的距离.

**定理 Ⅱ** 若$(P)$ 与$(Q)$ 是没有公共点的闭集合，则它们之间的距离 $\delta$ 是正的.

我们用反证法. 设 $\delta=0$. 集合$(P)$ 与$(Q)$ 没有公共点，所以不可能使得 $MN=0$. 由下确界的定义推知，对于任何的 $\varepsilon>0$. 存在有这样的$(P)$ 中的点 $M$ 以及$(Q)$ 中的点 $N$，使得 $MN<\varepsilon$. 如此，我们可以由$(P)$ 中取出这样的一个序列的点 $M_n(n=1,2,3,\cdots)$，由$(Q)$ 中取出一个序列的点 $N_n$，使得 $M_nN_n\to 0$. 点 $M_n$ 可以有两种情形：或者点 $M_n$ 中有无穷多个相同的，或者不是这样. 在第一种情形下，只保留 $M_n$ 相同的那些对 $M_nN_n$(若是这样的相同点的无穷群有几个，就取任何的一群)，并把这些对按照整数附标排列好. 在第二种情形下，无穷有界点集合 $M_n$ 一定有一个极限点 $M$，依照以上所述，可以选出一个趋向点 $M$ 的分序列. 只保留 $M_n$ 出现在分序列中的那些对 $M_nN_n$，并把它们按照整数附标排列. 对点 $M_n$ 作过后，再同样的对点 $N_n$ 这样作. 此后就只保留了这样的点对 $M_n$ 与 $N_n$，使得：(1)$M_nN_n\to 0$；(2) 点 $M_n$ 趋向点$M$(或所有的点 $M_n$ 与点$M$ 重合)，而且点 $N_n$ 趋向点 $N$(或所有的点 $N_n$ 与点 $N$ 重合). 取极限就得到 $MN=0$，就是说点 $M$ 与点 $N$ 重合. 另一方面，作为属于$(P)$ 的点 $M_n$ 的极限点 $M$，也就是$(P)$ 的一个极限点，根据$(P)$ 是个闭集合，它就应当属于$(P)$. 同理点 $N$ 应当属于$(Q)$. 不过点 $M$ 与点 $N$ 是重合的，就是说$(P)$ 与$(Q)$ 有公共点，这与定理的条件违背，于是推知，$\delta=0$ 这个假定不正确，这就是所要证明的.

以上我们证明了点 $M_n$ 及点 $N_n$ 不与点$M$ 及点 $N$ 重合的情形. 若所有的点 $M_n$ 与点$M$ 重合，而点 $N_n$ 不与点 $N$ 重合，则我们有 $MN_n\to 0$，其中点 $M$ 属于$(P)$. 取极限仍然有$MN=0$，于是以上的证明仍然有效. 至于点 $M_n$ 与点$M$ 重合，且点 $N_n$ 与点$N$ 重合的情形，显然是与$(P)$，$(Q)$ 没有公共点这假定违背的.

重复以上的证明，可以证明这样一个定理：若$(P)$ 与$(Q)$ 是闭集合，则至少可以找出一对这样的点：点 $M$ 在$(P)$ 中，点 $N$ 在$(Q)$ 中，使得 $MN=\delta$.

我们再讲一个概念. 设$(P)$ 是某一个集合. 取出所有可能的距离 $M'M''$，其中 $M'$ 与$M''$ 是$(P)$ 中任何两点. 根据集合$(P)$ 的有界性，$M'M''$ 这些数不是负的，而且全部这些数是有上界的，于是推知(由[Ⅰ,42])，必有上确界 $d$，它叫作集合$(P)$ 的直径. 若$(P)$ 是闭集合，则像以上一样可以证明，在$(P)$ 中至少可以找到这样一对的点 $M'$ 与 $M''$，使得 $M'M''=d$.

对于具有坐标轴 $XYZ$ 的三维空间，所有以上所述都是正确的. 这时，点 $M$ 的 $\varepsilon$ 近旁需要取以点 $M$ 为心、$\varepsilon$ 为半径的球，并且替代正方形 $a\leqslant x\leqslant b,c\leqslant y\leqslant d$，需要考虑立方体 $a\leqslant x\leqslant b,c\leqslant y\leqslant d,e\leqslant z\leqslant f$.

在 $OX$ 轴上的情形，需要用区间来替代正方形.

**90. 外面积与内面积**

我们取边平行于坐标轴的正方形的面积作为度量面积的基础，这样的正方形的面积等于边长的平方. 作平行于坐标轴的直线，用相等的正方形的网把平面分割开，由网中有限多个的正方形组成的区域，我们叫作$(\alpha)$型区域.

组成这样的区域的正方形的面积和叫作这个区域的面积. 作平行于坐标轴的直线，任何一个$(\alpha)$型区域可以用无穷多的方法把它分为边平行于坐标轴的正方形. 可以证明，对于所给定的$(\alpha)$型区域，这些正方形的面积和是相同的，我们现在不证. 此外，若一个或没有公共点的几个$(\alpha)$型区域出现在区域$(A)$之内，则这些区域的面积和小于$(A)$的面积. 还要提出，以后我们谈到正方形时就是连同它的界线的正方形.

设$(P)$是任何一个有界区域. 用相等的正方形的网来分割面积. 设$(S)$是这个网的有下述性质的正方形的全体，这些正方形的点(包括它们的界线的点)都是$(P)$的内点.

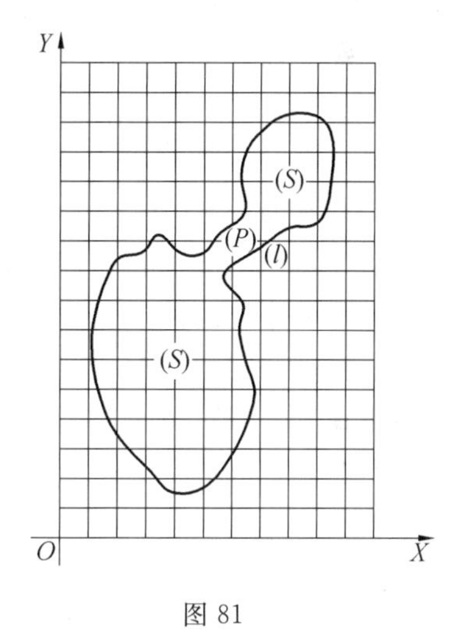

图 81

用同一个字母$S$来记这些正方形的面积的和. 显然，$(S)$形成一个或几个(有限多个)$(\alpha)$型区域，而$S$是这些区域的面积的和(图 81). 点集合$(S)$的界线$(l')$是这些个别的$(\alpha)$型区域的界线的全部，并且这个界线显然是个闭集合. 再设$(S+S')$是网中与$(P)$或它的界线$(l)$有公共点的正方形的全体. 用$S+S'$记这些正方形的面积和. 显然$(S)$与$(S+S')$具有相同的构造，而$(S)$是$(S+S')$的一部分. 后一个集合中，除去在$(S)$中出现的正方形之外，还含有与$(l)$有公共点的那些正方形的全部.

取所有可能的相等正方形的网，就得到无穷多的数$S$. 所有这些数$S$小于一个正方形的面积，这个正方形把有界区域$(P)$包含在它的内部. 数$S$的集合的上确界叫作区域$(P)$的内面积. 我们把它记作$a$，同理$(S+S')$这些正数的集合具有一个下确界，它叫作区域$(P)$的外面积，用$A$来记. 最后，我们用$r$来记网中的正方形的边长. 现在我们来证明下面这个定理[参考 I,115]：

**定理** 若$r\to 0$，则$S\to a$且$S+S'\to A$，就是说，当网中正方形的边长无限缩小时，$S$趋向内面积，而$S+S'$趋向外面积.

依照上确界的定义，任何的$S\leqslant a$. 我们需要证明，对于任何的正数$\varepsilon$，存在有这样的$\eta$，使得只要$r<\eta$，则$a-S<\varepsilon$. 依照上确界的定义，当给定$\varepsilon$时，存在有这样的网，使得对应的$S$，我们把它记作$S_0$，满足不等式$a-S_0<\varepsilon$. 设$(l_0)$是

$(S_0)$ 的界线，并且像以上一样，$(l)$ 是 $(P)$ 的界线. 集合 $(l_0)$ 与 $(l)$ 是没有公共点的闭集合，所以它们之间的距离 $\delta$ 是正的. 取 $r < \frac{\delta}{2}$（就是令 $\eta = \frac{\delta}{2}$），我们来证明，这时 $a - S < \varepsilon$. $(S_0)$ 的任何一点属于所取的边长为 $r$ 的网中某一个正方形，因为这个正方形的对角线长 $r\sqrt{2}$ 小于 $\frac{\sqrt{2}\delta}{2} < \delta$，就是说小于 $(l_0)$ 到 $(l)$ 的距离，所以它所有的点都是 $(P)$ 的内点，就是说，$(S_0)$ 中任何的点都是 $(S)$ 的点，也就是说，$(S_0)$ 是 $(S)$ 的一部分（或者与 $(S)$ 重合），由此推知，$S_0 \leqslant S$，再由 $a - S_0 < \varepsilon$ 推出 $a - S < \varepsilon$，于是证完. 同理可以证明 $S + S' \to A$.

**系**　$(S)$ 是 $(S + S')$ 的一部分，就是说 $S < S + S'$，取极限，于是推知 $a \leqslant A$，就是说，内面积不大于外面积.

证明上面这个定理时，我们利用了下述的显著事实：若 $(S_0)$ 是由 $(P)$ 的内点组成的某一个集合，$\delta$ 是由 $(S_0)$ 的界线到 $(P)$ 的界线的正的距离，而 $(Q)$ 是任何一个集合（在定理中是一个正方形），它的直径 $< \delta$，而与 $(S_0)$ 有公共点，则 $(Q)$ 的所有的点是 $(P)$ 的内点. 以后我们还要利用这个事实.

以上所给的外面积与内面积的定义，以及所证明的定理，完全适用于 $(P)$ 是任何有界集合的情形. 若 $(P)$ 没有内点，则需要算作内面积等于零. 若有内点，则在内点的某一个 $\varepsilon$ 近旁中，就存在有边平行于坐标轴的正方形，而且它的所有的点都是 $(P)$ 的内点，于是 $(P)$ 的内面积就大于零. 若 $(P)$ 的外面积等于零，则内面积也就等于零，于是 $(P)$ 就没有内点. 外面积等于零的集合以后对我们是有重要意义的. 由以上所述推知，这是那样的集合 $(P)$，对于它们，当 $r \to 0$ 时，与 $(P)$ 具有公共点的网中的正方形的面积和趋向零.

可以证明，存在有这样的封闭曲线，它不自交而有参变方程：$x = \varphi(t)$，$y = \psi(t)$，其中 $\varphi(t)$ 与 $\psi(t)$ 是连续函数，可是它的外面积大于零. 还可以证明，这样的曲线确是某一个区域的界线，不过这个区域的内面积小于外面积.

### 91. 可求面积的区域

如果区域 $(P)$ 的内面积与外面积相等，就是若 $a = A$，这个区域就叫作是可求面积的. 这时，$a$ 与 $A$ 的公共值叫作这个区域的面积. 由前一段中的定理直接推出下面这个定理.

**定理**　区域 $(P)$ 可求面积性的必要且充分条件是，当 $r \to 0$ 时，网中与区域 $(P)$ 的界线 $(l)$ 具有公共点的正方形的面积和趋向零.

这个定理中的面积和用我们以前的记法就是 $S'$，由下述事实可以直接推出这个定理，可求面积性相当于 $S$ 与 $S + S'$ 具有共同的极限.

这个定理可以换个说法：$(P)$ 的可求面积性的必要且充分条件是界线 $(l)$ 的外面积等于零.

可求面积性这个概念以及所证明的定理对于任何有界集合 $(P)$ 都成立，只是为更明确起见,我们就区域来谈.这个附注对于以下的讨论都适用.

设利用某一个外面积等于零的集合(λ)(线)把可求面积的区域$(P)$分为两个区域$(P_1)$与$(P_2)$.这就指出$(P_1)$与$(P_2)$的内点是$(P)$的内点,而不属于(λ).由以上推出,$(P_1)$与$(P_2)$是可求面积的,并且它们的面积和等于$(P)$的面积.这样把$(P)$分为任何有限多个区域时,这仍然是正确的.反之,若由有限多个没有公共内点的可求面积的闭区域(或集合)$(P_k)$组成一个集合,则这个新的集合$(P)$是可求面积的,并且它的面积等于组成它的各个集合的面积和.这样组成时,$(P_k)$的界线的某些点可能成为内点.若可求面积的区域(或集合)$(Q_1)$是可求面积的区域(或集合)$(Q_2)$的一部分,就是说,$(Q_1)$的任何点都属于$(Q_2)$,则$(Q_1)$的面积$\leqslant(Q_2)$的面积.所有这些可以由以上的定义以及最后的定理直接推出来.

以后我们把可求面积的区域分为几部分时,总是利用外面积等于零的点集合来分的.

现在我们讲一个可以作为曲线(λ)的简单的例子,曲线(λ)所具有的外面积等于零,就是说,网中和(λ)有公共点的正方形的面积和与$r$一齐趋向零.我们设曲线(λ)有显式方程:$y=\varphi(x)$,这里$x$在某一个区间$(a,b)$上改变,$\varphi(x)$在这区间上是连续函数.根据一致连续性,当给定正数$\varepsilon$时,存在有这样的$\delta$,使得只要$x'$与$x''$在$(a,b)$中,且$|x''-x'|<\delta$,则$|\varphi(x'')-\varphi(x')|<\frac{\varepsilon}{3(b-a)}$[I,43].取这样的数$r$,使得它既小于$\delta$也小于$\frac{\varepsilon}{3(b-a)}$.作出正方形的网时,区间$(a,b)$就被分为几部分$a=x_0<x_1<x_2<\cdots<x_{n-1}<x_n=b$,这里中间部分的长度$(x_k-x_{k-1})$等于$r$,而长度$(x_1-a)$与$(b-x_{n-1})$可能小于$r$(图82).

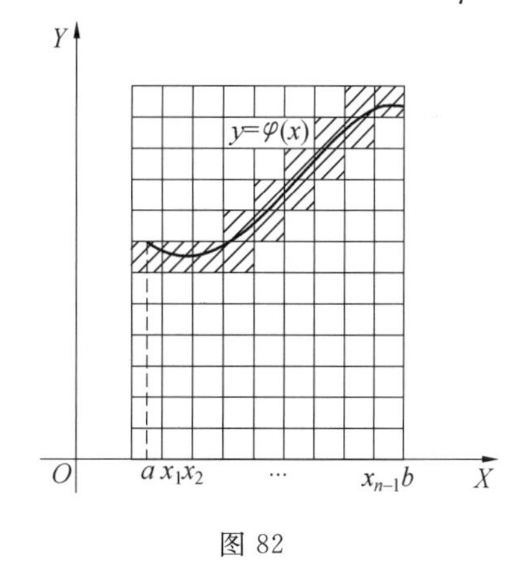

图 82

取出这个网在$x=x_{k-1}$与$x=x_k$之间的一条的正方形.根据$x_k-x_{k-1}<\delta$,可以肯定,在区间$(x_{k-1},x_k)$上$\varphi(x)$的最大值与最小值之差$\omega_k$(就是$\varphi(x)$在区间$(x_{k-1},x_k)$上的摆动)要小于$\frac{\varepsilon}{3(b-a)}$.在这一条上,与曲线$y=\varphi(x)$的最低点具有公共点的正方形中的点最多再低一段$r$(正方形的边长),与曲线的最高点具有公共点的正方形中的点最多再高一段$r$.如此,网中与(λ)具有公共点的且包含在$x=x_{k-1}$到$x=x_k$这一条上的正方形的高的和小于$\frac{\varepsilon}{3(b-a)}+2r$,或

者，根据 $r < \dfrac{\varepsilon}{3(b-a)}$，这高的和就小于$\dfrac{\varepsilon}{b-a}$，而这些正方形的面积和就小于$\dfrac{\varepsilon}{b-a}(x_k - x_{k-1})$. 由 $k=1$ 到 $k=n$ 依 $k$ 求和，我们看出，与$(\lambda)$ 具有公共点的正方形的面积和小于 $\varepsilon$，由于 $\varepsilon$ 的任意性，于是推知，曲线$(\lambda)$ 的外面积等于零. 同理可以证明，具有方程 $x=\psi(y)$ 的曲线，其中 $\psi(y)$ 是连续函数，它的外面积也等于零. 任何的曲线，如果可以分为有限多个部分，使得每一部分具有方程 $y=\varphi(x)$ 或 $x=\psi(y)$，其中 $\varphi(x)$ 或 $\psi(y)$ 在对应的自变量改变的有限区间上是连续函数，我们就叫作简单曲线. 由以上推出，简单曲线的外面积等于零. 由此推出区域的可求面积性的充分判别法.

**定理** 若区域(或集合)$(P)$ 的界线是简单曲线，则$(P)$ 是可求面积的.

由以上的理由推出，若把可求面积的区域分为有限多个部分区域，且用简单曲线来分(或用有限多个简单曲线来分)，则每一个新的区域也是可求面积的，而且新区域的面积和等于原来的区域的面积. 注意，以上所述只是当任何的可求面积的集合分为有限多个可求面积的部分集合时成立.

不难证明，在上述的意义下，定积分$\int_a^b \varphi(x)\mathrm{d}x$ 给出介于曲线 $y=\varphi(x)$，$OX$ 轴以及直线 $x=a$，$x=b$ 之间的区域的面积，这里我们算作 $\varphi(x)>0$.

**92. 与坐标轴的选择的无关性**

面积(内面积及外面积) 的定义紧密的联系于坐标轴的选择，因为我们是利用边平行于坐标轴的正方形的网来作所有的度量的. 当这样度量时，坐标轴的平行移动没有影响，不过坐标轴绕原点旋转时，图形就变了，因为我们要用另外的正方形网来分割$(P)$. 坐标轴逆时针方向转一个角度 $\varphi$ 时，可以看作轴保持不动而是$(P)$ 绕原点转了一个角度$(-\varphi)$. 由此看出，如果把$(P)$ 整个的在平面上移动时，面积不改变的话，那么面积就与坐标轴的选择无关. 平移时这是显然的，绕原点旋转时，就需要证明了.

我们预先证明两个定理.

**定理Ⅰ** 设把整个平面分为可求面积的区域$(\Delta_v)$，它们的直径不超过某一个数 $d$，而且使得平面上任何一个有界的区域只与有限多个这样的区域有公共点. 这些区域中，所有的点，包括它们的界线的点，都是$(P)$ 的内点的那些区域的面积和，我们记作 $\Sigma$. 这些区域中，与$(P)$ 或是它的界线$(l)$ 至少有一个公共点的那些区域的面积和，我们记作 $\Sigma+\Sigma'$. 这时，若 $d\to 0$，则 $\Sigma$ 趋向$(P)$ 的内面积，而 $\Sigma+\Sigma'$ 趋向$(P)$ 的外面积.

这个定理的意义在于，当计算内面积与外面积时，我们可以在 $d\to 0$ 的条件下利用任何的可求面积的区域的网，来替代边平行于坐标轴的正方形的网.

我们可以取这样的正方形网，使得在以前的记号下，我们有 $S>a-\varepsilon$，其中

$\varepsilon$ 是给定的正数.设 $\delta$ 是$(P)$ 的界线到$(S)$ 的界线的距离[参考 90].若取 $d < \frac{1}{2}\delta$,则与$(S)$ 具有公共点的$(\Delta_v)$ 位于$(P)$ 的内部,就是说,这时$(S)$ 是$(\Sigma)$ 的一部分,于是推知 $\Sigma > a - \varepsilon$.现在我们再来证明,总是 $\Sigma \leqslant a$.实际上,取任何的$(\Sigma)$,并设 $\delta'$ 是$(\Sigma)$ 的界线与$(P)$ 的界线之间的距离.作出具有 $r = \frac{1}{2}\delta'$ 的正方形网.任何这样的与$(\Sigma)$ 具有公共点的正方形是由$(P)$ 的内点组成的,就是说 $\Sigma \leqslant S \leqslant a$.由不等式 $a - \varepsilon < \Sigma \leqslant a$ 以及 $\varepsilon$ 的任意性,推知 $\Sigma \to a$.同理可以证明,当 $d \to 0$ 时,$\Sigma + \Sigma' \to A$.

注意,任何正方形的界线是简单曲线,于是推知,正方形是可求面积的区域.只由所证明的定理可以直接推出,度量区域的面积时我们可以利用边不平行于坐标轴的正方形的网,只是正方形的边要趋向零.不过这时我们需要知道边不平行于坐标轴的正方形的面积等于什么.严格说来,我们不清楚的是边不平行于坐标轴的正方形的面积是否等于它的边长的平方,因为在度量面积的基本理论中设定了边平行于坐标轴的正方形的面积等于它的边长的平方.如果我们证明了任何正方形的面积等于它的边长的平方,则根据以上所述,我们可以肯定,可求面积性以及面积的大小与轴的方向的选择无关,于是移动时面积不改变.

总之,证明了下面的定理 Ⅱ,就全部解决了.

**定理 Ⅱ** 边平行于坐标轴的正方形绕原点旋转后,它的面积保持原来的不变.

首先我们提出,任何正方形的界线都是简单曲线,于是推知,正方形是可求面积的区域.设$(q)$ 是原始的正方形,边长为 $r$,$(q_1)$ 是旋转后得到的正方形.我们用同样的字母来记它们的面积,并设$\frac{q_1}{q} = s$.利用平行移动时,面积不改变,我们可以把$(q)$ 平行移动到任何的边长为 $r$ 的正方形的位置,于是推知,当平面作一定的旋转时,对于所有的边长为 $r$ 的正方形,比$\frac{q_1}{q}$ 是相同的.现在我们在平面上作以原点为心的像似变换,使得所有的由原点作出的向量半径之长都乘以某一个正数 $k$.这样的变换把点$(x,y)$ 变到坐标为$(kx,ky)$ 的点[3].这时所有的线长度都乘了 $k$ 倍.边平行于轴的任何正方形还变成这样的正方形,不过它的边长乘了 $k$ 倍.由此推知,这时面积(内面积与外面积)乘了 $k^2$ 倍.利用上述的像似变换时,由$(q)$ 与$(q_1)$ 得到的正方形,我们各记作$(q')$ 与$(q'_1)$.显然,利用由$(q)$ 得到$(q_1)$ 时所用的旋转,由$(q')$ 就得到$(q'_1)$,不过 $q'_1 = k^2 q_1$ 且 $q' = k^2 q$,于是$\frac{q'_1}{q'} = s$.不过,选择适当的数 $k$,我们可以把正方形$(q)$ 变到边具有任何长度的正方形. 如此我们看出，当平面作一定的旋转时，对于所有的原始的正方形$(q)$，比$\frac{q_1}{q}=s$具有相同的值. 现在我们来证明：$s=1$. 考虑以原点为心、1为半径的圆：$x^2+y^2<1$，用平行于轴的正方形的网来分割它. 当绕原点旋转时，正方形的面积得到一个因子$s$，根据面积的定义以及上面所证明的定理，这个圆的面积也应当乘了$s$倍. 不过当做所述的旋转时，圆仍变到它自己，于是它的面积不应当改变，就是说$s=1$，于是证完.

**93. 任何多维空间的情形**

关于面积的理论全部可以推广到三维空间，如此，我们就得到内容积、外容积以及三维区域或集合的可求容积性诸概念. 这时立方体用作正方形的地位.

对于任何$n$维空间，可以建立完全类似的"面积"的度量理论. 依一定顺序排列的$n$个实数$(x_1,x_2,\cdots,x_n)$叫作这样的空间的点. 两个点$(x_1,x_2,\cdots,x_n)$与$(y_1,y_2,\cdots,y_n)$之间的距离由下面这公式来表达

$$r=\sqrt{\sum_{s=1}^{n}(y_s-x_s)^2}$$

坐标满足不等式

$$\sum_{s=1}^{n}(x_s-a_s)^2\leqslant\rho^2$$

的点的全体叫作以$(a_1,a_2,\cdots,a_n)$为心、$\rho$为半径的球. 最后，当$b_s-a_s=r$时，坐标满足不等式$a_s\leqslant x_s\leqslant b_s(s=1,2,\cdots,n)$的点的全体，叫作边长为$r$的方体. 我们算作数$r^n$是这方体的量度. 所有这些定义使得我们可能把以上全部的理论转移到$n$维空间，并且建立区域或一般集合的内量度与外量度的概念，当它们相等时我们说这个区域(或集合)是可度量的(在平面情形 —— 可求面积的). 全部所证明的定理对于$n$维空间都是正确的. 在$n$维空间中，平移由下面的变换公式来表达：$x'_s=x_s+a_s(s=1,2,\cdots,n)$，绕原点的旋转由某一个线性变换来表达，它保持点到原点的距离不变. 在卷 Ⅲ 中我们将仔细地谈这些变换.

给区域定义时，我们利用了折线的概念，就是由有限多个直线段组成的线. 在$n$维空间中，所谓直线是具有参变方程$x_s=\varphi_s(t)$的线(就是点集合)，其中$\varphi_s(t)$是一次多项式，球或方体的内点的集合是$n$维空间的区域的例. 通常$n$维空间的区域是由不等式来确定的，这区域的点的坐标应当满足这不等式. 注意，当$n=1$时，就是在直线上时，区域就是某一个区间的内点的集合. 我们谈过的简单曲线也可以推广到$n$维空间. 特别是，若在三维空间中有一个曲面，它有显式方程$z=\varphi(x,y)$，其中$\varphi(x,y)$在平面$XOY$的某一个有界闭区域上是连续函数，则这个曲面的外量度等于零. 像在[91]中一样，容易作出简单曲面的概念，而介于简单曲面的任何区域是可度量的.

**94. 达尔补定理**

建立了面积的概念,我们来讲二重积分的理论. 这里的全部理论对于三重积分都成立. 这里我们引进的这些讨论就像在卷Ⅰ第三章 §4 中我们所作的步骤一样,当它们与卷Ⅰ中的讨论完全类似时我们就略去仔细的叙述.

设$(\sigma)$ 是平面上某一个可求面积的区域,$f(N)$ 是有界函数,在闭区域$(\sigma)$ 上的所有的点它是确定的. 把$(\sigma)$ 分为有限多个可求面积的区域$(\sigma_k)$ $(k=1,2,\cdots,n)$,像以前一样,用 $\sigma$ 以及 $\sigma_k$ 来记对应的区域的面积,于是 $\sigma=\sigma_1+\sigma_2+\cdots+\sigma_n$. 设所有的$(\sigma_k)$ 的直径都小于某一个数 $d$. 再设 $N_k$ 是属于闭区域$(\sigma_k)$ 的任何一点.

作出乘积之和

$$\sum_{k=1}^{n} f(N_k)\sigma_k \tag{1}$$

以下我们要弄清楚,对于怎样的函数 $f(N)$,当 $d\to 0$ 时这个和有确定的极限. 设 $M_k$ 与 $m_k$ 是 $f(N)$ 在闭区域$(\sigma_k)$ 上的值的上确界与下确界. 与和(1) 一起,我们再作两个和

$$S=\sum_{k=1}^{n} M_k\sigma_k \tag{2}$$

$$s=\sum_{k=1}^{n} m_k\sigma_k \tag{3}$$

像在[Ⅰ,115] 中一样,我们有不等式

$$s\leqslant \sum_{k=1}^{n} f(N_k)\sigma_k \leqslant S \tag{4}$$

并且可以肯定,对于把$(\sigma)$ 分开的任何分法来讲,$S$ 与 $s$ 总在 $m\sigma$ 与 $M\sigma$ 之间,其中 $M$ 与 $m$ 是 $f(N)$ 在闭区域$(\sigma)$ 上的值的上确界与下确界.

再更仔细的来考虑和 $S$,我们算作 $f(N)$ 的值是正的. 设在区域$(\sigma_k)$ 的内部出现有三个没有公共内点的可求面积的区域$(\sigma_k^{(1)})$,$(\sigma_k^{(2)})$,$(\sigma_k^{(3)})$,并设 $M_k^{(1)}$,$M_k^{(2)}$,$M_k^{(3)}$ 是 $f(N)$ 在闭区域$(\sigma_k^{(1)})$,$(\sigma_k^{(2)})$,$(\sigma_k^{(3)})$ 上的值的上确界. 注意,$M_k^{(1)}$,$M_k^{(2)}$,$M_k^{(3)}\leqslant M_k$,$\sigma_k^{(1)}+\sigma_k^{(2)}+\sigma_k^{(3)}\leqslant\sigma_k$,并且 $f(N)$ 所有的值都是正的,就可以肯定

$$M_k^{(1)}\sigma_k^{(1)}+M_k^{(2)}\sigma_k^{(2)}+M_k^{(3)}\sigma_k^{(3)}\leqslant M_k\sigma_k \tag{5}$$

设 $L$ 是 $S$ 的所有可能的值的下确界. 我们来证明,当 $d\to 0$ 时,$S\to L$. 为此只需证明:对于任何的 $\varepsilon$,存在有这样的 $\eta$,使得只要 $d<\eta$,则 $S<L+\varepsilon$. 依照 $L$ 的定义,存在有这样的完全确定的把$(\sigma)$ 分为部分区域$(\sigma'_k)$ 的方法,使得对应于这个分法的 $S$ 的值小于 $L+\frac{\varepsilon}{2}$,我们把 $S$ 的这个值记作 $S'$. 设$(\lambda_0)$ 是由$(\sigma)$ 的界线的点以及所有的区域$(\sigma'_k)$ 的界线的点组成的点的闭集合. 依照可求面积

性的定义，$(\lambda_0)$ 的外面积等于零，于是我们可以把$(\lambda_0)$ 包含在有限多个正方形之内，而令这些正方形的面积和小于$\frac{\varepsilon}{2M}$. 这些正方形形成一个或几个区域，设$(Q_0)$ 是属于这些区域的所有的点组成的闭集合，而$(l_0)$ 是$(Q_0)$ 的界线. 设 $\delta$ 是没有公共点的闭集合$(\lambda_0)$ 与$(l_0)$ 之间的距离. 我们来证明，只需取 $\eta=\frac{1}{2}\delta$. 实际上，设把$(\sigma)$ 分为部分区域且有 $d<\frac{1}{2}\delta$. 我们把这些区域分为两组. 凡是与$(\lambda_0)$ 没有公共点的放在第一组，其余的放在第二组. 第一组的区域记作$(\sigma_l)$，第二组的记作$(\tau_m)$. 和 $S$ 就分为两个和：$S=S_1+S_2$，其中

$$S_1=\sum\mu_l\sigma_l$$

$$S_2=\sum v_m\tau_m$$

这里 $\mu_l$ 与 $v_m$ 是 $f(N)$ 在闭区域$(\sigma_l)$ 与$(\tau_m)$ 上的值的上确界.

任何一个区域$(\sigma_l)$ 位于由分法(I) 把$(\sigma)$ 分得的某一个区域$(\sigma'_k)$ 之内，于是根据(5)，和 $S_1$ 中对应于$(\sigma_l)$ 位于$(\sigma'_k)$ 之内的那些项之和不大于 $M_k\sigma'_k$，于是推知，$S_1\leqslant S'$. 根据 $S'<L+\frac{\varepsilon}{2}$，就有 $S_1<L+\frac{\varepsilon}{2}$. 再看和 $S_2$. 区域$(\tau_m)$ 与$(\lambda_0)$ 有公共点而且它们的直径小于$\frac{1}{2}\delta$. 于是推知，所有这些区域出现在形成$(Q_0)$ 的诸正方形之内. 于是，$\sum\tau_m\leqslant$ 这些正方形的面积和，就是说，$\sum\tau_m\leqslant\frac{\varepsilon}{2M}$. 因子 $v_m\leqslant M$，于是

$$S_2=\sum v_m\tau_m\leqslant M\frac{\varepsilon}{2M}=\frac{\varepsilon}{2}$$

由不等式 $S_1<L+\frac{\varepsilon}{2}$ 与 $S_2<\frac{\varepsilon}{2}$ 就推出所要证明的不等式：当 $d<\eta$ 时，$S\leqslant L+\varepsilon$. 我们对于正的函数证明了 $S\to L$. 由[Ⅰ，115] 中的讨论，可以肯定，对于任何的有界函数，它总成立. 同理可以证明，当 $d\to 0$ 时，$s$ 趋向 $l$，其中 $l$ 是 $s$ 的值的上确界. 如此，我们得到下面这个定理.

**达尔补定理** 当部分区域$(\sigma_k)$ 的直径中最大的无限减小时，和 $s$ 与 $S$ 趋向确定的极限 $l$ 与 $L$，并且 $l\leqslant L$.

当$(\sigma)$ 与$(\sigma_k)$ 是任何的可求面积的集合时，在这样的情形下，以上全部的讨论完全可以应用. 达尔补定理保持正确.

**95. 可积函数**

若当区域(集合)$(\sigma_k)$ 的直径 $d$ 中最大的趋向零时，和

$$\sum_{k=1}^{n}f(N_k)\sigma_k \tag{6}$$

有确定的极限，则函数 $f(N)$ 叫作是沿$(\sigma)$ 可积的. 这个极限叫作函数 $f(N)$ 沿区域(集合)$(\sigma)$ 的二重积分

$$\iint_{(\sigma)} f(N)\mathrm{d}\sigma = \lim \sum_{k=1}^{n} f(N_k)\sigma_k$$

像在[I,116] 中一样，可以证明，$f(N)$ 可积的必要且充分条件是，和 $s$ 与 $S$ 的极限 $l$ 与 $L$ 相同，就是说，当 $d \to 0$ 时，这两个和的差

$$\sum_{k=1}^{n}(M_k - m_k)\sigma_k \tag{7}$$

趋向零.

若 $f(N)=1$，则和(6) 总等于区域(集合)$(\sigma)$ 的面积 $\sigma$，就是

$$\iint_{(\sigma)} \mathrm{d}\sigma = \sigma$$

利用条件(7) 可以明确出几类可积函数.

1. 若 $f(N)$ 在闭区域(集合)$(\sigma)$ 上连续，则它是可积的. 这个证明就像[I，116] 中的一样.

2. 现在设 $f(N)$ 在闭区域(集合)$(\sigma)$ 上是有界的，但是具有间断点. 设这些间断点的集合$(R_0)$ 的外面积等于零. 要证，此时 $f(N)$ 是可积的，即和(7) 趋于零. 设 $\varepsilon$ 是给定的正数. 根据[92] 中定理I，我们可以把$(\sigma)$ 分为有限多个足够小的部分区域，使得与$(R_0)$ 有公共点的那些部分区域的面积和小于$\frac{\varepsilon}{2A}$，其中 $A=M-m$. 在其他的部分区域上，$f(N)$ 一致连续，因为这些部分区域以及它们的界线不含有 $f(N)$ 的间断点，也就是不含有$(R_0)$ 的点. 我们把与$(R_0)$ 有公共点的区域叫作第一类的区域，其余的叫作第二类的区域. 设 $p$ 是第二类区域的数. 根据 $f(N)$ 在第二类闭区域上的连续性，我们可以把每一个第二类区域再分为部分区域，使得和(7) 中对应于每一个第二类区域中各部分区域的项之和 $\leqslant \frac{\varepsilon}{2p}$. 这时，和(7) 中对应于第二类区域的部分区域的所有的项之和 $\leqslant \frac{\varepsilon}{2}$. 注意，$M_k - m_k \leqslant M - m = A$，并且第一类区域的面积和 $< \frac{\varepsilon}{2A}$，可以肯定，和(7) 中对应于第一类区域的项之和 $< \frac{\varepsilon}{2}$，于是推知，整个和(7) $< \varepsilon$. 注意，$L$ 是和(2) 的下界，而 $l$ 是和(3) 的上界，可以肯定，$L-l<\varepsilon$，由于 $\varepsilon$ 的任意小性，可以肯定 $L=l$，就是说，$f(N)$ 确实是可积的. 于是，若有界函数 $f(N)$ 的间断点组成的集合的外面积等于零，则 $f(N)$ 是可积的.

若 $f(N)$ 有有限多个间断点或 $f(N)$ 的间断点出现在有限多个简单曲线上，这个条件就自然满足.

**96. 可积函数的性质**

像在[I,117]中对单积分所作的一样，我们只简短地说出可积函数的性质.

1. 若 $f(N)$ 在可求面积的区域$(\sigma)$上是可积的，我们在外面积等于零的点集合$(R_0)$上改变 $f(N)$ 的值，但保持函数的有界性，则新的函数也是可积的，并且积分的大小不改变. 我们简略的讲一个证明，它与上一段中最后的证明完全类似. 令 $R_0$ 包含在一些区域的内部，而使得这些区域的面积和是充分的小的(第一类区域). 在其余的区域中的点，$f(N)$ 的值不改变，所以根据 $f(N)$ 的可积性，和(7)中对应于第二类区域的项，当这些区域充分小时，它们有随意多小的和. 对应于第一类区域的项也有微小的和，因为这些区域的面积和是微小的. 这就证明了新函数的可积性，再由于集合$(R_0)$的外面积等于零，它就没有内点. 于是推知，把$(\sigma)$分为部分区域$(\sigma_k)$时，在每一个部分区域上可以找到一点 $N_k$，在这点 $f(N)$ 的值不改变. 作和(6)时就取这些点，可以证明积分的大小不改变.

2. 若 $f(N)$ 在可求面积的区域$(\sigma)$上是可积的，并且这个区域$(\sigma)$被分为有限多个可求面积的部分区域$(\sigma_1)$，$(\sigma_2)$，…，$(\sigma_n)$，则在每一个区域$(\sigma_k)$上 $f(N)$ 是可积的，并且沿$(\sigma)$的积分等于沿$(\sigma_k)$的诸积分之和.

把$(\sigma)$分为部分区域时，我们就区域$(\sigma_k)$再分. 这时，根据 $f(N)$ 的可积性，和(7)就趋向零，而且和(7)中的项不是负的. 于是对应于每一个区域$(\sigma_k)$的项之和更要趋向零，就是说，沿 $f(N)(\sigma_k)$ 是可积的. 在和(6)中，就对应于个别的区域$(\sigma_k)$的项之和来取极限，就可以直接推出我们的第二个肯定. 反之，显然，由沿$(\sigma_k)$的可积性可以推出沿$(\sigma)$的可积性. 在[I,117]中所讲的积分的其余的性质：常因子提到积分号之外，可积函数的和、积与商的可积性以及可积函数的绝对值的可积性都保持正确. 中值定理可以像对于单积分一样来证明[I,95].

可求面积区域的界线的外面积应当等于零，所以，根据上述的第一个性质，当求积分时，函数 $f(N)$ 在区域的界线上的值没有什么作用.

**注意**　我们可以把所有的关于积分的定义以及所证明的一切推广到任何的可求面积的而且具有正的面积的集合 $P$(不一定是区域)上. 这时对于和 $s$，$S$ 与(6)的记号，需要把 $P$ 分为有限多个可求面积的且没有公共点的部分集合，并使得它们的直径中最大的趋向零.

**97. 二重积分的计算法**

现在我们建立把二重积分的计算化为两次积分的公式，先考虑边

$$x=a, x=b, y=c, y=d \tag{8}$$

平行于坐标轴的矩形$(R)$的情形. 设 $f(N)=f(x,y)$ 沿$(R)$是可积的，就是说，下面这积分存在

$$\iint_{(R)} f(N)\mathrm{d}\sigma = \iint_{(R)} f(x,y)\mathrm{d}x\mathrm{d}y \tag{9}$$

此外，设对于区间$(a,b)$中任何的$x$，积分

$$F(x) = \int_c^d f(x,y)\mathrm{d}y \quad (a \leqslant x \leqslant b) \tag{10}$$

以及两次积分

$$\int_a^b F(x)\mathrm{d}x = \int_a^b \left[\int_c^d f(x,y)\mathrm{d}y\right]\mathrm{d}x \tag{11}$$

存在. 利用下列的分点把$(R)$分为部分区域

$$a = x_0 < x_1 < x_2 < \cdots < x_{n-1} < x_n = b$$

$$c = y_0 < y_1 < y_2 < \cdots < y_{m-1} < y_m = d$$

并设$(R_{ik})$是介于直线$x=x_i, x=x_{i+1}, y=y_k, y=y_{k+1}$之间的部分矩形. 再设$m_{ik}$与$M_{ik}$是$f(x,y)$在闭矩形$(R_{ik})$上的下确界与上确界. $\Delta x_i = x_{i+1} - x_i, \Delta y_k = y_{k+1} - y_k$. 由不等式

$$m_{ik} \leqslant f(x,y) \leqslant M_{ik} \quad [(x,y)\text{ 在}(R_{ik})\text{ 中}]$$

沿区间$y_k \leqslant y \leqslant y_{k+1}$求积分，就得到

$$m_{ik}\Delta y_k \leqslant \int_{y_k}^{y_{k+1}} f(x,y)\mathrm{d}y \leqslant M_{ik}\Delta y_k \quad (x_i \leqslant x \leqslant x_{i+1})$$

其中$(y_k, y_{k+1})$是$(c,d)$的一部分，根据积分(10)的存在性，上面写的积分存在[I,117]，把这些不等式相加，就得到

$$\sum_{k=0}^{m-1} m_{ik}\Delta y_k \leqslant \int_c^d f(x,y)\mathrm{d}y \leqslant \sum_{k=0}^{m-1} M_{ik}\Delta y_k$$

沿区间$(x_i, x_{i+1})$求积分

$$\sum_{k=0}^{m-1} m_{ik}\Delta y_k\Delta x_i \leqslant \int_{x_i}^{x_{i+1}} \left[\int_c^d f(x,y)\mathrm{d}y\right]\mathrm{d}x \leqslant \sum_{k=0}^{m-1} M_{ik}\Delta y_k\Delta x_i$$

根据积分(11)的存在性，这里写的积分存在. 由最后这不等式按照$i$求和

$$\sum_{i=0}^{n-1}\sum_{k=0}^{m-1} m_{ik}\Delta y_k\Delta x_i \leqslant \int_a^b \left[\int_c^d f(x,y)\mathrm{d}y\right]\mathrm{d}x \leqslant \sum_{i=0}^{n-1}\sum_{k=0}^{m-1} M_{ik}\Delta y_k\Delta x_i$$

注意乘积$\Delta y_k \Delta x_i$表示$(R_{ik})$的面积，可以肯定，当矩形无限缩小时，这不等式两端的两项都趋向积分(9)，这就引出了我们所要的公式

$$\iint_{(R)} f(x,y)\mathrm{d}x\mathrm{d}y = \int_a^b \left[\int_c^d f(x,y)\mathrm{d}y\right]\mathrm{d}x \tag{12}$$

就是，若二重积分(9)与两次积分(11)都存在，则公式(12)成立，就是这两个积分相等.

**注意**　积分(11)存在先要假定积分(10)存在. 若$f(N)$在闭矩形$(R)$上是连续函数，则积分(9)与(10)显然存在([95]与[Ⅰ,116]). 这时，由[80]我们知道，公式(10)给出$x$的连续函数，于是推知，积分(11)也存在，现在我们考虑

介于两个曲线 $y=\varphi_2(x)$ 与 $y=\varphi_1(x)$ 以及直线 $x=a$ 与 $x=b$ 之间的区域$(\sigma)$(图 83).

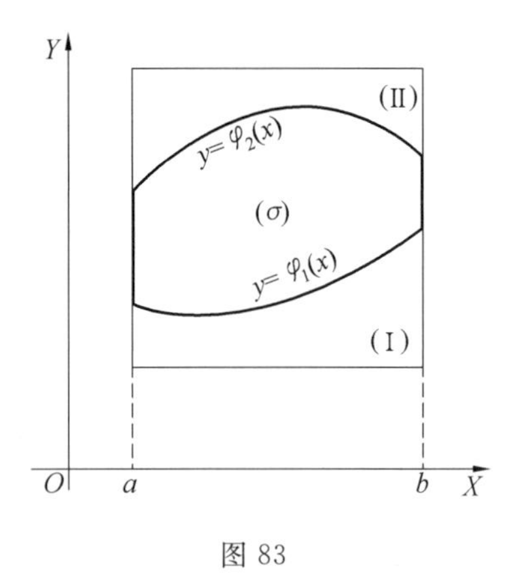

图 83

设二重积分

$$\iint\limits_{(\sigma)} f(N)\mathrm{d}\sigma=\iint\limits_{(\sigma)} f(x,y)\mathrm{d}x\mathrm{d}y \quad (13)$$

单积分

$$F(x)=\int_{\varphi_1(x)}^{\varphi_2(x)} f(x,y)\mathrm{d}y \quad (14)$$

以及两次积分

$$\int_a^b F(x)\mathrm{d}x=\int_a^b\left[\int_{\varphi_1(x)}^{\varphi_2(x)} f(x,y)\mathrm{d}y\right]\mathrm{d}x \quad (15)$$

都存在.设$(R)$是由直线(8)形成的矩形,这里我们取 $c$ 与 $d$ 时,使得对于$(a,b)$中的所有的 $x$,我们有 $c<\varphi_1(x)$ 且 $d>\varphi_2(x)$,就是说,使得$(\sigma)$是$(R)$的一部分.在$(R)$上我们确定一个函数 $f_1(N)=f_1(x,y)$,使得在区域$(\sigma)$的点上它等于 $f(N)$,在$(R)$的不属于$(\sigma)$的点上它等于零.曲线 $y=\varphi_2(x)$ 与 $y=\varphi_1(x)$ 把$(R)$分为三部分:$(\sigma)$以及位于$(\sigma)$上、下的区域(Ⅱ)与(Ⅰ)(图 83).函数 $f_1(N)$ 沿$(\sigma)$是可积的,因为它与 $f(N)$ 全同,它沿区域(Ⅰ)与(Ⅱ)也是可积的,因为在这些区域的内点,它等于零.

于是推知 $f_1(N)$ 沿$(R)$是可积的[96],并且

$$\iint\limits_{(R)} f_1(N)\mathrm{d}\sigma=\iint\limits_{(\sigma)} f(N)\mathrm{d}\sigma \quad (16)$$

同理,对于区间$(a,b)$中任何的 $x$,积分(15)与下面这积分都存在

$$F(x)=\int_c^d f_1(x,y)\mathrm{d}y=\int_{\varphi_1(x)}^{\varphi_2(x)} f(x,y)\mathrm{d}y \quad (17)$$

于是对于函数 $f_1(N)$ 可以应用公式(12),根据公式(16)与(17),这个公式就给出化沿$(\sigma)$的二重积分为两次积分的公式

$$\iint\limits_{(\sigma)} f(x,y)\mathrm{d}x\mathrm{d}y=\int_a^b\left[\int_{\varphi_1(x)}^{\varphi_2(x)} f(x,y)\mathrm{d}y\right]\mathrm{d}x \quad (18)$$

得到这个结论时,我们假定了积分(13),(14)与(15)存在.若 $f(x,y)$ 在闭区域$(\sigma)$上连续,则像以前一样,积分(13)与(14)存在.此外,根据[80],公式(14)确定一个 $x$ 的连续函数,于是推知积分(15)也存在.完全类似的,可以证明化三重积分为三次积分的公式[58].

**98. $n$ 重积分**

所有在[94]与[95]中所讲的可以直接推广到 $n$ 维空间的情形,引出有界函

数沿有界的可度量的 $n$ 维区域的积分的概念,上述的可积性的条件,以及积分的通常性质.与[97]中所讲的完全类似,化 $n$ 重积分为 $n$ 次积分的公式也成立.这个公式可以用数学归纳法证明.重积分的积分限由确定积分区域的那些不等式来计算.设 $f(N)=f(x_1,x_2,\cdots,x_n)$ 在一个 $n$ 维空间的可度量的闭区域 $(P_n)$ 上是连续函数,这个区域的内点由下述条件确定:点 $(x_1,x_2,\cdots,x_{n-1})$ 是某一个 $(n-1)$ 维空间的可度量的区域 $(Q_{n-1})$ 的内点,并且 $x_n$ 满足不等式

$$\varphi_1(x_1,x_2,\cdots,x_{n-1})<x_n<\varphi_2(x_1,x_2,\cdots,x_{n-1})$$

其中 $\varphi_1(x_1,x_2,\cdots,x_{n-1})$ 与 $\varphi_2(x_1,x_2,\cdots,x_{n-1})$ 在 $(Q_{n-1})$ 上是连续函数.这时,$n$ 重积分可以表达成对 $x_n$ 的积分以及沿 $(Q_{n-1})$ 的 $(n-1)$ 重积分

$$\iint\limits_{(P_n)}\cdots\int f(x_1,x_2,\cdots,x_n)\mathrm{d}x_1\cdots\mathrm{d}x_n$$

$$=\iint\limits_{(Q_{n-1})}\cdots\int\left[\int_{\varphi_1(x_1,\cdots,x_{n-1})}^{\varphi_2(x_1,\cdots,x_{n-1})}f(x_1,\cdots,x_n)\mathrm{d}x_n\right]\mathrm{d}x_1\cdots\mathrm{d}x_{n-1} \tag{19}$$

把平面上平行于轴的矩形推广,就得到 $n$ 维空间的方体 $(R_n)$,由下列的不等式来确定

$$a_1\leqslant x_1\leqslant b_1,a_2\leqslant x_2\leqslant b_2,\cdots,a_n\leqslant x_n\leqslant b_n \tag{20}$$

沿这个方体的积分可以化为积分限为常数的累次积分

$$\iint\limits_{(R_n)}\cdots\int f(x_1,\cdots,x_n)\mathrm{d}x_1\cdots\mathrm{d}x_n=\int_{a_1}^{b_1}\mathrm{d}x_1\cdots\int_{a_{n-1}}^{b_{n-1}}\mathrm{d}x_{n-1}\int_{a_n}^{b_n}f(x_1,\cdots,x_n)\mathrm{d}x_n$$

这时,可以任意改变求积分的顺序,而对每个变量都保持原有的积分限.

对于熟悉行列式概念的读者,可以讲在 $n$ 重积分中的换元公式.设引用新的变量 $(x'_1,x'_2,\cdots,x'_n)$ 来替代 $(x_1,x_2,\cdots,x_n)$,并设

$$x_i=\varphi_i(x'_1,x'_2,\cdots,x'_n)\quad(i=1,2,\cdots,n) \tag{21}$$

是通过新变量来表达旧变量的公式.

引用所谓函数组(21)的函数行列式

$$D=\begin{vmatrix}\dfrac{\partial\varphi_1}{\partial x'_1} & \dfrac{\partial\varphi_1}{\partial x'_2} & \cdots & \dfrac{\partial\varphi_1}{\partial x'_n}\\ \dfrac{\partial\varphi_2}{\partial x'_1} & \dfrac{\partial\varphi_2}{\partial x'_2} & \cdots & \dfrac{\partial\varphi_2}{\partial x'_n}\\ \vdots & \vdots & & \vdots\\ \dfrac{\partial\varphi_n}{\partial x'_1} & \dfrac{\partial\varphi_n}{\partial x'_2} & \cdots & \dfrac{\partial\varphi_n}{\partial x'_n}\end{vmatrix} \tag{22}$$

换元公式就有下面的形状

$$\iint\limits_{(P_n)}\cdots\int f\mathrm{d}x_1\cdots\mathrm{d}x_n=\iint\limits_{(P'_n)}\cdots\int f\mid D\mid\mathrm{d}x'_1\cdots\mathrm{d}x'_n \tag{23}$$

其中确定新积分区域 $(P'_n)$ 的不等式是由确定 $(P_n)$ 的不等式得来的,只需用表

达式(21) 来替换 $x_i$. 应用公式(23) 时所需要的条件与在[77] 中对于二重积分所讲的一样. 反常 $n$ 重积分也像反常二重及三重积分一样来确定(见[86]). 现在我们来看几个例.

**99. 例 1** 介于超越平面

$$x_1=0, x_2=0, \cdots, x_n=0, x_1+x_2+\cdots+x_n=a \quad (a>0)$$

之间的 $n$ 维空间的$(n+1)$ 面体由下列不等式来确定

$$x_1>0, x_2>0, \cdots, x_n>0, x_1+x_2+\cdots+x_n<a \tag{24}$$

当 $n=3$ 时就得到介于坐标面与平面 $x+y+z=a$ 之间的普通的四面体. 引用新的变量, 设

$$x'_1=x_1+x_2+\cdots+x_n, x'_2=\frac{a(x_2+\cdots+x_n)}{x_1+x_2+\cdots+x_n}$$

$$x'_3=\frac{a(x_3+\cdots+x_n)}{x_2+\cdots+x_n}, \cdots, x'_n=\frac{ax_n}{x_{n-1}+x_n}$$

由此推知

$$x_1+\cdots+x_n=x'_1, a(x_2+\cdots+x_n)=x'_1x'_2$$

$$a^2(x_3+x_4+\cdots+x_n)=x'_1x'_2x'_3, \cdots, a^{n-1}x_n=x'_1x'_2\cdots x'_n$$

反之, 通过新变量来表达旧变量的公式是

$$x_1=\frac{x'_1(a-x'_2)}{a}, x_2=\frac{x'_1x'_2(a-x'_3)}{a^2}, \cdots$$

$$x_{n-1}=\frac{x'_1x'_2\cdots x'_{n-1}(a-x'_n)}{a^{n-1}}, x_n=\frac{x'_1x'_2\cdots x'_n}{a^{n-1}}$$

由这些公式直接推出, $(n+1)$ 面体(24) 可以变成 $n$ 维方体

$$0<x'_1<a, 0<x'_2<a, \cdots, 0<x'_n<a \tag{25}$$

**例 2** 确定以原点为心、$r$ 为半径的球的量度(容积), 这个球由下面的不等式来确定

$$x_1^2+x_2^2+\cdots+x_n^2 \leqslant r^2 \tag{26}$$

若作具有像似系数 $k$ 的像似变换, 则任何方体的容积乘了 $k^n$ 倍, 而半径 $r$ 乘了 $k$ 倍. 由此直接推知, 只是 $r$ 的函数的未知量度 $v_n$ 应当具有下面的形状

$$v_n=C_nr^n \tag{27}$$

其中 $C_n$ 是个常数, 它因 $n$ 的大小而不同. 若用平面 $x_1$ 截割球(26), 则由公式(26) 看出, 得到一个$(n-1)$ 维球, 它的半径的平方等于$(r^2-x_1^2)$. 根据式(27) 知这个球的量度就是 $C_{n-1}(r^2-x_1^2)^{\frac{n-1}{2}}$. 介于平面 $x_1$ 与$(x_1+dx_1)$ 之间的球的一部分就有量度 $C_{n-1}(r^2-x_1^2)^{\frac{n-1}{2}}dx_1$, 由此推出下面这个 $v_n$ 的表达式

$$v_n=C_nr^n=C_{n-1}\int_{-r}^{+r}(r^2-x_1^2)^{\frac{n-1}{2}}dx_1$$

或者代入 $x_1=r\cos\varphi$, 就得到 $C_n$ 与 $C_{n-1}$ 的联系

$$C_n = C_{n-1}\int_0^{\pi} \sin^n \varphi \, d\varphi = 2C_{n-1}\int_0^{\frac{\pi}{2}} \sin^n \varphi \, d\varphi \tag{28}$$

其中我们已知[I,100]：

当 $n$ 是偶数时

$$\int_0^{\frac{\pi}{2}} \sin^n \varphi \, d\varphi = \frac{(n-1)(n-3)\cdots 1}{n(n-2)\cdots 2} \cdot \frac{\pi}{2}$$

当 $n$ 是奇数时

$$\int_0^{\frac{\pi}{2}} \sin^n \varphi \, d\varphi = \frac{(n-1)(n-3)\cdots 2}{n(n-2)\cdots 3}$$

在公式(28) 中用$(n-1)$ 来替代 $n$，我们得到

$$C_{n-1} = 2C_{n-2}\int_0^{\frac{\pi}{2}} \sin^{n-1} \varphi d\varphi$$

由所写的等式推出，对于任何的整数 $n$

$$C_n = C_{n-2}\frac{2\pi}{n} \tag{29}$$

不过我们知道：$C_2 = \pi$，$C_3 = \frac{4}{3}\pi$. 应用公式(29)，由此得到：

当 $n$ 是偶数时

$$C_n = \frac{(2\pi)^{\frac{n}{2}}}{n(n-2)\cdots 2}$$

当 $n$ 是奇数时

$$C_n = \frac{2^{\frac{n+1}{2}}\pi^{\frac{n-1}{2}}}{n(n-2)\cdots 1}$$

# 第4章 向量分析及场论

**100. 向量加减法**

这一章致力于向量分析的讨论. 现在有很多向量分析的专门教材,我们在这里不讲细节,只讲与以上所讨论的材料有直接联系的以及为以后讨论数学物理所必要的基础的概念与事实. 我们由向量代数开始.

在考虑物理现象时,我们遇到两类的量 —— 数量与向量.

当确定的选择好测量单位时,仅由数的大小就完全表现出来的量,叫作数量.

例如,若在空间有热的物体,则这物体在每一点的温度由确定的数来表现,所以我们可以说,温度是数量. 密度、能、势也是数量.

作为向量的特例,我们考虑速度. 为要完全表现出来速度,只知道速度的大小的数是不够的,还有必要,要说明它的方向. 确定速度可以用向量,就是一个线段在给定的尺度下,它的长度等于速度的大小,而方向与速度的方向相同. 如此,向量由它的长度与方向完全确定. 力、加速度、衡量也是向量.

回到热物体的例子. 这物体在每一点的温度由确定的数来表现,或者说,它的温度是这物体所占有的空间中的点的函数. 在空间作好直角坐标系 $XYZ$,我们可以说,这数量是自变量 $(x,y,z)$ 的函数,这个函数确定在这物体所占有的空间区域上. 这里我们看到一个数量场的例.

若在某一个区域的每一个点确定有一个向量，则我们就有一个向量场. 例如电磁场，在每一点有确定的电力与磁力.

在某些情形下，放置向量的点是很重要的，就是空间与向量的起点重合的那一点. 在这样的情形下，我们有固定向量. 不过，以后我们用的主要是自由向量，就是放置向量的点可以在任意的位置. 所以，若两个向量的大小(长度)相等且方向相同时，就算作它们相等.

以后我们用粗体字 $\boldsymbol{A},\boldsymbol{B},\cdots$ 来记向量，对应的用 $|\boldsymbol{A}|,|\boldsymbol{B}|,\cdots$ 来记它们的长度，用普通的拉丁字母来记数量.

设有几个向量 $\boldsymbol{A},\boldsymbol{B},\boldsymbol{C}$. 由某一点 $O$ 作向量 $\boldsymbol{A}$，由它的终点作向量 $\boldsymbol{B}$，再由这向量的终点作向量 $\boldsymbol{C}$，以第一个向量的起点为起点，以最后一个向量的终点为终点的向量，叫作所给的向量之和

$$\boldsymbol{S}=\boldsymbol{A}+\boldsymbol{B}+\boldsymbol{C}$$

向量的和具有普通和的基本性质，就是由下列公式所表达的交换性质与结合性质(图 84)

$$\boldsymbol{A}+\boldsymbol{B}=\boldsymbol{B}+\boldsymbol{A},\boldsymbol{A}+(\boldsymbol{B}+\boldsymbol{C})=(\boldsymbol{A}+\boldsymbol{B})+\boldsymbol{C}$$

若由向量 $\boldsymbol{A}$ 的终点作一个向量 $\boldsymbol{C}$，令向量 $\boldsymbol{C}$ 与向量 $\boldsymbol{B}$ 的大小相等方向相反，则以向量 $\boldsymbol{A}$ 的起点为起点，以向量 $\boldsymbol{C}$ 的终点为终点的向量 $\boldsymbol{M}$，叫作向量 $\boldsymbol{A}$ 与 $\boldsymbol{B}$ 之差(图 85)

$$\boldsymbol{M}=\boldsymbol{A}-\boldsymbol{B}$$

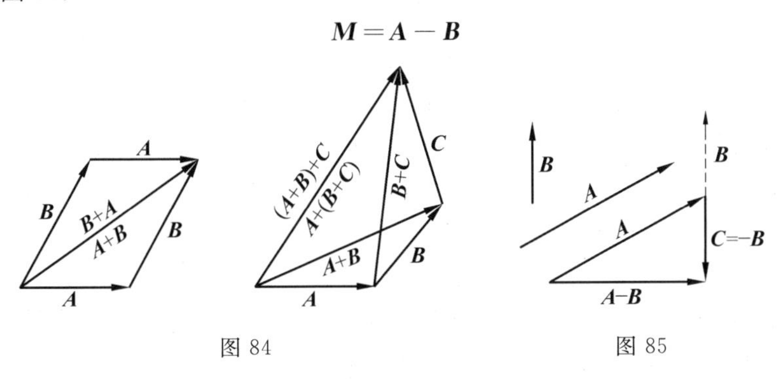


图 84　　　　图 85

不难看出，这个向量由关系式

$$\boldsymbol{B}+\boldsymbol{M}=\boldsymbol{A}$$

完全确定.

与向量 $\boldsymbol{N}$ 大小相等方向相反的向量一般记作 $(-\boldsymbol{N})$. 于是，向量 $\boldsymbol{A}$ 与 $\boldsymbol{B}$ 之差可以确定作 $\boldsymbol{A}$ 与 $(-\boldsymbol{B})$ 之和，就是

$$\boldsymbol{A}+(-\boldsymbol{B})=\boldsymbol{A}-\boldsymbol{B}$$

不难证明，如此确定的关于向量的和与差的概念，也适用关于普通代数的和与差的法则，这里我们不证.

向量和的法则在力学与物理学中有很多的应用. 例如,参与到几个运动中的点,它的总速度就由它在个别的运动中所有的速度依法则相加得来. 依照这个法则可以得到作用在同一点上的几个力的合力.

**注意** 若相加时,最后一个向量的终点与第一个向量的起点重合,就是说,由上述法则作出的折线是封闭的,则叫作所考虑的向量之和等于零

$$\boldsymbol{A}+\boldsymbol{B}+\boldsymbol{C}=\boldsymbol{0}$$

特别是,显然

$$\boldsymbol{A}+(-\boldsymbol{A})=\boldsymbol{0}$$

一般说来,若一个向量的大小等于零,则叫作这个向量等于零. 在这情形下,无所谓它的方向.

**101. 向量乘以数量**

向量的共面性. 若有向量 $\boldsymbol{A}$ 与一个数 $a$,则乘积 $a\boldsymbol{A}$ 或 $\boldsymbol{A}a$ 是一个向量,大小等于 $|a|\cdot|\boldsymbol{A}|$,其方向,当 $a>0$ 时与 $\boldsymbol{A}$ 相同,当 $a<0$ 时与 $\boldsymbol{A}$ 相反. 在 $a=0$ 的情形,乘积 $a\boldsymbol{A}$ 也等于零.

如此,若 $\boldsymbol{A}$ 与 $\boldsymbol{B}$ 是两个向量,具有相同或相反的方向,则它们之间存在关系式

$$\boldsymbol{B}=n\boldsymbol{A}$$

设 $n=-\frac{a}{b}$,可以写成比较对称的形状

$$a\boldsymbol{A}+b\boldsymbol{B}=\boldsymbol{0}$$

反之,由上面写的这关系式可以推出向量 $\boldsymbol{A}$ 与 $\boldsymbol{B}$ 的方向相同或相反.

现在设给定任何两个向量 $\boldsymbol{A}$ 与 $\boldsymbol{B}$,它们的方向不是相同的也不是相反的. 通过任一点 $O$ 引两条平行于所给的向量的直线(图 86). 这两条直线确定一个平面,这平面不仅平行于向量 $\boldsymbol{A}$ 与 $\boldsymbol{B}$,且平行于所有的向量 $m\boldsymbol{A}$ 以及 $n\boldsymbol{B}$,其中 $m$ 与 $n$ 是任意的数值,并且根据加法法则,也平行于它们的和

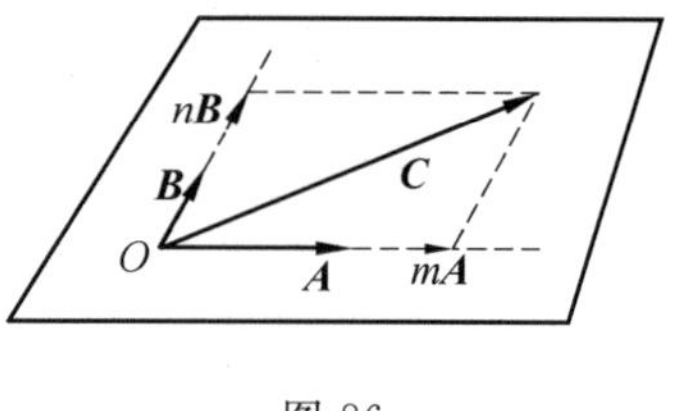

图 86

$$\boldsymbol{C}=m\boldsymbol{A}+n\boldsymbol{B}$$

反之,任何平行于所作的平面的向量 $\boldsymbol{C}$,可以表示成 $m\boldsymbol{A}+n\boldsymbol{B}$ 的形状. 为要肯定这一点,只要由点 $O$ 作出这个向量,使得它恰好是一个平行四边形的对角线,且这平行四边形的边各平行于 $\boldsymbol{A}$ 与 $\boldsymbol{B}$. 上面写的关系式可以写成比较对称的形状

$$a\boldsymbol{A}+b\boldsymbol{B}+c\boldsymbol{C}=\boldsymbol{0}$$

它表达出三个向量共面的条件,就是这三个向量平行于同一平面的情况. 若 $\boldsymbol{A}$

与 $\boldsymbol{B}$ 方向相同或相反,则向量 $\boldsymbol{A},\boldsymbol{B}$ 与任何向量 $\boldsymbol{C}$ 是共面的,这时在上面的关系式中需要算作 $c=0$.

**102. 向量沿三个不共面的向量的分解法**

现在设有三个不共面的向量 $\boldsymbol{A},\boldsymbol{B}$ 与 $\boldsymbol{C}$. 任何向量可以作为一个平行六面体的对角线,而这平行六面体的三对边各平行于 $\boldsymbol{A},\boldsymbol{B}$ 与 $\boldsymbol{C}$. 如此,任何一个向量可以通过三个不共面的向量来表达(图 87)

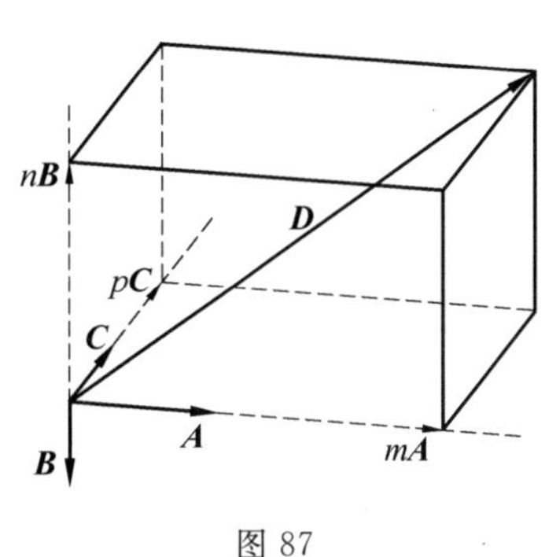


图 87

$$\boldsymbol{D}=m\boldsymbol{A}+n\boldsymbol{B}+p\boldsymbol{C}$$

由此推知,任何四个向量之间存在有下面形状的关系式

$$a\boldsymbol{A}+b\boldsymbol{B}+c\boldsymbol{C}+d\boldsymbol{D}=\boldsymbol{0}$$

若前三个向量共面,则只需要算作 $d=0$.

上述一个向量沿三个不共面的向量的分解法的特别重要的特殊情形是,当作好直角坐标轴 $OX,OY,OZ$ 时,向量 $\boldsymbol{A},\boldsymbol{B}$ 与 $\boldsymbol{C}$ 的长度都等于1(这样的向量我们一般叫作单位向量),而且各具有 $OX,OY,OZ$ 轴的方向. 在这情形下它们叫作基本向量,并且各记作 $\boldsymbol{i},\boldsymbol{j},\boldsymbol{k}$.

任何向量 $\boldsymbol{A}$ 可以表示成下面的形状

$$\boldsymbol{A}=m\boldsymbol{i}+n\boldsymbol{j}+p\boldsymbol{k} \tag{1}$$

若由坐标原点放好向量 $\boldsymbol{A}$,则数 $m,n$ 与 $p$ 给出它的终点的坐标,它们表达出向量 $\boldsymbol{A}$ 在坐标轴上的投影. 以后我们把这些投影各记作 $A_x,A_y,A_z$,叫作向量 $\boldsymbol{A}$ 沿坐标轴的分量或支量. 那时,以上的关系式可以写成下面的形状

$$\boldsymbol{A}=A_x\boldsymbol{i}+A_y\boldsymbol{j}+A_z\boldsymbol{k} \tag{2}$$

若 $n$ 记空间任何一个方向,则向量 $\boldsymbol{A}$ 在这个方向上的投影就是

$$A_n=|\boldsymbol{A}|\cos(n,\boldsymbol{A})$$

或者,注意解析几何中已知的两个方向间夹角的余弦的表达式

$$\begin{aligned}A_n=&|\boldsymbol{A}|[\cos(n,X)\cos(\boldsymbol{A},X)+\\&\cos(n,Y)\cos(\boldsymbol{A},Y)+\cos(n,Z)\cos(\boldsymbol{A},Z)]\\=&A_x\cos(n,X)+A_y\cos(n,Y)+A_z\cos(n,Z)\end{aligned}$$

当向量相加时,显然它们的支量也恰好相加(封闭线的投影等于折线各部分投影之和).

**103. 数量积**

所谓两个向量 $\boldsymbol{A}$ 与 $\boldsymbol{B}$ 的数量积是一个数量,它的大小等于这两个向量的长度与它们的夹角的余弦的乘积.

数量积用记号 $\boldsymbol{A}\cdot\boldsymbol{B}$ 来记,所以

$$\boldsymbol{A}\cdot\boldsymbol{B}=|\boldsymbol{A}||\boldsymbol{B}|\cos(\boldsymbol{A},\boldsymbol{B}) \tag{3}$$

由这定义直接推出

$$\boldsymbol{A}\cdot\boldsymbol{B}=\boldsymbol{B}\cdot\boldsymbol{A}$$

就是说,对于数量积,交换律成立.

若向量 $\boldsymbol{A}$ 与 $\boldsymbol{B}$ 夹角成直角,则显然

$$\boldsymbol{A}\cdot\boldsymbol{B}=0$$

特别是对于基本向量我们有

$$\boldsymbol{i}\cdot\boldsymbol{j}=\boldsymbol{j}\cdot\boldsymbol{k}=\boldsymbol{k}\cdot\boldsymbol{i}=0$$

若向量 $\boldsymbol{A}$ 与 $\boldsymbol{B}$ 的方向相同,则

$$\boldsymbol{A}\cdot\boldsymbol{B}=|\boldsymbol{A}||\boldsymbol{B}|$$

并且若它们的方向相反,则

$$\boldsymbol{A}\cdot\boldsymbol{B}=-|\boldsymbol{A}||\boldsymbol{B}|$$

特别是

$$\boldsymbol{A}\cdot\boldsymbol{A}=|\boldsymbol{A}|^2=A_x^2+A_y^2+A_z^2 \tag{4}$$

而且

$$\boldsymbol{i}\cdot\boldsymbol{i}=\boldsymbol{j}\cdot\boldsymbol{j}=\boldsymbol{k}\cdot\boldsymbol{k}=1 \tag{5}$$

数量积通过向量的支量来表达的方法如下

$$\begin{aligned}
\boldsymbol{A}\cdot\boldsymbol{B}&=|\boldsymbol{A}||\boldsymbol{B}|\cos(\boldsymbol{A},\boldsymbol{B})\\
&=|\boldsymbol{A}||\boldsymbol{B}|[\cos(\boldsymbol{A},X)\cos(\boldsymbol{B},X)+\cos(\boldsymbol{A},Y)\cos(\boldsymbol{B},Y)+\\
&\quad\cos(\boldsymbol{A},Z)\cos(\boldsymbol{B},Z)]\\
&=|\boldsymbol{A}|\cos(\boldsymbol{A},X)|\boldsymbol{B}|\cos(\boldsymbol{B},X)+\\
&\quad|\boldsymbol{A}|\cos(\boldsymbol{A},Y)|\boldsymbol{B}|\cos(\boldsymbol{B},Y)+\\
&\quad|\boldsymbol{A}|\cos(\boldsymbol{A},Z)|\boldsymbol{B}|\cos(\boldsymbol{B},Z)\\
&=A_xB_x+A_yB_y+A_zB_z
\end{aligned} \tag{6}$$

就是说,两个向量的数量积等于这两个向量的对应支量乘积之和.

**注意** 这里写的等式的左边不依赖于坐标轴的选择,所以右边也不依赖于坐标轴的选择,虽然在右边看起来这不是明显的.

推出公式(6)时,我们利用了解析几何中已知的关于两个方向之间的角的公式[102].

不难证明,对于数量积,分配律成立,就是说下面的关系式成立

$$(\boldsymbol{A}+\boldsymbol{B})\cdot\boldsymbol{C}=\boldsymbol{A}\cdot\boldsymbol{C}+\boldsymbol{B}\cdot\boldsymbol{C} \tag{7}$$

实际上,只要利用已经推出的数量积的表达式,可以写出

$$\begin{aligned}
(\boldsymbol{A}+\boldsymbol{B})\cdot\boldsymbol{C}&=(A_x+B_x)C_x+(A_y+B_y)C_y+(A_z+B_z)C_z\\
&=(A_xC_x+A_yC_y+A_zC_z)+(B_xC_x+B_yC_y+B_zC_z)\\
&=\boldsymbol{A}\cdot\boldsymbol{C}+\boldsymbol{B}\cdot\boldsymbol{C}
\end{aligned}$$

由分配性质直接推出更普遍的公式

$$(\boldsymbol{A}_1+\boldsymbol{B}_1)\cdot(\boldsymbol{A}_2+\boldsymbol{B}_2)=\boldsymbol{A}_1\cdot\boldsymbol{A}_2+\boldsymbol{A}_1\cdot\boldsymbol{B}_2+\boldsymbol{B}_1\cdot\boldsymbol{A}_2+\boldsymbol{B}_1\cdot\boldsymbol{B}_2 \tag{8}$$

它表示交叉相乘展开括号的法则.

**104. 向量积**

由空间任何一点 $O$ 引出向量 $\boldsymbol{A}$ 与 $\boldsymbol{B}$，并以它们为边作一个平行四边形. 这平行四边形所在的平面的过点 $O$ 的垂线有两个相反方向. 这两个方向中有一个具有下述的性质，当站在这个方向来观察时，由向量 $\boldsymbol{A}$ 的方向转一个小于 $\pi$ 的角度达到向量 $\boldsymbol{B}$ 的方向，恰如站在 $OZ$ 轴的方向观察时，由 $OX$ 轴的正向转角度 $\frac{\pi}{2}$ 达到 $OY$ 轴的正向所应有的转法. 图 88 上表示出这个垂线的方向在右转以及左转坐标系的情形.

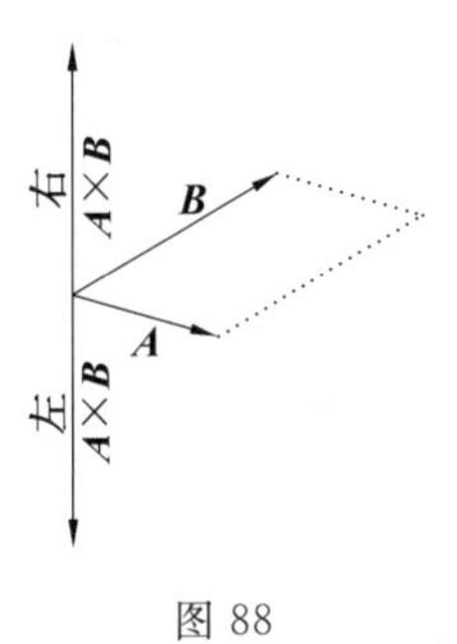


图 88

所谓向量 $\boldsymbol{A}$ 乘以向量 $\boldsymbol{B}$ 的向量积是一个向量，大小等于由这两个向量作成的平行四边形的面积，方向与上述这平行四边形所在的平面的垂线方向相同.

向量 $\boldsymbol{A}$ 乘以向量 $\boldsymbol{B}$ 的向量积普遍用记号 $\boldsymbol{A}\times\boldsymbol{B}$ 来记. 依照上述定义，它的大小等于

$$|\boldsymbol{A}||\boldsymbol{B}|\sin(\boldsymbol{A},\boldsymbol{B}) \tag{9}$$

它的方向依赖于坐标系的定转向，而且当定转向改变时就变成相反的方向.

若向量 $\boldsymbol{A}$ 与 $\boldsymbol{B}$ 的方向相同或相反，则它们的向量积等于零. 特别是，显然

$$\boldsymbol{A}\times\boldsymbol{A}=\boldsymbol{0}$$

现在考虑向量 $\boldsymbol{B}$ 乘以向量 $\boldsymbol{A}$ 的向量积. 显然，它的大小也像 $\boldsymbol{A}$ 乘以 $\boldsymbol{B}$ 的情形一样，但方向却相反，因为当在向量 $\boldsymbol{A}$ 与 $\boldsymbol{B}$ 之间转时，不是由向量 $\boldsymbol{A}$ 转起，而是由向量 $\boldsymbol{B}$ 转起，于是相反. 如此

$$\boldsymbol{B}\times\boldsymbol{A}=-\boldsymbol{A}\times\boldsymbol{B} \tag{10}$$

由此看出，在向量积的情形下，交换律不成立，并且当向量积的因子交换时变号.

对于基本向量，显然有下列关系式

$$\boldsymbol{i}\times\boldsymbol{i}=\boldsymbol{j}\times\boldsymbol{j}=\boldsymbol{k}\times\boldsymbol{k}=\boldsymbol{0},\boldsymbol{j}\times\boldsymbol{k}=\boldsymbol{i},\boldsymbol{k}\times\boldsymbol{i}=\boldsymbol{j},\boldsymbol{i}\times\boldsymbol{j}=\boldsymbol{k} \tag{11}$$

现在求向量积 $\boldsymbol{P}=\boldsymbol{A}\times\boldsymbol{B}$ 的支量通过向量 $\boldsymbol{A}$ 与 $\boldsymbol{B}$ 的支量表达的表达式. 注意到向量 $\boldsymbol{A}\times\boldsymbol{B}$ 与向量 $\boldsymbol{A}$，$\boldsymbol{B}$ 的垂直性，可以写成

$$P_xA_x+P_yA_y+P_zA_z=0,P_xB_x+P_yB_y+P_zB_z=0$$

我们利用下述的代数学中的辅助定理.

**辅助定理**　两个三元齐次方程

$$ax+by+cz=0, a_1x+b_1y+c_1z=0$$

的解具有下面的形状

$$x=\lambda(bc_1-cb_1), y=\lambda(ca_1-ac_1), z=\lambda(ab_1-ba_1)$$

其中 $\lambda$ 是任意常数. 这里所写出的差中至少有一个不等于零.

这个简单的辅助定理请读者自己证明. 应用这个辅助定理,得到①

$$P_x=\lambda(A_yB_z-A_zB_y), P_y=\lambda(A_zB_x-A_xB_z), P_z=\lambda(A_xB_y-A_yB_x)$$

其中 $\lambda$ 是比例系数,还需要再确定.

为此,我们利用一个重要的辅助恒等式,通常叫作拉格朗日恒等式

$$(a^2+b^2+c^2)(a_1^2+b_1^2+c_1^2)-(aa_1+bb_1+cc_1)^2$$
$$=(bc_1-cb_1)^2+(ca_1-ac_1)^2+(ab_1-ba_1)^2 \tag{12}$$

展开两边的括号,不难确定它的正确性. 还要注意, $(P_x^2+P_y^2+P_z^2)$ 是向量 $\boldsymbol{P}$ 的长度的平方,就是

$$\lambda^2[(A_yB_z-A_zB_y)^2+(A_zB_x-A_xB_z)^2+(A_xB_y-A_yB_x)^2]$$
$$=|\boldsymbol{A}|^2|\boldsymbol{B}|^2\sin^2(\boldsymbol{A},\boldsymbol{B})$$

对于左边应用拉格朗日恒等式,可以把这等式写成

$$\lambda^2[(A_x^2+A_y^2+A_z^2)(B_x^2+B_y^2+B_z^2)-(A_xB_x+A_yB_y+A_zB_z)^2]$$
$$=|\boldsymbol{A}|^2|\boldsymbol{B}|^2\sin^2(\boldsymbol{A},\boldsymbol{B})$$

或者,注意公式(4)与(6)

$$\lambda^2[|\boldsymbol{A}|^2|\boldsymbol{B}|^2-|\boldsymbol{A}|^2|\boldsymbol{B}|^2\cos^2(\boldsymbol{A},\boldsymbol{B})]=|\boldsymbol{A}|^2|\boldsymbol{B}|^2\sin^2(\boldsymbol{A},\boldsymbol{B})$$

由此直接推出, $\lambda=\pm 1$.

最后,我们来证明 $\lambda=1$. 给向量 $\boldsymbol{A}$ 与 $\boldsymbol{B}$ 以连续的形变,使得向量 $\boldsymbol{A}$ 与基本向量 $\boldsymbol{i}$ 重合,向量 $\boldsymbol{B}$ 与基本向量 $\boldsymbol{j}$ 重合. 形变可以作得让向量 $\boldsymbol{A}$ 与 $\boldsymbol{B}$ 不为零并且它们不互相平行. 那时,向量积 $\boldsymbol{A}\times\boldsymbol{B}$ 不等于零,并且连续改变以至于结果成为

$$\boldsymbol{i}\times\boldsymbol{j}=\boldsymbol{k}$$

因为 $\boldsymbol{A}$ 与 $\boldsymbol{i}$ 重合, $\boldsymbol{B}$ 与 $\boldsymbol{j}$ 重合.

注意到改变的连续性,并且再注意到 $\lambda$ 只可有两个值( $\pm 1$ ),我们可以肯定,当上述形变时, $\lambda$ 不变,于是推知,形变后 $\lambda$ 的值也就是应有的值. 不过形变后我们有

$$A_x=1, A_y=A_z=0, B_y=1, B_x=B_z=0, P_z=1, P_x=P_y=0$$

于是由关系式

$$P_z=\lambda(A_xB_y-A_yB_x)$$

可以得到结论 $\lambda=1$.

---

① 注意,若所写的三个差都等于零,则向量 $\boldsymbol{A}$ 与 $\boldsymbol{B}$ 作成角度 0 或 $\pi$,于是 $\boldsymbol{A}\times\boldsymbol{B}=\boldsymbol{0}$,就是 $P_x=P_y=P_z=0$.

如此,我们得到下面的向量积 $\boldsymbol{A}\times\boldsymbol{B}$ 的支量的表达式

$$A_yB_z-A_zB_y,A_zB_x-A_xB_z,A_xB_y-A_yB_x \tag{13}$$

利用这些表达式,读者不难验证分配律对于向量积的正确性,就是下面的关系式成立

$$(\boldsymbol{A}+\boldsymbol{B})\times\boldsymbol{C}=\boldsymbol{A}\times\boldsymbol{C}+\boldsymbol{B}\times\boldsymbol{C} \tag{14}$$

借助于公式(10),由此不难得到

$$\boldsymbol{C}\times(\boldsymbol{A}+\boldsymbol{B})=\boldsymbol{C}\times\boldsymbol{A}+\boldsymbol{C}\times\boldsymbol{B}$$

以至于较普遍的公式

$$\begin{aligned}&(\boldsymbol{A}_1+\boldsymbol{A}_2)\times(\boldsymbol{B}_1+\boldsymbol{B}_2)\\&=\boldsymbol{A}_1\times\boldsymbol{B}_1+\boldsymbol{A}_1\times\boldsymbol{B}_2+\boldsymbol{A}_2\times\boldsymbol{B}_1+\boldsymbol{A}_2\times\boldsymbol{B}_2\end{aligned} \tag{15}$$

这与关于数量积的公式(8)完全类似.

**105. 数量积与向量积之间的关系**

作出向量 $\boldsymbol{A}$ 与向量积 $\boldsymbol{N}=\boldsymbol{B}\times\boldsymbol{C}$ 的数量积

$$\boldsymbol{A}\cdot(\boldsymbol{B}\times\boldsymbol{C})$$

向量积 $\boldsymbol{B}\times\boldsymbol{C}=\boldsymbol{N}$ 的大小等于由向量 $\boldsymbol{B}$ 与 $\boldsymbol{C}$ 作成的平行四边形的面积.但是

$$\boldsymbol{A}\cdot(\boldsymbol{B}\times\boldsymbol{C})=\boldsymbol{A}\cdot\boldsymbol{N}=|\boldsymbol{A}||\boldsymbol{N}|\cos(\boldsymbol{A},\boldsymbol{N})$$

于是推知,这个乘积可以考虑作上述平行四边形的面积 $|\boldsymbol{N}|$ 与向量 $\boldsymbol{A}$ 在方向 $\boldsymbol{N}$ 上的投影的乘积,其中方向 $\boldsymbol{N}$ 垂直于这平行四边形所在的平面,就是说,数量积 $\boldsymbol{A}\cdot(\boldsymbol{B}\times\boldsymbol{C})$ 表示由向量 $\boldsymbol{A},\boldsymbol{B}$ 与 $\boldsymbol{C}$ 作成的平行六面体的体积.它的符号依赖于坐标轴的定转向.不难看出,若向量 $\boldsymbol{B},\boldsymbol{C},\boldsymbol{A}$ 或 $\boldsymbol{A},\boldsymbol{B},\boldsymbol{C}$ 有相同的定转向,并且与坐标轴的定转向相同,则有(+)号,这可以像我们以上利用的连续形变的方法一样证明①.

我们计算平行六面体的体积时,用由向量 $\boldsymbol{B}$ 与 $\boldsymbol{C}$ 作成的平行四边形作底.不过同样我们也能够应用由向量 $\boldsymbol{C}$ 与 $\boldsymbol{A}$ 或 $\boldsymbol{A}$ 与 $\boldsymbol{B}$ 作成的平行四边形作底.如此,我们得到下面的关系式

$$\boldsymbol{A}\cdot(\boldsymbol{B}\times\boldsymbol{C})=\boldsymbol{B}\cdot(\boldsymbol{C}\times\boldsymbol{A})=\boldsymbol{C}\cdot(\boldsymbol{A}\times\boldsymbol{B}) \tag{16}$$

只是要注意这三个数量积的符号.它们是相同的,因为向量组 $(\boldsymbol{A},\boldsymbol{B},\boldsymbol{C})$,$(\boldsymbol{B},\boldsymbol{C},\boldsymbol{A})$ 与 $(\boldsymbol{C},\boldsymbol{A},\boldsymbol{B})$ 有相同的定转向.后两组可以由第一组经过循环置换得到.这些向量取另外的顺序时,符号就相反,例如

$$\boldsymbol{A}\cdot(\boldsymbol{B}\times\boldsymbol{C})=-\boldsymbol{B}\cdot(\boldsymbol{A}\times\boldsymbol{C}) \tag{17}$$

---

① 乘积 $\boldsymbol{A}\cdot(\boldsymbol{B}\times\boldsymbol{C})$ 的符号依赖于坐标轴的定转向是由于因子 $(\boldsymbol{B}\times\boldsymbol{C})$ 的符号依赖于轴的定转向.如此,所考虑的量 $\boldsymbol{A}\cdot(\boldsymbol{B}\times\boldsymbol{C})$ 不是普通的数量,普通的数量不应当依赖于坐标轴的选择.一般说来,依赖于坐标轴的量,若只是当定转向改变时改变符号,则叫作准数量.

若三个向量 $\boldsymbol{A},\boldsymbol{B}$ 与 $\boldsymbol{C}$ 共面，则平行六面体的体积等于零，就是说，在这情形下

$$\boldsymbol{A}\cdot(\boldsymbol{B}\times\boldsymbol{C})=0 \tag{18}$$

这等式是三个向量 $\boldsymbol{A},\boldsymbol{B}$ 与 $\boldsymbol{C}$ 共面的必要且充分条件.

现在考虑 $\boldsymbol{A}$ 乘以向量积 $\boldsymbol{B}\times\boldsymbol{C}$ 的向量积，就是

$$\boldsymbol{D}=\boldsymbol{A}\times(\boldsymbol{B}\times\boldsymbol{C})$$

因为向量 $\boldsymbol{D}$ 垂直于向量 $\boldsymbol{B}\times\boldsymbol{C}$，则它与 $\boldsymbol{B},\boldsymbol{C}$ 共面，所以[101]

$$\boldsymbol{D}=m\boldsymbol{B}+n\boldsymbol{C} \tag{19}$$

不过 $\boldsymbol{D}$ 垂直于 $\boldsymbol{A}$，所以[103]

$$\boldsymbol{A}\cdot\boldsymbol{D}=m\boldsymbol{A}\cdot\boldsymbol{B}+n\boldsymbol{A}\cdot\boldsymbol{C}=0$$

由此

$$m=\mu\boldsymbol{A}\cdot\boldsymbol{C},n=-\mu\boldsymbol{A}\cdot\boldsymbol{B}$$

于是结果

$$\boldsymbol{A}\times(\boldsymbol{B}\times\boldsymbol{C})=\boldsymbol{D}=\mu\{(\boldsymbol{A}\cdot\boldsymbol{C})\boldsymbol{B}-(\boldsymbol{A}\cdot\boldsymbol{B})\boldsymbol{C}\}$$

只剩下要确定比例系数 $\mu$. 为此，只要比较以上的公式左右两边的向量沿任何一个坐标轴的支量. 取 $OX$ 轴的方向平行于 $\boldsymbol{A}$，再计算沿 $OZ$ 轴的支量. 注意，当这样选定轴时

$$A_x=|\boldsymbol{A}|=a,A_y=A_z=0$$

对于左边我们有[104]

$$D_z=A_x(\boldsymbol{B}\times\boldsymbol{C})_y=a(B_zC_x-B_xC_z)$$

而对于右边[103]

$$\mu(aC_xB_z-aB_xC_z)$$

由此比较，得到 $\mu=1$.

由此求得下面的公式

$$\boldsymbol{A}\times(\boldsymbol{B}\times\boldsymbol{C})=(\boldsymbol{C}\cdot\boldsymbol{A})\boldsymbol{B}-(\boldsymbol{A}\cdot\boldsymbol{B})\boldsymbol{C} \tag{20}$$

作为这个公式的推理，求向量 $\boldsymbol{B}$ 沿平行于以及垂直于给定的向量 $\boldsymbol{A}$ 的两个方向的分解法，设在公式(20)中，$\boldsymbol{C}=\boldsymbol{A}$，把它写成下面的形状

$$(\boldsymbol{A}\cdot\boldsymbol{A})\boldsymbol{B}=(\boldsymbol{A}\cdot\boldsymbol{B})\boldsymbol{A}-\boldsymbol{A}\times(\boldsymbol{A}\times\boldsymbol{B})$$

或

$$\boldsymbol{B}=\boldsymbol{B}'+\boldsymbol{B}'' \tag{21}$$

其中

$$\boldsymbol{B}'=\frac{\boldsymbol{A}\cdot\boldsymbol{B}}{\boldsymbol{A}\cdot\boldsymbol{A}}\boldsymbol{A},\boldsymbol{B}''=-\frac{\boldsymbol{A}\times(\boldsymbol{A}\times\boldsymbol{B})}{\boldsymbol{A}\cdot\boldsymbol{A}}$$

这就给出要求的分解法，因为显然，向量 $\boldsymbol{B}'$ 平行于向量 $\boldsymbol{A}$，而向量 $\boldsymbol{B}''$ 垂直于向量 $\boldsymbol{A}$.

**106. 刚体转动时速度的分布:向量矩**

向量积的概念在力学中有重要的应用,首先是对于刚体运动的讨论①.

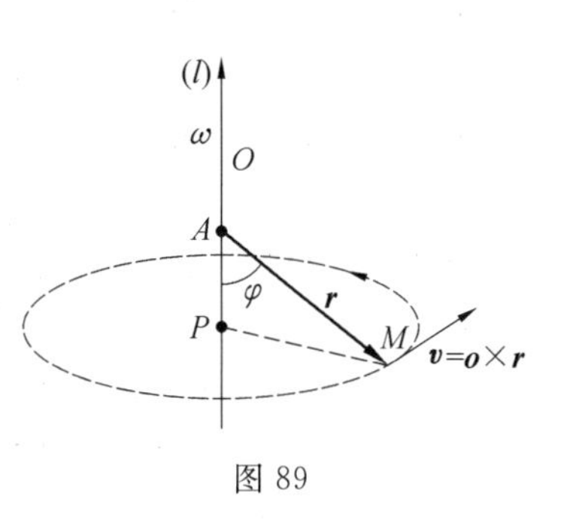

图 89

先考虑环绕着一个不动轴转动的刚体(图 89). 当这样转动时,刚体的任何点就有速度 $\boldsymbol{v}$,它的大小等于点 $M$ 到转动轴的距离 $PM$ 乘以转动角速度 $\omega$,方向垂直于通过转动轴以及点 $M$ 的平面. 这个速度可以由下述几何方法来表示. 由轴$(L)$ 的两个方向中取定一个,使得逆时针方向转动时算作是正的. 由轴上任意一点 $A$ 在所述方向上截取一个线段,它的长度等于 $\omega$,我们就有一个向量 $\boldsymbol{o}$,它叫作角速度向量. 再用 $\boldsymbol{r}$ 记由线段 $\overrightarrow{AM}$ 确定的向量,于是借助于向量积的定义,不难得到下面对于速度 $\boldsymbol{v}$ 的表达式

$$\boldsymbol{v}=\boldsymbol{o}\times\boldsymbol{r}$$

因为向量积 $\boldsymbol{o}\times\boldsymbol{r}$ 的大小等于

$$|\boldsymbol{r}||\boldsymbol{o}|\sin(\boldsymbol{r},\boldsymbol{o})=\omega\cdot|\overrightarrow{MA}|\cdot\sin\varphi=\omega\cdot|MP|=|\boldsymbol{v}|$$

而方向与 $\boldsymbol{v}$ 的方向相同.

由动力学知道,刚体的任何运动中具有一个不动点 $O$ 时,在每一个给定的时刻,刚体上点的速度就好像是这刚体绕着某一个通过点 $O$ 的轴(瞬时轴)在转动,而有某一个角速度 $\omega$(瞬时角速度),一般说来,转动轴的位置以及 $\omega$ 的大小是随时间改变的. 依照以上所述,在每一个给定的时刻,刚体上点速度由一个向量积来确定,它就是瞬时角速度向量与向量$\overrightarrow{OM}$ 的向量积.

考虑另一个例子. 设对于点 $M$ 施用一个力,由向量 $\boldsymbol{F}$ 来表示,并设 $A$ 是空间某一点(图 90).

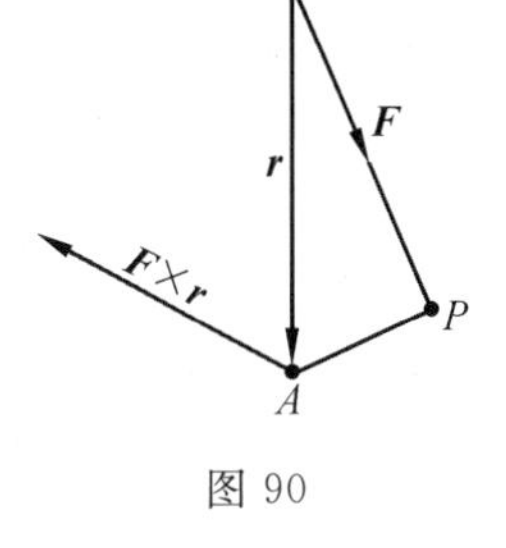

图 90

所谓 $\boldsymbol{F}$ 对于点 $A$ 的力矩就是向量积 $\boldsymbol{F}\times\boldsymbol{r}$,其中 $\boldsymbol{r}$ 是以点 $M$ 为起点,点 $A$ 为终点的向量.

过点 $A$ 作出力 $\boldsymbol{F}$ 所在的直线的垂线 $AP$. 由直角三角形 $AMP$ 得到

$$|\overrightarrow{AP}|=|\boldsymbol{r}||\sin(\boldsymbol{r},\boldsymbol{F})|$$

于是推知,$\boldsymbol{F}$ 对于点 $A$ 的力矩的大小是

$$|\boldsymbol{r}||\boldsymbol{F}||\sin(\boldsymbol{r},\boldsymbol{F})|=|\boldsymbol{F}||\overrightarrow{AP}|$$

就是等于力的大小与点 $A$ 到力所在的直线的距离的乘积. 力矩的方向由上述确定向量积的方向的法则来确定.

由上述推出,当点 $M$ 的位置沿力所在的直线移动时,力矩不改变. 显然,关

① 以后我们利用右转轴系.

于点的力矩的定义可以推广到任何向量的情形.

我们来求力矩的支量的表达式.设$(a,b,c)$是点$A$的坐标,$(x,y,z)$是点$M$的坐标.向量$\boldsymbol{r}$的支量就是

$$a-x,b-y,c-z$$

利用向量积的支量的表达式[104],得到下面的力矩的支量

$$(y-b)F_z-(z-c)F_y,(z-c)F_x-(x-a)F_z,(x-a)F_y-(y-b)F_x$$

回到刚体绕一个轴转动的例子,可以说,刚体上点$M$的速度等于角速度对于点$M$的向量矩.用$(x,y,z)$记这个点的坐标,用$(x_0,y_0,z_0)$记角速度向量的起点的坐标,并用$O_x,O_y,O_z$记这向量的支量,就得到下面的点$M$的速度的支量

$$(z-z_0)O_y-(y-y_0)O_z,(x-x_0)O_z-(z-z_0)O_x$$
$$(y-y_0)O_x-(x-x_0)O_y$$

现在我们来确定关于轴的向量矩.设在空间有某一直线$\Delta$,给它以确定的方向(轴).

所谓$\boldsymbol{F}$关于轴$\Delta$的向量矩是$\boldsymbol{F}$关于轴$\Delta$上任何点$A$的向量矩①在这轴上的投影的代数值.

为要证明这个定义是合理的,我们来证明定义中所说的,投影不依赖于点$A$在轴$\Delta$上的位置.取轴$\Delta$作$OZ$轴,并设$(0,0,c)$是点$A$的坐标,而点$(x,y,z)$是向量$\boldsymbol{F}$的起点的坐标.当这样选择坐标轴时,$\boldsymbol{F}$关于点$A$的向量力矩在轴$\Delta$上的投影与它沿$OZ$轴的支量相同,根据上面的公式,就等于

$$xF_y-yF_x$$

因为$a=b=0$.这个差不依赖于$c$,就是说,与点$A$在轴$\Delta$上的位置无关.

**107. 向量的微分法**

推广微分法的概念到依赖于某一参变量$\tau$的变向量$\boldsymbol{A}(\tau)$的情形.我们在某一个确定的点放向量的起点——例如坐标原点$O$(图91).当参变量$\tau$改变时,变向量$\boldsymbol{A}(\tau)$的终点画出某一条曲线$(L)$.设当参变量取值$\tau$与$(\tau+\Delta\tau)$时,变向量的位置是$OM$与$OM_1$.线段$MM_1$对应于差$\boldsymbol{A}(\tau+\Delta\tau)-\boldsymbol{A}(\tau)$,由关系式

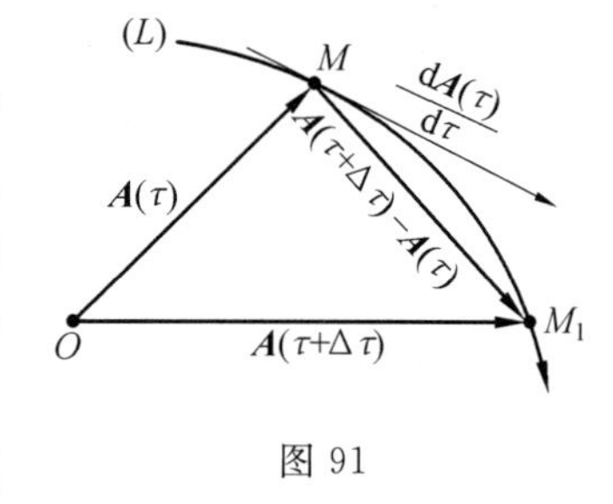

图 91

$$\frac{\boldsymbol{A}(\tau+\Delta\tau)-\boldsymbol{A}(\tau)}{\Delta\tau}$$

给出某一个平行于$MM_1$的向量.当$\Delta\tau\to 0$时,这个向量的极限位置如果存在

① 这样的向量只是关于点的向量矩,而不是关于轴的.

的话,就表示成导数

$$\frac{\mathrm{d}\boldsymbol{A}(\tau)}{\mathrm{d}\tau}=\lim_{\Delta\tau\to 0}\frac{\boldsymbol{A}(\tau+\Delta\tau)-\boldsymbol{A}(\tau)}{\Delta\tau} \tag{22}$$

显然,这导数是个向量,它的方向是沿曲线$(L)$在点$M$的切线的方向. 它也依赖于$\tau$,并且它对$\tau$的导数给出二阶导数$\frac{\mathrm{d}^2\boldsymbol{A}(\tau)}{\mathrm{d}\tau^2}$,以下依此类推.

将向量$\boldsymbol{A}(\tau)$沿三个基本向量$\boldsymbol{i},\boldsymbol{j},\boldsymbol{k}$分解

$$\boldsymbol{A}(\tau)=A_x(\tau)\boldsymbol{i}+A_y(\tau)\boldsymbol{j}+A_z(\tau)\boldsymbol{k}$$

这时定义(22)给出

$$\frac{\mathrm{d}\boldsymbol{A}(\tau)}{\mathrm{d}\tau}=\frac{\mathrm{d}A_x(\tau)}{\mathrm{d}\tau}\boldsymbol{i}+\frac{\mathrm{d}A_y(\tau)}{\mathrm{d}\tau}\boldsymbol{j}+\frac{\mathrm{d}A_z(\tau)}{\mathrm{d}\tau}\boldsymbol{k} \tag{23}$$

并且一般说来

$$\frac{\mathrm{d}^m\boldsymbol{A}(\tau)}{\mathrm{d}\tau^m}=\frac{\mathrm{d}^mA_x(\tau)}{\mathrm{d}\tau^m}\boldsymbol{i}+\frac{\mathrm{d}^mA_y(\tau)}{\mathrm{d}\tau^m}\boldsymbol{j}+\frac{\mathrm{d}^mA_z(\tau)}{\mathrm{d}\tau^m}\boldsymbol{k} \tag{23'}$$

就是说,求向量的导数可以化为求这向量的支量的导数.

已知的求乘积的导数的法则可以推广到求数量积,向量积以及数量与向量的乘积的导数的情形,所以下面的公式成立

$$\frac{\mathrm{d}}{\mathrm{d}\tau}\{f(\tau)\boldsymbol{A}(\tau)\}=\frac{\mathrm{d}f(\tau)}{\mathrm{d}\tau}\boldsymbol{A}(\tau)+f(\tau)\frac{\mathrm{d}\boldsymbol{A}(\tau)}{\mathrm{d}\tau} \tag{24}$$

$$\frac{\mathrm{d}}{\mathrm{d}\tau}\{\boldsymbol{A}(\tau)\cdot\boldsymbol{B}(\tau)\}=\frac{\mathrm{d}\boldsymbol{A}(\tau)}{\mathrm{d}\tau}\cdot\boldsymbol{B}(\tau)+\boldsymbol{A}(\tau)\cdot\frac{\mathrm{d}\boldsymbol{B}(\tau)}{\mathrm{d}\tau} \tag{24'}$$

$$\frac{\mathrm{d}}{\mathrm{d}\tau}\{\boldsymbol{A}(\tau)\times\boldsymbol{B}(\tau)\}=\frac{\mathrm{d}\boldsymbol{A}(\tau)}{\mathrm{d}\tau}\times\boldsymbol{B}(\tau)+\boldsymbol{A}(\tau)\times\frac{\mathrm{d}\boldsymbol{B}(\tau)}{\mathrm{d}\tau} \tag{24''}$$

其中$f(\tau)$是依赖于$\tau$的数量,$\boldsymbol{A}(\tau)$与$\boldsymbol{B}(\tau)$是依赖于$\tau$的向量. 我们验证公式(24′). 把它的左边表示成

$$\begin{aligned}&\frac{\mathrm{d}}{\mathrm{d}\tau}\{A_x(\tau)B_x(\tau)+A_y(\tau)B_y(\tau)+A_z(\tau)B_z(\tau)\}\\=&\frac{\mathrm{d}A_x(\tau)}{\mathrm{d}\tau}B_x(\tau)+\frac{\mathrm{d}A_y(\tau)}{\mathrm{d}\tau}B_y(\tau)+\frac{\mathrm{d}A_z(\tau)}{\mathrm{d}\tau}B_z(\tau)+\\&A_x(\tau)\frac{\mathrm{d}B_x(\tau)}{\mathrm{d}\tau}+A_y(\tau)\frac{\mathrm{d}B_y(\tau)}{\mathrm{d}\tau}+A_z(\tau)\frac{\mathrm{d}B_z(\tau)}{\mathrm{d}\tau}\end{aligned}$$

不难看出,对于右边我们得到同样的结果. 最后,算作我们用到的导数都存在. 在公式(24),(24′),(24″)中,由各因子的导数存在可以推出乘积的导数存在[参考 Ⅰ,47]. 求向量和的导数的普通法则非常容易证明. 若点$M$沿某一曲线$(L)$运动,则这个点的向量半径$\boldsymbol{r}$是时间$t$的函数. 求出向量半径对$t$的导数,就得到这点的运动的速度向量

$$\boldsymbol{v}=\frac{\mathrm{d}\boldsymbol{r}}{\mathrm{d}t}=\frac{\mathrm{d}s}{\mathrm{d}t}\cdot\frac{\mathrm{d}\boldsymbol{r}}{\mathrm{d}s} \tag{25}$$

这个向量的长度等于路径 $s$ 对时间 $t$ 的导数，而方向是曲线$(L)$的切线方向. 所得到的速度向量也依赖于时间，再求它的导数，就得到加速度向量 $\boldsymbol{w}=\frac{\mathrm{d}\boldsymbol{v}}{\mathrm{d}t}$.

若我们取曲线的长度 $s$ 作自变量，则 $\boldsymbol{r}$ 对 $s$ 的导数就表示切线上的单位向量 $\boldsymbol{i}=\frac{\mathrm{d}\boldsymbol{r}}{\mathrm{d}s}$，就是说，这向量的长度是 1，而方向是沿切线的方向. 实际上，在[Ⅰ,70]中我们有过 $\frac{\sqrt{\Delta x^2+\Delta y^2}}{\Delta s}\to 1$，就是说，弦的长度与对应的弧的长度之比趋向 1. 显然，对于空间的曲线，这仍然正确[Ⅰ,160]. 当 $\tau=s$ 时，由这事实与定义(22)直接推出，上述切线向量的长度确实等于 1.

**108. 数量场及其梯度**

若某一个物理量在全部空间或一部分空间上的每一个点有确定的值，这样就确定了这个量的一个场. 若给定的量是数量(温度、压力、静电位)，则它的场叫作数量场. 若所给的量是向量(速度、力)，则它所确定的场叫作向量场.

我们先讨论数量场. 为要给定一个这样的场，只需确定点的一个函数 $U(M)=U(x,y,z)$.

例如，热的物体给出一个温度的数量场. 在物体的每一个点 $M$，温度 $U(M)$ 有确定的值，在不同的点可以不同.

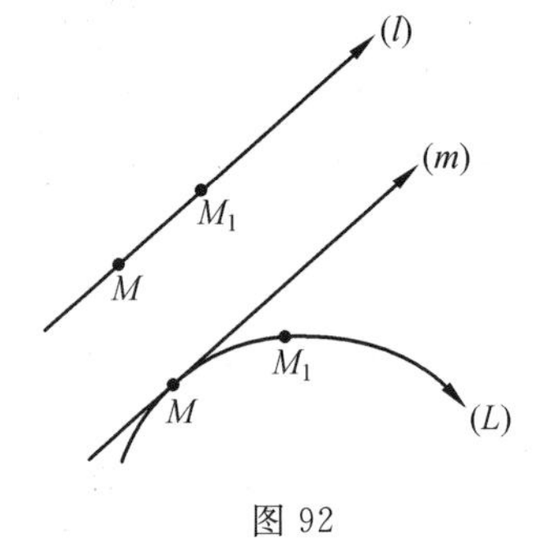

图 92

取出一个确定的点，过这点引一条直线，并且给这直线以确定的方向$(l)$(图 92). 考虑函数 $U(M)$ 在这点 $M$ 以及由直线$(l)$联结的它的一个邻近的点 $M_1$ 的值. 比

$$\frac{U(M_1)-U(M)}{\overline{MM_1}}$$

的极限叫作函数 $U(M)$ 沿方向$(l)$的导数，并且记作

$$\frac{\partial U(M)}{\partial l}=\lim_{M_1\to M}\frac{U(M_1)-U(M)}{\overline{MM_1}} \tag{26}$$

这个导数表现出函数 $U(M)$ 在点 $M$ 沿方向$(l)$的变化率，如此，这函数在每一点有无数的导数，不过不难证明，沿任何方向的导数可以由下面的公式通过沿互相垂直的三个方向 $X,Y,Z$ 的导数来表达

$$\frac{\partial U(M)}{\partial l}=\frac{\partial U(M)}{\partial x}\cos(l,X)+\frac{\partial U(M)}{\partial y}\cos(l,Y)+\frac{\partial U(M)}{\partial z}\cos(l,Z) \tag{27}$$

首先要提出，作出导数(26)时，我们也可以不过点 $M$ 引直线，而引任何方向的曲线(图 92)，替代公式(26)，我们就需要考虑极限

$$\lim_{M_1 \to M} \frac{U(M_1) - U(M)}{\widehat{MM_1}}$$

这个极限显然与函数$U(M)$对于取在曲线$(L)$上的弧长$s$的导数没有什么不同,利用求复合函数的导数的法则,我们可以写成

$$\lim_{M_1 \to M} \frac{U(M_1) - U(M)}{\widehat{MM_1}} = \frac{\partial U(M)}{\partial x} \cdot \frac{\mathrm{d}x}{\mathrm{d}s} + \frac{\partial U(M)}{\partial y} \cdot \frac{\mathrm{d}y}{\mathrm{d}s} + \frac{\partial U(M)}{\partial z} \cdot \frac{\mathrm{d}z}{\mathrm{d}s} \tag{28}$$

不过,我们知道[Ⅰ,160],$\frac{\mathrm{d}x}{\mathrm{d}s}$,$\frac{\mathrm{d}y}{\mathrm{d}s}$,$\frac{\mathrm{d}z}{\mathrm{d}s}$是曲线$(L)$在点$M$的切线的方向余弦,并且在$(L)$是直线的情形,我们也是得到公式(27).此外,公式(28)说明,沿曲线的导数与沿这曲线在点$M$的切线方向$(m)$的导数相同.

现在我们来考虑数量场的等量面.这样的曲面由下述条件表现,就是在这样的曲面上所有的点函数$U(M)$保持同一个常数值$C$.给这常数以不同的数值,就得到一族的等量面$U(M)=C$,并且过空间每一个点将引出一个确定的等量面.对于热的物体的情形,等量面就是等温面.设$(S)$是通过点$M$的等量面(图93).由这个点引出三个互相垂直的方向:曲面$(S)$的法线方向$(n)$,以及位于切面上的两个方向$(t_1)$与$(t_2)$.方向$(t_1)$与$(t_2)$各为位于等量面上的某一条曲线$(L_1)$与$(L_2)$的切线方向.沿这两条曲线,函数$U(M)$保持常数值,所以

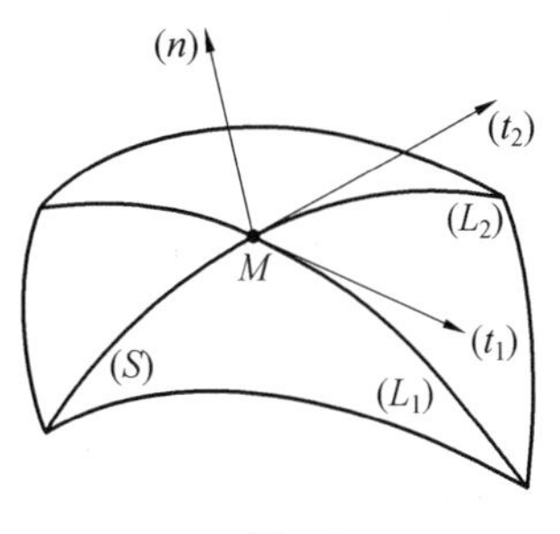

图 93

$$\frac{\partial U(M)}{\partial t_1} = \frac{\partial U(M)}{\partial t_2} = 0 \tag{29}$$

现在取出任何一个方向$(l)$.应用公式(27)于互相垂直的三个方向$(n)$,$(t_1)$以及$(t_2)$,并注意公式(29),就有

$$\frac{\partial U(M)}{\partial l} = \frac{\partial U(M)}{\partial n} \cos(l, n) \tag{30}$$

若我们在方向$(n)$上作出一个向量,代数的大小等于$\frac{\partial U(M)}{\partial n}$,则依照公式(30),这个向量在任何方向$(l)$上的投影给出导数$\frac{\partial U(M)}{\partial l}$.

由上述法则作出的向量叫作函数$U(M)$的梯度.就是说,一个数量场的梯度是由下述法则作出的一个向量场,在每一个点,向量的方向是沿对应的等量面的法线方向,而它的代数的大小等于函数$U(M)$沿所述法线方向的导数.数量场$U(M)$的梯度用记号grad $U(M)$来记,于是公式(30)可以写成下面的形状

$$\frac{\partial U(M)}{\partial l}=\operatorname{grad}_l U(M) \tag{31}$$

其中 $\operatorname{grad}_l U(M)$ 是向量 $\operatorname{grad} U(M)$ 在方向$(l)$上的投影.

不难看出,等量面$(S)$的法线的方向的选择不会影响 $\operatorname{grad} U(M)$ 的方向.这个向量总指向$(S)$的法线的一个方向,在这方向函数 $U(M)$ 上升.

**例 1** 在[87]中我们考虑过引力场,于是引出引力势的数量场

$$U(M)=\iiint\limits_{(v)}\frac{\mu(M_1)\mathrm{d}v}{r}$$

其中 $\mu(M_1)$ 是占有容积$(v)$的物质的密度,而 $r$ 是由点 $M$ 到积分变点 $M_1$ 的距离.对于引力的支量我们有下面的表达式

$$F_x=\frac{\partial U(M)}{\partial x},F_y=\frac{\partial U(M)}{\partial y},F_z=\frac{\partial U(M)}{\partial z}$$

其中 $F_x,F_y,F_z$ 是力向量 $\boldsymbol{F}$ 的支量.由此直接推出,一般说来,$F_l=\frac{\partial U(M)}{\partial l}$,就是说,引力的向量场是势量 $U(M)$ 的梯度.引力作的功由下面的公式表达

$$\int_{(A)}^{(B)}F_x\mathrm{d}x+F_y\mathrm{d}y+F_z\mathrm{d}z=\int_{(A)}^{(B)}\mathrm{d}U(M)=U(B)-U(A)$$

就是说,这个功由在点 $A$ 与点 $B$ 的势量差来表达.

显然,任何保守力场具有后面这个性质,所谓保守力场就是这样的力场,对于它,$\boldsymbol{F}=\operatorname{grad} U(M)$.往往,称作势量的不是函数 $U(M)$,而是 $-U(M)$.

**例 2** 若一个物体在不同的点有不同的温度 $U(M)$,则在这场中就出现有热量的移动,由较热的部分移到比较不热的部分.取出任何一个曲面,于其上在点 $M$ 附近取一个小的单元 $\mathrm{d}S$.由热传导的理论知道,在时间 $\mathrm{d}t$ 通过单元 $\mathrm{d}S$ 的热量,与 $\mathrm{d}t\mathrm{d}S$ 以及温度的法线导数$\frac{\partial U(M)}{\partial n}$成比例,就是说

$$\Delta Q=k\mathrm{d}t\mathrm{d}S\left|\frac{\partial U(M)}{\partial n}\right| \tag{32}$$

其中 $k$ 是比例系数,它叫作内导热率,而$(n)$是 $\mathrm{d}S$ 的法线方向.

作出向量 $-k\operatorname{grad} U(M)$,它叫作热流向量.我们用(一)号是根据热流动时由温度较高处流向较低处,而向量 $\operatorname{grad} U(M)$ 的方向是沿等量面的法线且在函数 $U(M)$ 上升的方向.根据公式(32),可以说,在时间 $\mathrm{d}t$ 通过单元 $\mathrm{d}S$ 的热量是

$$\Delta Q=k\mathrm{d}t\mathrm{d}S\mid\operatorname{grad}_n U(M)\mid \tag{33}$$

**109. 向量场、旋转量与发散量**

现在我们来考虑向量场 $\mathbf{A}(M)$.在给定这个场的空间或一部分空间的每一个点,向量 $\mathbf{A}(M)$ 有确定的大小及方向.例如,当流体流动时,在每一个给定的时刻我们有速度 $\boldsymbol{v}$ 的一个向量场.

所谓一个场的向量曲线是这样的曲线$(L)$,在它的每一个点,它的切线在向量 $\boldsymbol{A}(M)$ 的方向(图 94).像在[22]中一样,不难看出,一个场的向量曲线的微分方程可以写成下面的形状

$$\frac{\mathrm{d}x}{A_x}=\frac{\mathrm{d}y}{A_y}=\frac{\mathrm{d}z}{A_z} \tag{34}$$

其中 $A_x,A_y,A_z$ 是 $x,y,z$ 的确定的函数.根据存在与唯一定理,通过保持有这定理的条件的每一个点,就有一条确定的向量曲线①.若作出通过某一块曲面$(S)$上的点的所有的向量曲线,则它们全体组成一个向量管(图 94).

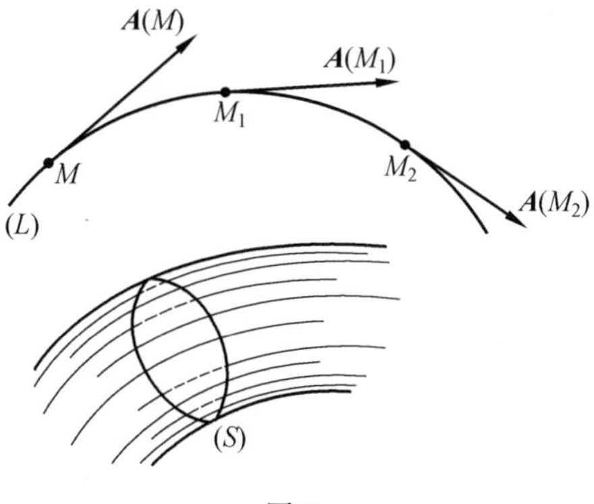


图 94

在某一个场中取出一块容积$(v)$,设$(S)$是这块容积的界面,而且$(n)$是$(S)$的法线方向,对于容积$(v)$来讲是向外的.应用奥斯特洛格拉得斯基公式[63]于函数 $A_x,A_y$ 与 $A_z$,得到

$$\iiint_{(v)}\left(\frac{\partial A_x}{\partial x}+\frac{\partial A_y}{\partial y}+\frac{\partial A_z}{\partial z}\right)\mathrm{d}v$$
$$=\iint_{(S)}[A_x\cos(n,X)+A_y\cos(n,Y)+A_z\cos(n,Z)]\mathrm{d}S$$

或者[102]

$$\iiint_{(v)}\left(\frac{\partial A_x}{\partial x}+\frac{\partial A_y}{\partial y}+\frac{\partial A_z}{\partial z}\right)\mathrm{d}v=\iint_{(S)}A_n\mathrm{d}S \tag{35}$$

右边的曲面积分通常叫作这个场的通过这曲面的流量.它的物理意义以后再讲.容积积分中的被积函数叫作这个向量场的发散量,记作②

$$\operatorname{div}\boldsymbol{A}=\frac{\partial A_x}{\partial x}+\frac{\partial A_y}{\partial y}+\frac{\partial A_z}{\partial z} \tag{36}$$

如此,奥斯特洛格拉得斯基公式可以写成

$$\iiint_{(v)}\operatorname{div}\boldsymbol{A}\mathrm{d}v=\iint_{(S)}A_n\mathrm{d}S \tag{37}$$

就是说,发散量的容积积分等于这个场通过这容积的界面的流量.发散量的定义(36)与坐标轴 $X,Y,Z$ 的选择有联系,不过利用公式(37)不难给出发散量的

① 若 $A_x,A_y,A_z$ 是连续函数且有连续导数,并且在点 $M$ 向量 $\boldsymbol{A}(M)$ 不等于零,就是说,所说的函数中至少有一个不等于零,就满足这定理的条件[51].

② div 是法文 divergence 的前三个字母,它的意思是"发散".

另一个定义，它与坐标轴的选择没有关系. 作出围绕着点 $M$ 的一个不大的容积 $(v_1)$，设 $(S_1)$ 是这容积的界面. 应用公式(37)，再利用中值定理[61]，可以写成

$$\operatorname{div} \boldsymbol{A} \mid_{M_1} \cdot v_1 = \iint_{S_1} A_n \mathrm{d}S$$

就是

$$\operatorname{div} \boldsymbol{A} \mid_{M_1} = \frac{\iint_{(S_1)} A_n \mathrm{d}S}{v_1}$$

其中 $\operatorname{div} \boldsymbol{A}$ 取在容积 $(v_1)$ 中某一点 $M_1$ 的值，而 $v_1$ 是这个容积的大小. 当容积无限缩小于一点 $M$ 时，点 $M_1$ 就趋向点 $M$，由上面的公式取极限就得到在点 $M$ 的发散量的大小

$$\operatorname{div} \boldsymbol{A} = \lim_{(v_1) \to M} \frac{\iint_{(S_1)} A_n \mathrm{d}S}{v_1} \tag{38}$$

就是说，一个场在点 $M$ 的发散量是这个场通过围绕着点 $M$ 的很小的封闭曲面的流量与介于这个曲面的容积之比的极限.

以上的理由说明，任何向量场给出某一个数量场 $\operatorname{div} \boldsymbol{A}$，就是它的发散量的场. 我们现在证明，利用司铎克斯公式，除此之外，由原始的场 $\boldsymbol{A}$，还产生出一个向量场. 取

$$P = A_x, Q = A_y, R = A_z$$

写出司铎克斯公式[70]

$$\begin{aligned} &\int_{(l)} A_x \mathrm{d}x + A_y \mathrm{d}y + A_z \mathrm{d}z \\ &= \iint_{(S)} \left[ \left( \frac{\partial A_z}{\partial y} - \frac{\partial A_y}{\partial z} \right) \cos(n, X) + \right. \\ &\left. \left( \frac{\partial A_x}{\partial z} - \frac{\partial A_z}{\partial x} \right) \cos(n, Y) + \left( \frac{\partial A_y}{\partial x} - \frac{\partial A_x}{\partial y} \right) \cos(n, Z) \right] \mathrm{d}S \end{aligned} \tag{39}$$

设 $\mathrm{d}s$ 是曲线 $(l)$ 的有向弧单元，就是这曲线的弧单元，而考虑作很小的向量. 它在坐标轴上的支量是 $\mathrm{d}x, \mathrm{d}y, \mathrm{d}z$，于是曲线积分号下的表达式代表数量积 $\boldsymbol{A} \cdot \mathrm{d}\boldsymbol{s}$，也就是等于 $A_s \mathrm{d}s$，其中 $A_s$ 是 $\boldsymbol{A}$ 在 $(l)$ 的切线上的投影.

此外再考虑一个向量，它的支量各等于重积分号下的各个差. 这个向量作成一个新的向量场，它叫作场 $\boldsymbol{A}$ 的旋转量，记作 $\operatorname{rot} \boldsymbol{A}$ 或 $\operatorname{curl} \boldsymbol{A}$①，所以

$$\operatorname{rot}_x \boldsymbol{A} = \frac{\partial A_z}{\partial y} - \frac{\partial A_y}{\partial z}, \operatorname{rot}_y \boldsymbol{A} = \frac{\partial A_x}{\partial z} - \frac{\partial A_z}{\partial x}, \operatorname{rot}_z \boldsymbol{A} = \frac{\partial A_y}{\partial x} - \frac{\partial A_x}{\partial y} \tag{40}$$

这时公式(39)可以写成

① rot 是法文 rotation 的前三个字母，意思是旋转，curl 是一个英文，相当于中文旋转.

$$\int_{(l)} A_s \mathrm{d}s = \iint_{(S)} [\mathrm{rot}_x \boldsymbol{A} \cos(n,X) + \mathrm{rot}_y \boldsymbol{A} \cos(n,Y) + \mathrm{rot}_z \boldsymbol{A} \cos(n,Z)] \mathrm{d}S$$

或

$$\int_{(l)} A_s \mathrm{d}s = \iint_{(S)} \mathrm{rot}_n \boldsymbol{A} \mathrm{d}S \tag{41}$$

其中 $\mathrm{rot}_n \boldsymbol{A}$ 是 $\mathrm{rot}\, \boldsymbol{A}$ 在曲面$(S)$的法线$(n)$上的支量.左边的曲线积分通常叫作向量$\boldsymbol{A}$沿界线$(l)$的循环量,于是司铎克斯公式可以叙述如下:一个场沿某一个曲面的界线的循环量等于旋转量的法线支量沿这曲面的积分,也就是等于旋转量通过这曲面的流量.公式(41)使我们可能给旋转量一个定义,而与坐标轴的选择没有关系.设$(m)$是通过点$M$的某一个方向,而$(\sigma)$是通过这个点而垂直$(m)$的一块小平面.应用公式(41)于这块小面积,再利用中值定理

$$\int_{(\lambda)} A_s \mathrm{d}s = \mathrm{rot}_m \boldsymbol{A} \mid_{M_1} \cdot \sigma$$

就是

$$\mathrm{rot}_m \boldsymbol{A} \mid_{M_1} = \frac{\int_{(\lambda)} A_s \mathrm{d}s}{\sigma}$$

其中$(\lambda)$是$(\sigma)$的界线,而$M_1$是这块面积上某一个点.当这块面积无限缩小于一个点$M$时取极限,像对于发散量的情形一样,就得到在点$M$旋转量在任何的给定的方向$(m)$上的支量的值

$$\mathrm{rot}_m \boldsymbol{A} = \lim_{(\sigma)\to M} \frac{\int_{(\lambda)} A_s \mathrm{d}s}{\sigma} \tag{42}$$

以后我们有很多应用旋转量与发散量的概念的例子,并且还要讲这些概念的物理意义.

**110. 势量场与管量场**

在[108]中我们得到一个向量场 $\mathrm{grad}\, U(M)$,它是某一个数量场$U(M)$的梯度.这样的向量场叫作势量场.并非任何的向量场总是势量场,我们现在来讲给定的向量场是势量场的一个必要且充分条件.关系式$\boldsymbol{A} = \mathrm{grad}\, U(M)$相当于[108]

$$A_x = \frac{\partial U}{\partial x}, A_y = \frac{\partial U}{\partial y}, A_z = \frac{\partial U}{\partial z}$$

就是说,相当于表达式

$$A_x \mathrm{d}x + A_y \mathrm{d}y + A_z \mathrm{d}z \tag{43}$$

是某一个函数的全微分.在[73]中我们看到,为此必须且仅须满足下面三个条件

$$\frac{\partial A_z}{\partial y} - \frac{\partial A_y}{\partial z} = 0, \frac{\partial A_x}{\partial z} - \frac{\partial A_z}{\partial x} = 0, \frac{\partial A_y}{\partial x} - \frac{\partial A_x}{\partial y} = 0$$

而这三个条件显然相当于这个场的旋转量等于零：rot $\mathbf{A}=0$，就是说，为要使得一个向量场是势量场必须且仅须使得这个场的旋转量等于零. 若满足这个条件，则依照[73] 这个场的势量由下面形状的界线积分来确定

$$U(M)=\int_{(M_0)}^{(M)} A_x\mathrm{d}x+A_y\mathrm{d}y+A_z\mathrm{d}z=\int_{(M_0)}^{(M)} A_s\mathrm{d}s \tag{44}$$

这里 $\mathbf{A}=\operatorname{grad} U(M)$，于是[73]

$$\int_{(A)}^{(B)} A_s\mathrm{d}s=\int_{(A)}^{(B)} \operatorname{grad}_s U(M)\mathrm{d}s=U(B)-U(A)$$

可能表达式(43) 不是全微分，可是能有积分因子，就是说，存在这样的点的函数 $\mu(M)$，使得表达式

$$\mu(A_x\mathrm{d}x+A_y\mathrm{d}y+A_z\mathrm{d}z)=\mathrm{d}U \tag{45}$$

是全微分，这样的向量场叫准势量场. 在[76] 中我们看到，这样的场的突出的特点是存在有一族曲面 $U(M)=C$ 垂直于这个场的向量曲线，并且由公式(45) 推知 $\mu\mathbf{A}=\operatorname{grad} U$ 或

$$\mathbf{A}=\frac{1}{\mu}\operatorname{grad} U$$

就是说，在这情形下，场 $\mathbf{A}$ 与势量场差一个数因子 $\frac{1}{\mu}$，这个数因子在空间不同的点具有不同的值.

准势量场的必要且充分条件由下面这公式表达[76]

$$A_x\left(\frac{\partial A_z}{\partial y}-\frac{\partial A_y}{\partial z}\right)+A_y\left(\frac{\partial A_x}{\partial z}-\frac{\partial A_z}{\partial x}\right)+A_z\left(\frac{\partial A_y}{\partial x}-\frac{\partial A_x}{\partial y}\right)=0$$

它可以写成

$$\mathbf{A}\cdot\operatorname{rot}\mathbf{A}=0 \tag{46}$$

就是说，条件(46) 就是向量 $\mathbf{A}$ 与 rot $\mathbf{A}$ 垂直或 rot $\mathbf{A}$ 等于零，也是存在有一族曲面垂直于这个场的向量曲线的必要且充分条件.

注意，若是场所占有的空间是个复通区域，则由公式(44) 所确定的这个场的势量可以是多值函数.

以上我们讨论了旋转量等于零的向量场，并且断定这样的场是势量场. 发散量等于零的向量场，也就是满足恒等的条件 div $\mathbf{A}=0$ 的叫作管量场. 根据公式(37)，对于这样的场我们有

$$\iint_{(S)} A_n\mathrm{d}S=0 \tag{47}$$

其中$(S)$ 是一个任意的封闭曲面，在它的内部这个场到处存在.

取某一个向量管，将它的两个断面$(S_1)$ 与$(S_2)$ 之间的一段作为曲面$(S)$(图 95). 在这个管的侧面上 $A_n=0$，因为 $\mathbf{A}$ 在这侧面的切面上. 若对于断面$(S_1)$ 与$(S_2)$，就沿着这管的移动来看，法线所取的方向是一致的，则在一个断面$(S_1)$

上这是向内的法线，而在另一面$(S_2)$上是向外的，所谓向内向外都是对于截下来的一段向量管来讲的. 对于这段管应用公式(47)，就有

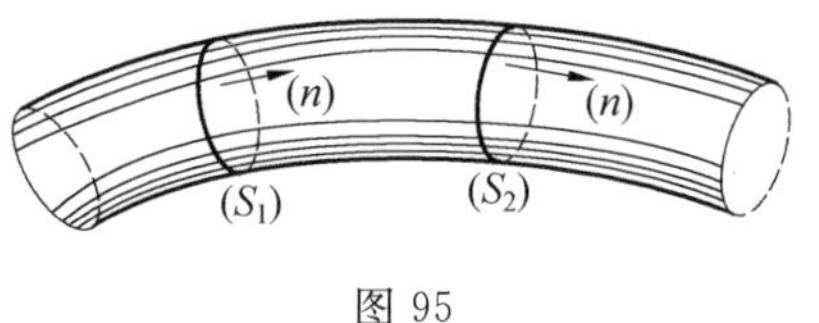

图 95

$$\iint_{(S_2)} A_n \mathrm{d}S - \iint_{(S_1)} A_n \mathrm{d}S = 0$$

这里沿$(S_1)$的积分取(—)号是由于在$(S_1)$上$(n)$的方向与向外的法线的方向相反. 上面这个等式说明，在管量场的情形下，沿一个向量管的所有的断面，积分

$$\iint_{(S)} A_n \mathrm{d}S \tag{48}$$

有同一个值. 它给出这个场的通过断面$(S)$的流量，通常叫作向量场在断面$(S)$上的强度. 如此，对于管量场，在一个向量管的所有的断面上，强度有同一个值. 若当沿一个向量管移动时，它的断面的面积增大，就是说向量管渐粗，则一般说来，流量的强度，就是量$A_n$减小，而积分(48)的大小保持不变.

**111. 定向曲面单元**

像定向曲线单元[109]似的，可以考虑定向曲面单元$\mathrm{d}\boldsymbol{S}$. 设我们把给定的曲面分为两侧，使在曲面的每一个点，结合着曲面的这一侧或那一侧，有两个彼此相反的法线方向，并且当沿这曲面连续移动时，由曲面的一侧或另一侧所确定的法线方向将连续改变[64]. 在封闭曲面的情形下，依照以这曲面为界的容积来讲，有向内的法线与向外的法线. 所谓定向曲面单元$\mathrm{d}\boldsymbol{S}$是一个向量，它的长度等于单元$\mathrm{d}S$的面积，而方向与对于这个单元所确定的法线方向相同. 在封闭曲面的情形下，我们限制取向外的法线方向作这样的方向，而对于向内的法线，将写成$(n_1)$以替代$(n)$.

向量$\mathrm{d}\boldsymbol{S}$在坐标轴上的投影给出曲面单元在对应的坐标面上的投影，带有正号或负号要看$(n)$与坐标轴作成的角是锐角还是钝角.

设$f(M)$是某一个数量函数，而$\boldsymbol{A}(M)$是一个向量，它们都确定于曲面$(S)$上. 作出表达式

$$\iint_{(S)} f(M)\mathrm{d}\boldsymbol{S} \tag{49}$$

$$\iint_{(S)} \boldsymbol{A}(M) \cdot \mathrm{d}\boldsymbol{S} \tag{49'}$$

$$\iint_{(S)} \boldsymbol{A}(M) \times \mathrm{d}\boldsymbol{S} \tag{49''}$$

其中第一个是个向量，它的支量是

$$\iint_{(S)} f(M)\cos(n,X)\,\mathrm{d}S, \iint_{(S)} f(M)\cos(n,Y)\,\mathrm{d}S$$

$$\iint_{(S)} f(M)\cos(n,Z)\,\mathrm{d}S$$

表达式(49′)是个数量

$$\iint_{(S)} \boldsymbol{A}\cdot \mathrm{d}\boldsymbol{S}=\iint_{(S)} A_n\,\mathrm{d}S$$

最后,表达式(49″)是个向量,具有支量

$$\iint_{(S)} [A_y\cos(n,Z)-A_z\cos(n,Y)]\,\mathrm{d}S$$

$$\iint_{(S)} [A_z\cos(n,X)-A_x\cos(n,Z)]\,\mathrm{d}S$$

$$\iint_{(S)} [A_x\cos(n,Y)-A_y\cos(n,X)]\,\mathrm{d}S$$

设$(S)$是一个封闭曲面,而容积$(v)$以它为界,并且$f(M)$与$\boldsymbol{A}(M)$确定于这整个容积上.利用奥斯特洛格拉得斯基公式,不难推出下面三个等式

$$\iint_{(S)} f\,\mathrm{d}\boldsymbol{S}=\iiint_{v} \mathrm{grad}\, f\,\mathrm{d}v \tag{50}$$

$$\iint_{(S)} \boldsymbol{A}\cdot \mathrm{d}\boldsymbol{S}=\iiint_{v} \mathrm{div}\,\boldsymbol{A}\,\mathrm{d}v \tag{50′}$$

$$\iint_{(S)} \boldsymbol{A}\times \mathrm{d}\boldsymbol{S}=-\iiint_{v} \mathrm{rot}\,\boldsymbol{A}\,\mathrm{d}v \tag{50″}$$

等式(50′)与公式(37)相同.还要验证等式(50″),等式(50″)左右两边沿$OX$轴的支量各由下面的积分表达

$$\iint_{(S)} [A_y\cos(n,Z)-A_z\cos(n,Y)]\,\mathrm{d}S,\ -\iiint_{v}\left(\frac{\partial A_z}{\partial y}-\frac{\partial A_y}{\partial z}\right)\mathrm{d}v$$

它们的大小相等,这由关于三重积分的奥斯特洛格拉得斯基公式不难证明.

完全类似,利用司铎克斯公式与定向曲面单元,可以写出下面的公式

$$\int_{(l)} f\,\mathrm{d}\boldsymbol{s}=-\iint_{(S)} \mathrm{grad}\, f\times \mathrm{d}\boldsymbol{S} \tag{51}$$

$$\int_{(l)} \boldsymbol{A}\cdot \mathrm{d}\boldsymbol{s}=\iint_{(S)} \mathrm{rot}\,\boldsymbol{A}\cdot \mathrm{d}\boldsymbol{S} \tag{51′}$$

这里$(S)$是某一个曲面,$(l)$是它的界线.其中第二个公式与公式(41)一致,因为根据数量积的定义$\mathrm{rot}\,\boldsymbol{A}\cdot\mathrm{d}\boldsymbol{S}=\mathrm{rot}_n\,\boldsymbol{A}\,\mathrm{d}S$.对于公式(51),左右两边在$OX$轴上的支量各为

$$\int_{(l)} f\,\mathrm{d}x,\ -\iint_{(S)}\left[\frac{\partial f}{\partial y}\cos(n,Z)-\frac{\partial f}{\partial z}\cos(n,Y)\right]\mathrm{d}S$$

利用[70] 中公式(22),不难证明,这两个表达式相等.

**112. 向量分析中的几个公式**

现在讲几个与我们所讲的向量运算有联系的关系式. 在[110] 我们看到,势量场的旋转量等于零

$$\text{rot grad } U = 0 \tag{52}$$

不难验证,旋转量的场的发散量等于零,就是

$$\text{div rot } \boldsymbol{A} = 0 \tag{53}$$

实际上

$$\text{div rot } \boldsymbol{A} = \frac{\partial}{\partial x}\left(\frac{\partial A_z}{\partial y} - \frac{\partial A_y}{\partial z}\right) + \frac{\partial}{\partial y}\left(\frac{\partial A_x}{\partial z} - \frac{\partial A_z}{\partial x}\right) + \frac{\partial}{\partial z}\left(\frac{\partial A_y}{\partial x} - \frac{\partial A_x}{\partial y}\right) = 0$$

再考虑势量场的发散量

$$\text{div grad } U = \frac{\partial}{\partial x}\text{grad}_x U + \frac{\partial}{\partial y}\text{grad}_y U + \frac{\partial}{\partial z}\text{grad}_z U$$

或

$$\text{div grad } U = \frac{\partial^2 U}{\partial x^2} + \frac{\partial^2 U}{\partial y^2} + \frac{\partial^2 U}{\partial z^2} \tag{54}$$

求导数的运算

$$\Delta U = \frac{\partial^2 U}{\partial x^2} + \frac{\partial^2 U}{\partial y^2} + \frac{\partial^2 U}{\partial z^2} \tag{55}$$

叫作拉普拉斯运算. 由公式(54) 的左边看出,它不依赖于坐标轴的选择. 应用公式(38) 于 grad $U$,得到在点 $M$ $\Delta U$ 的定义

$$\Delta U = \lim_{(v_1)\to M} \frac{\iint\limits_{(S_1)} \frac{\partial U}{\partial n}\mathrm{d}S}{v_1} \tag{56}$$

若 $U$ 是数量的情形,我们确定了 $\Delta U$. 若 $\boldsymbol{A}$ 是一个向量,就用记号 $\Delta\boldsymbol{A}$ 来记一个向量,它的支量是 $\Delta A_x, \Delta A_y, \Delta A_z$. 我们再提出下面几个公式

$$\text{rot rot } \boldsymbol{A} = \text{grad div } \boldsymbol{A} - \Delta\boldsymbol{A} \tag{57}$$

$$\text{div}(f\boldsymbol{A}) = f\text{div } \boldsymbol{A} + \text{grad } f \cdot \boldsymbol{A} \tag{57'}$$

$$\text{div } \boldsymbol{A}\times\boldsymbol{B} = \boldsymbol{B}\cdot\text{rot } \boldsymbol{A} - \boldsymbol{A}\cdot\text{rot } \boldsymbol{B} \tag{57''}$$

$$\text{rot } f\boldsymbol{A} = \text{grad } f \times \boldsymbol{A} + f\text{rot } \boldsymbol{A} \tag{57'''}$$

$$\Delta(\varphi\psi) = \psi\Delta\varphi + \varphi\Delta\psi + 2\text{grad } \varphi \cdot \text{grad } \psi \tag{57''''}$$

我们只验证其中第一个公式,其余的请读者自己验证,取出公式(57) 左边的向量沿 $OX$ 轴的支量,我们来证明它与右边的向量的支量一致

$$\text{rot}_x \text{ rot } \boldsymbol{A} = \frac{\partial}{\partial y}\text{rot}_z \boldsymbol{A} - \frac{\partial}{\partial z}\text{rot}_y \boldsymbol{A}$$

$$=\frac{\partial}{\partial y}\left(\frac{\partial A_y}{\partial x}-\frac{\partial A_x}{\partial y}\right)-\frac{\partial}{\partial z}\left(\frac{\partial A_x}{\partial z}-\frac{\partial A_z}{\partial x}\right)$$

由此，展开括号再加减$\frac{\partial^2 A_x}{\partial x^2}$

$$\text{rot}_x \text{ rot } \boldsymbol{A}=\frac{\partial}{\partial x}\left(\frac{\partial A_x}{\partial x}+\frac{\partial A_y}{\partial y}+\frac{\partial A_z}{\partial z}\right)-\left(\frac{\partial^2 A_x}{\partial x^2}+\frac{\partial^2 A_x}{\partial y^2}+\frac{\partial^2 A_x}{\partial z^2}\right)$$

$$=\frac{\partial}{\partial x}\text{div } \boldsymbol{A}-\Delta A_x$$

于是证完. 在这里我们提出，由公式(57) 推知 $\Delta \boldsymbol{A}$ 不依赖于轴的选择，因为

$$\Delta \boldsymbol{A}=\text{grad div } \boldsymbol{A}-\text{rot rot } \boldsymbol{A}$$

**113. 刚体的运动及微小形变**

在[106] 中我们看到，当刚体绕一点 $O$ 转动时，任何点的速度由公式

$$\boldsymbol{v}=\boldsymbol{\omega}\times\boldsymbol{r}$$

来表达，其中 $\boldsymbol{\omega}$ 是瞬时角速度向量，$\boldsymbol{r}$ 是向量半径$\overrightarrow{OM}$.

再加上具有速度 $\boldsymbol{v}_0$ 的平移运动，就得到刚体运动的一般情形，这时全速度由公式

$$\boldsymbol{v}=\boldsymbol{v}_0+\boldsymbol{\omega}\times\boldsymbol{r} \tag{58}$$

来表达.

现在反过来由给定的速度场 $\boldsymbol{v}$ 求角速度向量. 首先我们注意，在给定的时刻，对于刚体上所有的点，向量 $\boldsymbol{v}_0$ 是一样的，所以它不依赖于$(x,y,z)$. 依照公式(40) 我们有 rot $\boldsymbol{v}_0=0$.

设对于原点在 $O$ 的坐标轴来讲，$\boldsymbol{\omega}$ 的支量是 $p,q,r$. 向量积 $\boldsymbol{\omega}\times\boldsymbol{r}$ 的支量就是：$qz-ry,rx-pz,py-qx$. 于是依照公式(40)，rot $\boldsymbol{\omega}\times\boldsymbol{r}$ 的支量是 $2p,2q,2r$，所以可以通过 $\boldsymbol{v}$ 来表达角速度向量

$$\boldsymbol{\omega}=\frac{1}{2}\text{rot } \boldsymbol{v} \tag{59}$$

由此，所以叫作向量 rot $\boldsymbol{v}$ 是速度向量的旋转量.

若速度向量 $\boldsymbol{v}$ 乘以一个量 $\mathrm{d}t$，$\mathrm{d}t$ 是一个微小的时间区间，则得到一个向量 $\boldsymbol{v}\mathrm{d}t$，它近似地给出在微小的时间区间中点的位移. 如此，得到刚体上点的微小位移向量场

$$\boldsymbol{A}=\boldsymbol{v}\mathrm{d}t$$

回到公式(58) 并且算作没有移动，就是说，点 $O$ 是固定的，对于位移向量，我们得到下面的公式

$$\boldsymbol{A}=\boldsymbol{\omega}_1\times\boldsymbol{r} \tag{60}$$

其中 $\boldsymbol{\omega}_1=\boldsymbol{\omega}\mathrm{d}t$ 是一个微小的向量，方向沿转动轴的方向，而大小等于在时间区间 $\mathrm{d}t$ 中所转的微小角度. 设 $p_1,q_1,r_1$ 是这个向量的支量，$(x,y,z)$ 是刚体上变点

的坐标. 向量 **A** 的支量就是

$$A_x = q_1 z - r_1 y, A_y = r_1 x - p_1 z, A_z = p_1 y - q_1 x$$

像上面一样,由此不难通过位移向量来表达微小转动向量

$$\boldsymbol{o}_1 = \frac{1}{2}\mathrm{rot}\ \mathbf{A} \tag{61}$$

此外,后一个公式说明,向量 **A** 的支量是坐标$(x,y,z)$的线性齐次函数.

现在考虑线性齐次形变的一般情形,这时位移向量的支量是坐标的线性齐次函数

$$\begin{cases} A_x = a_1 x + b_1 y + c_1 z \\ A_y = a_2 x + b_2 y + c_2 z \\ A_z = a_3 x + b_3 y + c_3 z \end{cases} \tag{62}$$

我们算作系数 $a$,$b$ 与 $c$ 很小,并且我们只限于考虑坐标原点附近的微小容积$(v)$. 这个容积中任何点的位移是一个向量 **A**,于是变换后它们的新坐标是

$$\xi = x + A_x, \eta = y + A_y, \zeta = z + A_z$$

就是

$$\begin{cases} \xi = (1 + a_1)x + b_1 y + c_1 z \\ \eta = a_2 x + (1 + b_2)y + c_2 z \\ \zeta = a_3 x + b_3 y + (1 + c_3)z \end{cases} \tag{63}$$

只是在特殊情形下,这样的变换才是容积$(v)$像整个刚体似的绕着 $O$ 旋转. 在一般情形下,这个容积将发生形变,就是说,它的点与点之间的距离将要改变. 现在我们仔细讲讲这种情况.

依照公式(62),位移 **A** 的旋转量的支量是:$b_3 - c_2, c_1 - a_3, a_2 - b_1$. 若变换是基本容积作为一个整体的转动,则我们得到位移向量 $\mathbf{A}^{(1)}$ 具有支量

$$A_x^{(1)} = \frac{1}{2}(c_1 - a_3)z - \frac{1}{2}(a_2 - b_1)y, A_y^{(1)} = \frac{1}{2}(a_2 - b_1)x - \frac{1}{2}(b_3 - c_2)z$$

$$A_z^{(1)} = \frac{1}{2}(b_3 - c_2)y - \frac{1}{2}(c_1 - a_3)x$$

由 **A** 减掉这个向量,把 **A** 表示成

$$\mathbf{A} = \mathbf{A}^{(1)} + \mathbf{A}^{(2)} \tag{64}$$

其中纯形变向量 $\mathbf{A}^{(2)}$ 具有支量

$$\begin{cases} A_x^{(2)} = a_1 x + \frac{1}{2}(b_1 + a_2)y + \frac{1}{2}(c_1 + a_3)z \\ A_y^{(2)} = \frac{1}{2}(b_1 + a_2)x + b_2 y + \frac{1}{2}(c_2 + b_3)z \\ A_z^{(2)} = \frac{1}{2}(c_1 + a_3)x + \frac{1}{2}(c_2 + b_3)y + c_3 z \end{cases} \tag{65}$$

不难看出,这个向量是势量向量,且有

$$\mathbf{A}^{(2)}=\frac{1}{2}\operatorname{grad}[a_1x^2+b_2y^2+c_3z^2+(b_1+a_2)xy+(c_1+a_3)xz+(c_2+b_3)yz]$$

于是显然这个向量的旋转量是零.

现在我们来确定,由于形变的结果,基本容积的改变情形.形变后新的容积由下面这积分来表达

$$v_1=\iiint\limits_{(v)}\mathrm{d}\xi\mathrm{d}\eta\mathrm{d}\zeta$$

依照[60]中的公式来替换变量,应当换成

$$\mathrm{d}\xi\mathrm{d}\eta\mathrm{d}\zeta=\{(1+a_1)[(1+b_2)(1+c_3)-c_2b_3]+b_1[c_2a_3-a_2(1+c_3)]+c_1[a_2b_3-a_3(1+b_2)]\}\mathrm{d}x\mathrm{d}y\mathrm{d}z$$

去掉括号,只保留自由项与微小系数 $a,b,c$ 的一次项,得到

$$\mathrm{d}\xi\mathrm{d}\eta\mathrm{d}\zeta=[1+(a_1+b_2+c_3)]\mathrm{d}x\mathrm{d}y\mathrm{d}z$$

于是上面的公式给出

$$v_1=\iiint\limits_{(v)}[1+(a_1+b_2+c_3)]\mathrm{d}x\mathrm{d}y\mathrm{d}z=v+(a_1+b_2+c_3)v$$

其中 $v$ 是受形变的容积的大小.容积改变系数就是

$$\frac{v_1-v}{v}=a_1+b_2+c_3$$

根据公式(62)不难看出,右边的和是 $\operatorname{div}\mathbf{A}$,就是说,位移场的发散量给出容积改变系数.

### 114. 连续性方程

设用 $\boldsymbol{v}$ 记流体流动的速度.我们计算流体穿过给定的曲面$(S)$的量(图96).设 $\mathrm{d}S$ 是微小的曲面单元.在时刻 $t$ 位于 $\mathrm{d}S$ 上的流体粒子,在时间区间 $\mathrm{d}t$ 中移动一个线段 $\boldsymbol{v}\mathrm{d}t$,如此,在这个时间区间中穿过 $\mathrm{d}S$ 的流体的量 $\mathrm{d}Q$ 就占有以 $\mathrm{d}S$ 为底、母线为 $\boldsymbol{v}\mathrm{d}t$ 的柱体的容积.这个柱体的高显然等于 $v_n\mathrm{d}t$,其中 $v_n$ 是 $\boldsymbol{v}$ 在曲面的法线$(n)$上的投影,所以

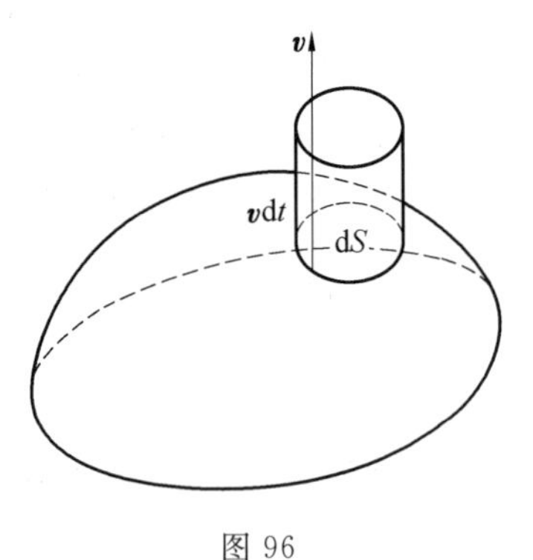

图 96

$$\mathrm{d}Q=\rho v_n\mathrm{d}t\mathrm{d}S$$

其中 $\rho$ 是流体的密度,若角度$(n,v)$是钝角,则 $\mathrm{d}Q$ 的量得到负值.在封闭曲面的情形,法线$(n)$取曲面的向外法线的方向,于是,若流体通过 $\mathrm{d}S$ 流入以这个曲面为界的容积中,则 $\mathrm{d}Q$ 这个量取负值.对单位时间来讲,穿出曲面的流体的总量就是

$$Q=\iint\limits_{(S)}\rho v_n\mathrm{d}S\tag{66}$$

这里,用这个公式计算时,流入的流体具有负号.

占有以$(S)$为界的容积$(v)$的流体的量,由下面的积分来表达

$$\iiint\limits_{(v)}\rho \mathrm{d}v$$

在时间$\mathrm{d}t$中这个量的改变量是

$$\mathrm{d}t\iiint\limits_{(v)}\frac{\partial\rho}{\partial t}\mathrm{d}v$$

所以就单位时间来讲,流体的量的改变量是

$$\iiint\limits_{(v)}\frac{\partial\rho}{\partial t}\mathrm{d}v$$

而穿出的流体的量也由这个积分来表达,不过带有相反的符号,于是对于$Q$我们得到两个表达式

$$Q=\iint\limits_{(S)}\rho v_n\mathrm{d}S=-\iiint\limits_{(v)}\frac{\partial\rho}{\partial t}\mathrm{d}v$$

或者,依照公式(37)

$$Q=\iiint\limits_{(v)}\mathrm{div}(\rho\boldsymbol{v})\mathrm{d}v=-\iiint\limits_{(v)}\frac{\partial\rho}{\partial t}\mathrm{d}v$$

这里我们把密度$\rho$保留在发散量的记号之下,因为它可以是变量,就是说,它可能是依赖于点的位置的.后面这个公式给我们一个关系式,这个关系式对于流体内部的任何容积都是正确的

$$\iiint\limits_{(v)}\left[\frac{\partial\rho}{\partial t}+\mathrm{div}(\rho\boldsymbol{v})\right]\mathrm{d}v=0$$

由此推知,被积函数应当恒等于零①,于是我们得到

$$\frac{\partial\rho}{\partial t}+\mathrm{div}(\rho\boldsymbol{v})=0\tag{67}$$

随便什么流体流动时,无论是可压缩的或是不可压缩的,密度与速度总由这个关系式联系着,这个很重要的关系式叫作连续性方程.如果我们估计到在时刻$t$占有位置$(x,y,z)$的流体的密度的改变,就可以把关系式(67)换一个写法.

$\rho(t,x,y,z)$是点$(x,y,z)$在时刻$t$的流体的密度.考虑某一流体粒子的密度的改变.当这个粒子运动时,密度不但直接依赖于$t$,而且间接通过中间变量$(x,y,z)$依赖于$t$,因为这个粒子运动时,它的坐标要改变.$\rho$对$t$的全导数就是

$$\frac{\mathrm{d}\rho}{\mathrm{d}t}=\frac{\partial\rho}{\partial t}+\frac{\partial\rho}{\partial x}\frac{\mathrm{d}x}{\mathrm{d}t}+\frac{\partial\rho}{\partial y}\frac{\mathrm{d}y}{\mathrm{d}t}+\frac{\partial\rho}{\partial z}\frac{\mathrm{d}z}{\mathrm{d}t}$$

---

① 在[71]中我们证明过,若二重积分沿任何区域都等于零,则被积函数应当恒等于零.同样的证明适用于三重积分的情形.

它可以写成

$$\frac{\mathrm{d}\rho}{\mathrm{d}t}=\frac{\partial\rho}{\partial t}+\frac{\partial\rho}{\partial x}v_x+\frac{\partial\rho}{\partial y}v_y+\frac{\partial\rho}{\partial z}v_z$$

或

$$\frac{\mathrm{d}\rho}{\mathrm{d}t}=\frac{\partial\rho}{\partial t}+\operatorname{grad}\rho\cdot\boldsymbol{v}\tag{68}$$

利用(57′),我们可以把等式(67)写成

$$\frac{\partial\rho}{\partial t}+\operatorname{grad}\rho\cdot\boldsymbol{v}+\rho\operatorname{div}\boldsymbol{v}=0$$

根据等式(68),就是

$$\frac{\mathrm{d}\rho}{\mathrm{d}t}+\rho\operatorname{div}\boldsymbol{v}=0\tag{69}$$

由此

$$\operatorname{div}\boldsymbol{v}=-\frac{1}{\rho}\frac{\mathrm{d}\rho}{\mathrm{d}t}$$

如此,速度场 $\boldsymbol{v}$ 的发散量,给出在给定位置流体单元的密度的相对改变量——关于单位时间的改变量.

若流体不可压缩,则这个改变量应当等于零,于是我们由公式(69)得到不可压缩的条件

$$\operatorname{div}\boldsymbol{v}=0\tag{70}$$

我们通过用两个方法来计算由容积中穿出的流体的量,引进了连续性方程.这时自然假设在这容积中没有源泉,无论是正的还是负的(吸吮).

若流体的流动没有旋流,或者换句话说,它是势量的,就是说,向量 $\boldsymbol{v}$ 是有势向量

$$\boldsymbol{v}=\operatorname{grad}\varphi$$

则 $\varphi$ 叫作速度势.代入到方程(70)中,得到

$$\operatorname{div}\operatorname{grad}\varphi=0,\text{就是}\frac{\partial^2\varphi}{\partial x^2}+\frac{\partial^2\varphi}{\partial y^2}+\frac{\partial^2\varphi}{\partial z^2}=0\tag{71}$$

就是说,对于不可压缩流体的情形,速度势应当满足拉普拉斯方程(71).

**115. 理想流体的流体动力方程**

所谓理想流体意思是指这样的可变形的连续介质,无论它是在平衡状态或是运动状态,在其中出现的内力是法线压力,于是若由这介质中分出某一介于曲面$(S)$的容积$(v)$,则介质的其余部分在其上的作用力的方向沿曲面$(S)$上每一点的向内的法线方向.我们把对于单位面积来讲这个力(压力)的大小记作 $p$.在每一个给定的时刻,压力 $p(M)$ 给出某一个数量场.根据公式(50),在容积$(v)$的表面上的压力的合力由下面的积分来表达

$$-\iint\limits_{(S)} p\mathrm{d}\boldsymbol{S} = -\iiint\limits_{(v)} \mathrm{grad}\ p\mathrm{d}v$$

其中用(—)号是因为正的压力作用在向内的法线方向,而由条件向量 d$\boldsymbol{S}$ 沿向外的法线方向.

应用达朗贝尔原理,应当有向外的力以平衡这个压力,我们把对于单位质量来讲的向外的力记作 $\boldsymbol{F}$,它在容积$(v)$上给出合力

$$\iiint\limits_{(v)} \rho\boldsymbol{F}\mathrm{d}v$$

最后,还有质量单元上的惯性力 $\rho\mathrm{d}v\boldsymbol{W}$(来平衡这压力),其中 $\rho$ 是密度,$\boldsymbol{W}$ 是流体粒子的加速度向量.在容积$(v)$上惯性力是

$$-\iiint\limits_{(v)} \rho\boldsymbol{W}\mathrm{d}v$$

所以,依照达郎贝尔原理,我们应当有

$$\iiint\limits_{(v)} [\rho\boldsymbol{F} - \mathrm{grad}\ p - \rho\boldsymbol{W}]\mathrm{d}v = 0$$

由此,像以前一样,根据$(v)$的任意性,可以断定被积函数等于零,于是这时得到

$$\rho\boldsymbol{W} = \rho\boldsymbol{F} - \mathrm{grad}\ p \tag{72}$$

这个公式包含有三个方程,它们是理想流体的基本流体动力方程.

设 $u,v,w$ 是速度向量的支量,它们是用点的坐标$(x,y,z)$以及时间 $t$ 的函数来表达的.加速度向量 $\boldsymbol{W}$ 沿 $OX$ 轴的支量就等于速度向量的支量 $u(t,x,y,z)$ 对时间的全导数,于是我们可以写成

$$W_x = \frac{\partial u}{\partial t} + \frac{\partial u}{\partial x}\frac{\mathrm{d}x}{\mathrm{d}t} + \frac{\partial u}{\partial y}\frac{\mathrm{d}y}{\mathrm{d}t} + \frac{\partial u}{\partial z}\frac{\mathrm{d}z}{\mathrm{d}t}$$

或

$$W_x = \frac{\partial u}{\partial t} + \frac{\partial u}{\partial x}u + \frac{\partial u}{\partial y}v + \frac{\partial u}{\partial z}w$$

同理

$$W_y = \frac{\partial v}{\partial t} + \frac{\partial v}{\partial x}u + \frac{\partial v}{\partial y}v + \frac{\partial v}{\partial z}w$$

$$W_z = \frac{\partial w}{\partial t} + \frac{\partial w}{\partial x}u + \frac{\partial w}{\partial y}v + \frac{\partial w}{\partial z}w$$

如此,向量方程(72)化为三个方程

$$\frac{\partial u}{\partial t} + \frac{\partial u}{\partial x}u + \frac{\partial u}{\partial y}v + \frac{\partial u}{\partial z}w = F_x - \frac{1}{\rho}\frac{\partial p}{\partial x}$$

$$\frac{\partial v}{\partial t} + \frac{\partial v}{\partial x}u + \frac{\partial v}{\partial y}v + \frac{\partial v}{\partial z}w = F_y - \frac{1}{\rho}\frac{\partial p}{\partial y}$$

$$\frac{\partial w}{\partial t}+\frac{\partial w}{\partial x}u+\frac{\partial w}{\partial y}v+\frac{\partial w}{\partial z}w=F_z-\frac{1}{\rho}\frac{\partial p}{\partial z} \tag{73}$$

这叫作流体动力方程的尤拉形式. 对于这些方程,需要再加上前一段所讲的连续性方程. 利用这一段中的记号,方程(69) 可以写成

$$\frac{\partial \rho}{\partial t}+\frac{\partial \rho}{\partial x}u+\frac{\partial \rho}{\partial y}v+\frac{\partial \rho}{\partial z}w+\rho\left(\frac{\partial u}{\partial x}+\frac{\partial v}{\partial y}+\frac{\partial w}{\partial z}\right)=0 \tag{74}$$

所写的这些方程的突出的特点在于这样一种情况,就是我们讨论运动时,选择了空间的点的坐标$(x,y,z)$以及时间$t$作自变量. 在某些情形下,我们选择在开始时刻时流体粒子的位置的坐标作自变量以替代空间的点的坐标$(x,y,z)$. 当这样选择自变量时,流体动力方程自然要换了样子.

**116. 声的传播方程**

方程(72) 与(73),不仅当流体这个名词取狭义的字面意义时成立,对于气体也成立. 只要假设内力只是压力就行. 我们算作运动是如此的微小,使得在方程(73) 的左边可以忽略掉含有速度的支量与它们对坐标的导数的乘积的各项. 这时,方程(73) 可以写成

$$\frac{\partial u}{\partial t}=F_x-\frac{1}{\rho}\frac{\partial p}{\partial x},\frac{\partial v}{\partial t}=F_y-\frac{1}{\rho}\frac{\partial p}{\partial y},\frac{\partial w}{\partial t}=F_z-\frac{1}{\rho}\frac{\partial p}{\partial z} \tag{75}$$

或者,写成向量形式

$$\frac{\partial \boldsymbol{v}}{\partial t}=\boldsymbol{F}-\frac{1}{\rho}\text{grad } p \tag{76}$$

同样,在方程(74) 中去掉含有速度的支量与密度对坐标的导数的乘积的各项,得到

$$\frac{\partial \rho}{\partial t}+\rho\text{div } \boldsymbol{v}=0 \tag{77}$$

设$\rho_0$是介质在静止状态的常密度. 引用一个小的量$s$来表示运动时密度的相对改变量,由下面这等式来确定

$$\rho=\rho_0(1+s)$$

由此

$$\frac{\mathrm{d}\rho}{\rho}=\frac{\mathrm{d}s}{1+s}\sim \mathrm{d}s$$

这里在分母$(1+s)$中我们忽略了小的量$s$. 根据所写的,可设$\frac{\partial s}{\partial t}=\frac{1}{\rho}\frac{\partial \rho}{\partial t}$,于是等式(77) 给出

$$\frac{\partial s}{\partial t}=-\text{div } \boldsymbol{v} \tag{78}$$

可以设压力的梯度与表现压缩或膨胀的量$s$的梯度成比例,就是

$$\text{grad } p=e\text{grad } s$$

其中 $e$ 是介质的弹性系数.代入到方程(76)中,并在这个方程中设 $\rho=\rho_0$,就得到

$$\frac{\partial \boldsymbol{v}}{\partial t}=\boldsymbol{F}-\frac{e}{\rho_0}\text{grad } s$$

取这等式两边的发散量,得到

$$\frac{\partial}{\partial t}\text{div } \boldsymbol{v}=\text{div } \boldsymbol{F}-\frac{e}{\rho_0}\text{div grad } s$$

注意等式(78),可以把这个方程写成

$$\frac{\partial^2 s}{\partial t^2}=a^2\Delta s-\text{div } \boldsymbol{F}\quad\left(a=\sqrt{\frac{e}{\rho_0}}\right)\tag{79}$$

量 $s$ 是时间与点的坐标的函数,它应当满足这个方程.注意,当计算导数 $\frac{\partial \boldsymbol{v}}{\partial t}$ 的发散量时,我们把对 $t$ 求导数的运算与求发散量的运算换了顺序,可以这样换是因为求导数的结果不依赖于求导数的顺序.

若没有外力,则方程(79)是

$$\frac{\partial^2 s}{\partial t^2}=a^2\Delta s\quad\left(a=\sqrt{\frac{e}{\rho_0}}\right)\tag{80}$$

方程(80)通常叫作波动方程,回忆量 $s$ 是表现压缩或膨胀的量,我们可以说,在这情形下,这个方程给出声的传播律. div $\boldsymbol{F}$ 不等于零的一部分空间就是声源.

**117. 热传导方程**

在[108]中我们讲过,在时间 $\mathrm{d}t$ 通过曲面单元 $\mathrm{d}S$ 的热量,由下面这等式表达

$$\mathrm{d}Q=k\mathrm{d}t\mathrm{d}S\left|\frac{\partial U}{\partial n}\right|=k\mathrm{d}t\mathrm{d}S\left|\text{grad}_n U(M)\right|$$

其中 $k$ 是热的内传导系数,$U$ 是温度,$(n)$ 是 $\mathrm{d}S$ 的法线的方向.考虑一个封闭曲面 $(S)$,它是容积 $(v)$ 的界面,我们来计算通过 $(S)$ 的全部热量.不难得到

$$Q=-\mathrm{d}t\iint_{(S)}k\text{grad}_n U\mathrm{d}S\tag{81}$$

这时,若在向外的法线方向 $(n)$,温度下降,则 $\frac{\partial U}{\partial n}<0$,于是对应的积分单元是负的,而当温度上升时,则相反.注意,热流向温度下降的方向流,而且公式(81)的右边有(−)号,可以肯定,$Q$ 是在时间区间 $\mathrm{d}t$ 中由容积 $(v)$ 给出的热量.由公式(81)计算时,流入 $(v)$ 的热量,带有(−)号.

给出的热量也可以用另一个方法来计算,就是注意容积内温度的改变,考虑容积单元 $\mathrm{d}v$.在时间区间 $\mathrm{d}t$ 中这个单元的温度上升 $\mathrm{d}U$ 时,所用的热量应当与上升的温度及单元的质量成比例,就是说,所用的热量是

$$\gamma \mathrm{d}U \cdot \rho \mathrm{d}v = \gamma\rho \frac{\partial U}{\partial t}\mathrm{d}t\mathrm{d}v$$

其中 $\rho$ 是物质的密度，$\gamma$ 是比例系数，它叫作物质的热容量. 如此，全部容积给出的热量由下面这公式来表达

$$\mathrm{d}Q = -\mathrm{d}t\iiint\limits_{(v)}\gamma\rho \frac{\partial U}{\partial t}\mathrm{d}v$$

这里我们取(—) 号是因为要计算给出的热量，而不是得到的热量.

令所得到的关于 $\mathrm{d}Q$ 的两个表达式相等，再应用[109] 中的公式(37)，就有

$$\iiint\limits_{(v)}\gamma\rho \frac{\partial U}{\partial t}\mathrm{d}v = \iiint\limits_{(v)}\mathrm{div}(k\mathrm{grad}\, U)\mathrm{d}v \tag{82}$$

就是说，对于任意的容积，下面这关系式应当成立

$$\iiint\limits_{(v)}\left[\gamma\rho \frac{\partial U}{\partial t} - \mathrm{div}(k\mathrm{grad}\, U)\right]\mathrm{d}v = 0$$

由此，我们得到热传导的微分方程

$$\gamma\rho \frac{\partial U}{\partial t} = \mathrm{div}(k\mathrm{grad}\, U) \tag{83}$$

或

$$\gamma\rho \frac{\partial U}{\partial t} = \frac{\partial}{\partial x}\left(k\frac{\partial U}{\partial x}\right) + \frac{\partial}{\partial y}\left(k\frac{\partial U}{\partial y}\right) + \frac{\partial}{\partial z}\left(k\frac{\partial U}{\partial z}\right) \tag{83'}$$

在所考虑的物体内部的所有的点，应当都满足这个方程. 温度 $U$ 依赖于点的坐标和时间.

若是均匀物体，则 $\gamma$，$\rho$ 与 $k$ 都是常量，于是方程(83) 可以写成

$$\frac{\partial U}{\partial t} = a^2\Delta U \quad \left(a = \sqrt{\frac{k}{\gamma\rho}}\right) \tag{84}$$

或

$$\frac{\partial U}{\partial t} = a^2\left(\frac{\partial^2 U}{\partial x^2} + \frac{\partial^2 U}{\partial y^2} + \frac{\partial^2 U}{\partial z^2}\right) \tag{84'}$$

若热流是稳定的，就是说，温度不依赖于时间 $t$，而只依赖于坐标$(x,y,z)$，则方程(84) 可以写成

$$\Delta U = 0, \text{就是} \frac{\partial^2 U}{\partial x^2} + \frac{\partial^2 U}{\partial y^2} + \frac{\partial^2 U}{\partial z^2} = 0 \tag{85}$$

如此，在稳定的热流过程中，对于温度，我们得到拉普拉斯方程，以前我们已经遇到过这个方程[87 与 114].

当推求热传导方程(83) 时，我们假定了，在考虑的物体中没有热源，在相反的情形下，应当用另一个等式来替代等式(82)，那就是

$$\iiint\limits_{(v)}\gamma\rho \frac{\partial U}{\partial t}\mathrm{d}v = \iiint\limits_{(v)}\mathrm{div}(k\mathrm{grad}\, U)\mathrm{d}v + \iiint\limits_{(v)}e\mathrm{d}v$$

其中右边最后一项表示在容积$(v)$中放出的热量,这里所计算的这个热量是对单位时间来讲的.

被积函数$e(t,M)$给出连续的分布在容积$(v)$中的热源的强度,这个函数可能依赖于时间和点$M$的位置.这时,替代热传导方程(83),我们就得到下面形状的方程

$$\gamma\rho\frac{\partial U}{\partial t}=\operatorname{div}(k\operatorname{grad}U)+e \tag{86}$$

或者,在均匀物体的情形,替代方程(84)我们有

$$\frac{\partial U}{\partial t}=a^2\Delta U+\frac{1}{\gamma\rho}e \tag{87}$$

方程(87)与(84)类似于[116]中的方程(79)与(80).在热传导方程中出现有热源就类似于出现有外力,或者严格说来,就是声源——在声的传播方程中的$\operatorname{div}\boldsymbol{F}$.这两种情况使得微分方程(79)与(87)是非齐次的,就是,方程(79)与(87)中,除去含有未知函数$s$或$U$的项之外,还含有自由项——$\operatorname{div}\boldsymbol{F}$与$e$,它们需要算作是已知的函数.还要注意,方程(84)与(80)是有根本区别的.方程(80)含有未知函数对时间的二阶导数,而在方程(84)中含有未知函数对时间的一阶导数.求这些方程的积分时,这个情况是很重要的.

**118.麦克斯韦方程**

考虑电磁场时,出现有下列的向量:$\boldsymbol{E}$与$\boldsymbol{H}$——电力向量与磁力向量;$\boldsymbol{r}$——全电流向量;$\boldsymbol{D}$——位移电流向量;$\boldsymbol{B}$——磁感应强度向量.电力学中的两个基本定律是彼欧-萨瓦尔定律与法拉第定律,可以写成下面的形状

$$\int_{(l)}H_s\mathrm{d}s=\frac{1}{c}\iint_{(S)}r_n\mathrm{d}S \tag{88}$$

$$\int_{(l)}E_s\mathrm{d}s=-\frac{1}{c}\frac{\mathrm{d}}{\mathrm{d}t}\iint_{(S)}B_n\mathrm{d}S \tag{89}$$

其中$c$是真空中的光速.

第一个方程联系着磁力向量沿某一曲面的界线的循环量与全电流向量通过这曲面的流量.第二个方程联系着电力向量的循环量与磁感应强度向量通过这曲面的流量对时间的导数.在所写的方程中,$(l)$是任意的一条封闭界线,$(S)$是以它为界的一个曲面.此外,在各向同性的均匀介质中,向量$\boldsymbol{D},\boldsymbol{B}$与向量$\boldsymbol{E},\boldsymbol{H}$具有联系

$$\boldsymbol{D}=\varepsilon\boldsymbol{E},\boldsymbol{B}=\mu\boldsymbol{H}$$

其中$\varepsilon$与$\mu$是常量,它们各叫作介质的电容率与磁导率.全电流向量由两项组成——传导电流与位移电流

$$\boldsymbol{r}=\lambda\boldsymbol{E}+\varepsilon\frac{\partial\boldsymbol{E}}{\partial t}$$

其中 $\lambda$ 是介质的电导系数. 如此,方程(88),(89) 结果就取下面的形状

$$\int_{(l)} H_s \mathrm{d}s = \frac{1}{c} \iint_{(S)} \left( \lambda E_n + \varepsilon \frac{\partial E_n}{\partial t} \right) \mathrm{d}S \tag{90}$$

$$\int_{(l)} E_s \mathrm{d}s = -\frac{1}{c} \frac{\mathrm{d}}{\mathrm{d}t} \iint_{(S)} \mu H_n \mathrm{d}S \tag{90'}$$

这两个等式左边的积分可以依照司铎克斯公式化为沿曲面的积分

$$\iint_{(S)} \mathrm{rot}_n \boldsymbol{H} \mathrm{d}S \text{ 与} \iint_{(S)} \mathrm{rot}_n \boldsymbol{E} \mathrm{d}S$$

于是方程可以写成下面的形状

$$\iint_{(S)} \left[ c\mathrm{rot}_n \boldsymbol{H} - \left( \lambda E_n + \varepsilon \frac{\partial E_n}{\partial t} \right) \right] \mathrm{d}S = 0$$

$$\iint_{(S)} \left[ c\mathrm{rot}_n \boldsymbol{E} + \mu \frac{\partial H_n}{\partial t} \right] \mathrm{d}S = 0$$

由于曲面$(S)$ 的任意性以及法线$(n)$ 的方向的任意性,由最后两个公式推出

$$c\mathrm{rot}\, \boldsymbol{H} = \lambda \boldsymbol{E} + \varepsilon \frac{\partial \boldsymbol{E}}{\partial t} \tag{91}$$

$$c\mathrm{rot}\, \boldsymbol{E} = -\mu \frac{\partial \boldsymbol{H}}{\partial t} \tag{91'}$$

这两个方程表示出微分方程形式的麦可斯韦方程. 这里我们有六个微分方程,含有六个支量

$$E_x, E_y, E_z, H_x, H_y, H_z$$

由方程(91) 与(91′) 直接推知,在考虑的情形下,向量

$$\lambda \boldsymbol{E} + \varepsilon \frac{\partial \boldsymbol{E}}{\partial t} \text{ 与} \frac{\partial \boldsymbol{H}}{\partial t}$$

是管量的,因为根据(91) 与(91′),它们的发散量等于

$$c\mathrm{div}\ \mathrm{rot}\ \boldsymbol{H} \text{ 与 } c\mathrm{div}\ \mathrm{rot}\ \boldsymbol{E}$$

于是推知,它们等于零[112].

还可以证明,若在某一部分空间,$\boldsymbol{E}$ 与 $\boldsymbol{H}$ 在开始的时刻是管量的,则它们是管量的.

我们先来证明这个结论,引用两个量

$$\mathrm{div}\ \varepsilon \boldsymbol{E} = \rho_\theta = \rho, \mathrm{div}\ \mu \boldsymbol{H} = \rho_m \tag{92}$$

它们各叫作电荷密度与磁荷密度. 由方程

$$\mathrm{div}\left( \lambda \boldsymbol{E} + \varepsilon \frac{\partial \boldsymbol{E}}{\partial t} \right) = \frac{\lambda}{\varepsilon} \mathrm{div}\ \varepsilon \boldsymbol{E} + \frac{\partial}{\partial t} \mathrm{div}(\varepsilon \boldsymbol{E}) = 0$$

推知

$$\frac{\lambda}{\varepsilon} \rho + \frac{\partial \rho}{\partial t} = 0$$

求这个一阶线性方程的积分,得到[4]

$$\rho=\rho_0 e^{-\frac{\lambda}{\varepsilon}t}$$

其中 $\rho_0$ 是当 $t=0$ 时 $\rho$ 的值. 于是,若在开始的时刻我们有 $\rho_0=0$,就是说

$$\operatorname{div} \boldsymbol{E}_0=0$$

则对于 $t$ 的任何值,$\rho=0$,就是

$$\operatorname{div} \boldsymbol{E}=0$$

同样由方程(91′)推知

$$\operatorname{div} \frac{\partial \boldsymbol{H}}{\partial t}=\frac{\partial}{\partial t}\operatorname{div} \boldsymbol{H}=0$$

于是若 $\operatorname{div} \boldsymbol{H}_0=0$,则对于 $t$ 的任何值,$\operatorname{div} \boldsymbol{H}=0$.

最后的方程相当于磁荷等于零的条件,通常假设是如此的.

由麦克斯韦方程可以推出另外的方程,在其中,向量 $\boldsymbol{E}$ 与 $\boldsymbol{H}$ 分开. 求方程(91′)两边的旋转量,就有

$$-c\operatorname{rot} \operatorname{rot} \boldsymbol{E}=\mu \frac{\partial \operatorname{rot} \boldsymbol{H}}{\partial t}$$

或根据公式(57′)与方程(91),就有

$$c(\Delta \boldsymbol{E}-\operatorname{grad} \operatorname{div} \boldsymbol{E})=\frac{\mu}{c}\cdot\frac{\partial}{\partial t}\left(\varepsilon \frac{\partial \boldsymbol{E}}{\partial t}+\lambda \boldsymbol{E}\right)$$

由此得到结果

$$\frac{\partial^2 \boldsymbol{E}}{\partial t^2}+\frac{\lambda}{\varepsilon}\cdot\frac{\partial \boldsymbol{E}}{\partial t}=\frac{c^2}{\varepsilon\mu}(\Delta \boldsymbol{E}-\operatorname{grad} \operatorname{div} \boldsymbol{E}) \tag{93}$$

同样可以得到关于向量 $\boldsymbol{H}$ 的方程.

没有电荷时,就是当 $\operatorname{div} \boldsymbol{E}=0$ 的情形,方程(93)可以写成下面的形状

$$\frac{\partial^2 \boldsymbol{E}}{\partial t^2}+\frac{\lambda}{\varepsilon}\cdot\frac{\partial \boldsymbol{E}}{\partial t}=\frac{c^2}{\varepsilon\mu}\Delta \boldsymbol{E} \tag{94}$$

这个方程通常叫作电缆方程. 因为它首先是由于研究电缆上电流的分布得到的. 最后,若电介质是理想的,就是不导电的,则 $\lambda=0$,于是方程(94)就是

$$\frac{\partial^2 \boldsymbol{E}}{\partial t^2}=a^2 \Delta \boldsymbol{E} \quad \left(a=\frac{c}{\sqrt{\varepsilon\mu}}\right) \tag{95}$$

具有在[116]中我们已经遇到的方程的形状.

若是稳定过程,就是说,向量 $\boldsymbol{E}$ 与 $\boldsymbol{H}$ 不依赖于 $t$,则方程(91′)给出 $\operatorname{rot} \boldsymbol{E}=0$,就是 $\boldsymbol{E}$ 是有势向量:$\boldsymbol{E}=\operatorname{grad} \varphi$,由方程(92)中第一个公式给出

$$\operatorname{div} \operatorname{grad} \varphi=\frac{\rho}{\varepsilon} \text{ 或 } \Delta\varphi=\frac{\rho}{\varepsilon} \tag{96}$$

当 $\rho=0$ 时的情形,就是没有电荷的情形,对于 $\varphi$ 得到拉普拉斯方程 $\Delta\varphi=0$.

**119. 拉普拉斯运算子在正交坐标系的表达式**

在[60]中我们考虑过空间的任何曲线坐标. 现在我们考虑这样的坐标的

一种特殊情形，就是容积单元表示成如[60]中所讲的平行六面体的形状是长方体的情形. 这种正交的曲线坐标的情形非常重要，并且在应用中也最常遇到.

设在空间中引用三个新的变量 $q_1, q_2, q_3$ 来替代笛卡儿坐标 $x, y, z$

$$\varphi(x,y,z)=q_1, \psi(x,y,z)=q_2, \omega(x,y,z)=q_3 \tag{97}$$

或者写成解出 $x, y, z$ 的形式

$$x=\varphi_1(q_1,q_2,q_3), y=\psi_1(q_1,q_2,q_3), z=\omega_1(q_1,q_2,q_3) \tag{98}$$

给新变量 $q_1, q_2$ 与 $q_3$ 以常数值 $A, B, C$，就得到三族曲坐标面. 这些新的曲坐标面在坐标系 $x, y, z$ 中的方程是

$$\begin{aligned} &\varphi(x,y,z)=A \quad (\text{I}) \\ &\psi(x,y,z)=B \quad (\text{II}) \\ &\omega(x,y,z)=C \quad (\text{III}) \end{aligned} \tag{99}$$

由不同的族中取出任何两个曲坐标面，例如，由族(Ⅱ)与(Ⅲ)中各取一个. 它们相交于某一条线，这条线的方程是

$$\psi(x,y,z)=B_0, \omega(x,y,z)=C_0$$

其中 $B_0$ 与 $C_0$ 是确定的常数. 沿这条线只是 $q_1$ 在改变，这样的线可以叫作坐标线 $q_1$. 由类似的方式可以得到坐标线 $q_2$ 与 $q_3$.

在新的坐标系下，我们来计算弧单元的平方

$$\begin{aligned} ds^2 &= dx^2+dy^2+dz^2 \\ &= \left(\frac{\partial\varphi_1}{\partial q_1}dq_1+\frac{\partial\varphi_1}{\partial q_2}dq_2+\frac{\partial\varphi_1}{\partial q_3}dq_3\right)^2+ \\ &\quad \left(\frac{\partial\psi_1}{\partial q_1}dq_1+\frac{\partial\psi_1}{\partial q_2}dq_2+\frac{\partial\psi_1}{\partial q_3}dq_3\right)^2+ \\ &\quad \left(\frac{\partial\omega_1}{\partial q_1}dq_1+\frac{\partial\omega_1}{\partial q_2}dq_2+\frac{\partial\omega_1}{\partial q_3}dq_3\right)^2 \end{aligned} \tag{100}$$

去掉括号，得到 $dq_1, dq_2, dq_3$ 的二次齐次多项式. 我们求在什么条件下这个多项式不含有不同的微分 $dq$ 的乘积的项.

例如，考虑表达式(100)中含有乘积 $dq_1dq_2$ 的项. 这样的乘积项的系数是

$$2\left(\frac{\partial\varphi_1}{\partial q_1}\cdot\frac{\partial\varphi_1}{\partial q_2}+\frac{\partial\psi_1}{\partial q_1}\cdot\frac{\partial\psi_1}{\partial q_2}+\frac{\partial\omega_1}{\partial q_1}\cdot\frac{\partial\omega_1}{\partial q_2}\right) \tag{101}$$

在新的坐标系中，容积单元介于三对曲坐标面间(图97). 它的基本顶点 $A$，对应于新的坐标的值是 $q_1, q_2, q_3$，由这点引出三个边 $AB, AC$ 与 $AD$. 沿 $AB$ 边只是 $q_1$ 改变，沿 $AC$ 边只是 $q_2$ 改变，沿 $AD$ 边只是 $q_3$ 改变. 考虑第一个与第二个边. 在第一个边上，函数(98)只是 $q_1$ 的函数，

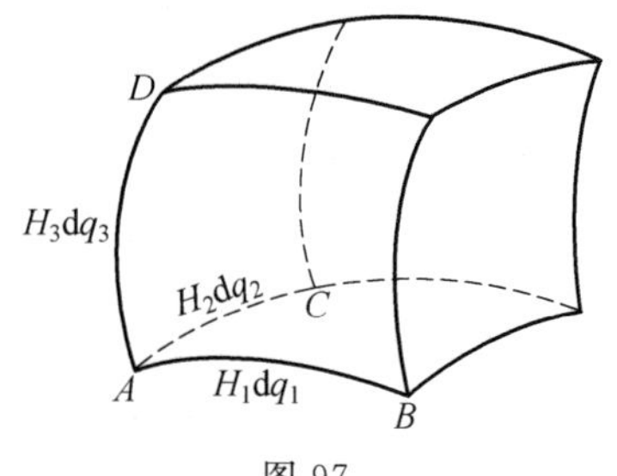

图 97

而且它的切线的方向余弦与

$$\frac{\partial\varphi_1}{\partial q_1},\frac{\partial\psi_1}{\partial q_1},\frac{\partial\omega_1}{\partial q_1}$$

成比例.

同理,第二个边的切线的方向余弦与

$$\frac{\partial\varphi_1}{\partial q_2},\frac{\partial\psi_1}{\partial q_2},\frac{\partial\omega_1}{\partial q_2}$$

成比例.

如此,令表达式(101)等于零就相当于使所考虑的两个边垂直.若要使得表达式(100)中 $\mathrm{d}q_1\mathrm{d}q_3$ 与 $\mathrm{d}q_2\mathrm{d}q_3$ 的系数都是零,就相当于使新的坐标容积单元的三个边互相垂直.如此,曲线坐标系正交的必要且充分条件是使表达式 $\mathrm{d}s^2$ 只含有微分的平方项,就是只含有带 $\mathrm{d}q_1^2,\mathrm{d}q_2^2,\mathrm{d}q_3^2$ 的项.

以下我们设曲线坐标是正交的.

这时,对于 $\mathrm{d}s^2$ 得到表达式

$$\mathrm{d}s^2=H_1^2\mathrm{d}q_1^2+H_2^2\mathrm{d}q_2^2+H_3^2\mathrm{d}q_3^2 \tag{102}$$

其中

$$\begin{cases}H_1^2=\left(\dfrac{\partial\varphi_1}{\partial q_1}\right)^2+\left(\dfrac{\partial\psi_1}{\partial q_1}\right)^2+\left(\dfrac{\partial\omega_1}{\partial q_1}\right)^2\\ H_2^2=\left(\dfrac{\partial\varphi_1}{\partial q_2}\right)^2+\left(\dfrac{\partial\psi_1}{\partial q_2}\right)^2+\left(\dfrac{\partial\omega_1}{\partial q_2}\right)^2\\ H_3^2=\left(\dfrac{\partial\varphi_1}{\partial q_3}\right)^2+\left(\dfrac{\partial\psi_1}{\partial q_3}\right)^2+\left(\dfrac{\partial\omega_1}{\partial q_3}\right)^2\end{cases} \tag{103}$$

注意,沿容积单元的每一边,只有一个变量改变,依照公式(102),我们得到这些边的长度

$$\mathrm{d}s_1=H_1\mathrm{d}q_1,\mathrm{d}s_2=H_2\mathrm{d}q_2,\mathrm{d}s_3=H_3\mathrm{d}q_3 \tag{104}$$

于是在新的坐标系中,容积单元就由下面的公式来表达

$$\mathrm{d}v=\mathrm{d}s_1\mathrm{d}s_2\mathrm{d}s_3=H_1H_2H_3\mathrm{d}q_1\mathrm{d}q_2\mathrm{d}q_3 \tag{105}$$

现在设在空间有一个向量场 $\boldsymbol{A}$.我们知道,在某一点 $M$,这个场的发散量由下面的公式表达[109]

$$\mathrm{div}\,\boldsymbol{A}=\lim_{(v_1)\to M}\frac{\displaystyle\iint_{(S_1)}A_n\mathrm{d}S}{v_1}$$

其中$(S_1)$是含有点 $M$ 且缩向这个点的某容积$(v_1)$的界面,而 $v_1$ 是这容积的大小.我们应用这个公式于曲坐标系 $q_1,q_2,q_3$ 中的容积单元,来确定这个场通过这容积的界面的流量.先确定通过左、右两个面的流量.在基本顶点 $A$,曲坐标的值是 $q_1,q_2,q_3$,而在右面上需要用$(q_1+\mathrm{d}q_1)$来替代 $q_1$,此外,在右面上向外

的法线的方向与曲坐标线 $q_1$ 的方向一致，而在左面上方向相反. 如此，在右面上沿向外法线的支量 $A_n$ 就是 $A_{q_1}$，而在左面上它是 $(-A_{q_1})$. 由于界面很小，沿这样的界面的曲面积分 $\iint A_n \mathrm{d}S$ 可以用被积函数与对应的界面面积的乘积来替代，如此，对于右、左两面的流量，我们得到表达式

$$A_{q_1} \mathrm{d}s_2 \mathrm{d}s_3 \mid_{q_1+\mathrm{d}q_1} \text{ 与 } -A_{q_1} \mathrm{d}s_2 \mathrm{d}s_3 \mid_{q_1}$$

而通过这两块界面的流量是

$$A_{q_1} \mathrm{d}s_2 \mathrm{d}s_3 \mid_{q_1+\mathrm{d}q_1} - A_{q_1} \mathrm{d}s_2 \mathrm{d}s_3 \mid_{q_1}$$

或者，依照公式(104)

$$\begin{aligned} &A_{q_1} H_2 H_3 \mathrm{d}q_2 \mathrm{d}q_3 \mid_{q_1+\mathrm{d}q_1} - A_{q_1} H_2 H_3 \mathrm{d}q_2 \mathrm{d}q_3 \mid_{q_1} \\ =& [H_2 H_3 A_{q_1} \mid_{q_1+\mathrm{d}q_1} - H_2 H_3 A_{q_1} \mid_{q_1}] \mathrm{d}q_2 \mathrm{d}q_3 \end{aligned}$$

用函数的微分来替代它的改变量，结果得到通过左、右两面的流量的表达式

$$\frac{\partial(H_2 H_3 A_{q_1})}{\partial q_1} \mathrm{d}q_1 \mathrm{d}q_2 \mathrm{d}q_3$$

同理，通过前、后两面的流量是

$$\frac{\partial(H_3 H_1 A_{q_2})}{\partial q_2} \mathrm{d}q_1 \mathrm{d}q_2 \mathrm{d}q_3$$

且通过上、下两面的流量是

$$\frac{\partial(H_1 H_2 A_{q_3})}{\partial q_3} \mathrm{d}q_1 \mathrm{d}q_2 \mathrm{d}q_3$$

由所得到的三个表达式相加，再用公式(105)中得到的容积单元的大小去除，就求出场 **A** 在正交曲坐标系中发散量的表达式

$$\operatorname{div} \mathbf{A} = \frac{1}{H_1 H_2 H_3} \left[ \frac{\partial(H_2 H_3 A_{q_1})}{\partial q_1} + \frac{\partial(H_3 H_1 A_{q_2})}{\partial q_2} + \frac{\partial(H_1 H_2 A_{q_3})}{\partial q_3} \right] \quad (106)$$

现在设场 **A** 是势量场，也就是某一个函数 $U(M)$ 的梯度场，$\mathbf{A} = \operatorname{grad} U$. 在这情形下，场的支量 $A_{q_1}$ 是函数 $U$ 沿方向 $q_1$ 的导数

$$A_{q_1} = \lim_{\Delta s_1 \to 0} \frac{\Delta U}{\Delta s_1} = \frac{1}{H_1} \frac{\partial U}{\partial q_1}$$

并且完全类似的

$$A_{q_2} = \frac{1}{H_2} \frac{\partial U}{\partial q_2}, A_{q_3} = \frac{1}{H_3} \frac{\partial U}{\partial q_3}$$

代入这些表达式到公式(106)中，就得到在正交曲坐标系中拉普拉斯运算子的表达式

$$\Delta U = \operatorname{div} \operatorname{grad} U = \frac{1}{II_1 II_2 II_3} \left[ \frac{\partial}{\partial q_1} \left( \frac{H_2 H_3}{H_1} \frac{\partial U}{\partial q_1} \right) + \right.$$

$$\left.\frac{\partial}{\partial q_2}\left(\frac{H_3 H_1}{H_2}\frac{\partial U}{\partial q_2}\right)+\frac{\partial}{\partial q_3}\left(\frac{H_1 H_2}{H_3}\frac{\partial U}{\partial q_3}\right)\right] \tag{107}$$

在坐标 $q_1,q_2,q_3$ 中，拉普拉斯方程 $\Delta U=0$ 就化为下面的形式

$$\frac{\partial}{\partial q_1}\left(\frac{H_2 H_3}{H_1}\frac{\partial U}{\partial q_1}\right)+\frac{\partial}{\partial q_2}\left(\frac{H_3 H_1}{H_2}\frac{\partial U}{\partial q_2}\right)+\frac{\partial}{\partial q_3}\left(\frac{H_1 H_2}{H_3}\frac{\partial U}{\partial q_3}\right)=0 \tag{108}$$

1. 球面坐标

在球面坐标的情形，公式(98)有下面的形状[59]

$$x=r\sin\theta\cos\varphi,y=r\sin\theta\sin\varphi,z=r\cos\theta$$

这里 $q_1=r,q_2=\theta,q_3=\varphi$. 计算 $\mathrm{d}s^2$

$$\begin{aligned}\mathrm{d}s^2=&(\sin\theta\cos\varphi\mathrm{d}r+r\cos\theta\cos\varphi\mathrm{d}\theta-r\sin\theta\sin\varphi\mathrm{d}\varphi)^2+\\&(\sin\theta\sin\varphi\mathrm{d}r+r\cos\theta\sin\varphi\mathrm{d}\theta+r\sin\theta\cos\varphi\mathrm{d}\varphi)^2+\\&(\cos\theta\mathrm{d}r-r\sin\theta\mathrm{d}\theta)^2\end{aligned}$$

或者，去掉括号

$$\mathrm{d}s^2=\mathrm{d}r^2+r^2\mathrm{d}\theta^2+r^2\sin^2\theta\mathrm{d}\varphi^2 \tag{109}$$

就是，$H_1=1,H_2=r,H_3=r\sin\theta$，这里 $0\leqslant\theta\leqslant\pi$，所以 $H_3\geqslant 0$. 代入到公式(108)中，得到在球面坐标系中的拉普拉斯方程

$$\frac{\partial}{\partial r}\left(r^2\sin\theta\frac{\partial U}{\partial r}\right)+\frac{\partial}{\partial\theta}\left(\sin\theta\frac{\partial U}{\partial\theta}\right)+\frac{\partial}{\partial\varphi}\left(\frac{1}{\sin\theta}\frac{\partial U}{\partial\varphi}\right)=0$$

或

$$\frac{\partial}{\partial r}\left(r^2\frac{\partial U}{\partial r}\right)+\frac{1}{\sin\theta}\frac{\partial}{\partial\theta}\left(\sin\theta\frac{\partial U}{\partial\theta}\right)+\frac{1}{\sin^2\theta}\frac{\partial^2 U}{\partial\varphi^2}=0 \tag{110}$$

我们求这个方程只依赖于向量半径的解. 这时需要设 $\frac{\partial U}{\partial\theta}=\frac{\partial U}{\partial\varphi}=0$，于是推知

$$\frac{\partial}{\partial r}\left(r^2\frac{\partial U}{\partial r}\right)=0$$

由此

$$r^2\frac{\partial U}{\partial r}=-C_1\text{ 或 }\frac{\partial U}{\partial r}=-\frac{C_1}{r^2}$$

求积分，就得到

$$U=\frac{C_1}{r}+C_2 \tag{111}$$

其中 $C_1$ 与 $C_2$ 是任意常数. 记作 $r$ 是变点 $M$ 到任何一个固定点 $M_0$ 的距离，这个定点我们可以在最初选择时定. 特别是当 $C_1=1$ 且 $C_2=0$ 时，我们有解 $\frac{1}{r}$，关于这个解我们在[87]中已经讲过.

2. 柱面坐标

在这情形下

$$x=\rho\cos\varphi, y=\rho\sin\varphi, z=z$$

所以 $q_1=\rho, q_2=\varphi, q_3=z$. 对于 $ds^2$ 就有

$$ds^2=d\rho^2+\rho^2 d\varphi^2+dz^2$$

由此 $H_1=1, H_2=\rho, H_3=1$，于是依照公式(108)，在柱面坐标中拉普拉斯方程是

$$\frac{\partial}{\partial\rho}\left(\rho\frac{\partial U}{\partial\rho}\right)+\frac{\partial}{\partial\varphi}\left(\frac{1}{\rho}\frac{\partial U}{\partial\varphi}\right)+\frac{\partial}{\partial z}\left(\rho\frac{\partial U}{\partial z}\right)=0$$

或

$$\frac{\partial}{\partial\rho}\left(\rho\frac{\partial U}{\partial\rho}\right)+\frac{1}{\rho}\frac{\partial^2 U}{\partial\varphi^2}+\rho\frac{\partial^2 U}{\partial z^2}=0 \tag{112}$$

像上面一样，不难证明，这个方程只依赖于点到 $OZ$ 的距离 $\rho$ 的解是

$$U=C_1\lg\rho+C_2 \tag{113}$$

设 $U$ 的值不依赖于 $z$，就是在所有的平行于平面 $XOY$ 的平面上的对应点 $U$ 有相同的值. 这时，只需考虑在一个平面 $XOY$ 上的值(平面的情形). 在这情形下，直角坐标的拉普拉斯方程是

$$\frac{\partial^2 U}{\partial x^2}+\frac{\partial^2 U}{\partial y^2}=0$$

在平面上作出极坐标 $(\rho,\varphi)$，根据公式(112)，得到方程

$$\frac{\partial}{\partial\rho}\left(\rho\frac{\partial U}{\partial\rho}\right)+\frac{1}{\rho}\frac{\partial^2 U}{\partial\varphi^2}=0$$

由表达式(113) 看出，在平面情形下，$\lg\rho$ 是拉普拉斯方程的解，其中 $\rho$ 是变点到任何一个固定点的距离. 自然可以取解 $\lg\frac{1}{\rho}=-\lg\rho$ 来替代 $\lg\rho$. 如此，在三维空间中，变点到某一定点的距离的倒数是拉普拉斯方程的基本解，而在平面情形下，这距离的倒数的对数或这个距离的对数是基本解.

**120. 对于变场情形求导数的运算**

设在空间中有某一数量场 $U(t,M)$ 或向量场 $\boldsymbol{A}(t,M)$，在这两种情形下，这个场都随时间的改变而改变，就是说，在每一个点，这个数量或向量是时间 $t$ 的函数. 此外，设整个空间在运动，它的运动由速度向量 $\boldsymbol{v}$ 的场来表现. 并且我们设向量 $\boldsymbol{v}$ 也依赖于时间.

我们来看当时间改变时 $U$ 的大小的改变. 可以分为下面两种方式来考虑.

1. 注意空间中确定的点，来确定在空间中这一点 $U$ 的大小的改变速率. 如此我们要求偏导数$\frac{\partial U}{\partial t}$，它可以叫作当地导数，因为它联系于空间确定的位置.

2. 我们也可以确定 $U$ 的大小的改变速率，应注意于运动介质(物质) 的确定的粒子. 这时，若对 $t$ 求导数，应当要注意到介质的这个点的运动，就是说，我

们求量 $t$ 的导数时,不仅是直接对 $t$ 来求,并且也要通过变点 $M$ 的坐标 $(x,y,z)$ 对 $t$ 来求. 在这情形下,我们要求全导数,或者有时叫作实质导数

$$\frac{\mathrm{d}U}{\mathrm{d}t}=\frac{\partial U}{\partial t}+\frac{\partial U}{\partial x}\frac{\mathrm{d}x}{\mathrm{d}t}+\frac{\partial U}{\partial y}\frac{\mathrm{d}y}{\mathrm{d}t}+\frac{\partial U}{\partial z}\frac{\mathrm{d}z}{\mathrm{d}t}$$
$$=\frac{\partial U}{\partial t}+\frac{\partial U}{\partial x}v_x+\frac{\partial U}{\partial y}v_y+\frac{\partial U}{\partial z}v_z$$

这可以写成下面较短的形式

$$\frac{\mathrm{d}U}{\mathrm{d}t}=\frac{\partial U}{\partial t}+\boldsymbol{v}\cdot\operatorname{grad}U \tag{114}$$

在[114]中我们已经有过实质导数的例子,在其中我们考虑过运动的连续介质的粒子的密度对时间的全导数.

同样,对于运动介质中的变向量 $\boldsymbol{A}(t,M)$,有下面的公式成立

$$\frac{\mathrm{d}\boldsymbol{A}}{\mathrm{d}t}=\frac{\partial\boldsymbol{A}}{\partial t}+\frac{\partial\boldsymbol{A}}{\partial x}v_x+\frac{\partial\boldsymbol{A}}{\partial y}v_y+\frac{\partial\boldsymbol{A}}{\partial z}v_z$$

或

$$\frac{\mathrm{d}\boldsymbol{A}}{\mathrm{d}t}=\frac{\partial\boldsymbol{A}}{\partial t}+(\boldsymbol{v}\operatorname{grad})\boldsymbol{A} \tag{115}$$

其中符号 $(\boldsymbol{v}\operatorname{grad})$ 有下面的意义

$$(\boldsymbol{v}\operatorname{grad})=v_x\frac{\partial}{\partial x}+v_y\frac{\partial}{\partial y}+v_z\frac{\partial}{\partial z}$$

在公式(114)与(115)中的第一项,就是对时间的偏导数,表现出在给定的位置这个量的改变,而第二项表现出这介质运动的结果.

现在我们讲几个公式,这些公式是关于求沿运动的介质中某一区域的积分的导数的. 在这情形下,积分的大小对 $t$ 的依赖性有以下两个方面:(1) 被积函数依赖于 $t$;(2) 积分区域随时间 $t$ 改变. 当计算对 $t$ 的导数时,我们可以把这种对 $t$ 的双重依赖性算作对两个变量的依赖性,而应用求复合函数的导数的法则[I,69]. 这主要在于引用无穷小作用的重叠原理. 积分对 $t$ 的导数由两项组成:第一项,计算时假定积分区域不变,单纯来确定被积函数对 $t$ 的导数[80];第二项,只考虑积分区域的改变,计算它时,算作被积函数不随时间改变.

我们来考虑下列情形.

1. 设 $(v)$ 是某一个变容积,$U(t,M)$ 是一个数量函数. 我们来建立关于导数

$$\frac{\mathrm{d}}{\mathrm{d}t}\iiint\limits_{(v)}U\mathrm{d}v$$

的公式.

容积 $(v)$ 的界面 $(S)$ 的每一单元 $\mathrm{d}S$,在时间区间 $\mathrm{d}t$ 中,描出一个容积 $\mathrm{d}tv_n\mathrm{d}S$,其中 $(n)$ 是曲面 $(S)$ 的向外的法线方向[114].

这样的容积的改变量乘以对应的被积函数的大小,沿整个曲面 $(S)$ 相加起

来，就得到由于容积(v)的改变，这积分的大小的改变量①

$$\mathrm{d}t\iint_{(S)}Uv_n\mathrm{d}S$$

用 $\mathrm{d}t$ 除，再加上由于被积函数改变而产生的一项，就得到这积分的导数的表达式

$$\frac{\mathrm{d}}{\mathrm{d}t}\iiint_{(v)}U\mathrm{d}v=\iiint_{(v)}\frac{\partial U}{\partial t}\mathrm{d}v+\iint_{(S)}Uv_n\mathrm{d}S$$

由此，应用奥斯特洛格拉得斯基公式，就有

$$\frac{\mathrm{d}}{\mathrm{d}t}\iiint_{(v)}U\mathrm{d}v=\iiint_{(v)}\left[\frac{\partial U}{\partial t}+\mathrm{div}(U\boldsymbol{v})\right]\mathrm{d}v\tag{116}$$

依照公式(114)，用通过 $\frac{\mathrm{d}U}{\mathrm{d}t}$ 表达的表达式来替换 $\frac{\partial U}{\partial t}$，并利用公式(57′)[112]有

$$\mathrm{div}(U\boldsymbol{v})=U\mathrm{div}\,\boldsymbol{v}+\boldsymbol{v}\cdot\mathrm{grad}\,U$$

公式(116)可以写成下面的形状

$$\frac{\mathrm{d}}{\mathrm{d}t}\iiint_{(v)}U\mathrm{d}v=\iiint_{(v)}\left[\frac{\mathrm{d}U}{\mathrm{d}t}+U\mathrm{div}\,\boldsymbol{v}\right]\mathrm{d}v\tag{117}$$

2. 现在考虑变向量场 $\boldsymbol{A}(t,M)$ 通过运动的曲面(S)的流量的导数

$$\frac{\mathrm{d}}{\mathrm{d}t}\iint_{(S)}A_n\mathrm{d}S$$

这里(S)是运动介质中的某一个曲面，而(n)是(S)的确定的法线方向. 在导数的未知的表达式中，一项是

$$\iint_{(S)}\frac{\partial A_n}{\partial t}\mathrm{d}S\tag{118}$$

现在来确定第二项，就是由于这曲面运动产生的一项. 设(l)是这曲面的界线，$\mathrm{d}\boldsymbol{s}$ 是这个界线的有向单元，以后我们再确定界线(l)的方向(图 98). 在时间区间 $\mathrm{d}t$ 中曲面(S)描出一个容积($\delta V$)，它以三个曲面为界：曲面(S)在时刻 $t$ 的位置($S_t$)，曲面(S)在时刻 $t+\mathrm{d}t$ 的位置($S_{t+\mathrm{d}t}$)，以及在时间区间 $\mathrm{d}t$ 中界线(l)所描出的曲面(S′). 曲面(S′)的面积单元是

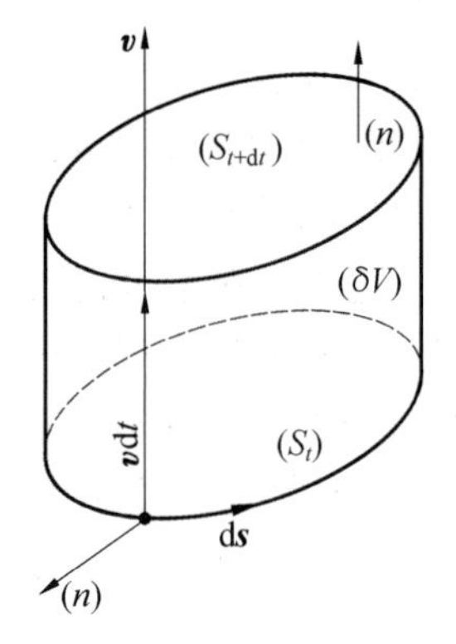

图 98

$$\mathrm{d}S'=|\mathrm{d}\boldsymbol{s}\times\boldsymbol{v}|\mathrm{d}t$$

① 若方向 $\boldsymbol{v}$ 与(n)之间的角是钝角，则 $v_n$ 是负的量，于是容积的改变量 $\mathrm{d}tv_n\mathrm{d}S$ 也就是负的.

设$(n)$是$(S_t)$与$(S_{t+dt})$上的法线方向，取在相同的一侧，而设在$(S_{t+dt})$上它的方向是由容积$(\delta V)$向外的.$(S')$上的法线方向也记作$(n)$，对于$(\delta V)$来讲也是向外的，并且给$(l)$以这样的方向，使得$\mathrm{d}\boldsymbol{s}$，$\boldsymbol{v}$和$(S')$上的$(n)$具有与坐标轴相同的定转向. 这时显然

$$A_n \mathrm{d}S' = \boldsymbol{A} \cdot (\mathrm{d}\boldsymbol{s} \times \boldsymbol{v}) \mathrm{d}t$$

所以由奥斯特洛格拉得斯基公式得到

$$\iint_{(S_{t+dt})} A_n \mathrm{d}S - \iint_{(S_t)} A_n \mathrm{d}S + \mathrm{d}t \int_{(l)} \boldsymbol{A} \cdot (\mathrm{d}\boldsymbol{s} \times \boldsymbol{v}) = \iiint_{(\delta V)} \mathrm{div}\, \boldsymbol{A} \mathrm{d}v \tag{119}$$

沿$(S_t)$的积分前的(—)号是由于$(S_t)$上的法线指向$(\delta V)$内. 不过，由[105]知道

$$\boldsymbol{A} \cdot (\mathrm{d}\boldsymbol{s} \times \boldsymbol{v}) = \mathrm{d}\boldsymbol{s} \cdot (\boldsymbol{v} \times \boldsymbol{A}) = (\boldsymbol{v} \times \boldsymbol{A})_s \mathrm{d}s$$

其中$(\boldsymbol{v} \times \boldsymbol{A})_s$是$\boldsymbol{v} \times \boldsymbol{A}$在$\mathrm{d}\boldsymbol{s}$的方向上的投影，于是依照司铎克斯公式推知

$$\int_{(l)} \boldsymbol{A} \cdot (\mathrm{d}\boldsymbol{s} \times \boldsymbol{v}) = \int_{(l)} (\boldsymbol{v} \times \boldsymbol{A})_s \mathrm{d}s = \iint_{(S_t)} \mathrm{rot}_n (\boldsymbol{v} \times \boldsymbol{A}) \mathrm{d}S$$

分容积$(\delta V)$为容积单元$\mathrm{d}v = v_n \mathrm{d}S\mathrm{d}t$，其中$\mathrm{d}S$是曲面$(S_t)$的面积单元，由公式(119)我们得到

$$\iint_{(S_{t+dt})} A_n \mathrm{d}S - \iint_{(S_t)} A_n \mathrm{d}S = \mathrm{d}t \iint_{(S_t)} [v_n \mathrm{div}\, \boldsymbol{A} - \mathrm{rot}_n (\boldsymbol{v} \times \boldsymbol{A})] \mathrm{d}S$$

两边用$\mathrm{d}t$除再取极限，我们就得到由于曲面$(S)$的运动而产生的导数表达式中的那一项. 再加上另一项(118)，结果得到

$$\frac{\mathrm{d}}{\mathrm{d}t} \iint_{(S)} A_n \mathrm{d}S = \iint_{(S)} \left[ \frac{\partial A_n}{\partial t} + v_n \mathrm{div}\, \boldsymbol{A} + \mathrm{rot}_n (\boldsymbol{A} \times \boldsymbol{v}) \right] \mathrm{d}S \tag{120}$$

若$(S)$是封闭曲面，在导数的表达式中含有$\mathrm{rot}_n (\boldsymbol{A} \times \boldsymbol{v})$的一项就没有了，对应于这种情形的公式可以由公式(116)直接推出. 实际上，设$(v)$是介于封闭曲面$(S)$的变容积，利用奥斯特洛格拉得斯基公式及公式(116)，得到

$$\begin{aligned}\frac{\mathrm{d}}{\mathrm{d}t} \iint_{(S)} A_n \mathrm{d}S &= \frac{\mathrm{d}}{\mathrm{d}t} \iiint_{(v)} \mathrm{div}\, \boldsymbol{A} \mathrm{d}v = \iiint_{(v)} \left[ \frac{\partial}{\partial t} \mathrm{div}\, \boldsymbol{A} + \mathrm{div}(\boldsymbol{v} \mathrm{div}\, \boldsymbol{A}) \right] \mathrm{d}v \\ &= \iiint_{(v)} \mathrm{div} \left[ \frac{\partial \boldsymbol{A}}{\partial t} + \boldsymbol{v} \mathrm{div}\, \boldsymbol{A} \right] \mathrm{d}v = \iint_{(S)} \left( \frac{\partial A_n}{\partial t} + v_n \mathrm{div}\, \boldsymbol{A} \right) \mathrm{d}S\end{aligned}$$

3. 现在来求变向量沿一个运动的曲线的循环量的导数

$$\frac{\mathrm{d}}{\mathrm{d}t} \int_{(l)} A_s \mathrm{d}s$$

像以上一样，未知表达式中有一项是

$$\int_{(l)} \frac{\partial A_s}{\partial t} \mathrm{d}s \tag{121}$$

现在来确定由于这曲线的运动所产生的另一项. 在时间区间$\mathrm{d}t$中，曲线$(l)$

描出曲面$(\delta S)$，它以四条曲线为界(图 99)：曲线 $A_1A_2$ 是曲线$(l)$ 在时刻 $t$ 的位置$(l_t)$，曲线 $B_1B_2$ 是曲线$(l)$ 在时刻 $t+\mathrm{d}t$ 的位置$(l_{t+\mathrm{d}t})$. 最后，曲线 $A_1B_1$ 与 $A_2B_2$ 是曲线$(l)$ 的端点 $A_1$ 与 $A_2$ 在时间区间 $\mathrm{d}t$ 中描出的曲线. 由司铎克斯公式给出

$$\int_{(l_t)} A_s \mathrm{d}s + \int_{(A_2B_2)} A_s \mathrm{d}s - \int_{(l_{t+\mathrm{d}t})} A_s \mathrm{d}s + \int_{(B_1A_1)} A_s \mathrm{d}s = \iint_{(\delta S)} \mathrm{rot}_n \boldsymbol{A} \mathrm{d}S \quad (122)$$

这里沿$(l_t)$ 与$(l_{t+\mathrm{d}t})$ 的积分各取由 $A_1$ 与 $B_1$ 到 $A_2$ 与 $B_2$ 的方向，$(n)$ 是$(\delta S)$ 的法线方向，使得$(l_t)$ 上的向量 $\mathrm{d}\boldsymbol{s}$，$\boldsymbol{v}$，$(n)$ 与坐标轴有相同的定转向. 沿很小的曲线 $A_2B_2$ 和 $B_1A_1$ 的积分都可以用一个单元来替代，就是被积函数的大小与积分弧长的乘积. 对于向量 $\boldsymbol{A}$ 与很小的改变量 $\boldsymbol{v}\mathrm{d}t$ 的数量积我们得到

$$\boldsymbol{A}^{(2)} \cdot \boldsymbol{v}^{(2)} \mathrm{d}t \text{ 与 } -\boldsymbol{A}^{(1)} \cdot \boldsymbol{v}^{(1)} \mathrm{d}t$$

其中(—) 号是由于沿曲线 $B_1A_1$ 求积分时是由点 $B_1$ 到 $A_1$ 的，就是与 $\boldsymbol{v}$ 的方向相反的，上边的附标说明对应的量需要取在点 $A_1$ 与 $A_2$ 的值.

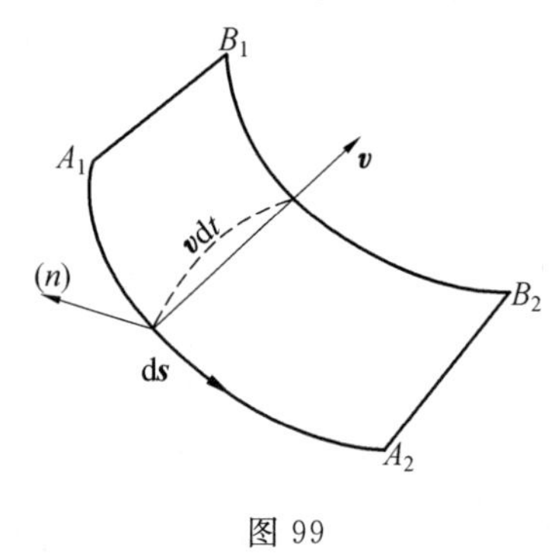


图 99

曲面的面积单元 $\mathrm{d}S$ 是

$$\mathrm{d}S = |\mathrm{d}\boldsymbol{s} \times \boldsymbol{v}| \mathrm{d}t$$

而曲面的法线$(n)$ 就有向量 $\mathrm{d}\boldsymbol{s} \times \boldsymbol{v}$ 的方向，所以显然

$$\mathrm{rot}_n \boldsymbol{A} \mathrm{d}S = (\mathrm{d}\boldsymbol{s} \times \boldsymbol{v}) \cdot \mathrm{rot}\, \boldsymbol{A} \mathrm{d}t = (\boldsymbol{v} \times \mathrm{rot}\, \boldsymbol{A}) \cdot \mathrm{d}\boldsymbol{s} \mathrm{d}t$$

于是公式(122) 给出

$$\int_{(l_{t+\mathrm{d}t})} A_s \mathrm{d}s - \int_{(l_t)} A_s \mathrm{d}s = \boldsymbol{A}^{(2)} \cdot \boldsymbol{v}^{(2)} \mathrm{d}t - \boldsymbol{A}^{(1)} \cdot \boldsymbol{v}^{(1)} \mathrm{d}t + \mathrm{d}t \int_{(l_t)} (\mathrm{rot}\, \boldsymbol{A} \times \boldsymbol{v})_s \mathrm{d}s$$

两边用 $\mathrm{d}t$ 除再取极限，再加上一项(121)，就得到关于导数的未知表达式，这里我们简写成$(l)$ 以替代$(l_t)$

$$\frac{\mathrm{d}}{\mathrm{d}t} \int_{(l)} A_s \mathrm{d}s = \boldsymbol{A}^{(2)} \cdot \boldsymbol{v}^{(2)} - \boldsymbol{A}^{(1)} \cdot \boldsymbol{v}^{(1)} + \int_{(l)} \left[ \frac{\partial A_s}{\partial t} + (\mathrm{rot}\, \boldsymbol{A} \times \boldsymbol{v})_s \right] \mathrm{d}s \quad (123)$$

若曲线$(l)$ 是封闭的，则积分以外的两项相等，于是我们得到

$$\frac{\mathrm{d}}{\mathrm{d}t} \int_{(l)} A_s \mathrm{d}s = \int_{(l)} \left[ \frac{\partial A_s}{\partial t} + (\mathrm{rot}\, \boldsymbol{A} \times \boldsymbol{v})_s \right] \mathrm{d}s \quad (124)$$

这个公式可以用较简单的方法求出来,先依照司铎克斯公式化为曲面积分,再应用公式(120).

我们再考虑速度沿着某一个运动的界线$(l)$ 的循环量.依照公式(123) 有

$$\frac{\mathrm{d}}{\mathrm{d}t}\int_{(l)} v_s \mathrm{d}s = \boldsymbol{v}^{(2)} \cdot \boldsymbol{v}^{(2)} - \boldsymbol{v}^{(1)} \cdot \boldsymbol{v}^{(1)} + \int_{(l)} \left[\frac{\partial v_s}{\partial t} + (\mathrm{rot}\ \boldsymbol{v} \times \boldsymbol{v})_s\right] \mathrm{d}s$$

$$= |\boldsymbol{v}^{(2)}|^2 - |\boldsymbol{v}^{(1)}|^2 + \int_{(l)} \left[\frac{\partial v_s}{\partial t} + (\mathrm{rot}\ \boldsymbol{v} \times \boldsymbol{v})_s\right] \mathrm{d}s \qquad (125)$$

向量 $\mathrm{rot}\ \boldsymbol{v} \times \boldsymbol{v}$ 沿 $OX$ 轴的支量是

$$(\mathrm{rot}\ \boldsymbol{v} \times \boldsymbol{v})_x = \left(\frac{\partial v_x}{\partial z} - \frac{\partial v_z}{\partial x}\right) v_z - \left(\frac{\partial v_y}{\partial x} - \frac{\partial v_x}{\partial y}\right) v_y$$

去掉括号,加减一项$\frac{\partial v_x}{\partial x} v_x$,可以写成

$$(\mathrm{rot}\ \boldsymbol{v} \times \boldsymbol{v})_x = \frac{\partial v_x}{\partial x} v_x + \frac{\partial v_x}{\partial y} v_y + \frac{\partial v_x}{\partial z} v_z - \left(\frac{\partial v_x}{\partial x} v_x + \frac{\partial v_y}{\partial x} v_y + \frac{\partial v_z}{\partial x} v_z\right)$$

于是,利用公式(115),不难得到

$$\mathrm{rot}\ \boldsymbol{v} \times \boldsymbol{v} = \frac{\mathrm{d}\boldsymbol{v}}{\mathrm{d}t} - \frac{\partial \boldsymbol{v}}{\partial t} - \frac{1}{2}\mathrm{grad}\ |\boldsymbol{v}|^2 = \boldsymbol{w} - \frac{\partial \boldsymbol{v}}{\partial t} - \frac{1}{2}\mathrm{grad}\ |\boldsymbol{v}|^2$$

其中 $\boldsymbol{w}$ 是加速度向量.代入到公式(125) 中,就有

$$\frac{\mathrm{d}}{\mathrm{d}t}\int_{(l)} v_s \mathrm{d}s = |\boldsymbol{v}^{(2)}|^2 - |\boldsymbol{v}^{(1)}|^2 + \int_{(l)} \left(w_s - \frac{1}{2}\mathrm{grad}_s\ |\boldsymbol{v}|^2\right) \mathrm{d}s$$

$$= \frac{1}{2}[|\boldsymbol{v}^{(2)}|^2 - |\boldsymbol{v}^{(1)}|^2] + \int_{(l)} w_s \mathrm{d}s \qquad (126)$$

因为显然

$$\int_{(l)} \mathrm{grad}_s\ |\boldsymbol{v}|^2 \mathrm{d}s = |\boldsymbol{v}^{(2)}|^2 - |\boldsymbol{v}^{(1)}|^2$$

# 微分几何基础

# 第5章

### 121. 平面曲线，它的曲率与渐屈线

在这一章中我们讲曲线与曲面理论的基础，由讨论平面曲线开始，然后再讲空间的曲线与曲面. 我们利用向量来讨论，所以读者必须彻底回忆上一章中的前几段，一直到讲向量的微分法那一段. 现在先证明一个预备定理.

**预备定理　设 $\boldsymbol{A}$ 是依赖于数量性参变量 $t$ 且长度为 1 的向量(单位向量)，则 $\frac{\mathrm{d}\boldsymbol{A}}{\mathrm{d}t}\cdot\boldsymbol{A}$ 等于零，就是说 $\frac{\mathrm{d}\boldsymbol{A}}{\mathrm{d}t}\perp\boldsymbol{A}$.**

实际上，依照所设条件，$\boldsymbol{A}\cdot\boldsymbol{A}=1$，由这等式对 $t$ 求导数，就得到

$$\frac{\mathrm{d}\boldsymbol{A}}{\mathrm{d}t}\cdot\boldsymbol{A}+\boldsymbol{A}\cdot\frac{\mathrm{d}\boldsymbol{A}}{\mathrm{d}t}=0$$

根据数量积不依赖于因子的顺序，就有

$$\frac{\mathrm{d}\boldsymbol{A}}{\mathrm{d}t}\cdot\boldsymbol{A}=0\text{，就是}\frac{\mathrm{d}\boldsymbol{A}}{\mathrm{d}t}\perp\boldsymbol{A}$$

这里显然，只当向量 $\frac{\mathrm{d}\boldsymbol{A}}{\mathrm{d}t}$ 不等于零时，条件 $\frac{\mathrm{d}\boldsymbol{A}}{\mathrm{d}t}\perp\boldsymbol{A}$ 才有意义.

设在平面上有某一条曲线$(L)$，且这曲线上的变点 $M$ 的位置由一个数量性参变量 $t$ 来确定. 我们可以用由某一定点 $O$ 到这曲线上的变点的向量半径 $\boldsymbol{r}(t)$ 来描绘这个曲线(图 100). 正如我们在[107]中所见到的一样，导数 $\frac{\mathrm{d}\boldsymbol{r}}{\mathrm{d}t}$ 给出的向量的方向是

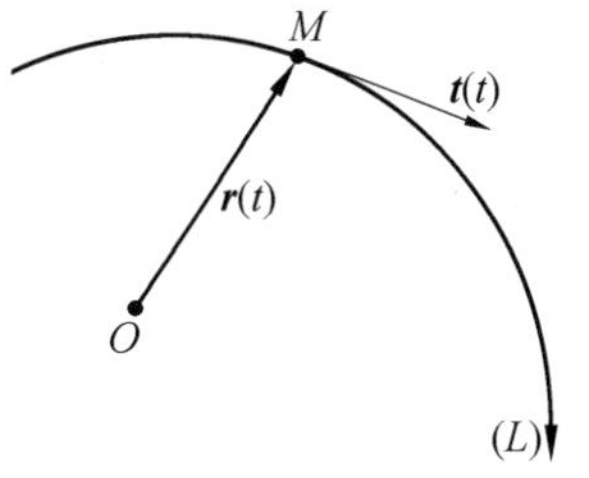

沿着曲线的切线的，并且若取曲线的弧长 $s$ 作参变量，则弧长是由曲线上一个定点依照指定的方向来计算的，且导数$\frac{\mathrm{d}\boldsymbol{r}}{\mathrm{d}s}$ 给出切线的单位向量 $\boldsymbol{t}$，它的方向与沿着这曲线参变量 $s$ 增加的方向一致

$$\frac{\mathrm{d}\boldsymbol{r}}{\mathrm{d}s}=\boldsymbol{t} \tag{1}$$

图 100

单位切线向量对 $s$ 的导数叫作曲率向量

$$\boldsymbol{N}=\frac{\mathrm{d}\boldsymbol{t}}{\mathrm{d}s} \tag{2}$$

这个向量的长度表现出向量 $\boldsymbol{t}$ 的方向改变的快慢，它叫作曲线的曲率.

根据已经证明的预备定理，曲率向量垂直于切线，就是说，它在沿法线的方向.

此外，由它的定义直接推知，它的方向指向曲线的凹侧，因为当 $\Delta s>0$ 时，差 $\boldsymbol{t}(s+\Delta s)-\boldsymbol{t}(s)$ 的方向指向这一侧(图 101).

我们已经说过，向量 $\boldsymbol{N}$ 的长度叫作曲线的曲率，如果引用记号

$$|\boldsymbol{N}|=\frac{1}{\rho} \tag{3}$$

则量 $\rho$，即曲率的倒数，叫作曲率半径. 我们来考虑单位曲率向量 $\boldsymbol{n}$，就是方向与 $\boldsymbol{N}$ 一致且长度为一的向量.

根据公式(3) 就有

$$\boldsymbol{N}=\frac{1}{\rho}\boldsymbol{n} \tag{4}$$

我们在 $\boldsymbol{n}$ 的方向，即沿法线上指向曲线凹侧的方向，作一个线段 $MC$，令它的长度等于在点 $M$ 的曲率半径 $\rho$(图 102). 它的端点 $C$ 叫作曲线在点 $M$ 的曲率中心. 若点 $M$ 沿着曲线$(L)$ 移动，则点 $C$ 改变位置并且画出某一条曲线$(L_1)$，它叫作曲线$(L)$ 的渐屈线，就是说，曲线的曲率中心的轨迹叫作这曲线的渐屈线.

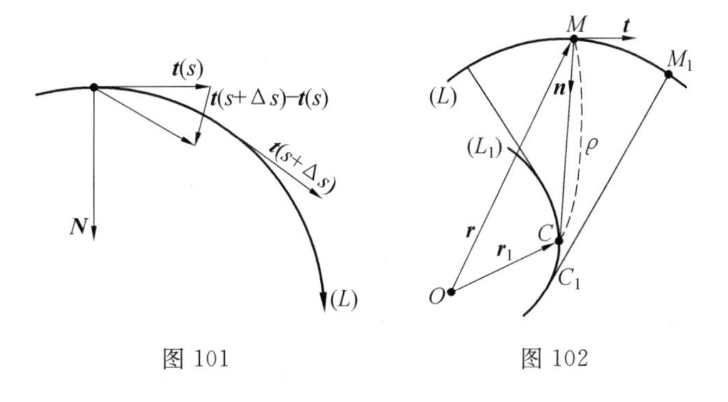


图 101　　图 102

为了以下的讨论，我们必须确定导数$\frac{\mathrm{d}\boldsymbol{n}}{\mathrm{d}s}$. 向量 $\boldsymbol{n}$ 即是单位向量，于是$\frac{\mathrm{d}\boldsymbol{n}}{\mathrm{d}s}\perp\boldsymbol{n}$，就是$\frac{\mathrm{d}\boldsymbol{n}}{\mathrm{d}s}$与切线平行. 由明显的等式 $\boldsymbol{t}\cdot\boldsymbol{n}=0$ 对 $s$ 求导数，就有

$$\boldsymbol{N}\cdot\boldsymbol{n}+\boldsymbol{t}\cdot\frac{\mathrm{d}\boldsymbol{n}}{\mathrm{d}s}=0$$

但因向量 $\boldsymbol{N}$ 与 $\boldsymbol{n}$ 方向一致，并且根据公式(4)，$\boldsymbol{N}\cdot\boldsymbol{n}=\frac{1}{\rho}$，所以由最后这个等式推知 $\boldsymbol{t}\cdot\frac{\mathrm{d}\boldsymbol{n}}{\mathrm{d}s}=-\frac{1}{\rho}$. 对照向量 $\boldsymbol{t}$ 与$\frac{\mathrm{d}\boldsymbol{n}}{\mathrm{d}s}$的平行性，就得到$\frac{\mathrm{d}\boldsymbol{n}}{\mathrm{d}s}$与 $\boldsymbol{t}$ 的方向相反，而$\frac{\mathrm{d}\boldsymbol{n}}{\mathrm{d}s}$的长度等于$\frac{1}{\rho}$，就是说

$$\frac{\mathrm{d}\boldsymbol{n}}{\mathrm{d}s}=-\frac{1}{\rho}\boldsymbol{t} \tag{5}$$

像以上一样，设 $\boldsymbol{r}$ 与 $s$ 各为曲线($L$) 的向量半径与弧长，而 $\boldsymbol{r}_1$ 与 $s_1$ 各为渐屈线($L_1$) 的向量半径与弧长. 由等式(图 102)

$$\boldsymbol{r}_1=\boldsymbol{r}+\rho\boldsymbol{n}$$

对 $s$ 求导数，得到

$$\frac{\mathrm{d}\boldsymbol{r}_1}{\mathrm{d}s}=\boldsymbol{t}+\frac{\mathrm{d}\rho}{\mathrm{d}s}\boldsymbol{n}+\rho\frac{\mathrm{d}\boldsymbol{n}}{\mathrm{d}s}$$

根据公式(5)，就有

$$\frac{\mathrm{d}\boldsymbol{r}_1}{\mathrm{d}s}=\boldsymbol{t}+\frac{\mathrm{d}\rho}{\mathrm{d}s}\boldsymbol{n}-\boldsymbol{t},\text{就是}\frac{\mathrm{d}\boldsymbol{r}_1}{\mathrm{d}s}=\frac{\mathrm{d}\rho}{\mathrm{d}s}\boldsymbol{n} \tag{6}$$

这公式右边是一个向量，沿($L$) 的法线方向，左边是一个向量，沿渐屈线的切线方向，于是推知，曲线($L$) 的法线与渐屈线的切线平行. 不过这两条线都通过同一点 $C$，所以它们应当重合，于是我们得到渐屈线的第一个性质：曲线的法线与渐屈线在对应点相切.

回忆曲线族的包络的定义，我们就可以得出渐屈线的第二个性质：渐屈线是曲线的法线族的包络.

渐屈线的自然的参变量就是它的弧长 $s_1$，依照求复合函数的导数的法则

$$\frac{\mathrm{d}\boldsymbol{r}_1}{\mathrm{d}s}=\frac{\mathrm{d}\boldsymbol{r}_1}{\mathrm{d}s_1}\cdot\frac{\mathrm{d}s_1}{\mathrm{d}s}=\frac{\mathrm{d}s_1}{\mathrm{d}s}\boldsymbol{t}_1$$

其中 $\boldsymbol{t}_1$ 是渐屈线的单位切线向量. 代入到公式(6) 中我们得到

$$\frac{\mathrm{d}s_1}{\mathrm{d}s}\boldsymbol{t}_1=\frac{\mathrm{d}\rho}{\mathrm{d}s}\boldsymbol{n}$$

由此，比较这等式两边的向量的长度，就有

$$\left|\frac{\mathrm{d}s_1}{\mathrm{d}s}\right|=\left|\frac{\mathrm{d}\rho}{\mathrm{d}s}\right|,\text{就是}\ |\mathrm{d}s_1|=|\mathrm{d}\rho|$$

为简单起见,设在所考虑的一段曲线及其渐屈线上,$s_1$ 与 $\rho$ 的大小一齐增加,就可以写成 $\mathrm{d}s_1=\mathrm{d}\rho$①. 对于这个关系式沿着所考虑的曲线段求积分,就得到渐屈线的弧长的改变量与原来的曲线的曲率半径的改变量相同. 如此,我们就得到渐屈线的第三个性质:在曲率半径单调改变的一段上,它的改变量等于渐屈线的弧长在对应点间的改变量. 在图 102 的情形下,这个性质可以用下面这等式来表达:$M_1C_1-MC=\overset{\frown}{CC_1}$.

在平面上选定坐标轴 $OX$ 与 $OY$,设 $\varphi$ 是切线 $\boldsymbol{t}$ 的方向与 $OX$ 轴作成的角度. 通过支量来表达单位向量,我们就有

$$\boldsymbol{t}=\cos\varphi\boldsymbol{i}\sin\varphi\boldsymbol{j}$$

其中 $\boldsymbol{i}$ 与 $\boldsymbol{j}$ 各为沿 $OX$ 轴与 $OY$ 轴的单位向量. 由上面这等式对 $s$ 求导数

$$\boldsymbol{N}=-\sin\varphi\frac{\mathrm{d}\varphi}{\mathrm{d}s}\boldsymbol{i}+\cos\varphi\frac{\mathrm{d}\varphi}{\mathrm{d}s}\boldsymbol{j}$$

由此求出曲率向量的长度的平方是

$$\frac{1}{\rho^2}=\left(-\sin\varphi\frac{\mathrm{d}\varphi}{\mathrm{d}s}\right)^2+\left(\cos\varphi\frac{\mathrm{d}\varphi}{\mathrm{d}s}\right)^2$$

或

$$\frac{1}{\rho}=\left|\frac{\mathrm{d}\varphi}{\mathrm{d}s}\right|$$

如此我们就得到在[I,71]中已经讲过的曲率的表达式.

设给定了曲线$(L)$的显式方程

$$y=f(x) \tag{7}$$

这曲线的法线族就具有方程

$$Y-y=-\frac{1}{y'}(X-x)\text{ 或 }(X-x)+y'(Y-y)=0 \tag{8}$$

这里,$(X,Y)$是法线的变动坐标,$(x,y)$是曲线$(L)$上点 $M$ 的坐标,并且 $y$ 是 $x$ 的函数(7). 如此,曲线上的变点的横坐标 $x$ 在法线族的方程(8)中就有参变量的作用. 应用普通求包络的法则[10]于法线族(8)时,我们应当写出两个方程:一个是方程(8),另一个是由方程(8)对参变量 $x$ 求导数得到的新方程

$$\begin{cases}(X-x)+y'(Y-y)=0\\-1+y''(Y-y)-y'^2=0\end{cases} \tag{9}$$

由这两个方程消去参变量 $x$,就得到一个联系 $X$ 与 $Y$ 的方程. 这就是法线族的包络的方程,也就是渐屈线的方程. 也可以用另一个作法,就是由方程组(9)解出 $X$ 与 $Y$,通过参变量 $x$ 来表达,这就得到渐屈线的参变方程

① 设 $\rho$ 单调增加,总可以选择计算 $s_1$ 的方向,以使得 $s_1$ 与 $\rho$ 一齐单调增加.

$$X=x-\frac{y'(1+y'^2)}{y''},Y=y+\frac{1+y'^2}{y''} \tag{10}$$

若已知的是曲线$(L)$的参变方程，则在公式(10)中$y$对$x$的导数就需要通过微分来表达[I,74]

$$y'=\frac{\mathrm{d}y}{\mathrm{d}x},y''=\frac{\mathrm{d}\left(\frac{\mathrm{d}y}{\mathrm{d}x}\right)}{\mathrm{d}x}=\frac{\mathrm{d}^2y\mathrm{d}x-\mathrm{d}^2x\mathrm{d}y}{\mathrm{d}x^3}$$

把这两个表达式代入到公式(10)中，就得到在这情形下渐屈线的参变方程

$$X=x-\frac{\mathrm{d}y(\mathrm{d}x^2+\mathrm{d}y^2)}{\mathrm{d}^2y\mathrm{d}x-\mathrm{d}^2x\mathrm{d}y},Y=y+\frac{\mathrm{d}x(\mathrm{d}x^2+\mathrm{d}y^2)}{\mathrm{d}^2y\mathrm{d}x-\mathrm{d}^2x\mathrm{d}y} \tag{11}$$

**例1** 求椭圆

$$\frac{x^2}{a^2}+\frac{y^2}{b^2}=1 \quad (a>b)$$

的渐屈线.

写出椭圆的参变方程

$$x=a\cos t,y=b\sin t$$

代入到方程(11)中，作出简单的计算

$$X=\frac{a^2-b^2}{a}\cos^3 t$$

$$Y=-\frac{a^2-b^2}{b}\sin^3 t$$

现在由这两个方程来消去参变量$t$.第一个方程乘以$a$，第二个方程乘以$b$，再各乘$\frac{2}{3}$次方，然后相加，就得到椭圆的渐屈线的隐式方程

$$a^{\frac{2}{3}}X^{\frac{2}{3}}+b^{\frac{2}{3}}Y^{\frac{2}{3}}=(a^2-b^2)^{\frac{2}{3}}$$

利用这些方程，不难作出椭圆的渐屈线的图形.注意，在椭圆的顶点，它的曲率半径取最小值与最大值，渐屈线在对应的点就有奇异点，它们是歧点(图103).

**例2** 求抛物线$y=ax^2$的渐屈线.利用方程(10)，不难得到

$$X=-4a^2x^3,Y=\frac{1}{2a}+3ax^2$$

由此消去参变量$x$，就得到抛物线的渐屈线的显式方程(图104)

$$Y=\frac{1}{2a}+\frac{3}{2\sqrt[3]{2a}}X^{\frac{2}{3}}$$

**例3** 考虑旋轮线

$$x=a(t-\sin t),y=a(1-\cos t)$$

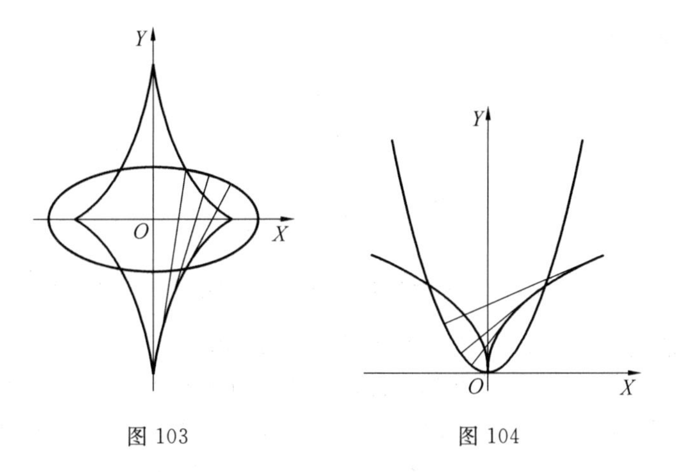


图 103　　图 104

利用公式(11),求出旋轮线的渐屈线的参变方程

$$X=a(t+\sin t), Y=-a(1-\cos t)$$

不难证明,像给定的曲线一样,这个曲线也是旋轮线,只是对于坐标轴来讲,分布的位置不同(图 105).实际上,令 $t=\tau-\pi$,则这公式可以写成

$$X+a\pi=a(\tau-\sin\tau)$$

$$Y+2a=a(1-\cos\tau)$$

由此直接推知上述的结论.

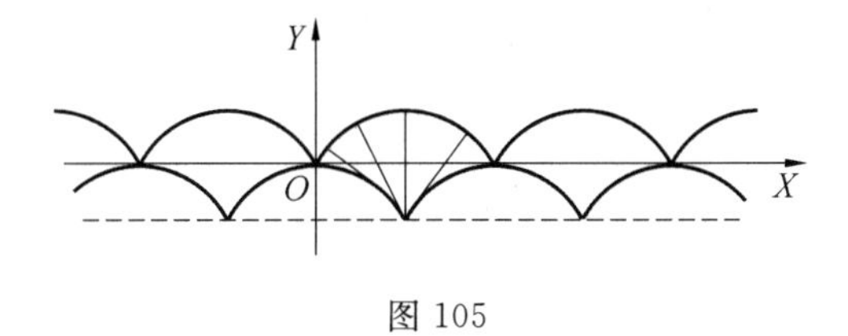


图 105

**122. 渐伸线**

曲线$(L)$对于它的渐屈线$(L_1)$来讲,叫作渐伸线.由渐屈线的性质,不难得到已知渐屈线时,作渐伸线的法则.若 $C$ 是$(L_1)$上的变点,$s_1$ 是这个曲线的弧长,则在$(L_1)$上的点 $C$ 的切线的负方向上取线段$CM=s_1+a$,其中 $a$ 是某一个常数,就得到点 $M$ 的轨迹$(L)$.不难证明,这个轨迹就是要求的渐伸线(图 106).为要证明这个,只需证明线段 $CM$ 是曲线$(L)$的法线.像以前一样,设 $\boldsymbol{r}$ 与 $\boldsymbol{r}_1$ 各为曲线$(L)$与$(L_1)$的向量半径,$\boldsymbol{t}_1$ 是$(L_1)$的单位切线向量.依照作法

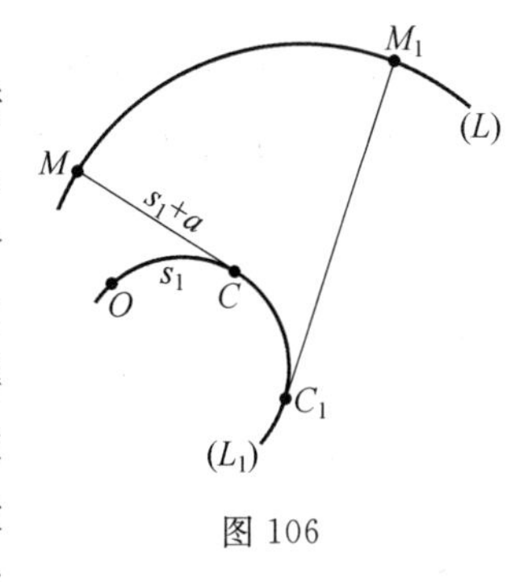


图 106

$$\boldsymbol{r}=\boldsymbol{r}_1-(s_1+a)\boldsymbol{t}_1$$

由此对 $s_1$ 求导数

$$\frac{\mathrm{d}\boldsymbol{r}}{\mathrm{d}s_1}=\boldsymbol{t}_1-\boldsymbol{t}_1-(s_1+a)\frac{\mathrm{d}\boldsymbol{t}_1}{\mathrm{d}s_1}$$

就是

$$\frac{\mathrm{d}\boldsymbol{r}}{\mathrm{d}s_1}=-(s_1+a)\frac{\mathrm{d}\boldsymbol{t}_1}{\mathrm{d}s_1}$$

由此看出，与$(L)$的切线平行的向量$\frac{\mathrm{d}\boldsymbol{r}}{\mathrm{d}s_1}$，同时也平行于向量$\frac{\mathrm{d}\boldsymbol{t}_1}{\mathrm{d}s_1}$，就是平行于$(L_1)$的法线，所以$(L_1)$的切线$CM$是$(L)$的法线.

在公式$CM=s_1+a$中，我们可以给常数$a$以任意的值，所以对于一个给定的渐屈线，可以得到无穷多的渐伸线. 由这个作法推知，任何两个渐伸线具有公共的法线，并且在这两个渐伸线之间的法线的线段保持有一定的长度，就等于对应于这两个渐伸线的常数值$a$之差. 这样的两条曲线，我们叫作平行的曲线.

**123. 曲线的本质方程**

沿着任何曲线，曲率是弧长的确定的函数

$$\frac{1}{\rho}=f(s) \tag{12}$$

反之，我们现在证明，任何的形状如(12)的方程，对应一条确定的曲线. 实际上，取任何一个方向作$OX$轴的方向，并设$\varphi$是曲线的切线与这个轴作成的角度. 我们知道，$\frac{1}{\rho}=\pm\frac{\mathrm{d}\varphi}{\mathrm{d}s}$，于是方程(12)给出

$$\frac{\mathrm{d}\varphi}{\mathrm{d}s}=\pm f(s)$$

由此

$$\varphi=\pm\int_0^s f(s)\mathrm{d}s+C$$

可以设$OX$轴的方向与当$s=0$时的切线的方向一致，于是在最后这公式中可以设$C=0$，就是说，我们得到$\varphi$的表达式

$$\varphi=\pm F(s)$$

其中

$$F(s)=\int_0^s f(s)\mathrm{d}s$$

再者，我们知道[I,70]

$$\frac{\mathrm{d}x}{\mathrm{d}s}=\cos\varphi,\frac{\mathrm{d}y}{\mathrm{d}s}=\sin\varphi$$

由此，根据上面的等式，得

$$x=\int_0^s\cos[F(s)]\mathrm{d}s+C_1$$

$$y=\pm\int_0^s \sin[F(s)]\mathrm{d}s+C_2$$

取当 $s=0$ 时曲线上的对应点作为坐标原点，我们就应当设 $C_1=C_2=0$，于是就得到完全确定的曲线

$$x=\int_0^s \cos[F(s)]\mathrm{d}s, y=\pm\int_0^s \sin[F(s)]\mathrm{d}s \tag{12'}$$

$\pm$ 号只不过给出对 $OX$ 轴的对称性.

如此，我们证明了，在上述意义下，方程(12) 可以确定一条曲线，并且在所选坐标系下，方程(12′) 应当给出这曲线的参变方程. 不难验证，实际上，由方程(12′) 所确定的曲线的曲率的值是由公式(12) 所确定的.

在下列意义下，方程(12) 叫作曲线的本质方程：这个方程与坐标轴是怎样选择的没有关系，而且它对应于一条完全确定的曲线(不计对称关系).

**例 1** 若方程(12) 是$\frac{1}{\rho}=C$，就是说曲率半径是常量，则我们知道圆周适合这样的方程[I,71]. 由以上所述推知，圆周是曲率半径为常量的唯一的曲线.

**例 2** 设曲率$\frac{1}{\rho}$ 与弧长成正比

$$\frac{1}{\rho}=2as$$

其中 $2a$ 是正的比例系数，在这情形下，上面的计算给出

$$\begin{cases} x=\int_0^s \cos(as^2)\mathrm{d}s \\ y=\int_0^s \sin(as^2)\mathrm{d}s \end{cases} \tag{13}$$

根据积分

$$\int_0^\infty \cos(as^2)\mathrm{d}s, \int_0^\infty \sin(as^2)\mathrm{d}s$$

的收敛性[83]，可以肯定，当 $s$ 无限增加时，这曲线趋向平面中一个点，这个点的坐标就等于上面两个积分的值，且曲线成螺线状环绕着这个点转(图 107). 若在公式(13) 中 $s$ 取负值，则得到在第三象限中的一部分曲线. 这里得到的曲线叫作柯恩螺线，在光学中会遇到它.

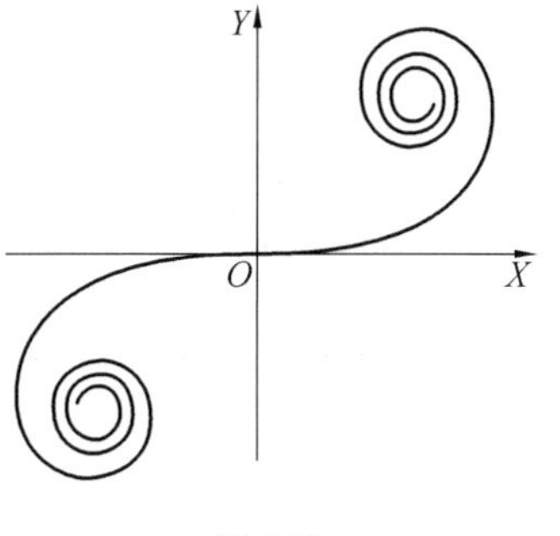

图 107

**124. 空间曲线的基本元素**

空间曲线$(L)$ 可以用由原点 $O$ 到曲线上变点 $M$ 的变向量半径$\boldsymbol{r}(t)$ 来确定(图 108). 取曲线的弧长 $s$ 作参变量$\boldsymbol{t}$，求 $\boldsymbol{r}$ 对 $s$ 的导数，就得到曲线的单位切线向量[107]

$$\frac{d\boldsymbol{r}}{ds}=\boldsymbol{t} \tag{14}$$

$\boldsymbol{t}$ 对 $s$ 的导数叫作曲率向量

$$\frac{d\boldsymbol{t}}{ds}=\boldsymbol{N} \tag{15}$$

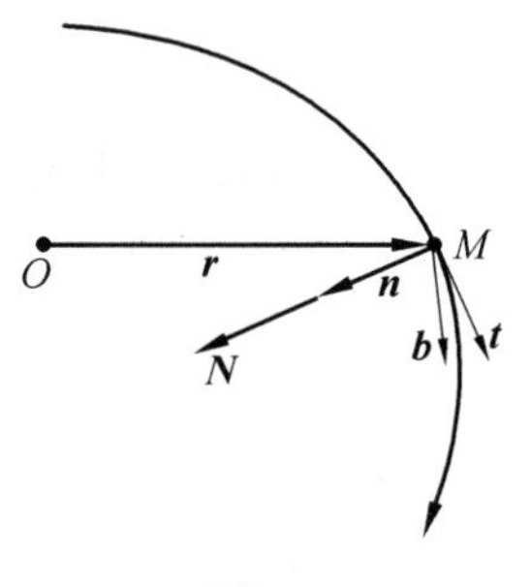

图 108

这个曲率向量的长度给出曲线的曲率$\frac{1}{\rho}$,它的倒数 $\rho$ 叫作曲率半径.像平面曲线的情形一样,向量$\boldsymbol{N}$垂直于$\boldsymbol{t}$,向量$\boldsymbol{N}$的方向叫作曲线的主法线的方向.引用单位主法线向量 $\boldsymbol{n}$,可以写成

$$\boldsymbol{N}=\frac{1}{\rho}\boldsymbol{n} \tag{16}$$

再引入一个垂直于 $\boldsymbol{t}$ 与 $\boldsymbol{n}$ 的单位向量

$$\boldsymbol{b}=\boldsymbol{t}\times\boldsymbol{n} \tag{17}$$

这个向量叫作单位次法线向量.

这三个与坐标轴具有相同定转向的单位向量$\boldsymbol{t}$,$\boldsymbol{n}$及$\boldsymbol{b}$组成所谓联系于曲线$(L)$的变动三标.若是平面曲线,则向量 $\boldsymbol{t}$ 与 $\boldsymbol{n}$ 出现在曲线所在的平面上,于是单位次法线向量 $\boldsymbol{b}$ 就是一个定向量,长度等于一,且垂直于曲线所在的平面.对于非平面曲线,导数$\frac{d\boldsymbol{b}}{ds}$表现出曲线离开平面形式的偏差度,它叫作挠率向量.现在我们证明,挠率向量平行于主法线.依照公式(17)有

$$\frac{d\boldsymbol{b}}{ds}=\boldsymbol{N}\times\boldsymbol{n}+\boldsymbol{t}\times\frac{d\boldsymbol{n}}{ds}$$

不过向量 $\boldsymbol{N}$ 与 $\boldsymbol{n}$ 的方向一致,所以它们的向量积等于零,于是

$$\frac{d\boldsymbol{b}}{ds}=\boldsymbol{t}\times\frac{d\boldsymbol{n}}{ds} \tag{18}$$

由此推出向量$\frac{d\boldsymbol{b}}{ds}$与$\boldsymbol{t}$垂直.另外,和通常一样,我们知道单位向量的导数$\frac{d\boldsymbol{b}}{ds}$垂直于向量 $\boldsymbol{b}$.如此,向量$\frac{d\boldsymbol{b}}{ds}$垂直于向量 $\boldsymbol{t}$ 与 $\boldsymbol{b}$,实际上就是平行于向量 $\boldsymbol{n}$.于是我们可以写成

$$\frac{d\boldsymbol{b}}{ds}=\frac{1}{\tau}\boldsymbol{n} \tag{19}$$

其中数量的系数$\frac{1}{\tau}$叫作曲线的挠率,它的倒数 $\tau$ 叫作挠率半径或第二曲率半径.注意,$\frac{1}{\tau}$的大小可以是正的,也可以是负的,这一点与曲率$\frac{1}{\rho}$不同,曲率总被算作不是负的.自然切线向量、曲率向量以及挠率向量的存在性是联系于表

达它们的导数的存在性的.

现在我们讲计算曲率以及挠率的公式.引用坐标轴 $OX$,$OY$,$OZ$ 以及对应于它们的单位向量 $\boldsymbol{i}$,$\boldsymbol{j}$,$\boldsymbol{k}$,可以写成

$$\boldsymbol{r}=x\boldsymbol{i}+y\boldsymbol{j}+z\boldsymbol{k},\boldsymbol{t}=\frac{\mathrm{d}x}{\mathrm{d}s}\boldsymbol{i}+\frac{\mathrm{d}y}{\mathrm{d}s}\boldsymbol{j}+\frac{\mathrm{d}z}{\mathrm{d}s}\boldsymbol{k}$$

$$\boldsymbol{N}=\frac{\mathrm{d}^2x}{\mathrm{d}s^2}\boldsymbol{i}+\frac{\mathrm{d}^2y}{\mathrm{d}s^2}\boldsymbol{j}+\frac{\mathrm{d}^2z}{\mathrm{d}s^2}\boldsymbol{k}$$

由此对于向量 $\boldsymbol{N}$ 的长度的平方,我们得到

$$\frac{1}{\rho^2}=\left(\frac{\mathrm{d}^2x}{\mathrm{d}s^2}\right)^2+\left(\frac{\mathrm{d}^2y}{\mathrm{d}s^2}\right)^2+\left(\frac{\mathrm{d}^2z}{\mathrm{d}s^2}\right)^2 \tag{20}$$

由公式(19)推出,挠率$\frac{1}{\tau}$可以表达成数量积

$$\frac{1}{\tau}=\frac{\mathrm{d}\boldsymbol{b}}{\mathrm{d}s}\cdot\boldsymbol{n}$$

或者根据公式(18)有

$$\frac{1}{\tau}=\left(\boldsymbol{t}\times\frac{\mathrm{d}\boldsymbol{n}}{\mathrm{d}s}\right)\cdot\boldsymbol{n}$$

用公式(16)中 $\boldsymbol{n}$ 的表达式

$$\boldsymbol{n}=\rho\boldsymbol{N}$$

来替代 $\boldsymbol{n}$,可以得到

$$\frac{1}{\tau}=\left(\boldsymbol{t}\times\frac{\mathrm{d}(\rho\boldsymbol{N})}{\mathrm{d}s}\right)\cdot\rho\boldsymbol{N}=\left[\boldsymbol{t}\times\left(\frac{\mathrm{d}\rho}{\mathrm{d}s}\boldsymbol{N}+\rho\frac{\mathrm{d}\boldsymbol{N}}{\mathrm{d}s}\right)\right]\cdot\rho\boldsymbol{N}$$

$$=\rho\frac{\mathrm{d}\rho}{\mathrm{d}s}(\boldsymbol{t}\times\boldsymbol{N})\cdot\boldsymbol{N}+\rho^2\left(\boldsymbol{t}\times\frac{\mathrm{d}\boldsymbol{N}}{\mathrm{d}s}\right)\cdot\boldsymbol{N}$$

不过向量积 $\boldsymbol{t}\times\boldsymbol{N}$ 垂直于向量 $\boldsymbol{N}$,所以最后这个表达式中第一项等于零,于是我们得到

$$\frac{1}{\tau}=\rho^2\left(\boldsymbol{t}\times\frac{\mathrm{d}\boldsymbol{N}}{\mathrm{d}s}\right)\cdot\boldsymbol{N}$$

或者,交换向量积的两个因子

$$\frac{1}{\tau}=-\rho^2\left(\frac{\mathrm{d}\boldsymbol{N}}{\mathrm{d}s}\times\boldsymbol{t}\right)\cdot\boldsymbol{N}$$

作向量的循环排列并利用公式(14)与(15),最后得到

$$\frac{1}{\tau}=-\rho^2\left(\frac{\mathrm{d}\boldsymbol{r}}{\mathrm{d}s}\times\frac{\mathrm{d}^2\boldsymbol{r}}{\mathrm{d}s^2}\right)\cdot\frac{\mathrm{d}^3\boldsymbol{r}}{\mathrm{d}s^3} \tag{21}$$

注意,$(-\rho^2)$ 的系数是向量$\frac{\mathrm{d}\boldsymbol{r}}{\mathrm{d}s}$,$\frac{\mathrm{d}^2\boldsymbol{r}}{\mathrm{d}s^2}$,$\frac{\mathrm{d}^3\boldsymbol{r}}{\mathrm{d}s^3}$作成的平行六面体的容积[105].

现在我们回到曲率的公式(20).在这个公式中,坐标 $x$,$y$,$z$ 是作为弧长的函数来表达的.现在我们把公式(20)变换成一个新的形状,使得它适用于利用

任何的参变量给定的曲线.为此,我们需要通过坐标的微分来表达坐标对弧长的导数.求公式

$$ds^2 = dx^2 + dy^2 + dz^2 \tag{22}$$

的微分,我们得到

$$ds d^2 s = dx d^2 x + dy d^2 y + dz d^2 z \tag{23}$$

此外,我们有[I,74]

$$\frac{d^2 x}{ds^2} = \frac{d^2 x ds - d^2 s dx}{ds^3}, \frac{d^2 y}{ds^2} = \frac{d^2 y ds - d^2 s dy}{ds^3}, \frac{d^2 z}{ds^2} = \frac{d^2 z ds - d^2 s dz}{ds^3} \tag{24}$$

代入到公式(20)中,就有

$$\frac{1}{\rho^2} = \frac{ds^2[(d^2 x)^2 + (d^2 y)^2 + (d^2 z)^2] - 2ds d^2 s(dx d^2 x + dy d^2 y + dz d^2 z)}{ds^6} + \frac{(d^2 s)^2(dx^2 + dy^2 + dz^2)}{ds^6}$$

或者根据公式(22)与(23)有

$$\frac{1}{\rho^2} = \frac{(dx^2 + dy^2 + dz^2)[(d^2 x)^2 + (d^2 y)^2 + (d^2 z)^2] - (dx d^2 x + dy d^2 y + dz d^2 z)^2}{ds^6} \tag{25}$$

现在我们回忆一个初等代数中的恒等式,以下我们要用到它[104]

$$\begin{aligned} &(a^2 + b^2 + c^2)(a_1^2 + b_1^2 + c_1^2) - (aa_1 + bb_1 + cc_1)^2 \\ &= (bc_1 - cb_1)^2 + (ca_1 - ac_1)^2 + (ab_1 - ba_1)^2 \end{aligned} \tag{26}$$

对于表达式(25)的分子应用这个恒等式,这个曲率平方的公式可以写成

$$\frac{1}{\rho^2} = \frac{A^2 + B^2 + C^2}{(dx^2 + dy^2 + dz^2)^3} \tag{27}$$

其中

$$A = dy d^2 z - dz d^2 y, B = dz d^2 x - dx d^2 z, C = dx d^2 y - dy d^2 x$$

若曲线$(L)$是运动点的轨迹,则速度向量由下面这公式来确定

$$\boldsymbol{v} = \frac{d\boldsymbol{r}}{dt} = \frac{ds}{dt}\boldsymbol{t}$$

再对时间求一次导数,就求得加速度向量

$$\boldsymbol{w} = \frac{d\boldsymbol{v}}{dt} = \frac{d^2 s}{dt^2}\boldsymbol{t} + \frac{ds}{dt} \cdot \frac{d\boldsymbol{t}}{dt}$$

或者根据公式(15)与(16)有

$$\boldsymbol{w} = \frac{d^2 s}{dt^2}\boldsymbol{t} + \frac{ds}{dt} \cdot \frac{ds}{dt} \cdot \frac{d\boldsymbol{t}}{ds} = \frac{d^2 s}{dt^2}\boldsymbol{t} + \frac{v^2}{\rho}\boldsymbol{n} \quad \left(v = \frac{ds}{dt}\right)$$

由此看出,加速度向量沿切线的支量等于$\frac{d^2 s}{dt^2}$,沿主法线的支量等于$\frac{v^2}{\rho}$,沿次法线的支量等于零.

**125. 富列耐公式**

我们用表 1 中的记号来记对于不动的坐标轴变动三标的轴线的方向余弦.

**表** 1

| | X | Y | Z |
|---|---|---|---|
| $\boldsymbol{t}$ | $\alpha$ | $\beta$ | $\gamma$ |
| $\boldsymbol{n}$ | $\alpha_1$ | $\beta_1$ | $\gamma_1$ |
| $\boldsymbol{b}$ | $\alpha_2$ | $\beta_2$ | $\gamma_2$ |

富列耐公式给出这九个方向余弦对 $s$ 的导数的表达式.

单位向量 $\boldsymbol{t}$ 的支量是 $\alpha,\beta$ 与 $\gamma$，于是公式

$$\frac{\mathrm{d}\boldsymbol{t}}{\mathrm{d}s}=\boldsymbol{N}=\frac{1}{\rho}\boldsymbol{n}$$

给出前三个富列耐公式

$$\frac{\mathrm{d}\alpha}{\mathrm{d}s}=\frac{\alpha_1}{\rho},\frac{\mathrm{d}\beta}{\mathrm{d}s}=\frac{\beta_1}{\rho},\frac{\mathrm{d}\gamma}{\mathrm{d}s}=\frac{\gamma_1}{\rho} \tag{28}$$

同样由公式(19)引出下面三个富列耐公式

$$\frac{\mathrm{d}\alpha_2}{\mathrm{d}s}=\frac{\alpha_1}{\tau},\frac{\mathrm{d}\beta_2}{\mathrm{d}s}=\frac{\beta_1}{\tau},\frac{\mathrm{d}\gamma_2}{\mathrm{d}s}=\frac{\gamma_1}{\tau} \tag{28'}$$

由变动三标直接得到 $\boldsymbol{n}=-\boldsymbol{t}\times\boldsymbol{b}$，对 $s$ 求导数，就得到

$$\frac{\mathrm{d}\boldsymbol{n}}{\mathrm{d}s}=-\frac{1}{\rho}\boldsymbol{n}\times\boldsymbol{b}-\frac{1}{\tau}\boldsymbol{t}\times\boldsymbol{n}=-\frac{1}{\rho}\boldsymbol{t}-\frac{1}{\tau}\boldsymbol{b}$$

这就给出最后三个富列耐公式

$$\frac{\mathrm{d}\alpha_1}{\mathrm{d}s}=-\frac{\alpha}{\rho}-\frac{\alpha_2}{\tau},\frac{\mathrm{d}\beta_1}{\mathrm{d}s}=-\frac{\beta}{\rho}-\frac{\beta_2}{\tau},\frac{\mathrm{d}\gamma_1}{\mathrm{d}s}=-\frac{\gamma}{\rho}-\frac{\gamma_2}{\tau} \tag{28''}$$

利用公式(28)，不难证明，若沿着线$(L)$曲率 $\frac{1}{\rho}$ 总等于零，则这是直线. 实际上，恒等式 $\frac{1}{\rho}=0$ 给出

$$\frac{\mathrm{d}\alpha}{\mathrm{d}s}=\frac{\mathrm{d}\beta}{\mathrm{d}s}=\frac{\mathrm{d}\gamma}{\mathrm{d}s}=0$$

由此看出，$\alpha,\beta$ 与 $\gamma$ 是常量. 不过，我们知道[I,160]，切线的方向余弦 $\alpha,\beta$ 与 $\gamma$ 各自等于 $\frac{\mathrm{d}x}{\mathrm{d}s},\frac{\mathrm{d}y}{\mathrm{d}s}$ 与 $\frac{\mathrm{d}z}{\mathrm{d}s}$. 现在这些导数是常量，所以坐标 $x,y,z$ 是 $s$ 的一次多项式，就是说，这个线是直线.

同理不难证明，若沿着一条曲线挠率总等于零，则这曲线是平面曲线.

**126. 密切平面**

由向量 $\boldsymbol{t}$ 与 $\boldsymbol{n}$ 确定的平面叫作曲线的密切平面. 向量 $\boldsymbol{b}$ 是这个平面的法线. 我们来求这个向量的方向余弦的表达式.

由于这是一个单位向量，它的方向余弦就等于它的支量 $b_x,b_y,b_z$. 由公式

(17) 推出

$$\alpha_2 = b_x = t_y n_z - t_z n_y$$
$$\beta_2 = b_y = t_z n_x - t_x n_z \tag{29}$$
$$\gamma_2 = b_z = t_x n_y - t_y n_x$$

其中 $t_x, t_y, t_z, n_x, n_y, n_z$ 各为向量 $\boldsymbol{t}$ 与 $\boldsymbol{n}$ 的支量. 不过，以上我们看到，$t_x, t_y, t_z$ 与 $\mathrm{d}x, \mathrm{d}y, \mathrm{d}z$ 成比例，而 $n_x, n_y, n_z$ 与向量 $\boldsymbol{N}$ 的支量成比例，向量 $\boldsymbol{N}$ 的支量等于 $\frac{\mathrm{d}^2 x}{\mathrm{d}s^2}, \frac{\mathrm{d}^2 y}{\mathrm{d}s^2}$ 与 $\frac{\mathrm{d}^2 z}{\mathrm{d}s^2}$，根据公式(24)，这些支量显然也与下面的差成比例

$$\mathrm{d}^2 x \mathrm{d}s - \mathrm{d}^2 s \mathrm{d}x, \mathrm{d}^2 y \mathrm{d}s - \mathrm{d}^2 s \mathrm{d}y, \mathrm{d}^2 z \mathrm{d}s - \mathrm{d}^2 s \mathrm{d}z \tag{30}$$

在公式(29) 中用 $\mathrm{d}x, \mathrm{d}y, \mathrm{d}z$ 来替代 $t_x, t_y, t_z$. 用公式(30) 中的差来替代 $n_x, n_y, n_z$，再展开括号，就得到次法线向量的方向余弦与下列表达式成比例

$$A = \mathrm{d}y \mathrm{d}^2 z - \mathrm{d}z \mathrm{d}^2 y, B = \mathrm{d}z \mathrm{d}^2 x - \mathrm{d}x \mathrm{d}^2 z, C = \mathrm{d}x \mathrm{d}^2 y - \mathrm{d}y \mathrm{d}^2 x \tag{31}$$

以前我们已经引用过它们[124]. 用 $(x, y, z)$ 记曲线 $(L)$ 上变点 $M$ 的坐标，密切平面的方程就可以写成下面的形状

$$A(X - x) + B(Y - y) + C(Z - z) = 0$$

**127. 螺旋线**

设有一个柱面，它的母线平行于 $OZ$ 轴，并设它位于平面 $XOY$ 上的导线是 $(l)$(图 109). 引用曲线 $(l)$ 的弧长 $\sigma$，它是由这曲线与 $OX$ 轴的交点 $A$ 起按照一定的方向来计算的，并设导线的方程是

$$x = \varphi(\sigma), y = \psi(\sigma) \tag{32}$$

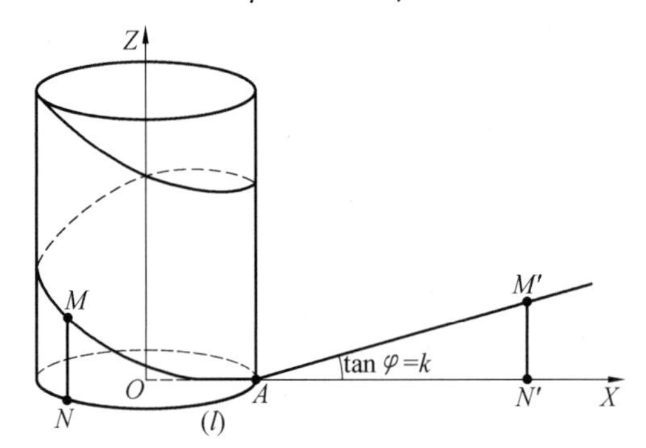


图 109

在 $(l)$ 上截取某一段弧 $AN$，并作平行于 $OZ$ 轴的线段 $NM = k\sigma$，这里 $k$ 是一个确定的数量系数(螺旋的旋率). 点 $M$ 的轨迹就给出螺旋线 $(L)$，它画在这个柱面上. 这个线的参变方程显然就是

$$x = \varphi(\sigma), y = \psi(\sigma), z = k\sigma \tag{33}$$

设由点 $A$ 算起，曲线 $(L)$ 的弧长是 $s$. 我们就有

$$\mathrm{d}s^2 = \mathrm{d}x^2 + \mathrm{d}y^2 + \mathrm{d}z^2 = [\varphi'^2(\sigma) + \psi'^2(\sigma) + k^2]\mathrm{d}\sigma^2$$

不过 $\varphi'(\sigma)$ 与 $\psi'(\sigma)$ 各自等于曲线$(l)$ 的切线与 $OX$ 轴作成的角度的余弦与正弦[I,70],所以 $\varphi'^2(\sigma)+\psi'^2(\sigma)=1$,上面这公式就可以写成下面的形状

$$\mathrm{d}s=\sqrt{1+k^2}\,\mathrm{d}\sigma$$

由此

$$s=\sqrt{1+k^2}\,\sigma$$

现在我们来确定$(L)$ 的切线与 $OZ$ 轴作成的角度的余弦

$$\gamma=\frac{\mathrm{d}z}{\mathrm{d}s}=\frac{\mathrm{d}z}{\mathrm{d}\sigma}\cdot\frac{\mathrm{d}\sigma}{\mathrm{d}s}=\frac{k}{\sqrt{1+k^2}}$$

这就给出螺旋线的第一个性质:螺旋线的切线与某一个不变的方向作成定角.

现在来看(28) 中第三个公式.在这情形下它给出

$$0=\frac{\gamma_1}{\rho}\text{ 或 }\gamma_1=0$$

于是推知螺旋线的主法线垂直于 $OZ$ 轴,也就是垂直于柱面的母线.另外,它又垂直于螺旋线的切线.不难看出,在螺旋线上任何点,柱面的母线与螺旋线的切线所确定的平面是这柱面的切面,由以上推出,螺旋线的主法线垂直于切面.如此我们就得到螺旋线的第二个性质:在螺旋线上的所有的点,它的主法线与所在的柱面的法线重合.

现在再看螺旋线的变动三标与 $OZ$ 轴作成的角度的余弦 $\gamma,\gamma_1,\gamma_2$,注意 $\gamma^2+\gamma_1^2+\gamma_2^2=1$,并且我们讲过 $\gamma$ 与 $\gamma_1$ 都是常量,就可以断定 $\gamma_2$ 是个常量.在现在的情形下,(28″) 中第三个公式给出 $-\frac{\gamma}{\rho}-\frac{\gamma_2}{\tau}=0$,由此我们得到比 $\frac{\rho}{\tau}$ 是个常量.于是就有螺旋线的第三个性质:沿着螺旋线,曲率半径与挠率半径之比是常量.我们用 $r$ 来记平面曲线$(l)$ 的曲率半径.注意曲率的平方等于坐标对弧长的二阶微商的平方和,我们可以写成

$$\frac{1}{r^2}=\varphi''^2(\sigma)+\psi''^2(\sigma)$$

而

$$\begin{aligned}\frac{1}{\rho^2}&=\left(\frac{\mathrm{d}^2x}{\mathrm{d}s^2}\right)^2+\left(\frac{\mathrm{d}^2y}{\mathrm{d}s^2}\right)^2+\left(\frac{\mathrm{d}^2z}{\mathrm{d}s^2}\right)^2\\&=\left[\left(\frac{\mathrm{d}^2x}{\mathrm{d}\sigma^2}\right)^2+\left(\frac{\mathrm{d}^2y}{\mathrm{d}\sigma^2}\right)^2+\left(\frac{\mathrm{d}^2z}{\mathrm{d}\sigma^2}\right)^2\right]\frac{1}{(1+k^2)^2}\end{aligned}$$

由此

$$\frac{1}{\rho^2}=\frac{\varphi''^2(\sigma)}{(1+k^2)^2}+\frac{\psi''^2(\sigma)}{(1+k^2)^2}=\frac{1}{(1+k^2)^2r^2}$$

或 $\rho=(1+k^2)r$,就是说,在对应的点,螺旋线的曲率半径与导线的曲率半径只差一个常数因子.若导线$(l)$ 是圆周,柱面就是圆柱面,则 $r$ 是常量,于是 $\rho$ 也是

常量，那时，依照第三个性质，$\tau$ 也就是常量，这就是说，圆柱面上的螺旋线的曲率与挠率都是常量.

最后我们再提出螺旋线的一个重要性质. 这个性质是：若在柱面上取两个点，则通过这两点的螺旋线给出在柱上这两点间的最短距离. 在这个关系中，柱面上的螺旋线就完全类似平面上的直线. 这个性质通常这样说：螺旋线是柱面的短程线. 一般说来，给出曲面上两点间的最短距离的线叫作这曲面上的短程线.

如果我们绕着通过点 $A$ 的母线把柱面在 $XOZ$ 平面上铺开，则根据弧长 $AN$ 与线段 $NM$ 之比保持常数值 $\frac{1}{k}$，螺旋线就成为平面上的一条直线. 这样把柱面铺开在平面上时，长度保持不变，所以上述的螺旋线的性质 —— 给出柱面上的最短距离 —— 显然成立. 注意，这个性质与螺旋线的第二个性质有直接的联系，第二个性质是说螺旋线的主法线与柱面的法线重合. 在几何学中，一般的可以证明：任何曲面的短程线的主法线与这曲面的法线重合.

**128. 单位向量场**

设 $\boldsymbol{t}$ 是一个单位向量场，就是在空间每一点都有一个给定的单位向量 $\boldsymbol{t}$. 我们讲一个关于这个场的向量曲线的曲率向量 $\boldsymbol{N}$ 的简单而重要的公式. 引用坐标 $(x, y, z)$ 及向量曲线的弧长 $s$，可以写成

$$\frac{\mathrm{d}x}{\mathrm{d}s}=t_x, \frac{\mathrm{d}y}{\mathrm{d}s}=t_y, \frac{\mathrm{d}z}{\mathrm{d}s}=t_z$$

我们来确定曲率向量的支量 $N_x$

$$N_x=\frac{\mathrm{d}t_x}{\mathrm{d}s}=\frac{\partial t_x}{\partial x}\cdot\frac{\mathrm{d}x}{\mathrm{d}s}+\frac{\partial t_x}{\partial y}\cdot\frac{\mathrm{d}y}{\mathrm{d}s}+\frac{\partial t_x}{\partial z}\cdot\frac{\mathrm{d}z}{\mathrm{d}s}$$

或

$$N_x=\frac{\partial t_x}{\partial x}t_x+\frac{\partial t_x}{\partial y}t_y+\frac{\partial t_x}{\partial z}t_z$$

由恒等式

$$t_x^2+t_y^2+t_z^2=1$$

对 $x$ 求导数，得到

$$t_x\frac{\partial t_x}{\partial x}+t_y\frac{\partial t_y}{\partial x}+t_z\frac{\partial t_z}{\partial x}=0$$

把这个和从上面得到的 $N_x$ 的表达式中减掉，就可以写成

$$N_x=\left(\frac{\partial t_x}{\partial z}-\frac{\partial t_z}{\partial x}\right)t_z-\left(\frac{\partial t_y}{\partial x}-\frac{\partial t_x}{\partial y}\right)t_y$$

就是说 $N_x=(\mathrm{rot}\,\boldsymbol{t}\times\boldsymbol{t})_x$，显然，对于其余两个支量可以得到同样的结果，于是得到所要求的关于向量曲线的曲率向量的公式

$$\boldsymbol{N}=\mathrm{rot}\,\boldsymbol{t}\times\boldsymbol{t} \tag{34}$$

为要使得向量曲线是直线,必须且仅须使得 $\boldsymbol{N}$ 的长度(就是曲率 $\frac{1}{\rho}$) 等于零[125].由此得到:为要使得单位向量场 $\boldsymbol{t}$ 的向量曲线是直线,必须且仅须

$$\text{rot}\,\boldsymbol{t}\times\boldsymbol{t}=\boldsymbol{0} \tag{35}$$

此外,我们讲过,要有与向量曲线正交的曲面族存在,必须且仅须[110]

$$\text{rot}\,\boldsymbol{t}\cdot\boldsymbol{t}=0 \tag{36}$$

只有在 $\text{rot}\,\boldsymbol{t}=\boldsymbol{0}$ 的情形,条件(35)与(36)才能同时成立,因为如果 $\text{rot}\,\boldsymbol{t}$ 不是零,则条件(35)相当于向量 $\text{rot}\,\boldsymbol{t}$ 与 $\boldsymbol{t}$ 平行,而条件(36)相当于它们垂直.由此推知,只有在 $\text{rot}\,\boldsymbol{t}=\boldsymbol{0}$ 的情形,单位向量场 $\boldsymbol{t}$ 的向量曲线才是某一个曲面族的法线.这个命题在讨论几何光学时有重要的作用.

**129. 曲面的参变方程**

到现在为止,我们考虑过的在坐标轴为 $OX,OY,OZ$ 的空间中的曲面的方程是显式形式的 $z=f(x,y)$ 或隐式形式的

$$F(x,y,z)=0 \tag{37}$$

曲面的方程可以写成参变形式,用两个无关的参变量 $u$ 与 $v$ 的函数来表达曲面上点的坐标

$$x=\varphi(u,v),y=\psi(u,v),z=\omega(u,v) \tag{38}$$

如果把这些通过 $u$ 与 $v$ 来表达坐标的关系式代入到方程(37)的左边,就应当得到一个关于 $u$ 与 $v$ 的恒等式.由这个恒等式对自变量 $u$ 与 $v$ 求导数,就得到

$$\frac{\partial F}{\partial x}\cdot\frac{\partial\varphi}{\partial u}+\frac{\partial F}{\partial y}\cdot\frac{\partial\psi}{\partial u}+\frac{\partial F}{\partial z}\cdot\frac{\partial\omega}{\partial u}=0$$

$$\frac{\partial F}{\partial x}\cdot\frac{\partial\varphi}{\partial v}+\frac{\partial F}{\partial y}\cdot\frac{\partial\psi}{\partial v}+\frac{\partial F}{\partial z}\cdot\frac{\partial\omega}{\partial v}=0$$

把这两个方程考虑作关于 $\frac{\partial F}{\partial x},\frac{\partial F}{\partial y}$ 与 $\frac{\partial F}{\partial z}$ 的齐次方程,应用在[104]中所讲的代数的预备定理,就得到

$$\frac{\partial F}{\partial x}=k\left(\frac{\partial\psi}{\partial u}\cdot\frac{\partial\omega}{\partial v}-\frac{\partial\omega}{\partial u}\cdot\frac{\partial\psi}{\partial v}\right)$$

$$\frac{\partial F}{\partial y}=k\left(\frac{\partial\omega}{\partial u}\cdot\frac{\partial\varphi}{\partial v}-\frac{\partial\varphi}{\partial u}\cdot\frac{\partial\omega}{\partial v}\right)$$

$$\frac{\partial F}{\partial z}=k\left(\frac{\partial\varphi}{\partial u}\cdot\frac{\partial\psi}{\partial v}-\frac{\partial\psi}{\partial u}\cdot\frac{\partial\varphi}{\partial v}\right)$$

其中 $k$ 是某一个比例系数.为简短起见,我们用下面的记号来记上面所写的三个差

$$\frac{\partial\psi}{\partial u}\cdot\frac{\partial\omega}{\partial v}-\frac{\partial\omega}{\partial u}\cdot\frac{\partial\psi}{\partial v}=\frac{\mathrm{d}(y,z)}{\mathrm{d}(u,v)}$$

$$\frac{\partial\omega}{\partial u}\cdot\frac{\partial\varphi}{\partial v}-\frac{\partial\varphi}{\partial u}\cdot\frac{\partial\omega}{\partial v}=\frac{\mathrm{d}(z,x)}{\mathrm{d}(u,v)}$$

$$\frac{\partial\varphi}{\partial u}\cdot\frac{\partial\psi}{\partial v}-\frac{\partial\psi}{\partial u}\cdot\frac{\partial\varphi}{\partial v}=\frac{\mathrm{d}(x,y)}{\mathrm{d}(u,v)}$$

我们知道，在曲面的某一点$(x,y,z)$，这曲面的切面的方程可以写成下面的形状[I,60]

$$\frac{\partial F}{\partial x}(X-x)+\frac{\partial F}{\partial y}(Y-y)+\frac{\partial F}{\partial z}(Z-z)=0$$

或者，用成比例的量来替换$\frac{\partial F}{\partial x},\frac{\partial F}{\partial y},\frac{\partial F}{\partial z}$，就可以把切面的方程写成

$$\frac{\mathrm{d}(y,z)}{\mathrm{d}(u,v)}(X-x)+\frac{\mathrm{d}(z,x)}{\mathrm{d}(u,v)}(Y-y)+\frac{\mathrm{d}(x,y)}{\mathrm{d}(u,v)}(Z-z)=0 \tag{39}$$

我们知道，这个方程的系数与曲面的法线的方向余弦成比例.

曲面上变点$M$的位置由参变量$u$与$v$的值来决定，于是这两个参变量通常叫作曲面的点的坐标.

给参变量$u$与$v$以常数值，在曲面上就得到两族线，我们叫作曲面的坐标线. 沿着坐标线$u=C_1$只是$v$改变，沿着坐标线$v=C_2$只是$u$改变. 这两族坐标线给出曲面上的坐标网.

作为特例，我们来考虑中心在坐标原点、半径为$R$的球面. 这个球面的参变方程可以写成下面的形状

$$x=R\sin u\cos v, y=R\sin u\sin v, z=R\cos u$$

在这情形下，坐标线$u=C_1$与$v=C_2$显然就是球面上的纬线与经线.

脱离开坐标轴，我们可以用由定点$O$到曲面上的变点$M$的变向量半径$\boldsymbol{r}(u,v)$来表现曲面. 这个向量半径对参变量的偏导数$\boldsymbol{r}'_u$与$\boldsymbol{r}'_v$显然给出沿坐标线的切线方向的向量. 依照公式(38)，这两个向量沿$OX,OY,OZ$轴的支量就是$\varphi'_u,\psi'_u,\omega'_u$以及$\varphi'_v,\psi'_v,\omega'_v$，由此看出，切面的方程(39)的系数恰好是向量积$\boldsymbol{r}'_u\times\boldsymbol{r}'_v$的支量. 这个向量积是一个垂直于切线$\boldsymbol{r}'_u$与$\boldsymbol{r}'_v$的向量，就是一个沿曲面的法线方向的向量. 这个向量的长度的平方，显然由向量$\boldsymbol{r}'_u\times\boldsymbol{r}'_v$与它自己的数量积来表达，可以简单说是由这个向量的平方来表达①. 以下曲面的单位法线向量对我们有很重要的作用，我们可以把它写成下面的形状

$$\boldsymbol{m}=\frac{\boldsymbol{r}'_u\times\boldsymbol{r}'_v}{\sqrt{(\boldsymbol{r}'_u\times\boldsymbol{r}'_v)^2}} \tag{40}$$

如果改变所写的向量积的因子的顺序，就得到相反方向的向量. 以下我们将用一定的方式固定因子的顺序，也就是用一定的方式来固定曲面的法线方向.

在曲面上取某一点$M$，通过这点在曲面上引任何一条曲线$(L)$. 一般说来，

---

① 一般说来，若$\mathbf{A}$是某一个向量，则我们用$\mathbf{A}^2$来记这个向量的长度的平方，也就是数量积$\mathbf{A}\cdot\mathbf{A}$.

这个曲线不是坐标线,沿着它 $u$ 与 $v$ 都改变.如果算作在点 $M$ 的近旁沿着$(L)$,$v$ 是 $u$ 的一个函数,且有导数,则这曲线的切线方向就由向量 $\boldsymbol{r}'_u+\boldsymbol{r}'_v\frac{\mathrm{d}v}{\mathrm{d}u}$ 来确定.由此看出,在曲面上的曲线的任何点 $M$,这曲线的切线方向由$\frac{\mathrm{d}v}{\mathrm{d}u}$在这点的值可以完全决定.给切面下定义并求出它的方程(39)时,我们假定了在所考虑的点及其近旁函数(38)具有连续偏导数,并且在所考虑的点,方程(39)的系数中至少有一个不等于零.例如,若系数$\frac{\mathrm{d}(x,y)}{\mathrm{d}(u,v)}$不等于零,则在所考虑的点的近旁,由(38)中前两个方程可以解出 $u$ 与 $v$ 来[I,157],就是说,可能通过 $x$ 与 $y$ 来表达$(u,v)$.把这两个表达式代入到(38)的第三个方程中,就给出这曲面在所考虑的点的近旁的显式方程 $z=f(x,y)$.

**130. 高斯第一微分式**

现在我们来考虑在所给的曲面上任何曲线的弧的微分的平方

$$\begin{aligned}\mathrm{d}s^2&=\mathrm{d}x^2+\mathrm{d}y^2+\mathrm{d}z^2\\&=\left(\frac{\partial x}{\partial u}\mathrm{d}u+\frac{\partial x}{\partial v}\mathrm{d}v\right)^2+\left(\frac{\partial y}{\partial u}\mathrm{d}u+\frac{\partial y}{\partial v}\mathrm{d}v\right)^2+\left(\frac{\partial z}{\partial u}\mathrm{d}u+\frac{\partial z}{\partial v}\mathrm{d}v\right)^2\end{aligned}$$

去掉括号就得到所谓的高斯第一微分式

$$\mathrm{d}s^2=E(u,v)\mathrm{d}u^2+2F(u,v)\mathrm{d}u\mathrm{d}v+G(u,v)\mathrm{d}v^2 \tag{41}$$

其中

$$\begin{cases}E(u,v)=\left(\frac{\partial x}{\partial u}\right)^2+\left(\frac{\partial y}{\partial u}\right)^2+\left(\frac{\partial z}{\partial u}\right)^2\\F(u,v)=\frac{\partial x}{\partial u}\cdot\frac{\partial x}{\partial v}+\frac{\partial y}{\partial u}\cdot\frac{\partial y}{\partial v}+\frac{\partial z}{\partial u}\cdot\frac{\partial z}{\partial v}\\G(u,v)=\left(\frac{\partial x}{\partial v}\right)^2+\left(\frac{\partial y}{\partial v}\right)^2+\left(\frac{\partial z}{\partial v}\right)^2\end{cases} \tag{42}$$

或

$$E=\boldsymbol{r}'^2_u,F=\boldsymbol{r}'_u\cdot\boldsymbol{r}'_v,G=\boldsymbol{r}'^2_v \tag{42'}$$

完全像[119]中一样,可以证明,坐标线 $u=C_1$ 与 $v=C_2$ 互相垂直的必要且充分条件是系数 $F$ 等于零.在这特殊情形下,曲面上的曲线坐标 $u$ 与 $v$ 叫作正交坐标系.

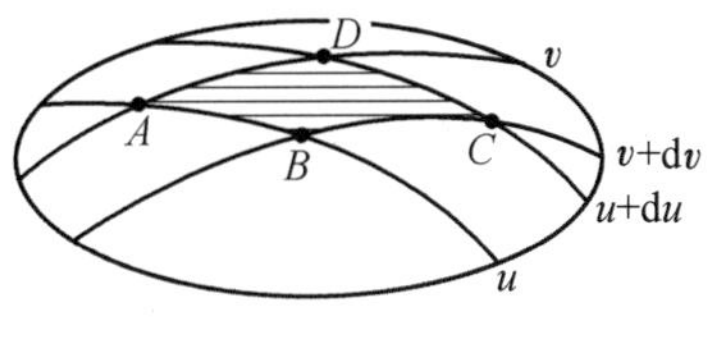

图 110

现在我们讲通过表达式(41)的系数来表达曲面的面积单元的公式.我们考虑在曲面上的介于很近的两对坐标线之间的微小面积(图 110).设$(u,v)$是基本顶点 $A$ 的坐标.边 $AD$ 与 $AB$ 就各自是 $\boldsymbol{r}'_u\mathrm{d}u$ 与 $\boldsymbol{r}'_v\mathrm{d}v$.把这微小的面积考虑作平行四边形[参考 57],就可以用一个向量的长度作为这个平行四边形的面积的表达式,这

个向量就是上述两个向量的向量积

$$dS = |\boldsymbol{r}'_u du \times \boldsymbol{r}'_v dv| = |\boldsymbol{r}'_u \times \boldsymbol{r}'_v| \, du dv$$

这个向量的长度的平方是

$$(\boldsymbol{r}'_u \times \boldsymbol{r}'_v)^2 = \left(\frac{\partial y}{\partial u} \cdot \frac{\partial z}{\partial v} - \frac{\partial z}{\partial u} \cdot \frac{\partial y}{\partial v}\right)^2 + \left(\frac{\partial z}{\partial u} \cdot \frac{\partial x}{\partial v} - \frac{\partial x}{\partial u} \cdot \frac{\partial z}{\partial v}\right)^2 + \left(\frac{\partial x}{\partial u} \cdot \frac{\partial y}{\partial v} - \frac{\partial y}{\partial u} \cdot \frac{\partial x}{\partial v}\right)^2$$

由此，根据[124]中恒等式(26)

$$(\boldsymbol{r}'_u \times \boldsymbol{r}'_v)^2 = EG - F^2 \tag{43}$$

于是曲面的面积单元是

$$dS = \sqrt{EG - F^2} \, du dv \tag{44}$$

同理，把公式(43)代入到公式(40)中，可以把曲面的单位法线向量写成下面的形状

$$\boldsymbol{m} = \frac{\boldsymbol{r}'_u \times \boldsymbol{r}'_v}{\sqrt{EG - F^2}} \tag{45}$$

注意，根据公式(43)，差 $EG - F^2$ 是正的.

**131. 高斯第二微分式**

考虑曲面上的任何曲线$(L)$，设 $\boldsymbol{t}$ 是它的单位切线向量. 显然，它垂直于曲面的单位法线向量，就是说 $\boldsymbol{t} \cdot \boldsymbol{m} = 0$. 由这关系式对曲线$(L)$的弧长 $s$ 求导数，就有

$$\frac{d\boldsymbol{t}}{ds} \cdot \boldsymbol{m} + \boldsymbol{t} \cdot \frac{d\boldsymbol{m}}{ds} = 0 \text{ 或 } \frac{1}{\rho}(\boldsymbol{n} \cdot \boldsymbol{m}) + \boldsymbol{t} \cdot \frac{d\boldsymbol{m}}{ds} = 0$$

其中 $\rho$ 是曲率半径，$\boldsymbol{n}$ 是曲线$(L)$的单位主法线向量. 这等式可以写成下面的形状

$$\frac{\boldsymbol{n} \cdot \boldsymbol{m}}{\rho} = -\frac{d\boldsymbol{r}}{ds} \cdot \frac{d\boldsymbol{m}}{ds} \text{ 或 } \frac{\cos\varphi}{\rho} = -\frac{d\boldsymbol{r} \cdot d\boldsymbol{m}}{ds^2}$$

其中 $\varphi$ 是曲面的法线与曲线$(L)$的主法线之间的角. 通过坐标参变量 $u$ 与 $v$ 来表达微分 $d\boldsymbol{r}$ 与 $d\boldsymbol{m}$，可以写成

$$\frac{\cos\varphi}{\rho} = \frac{-(\boldsymbol{r}'_u du + \boldsymbol{r}'_v dv) \cdot (\boldsymbol{m}'_u du + \boldsymbol{m}'_v dv)}{ds^2} \tag{46}$$

去掉分子中的括号，就得到高斯第二微分式

$$\begin{aligned} &-(\boldsymbol{r}'_u du + \boldsymbol{r}'_v dv) \cdot (\boldsymbol{m}'_u du + \boldsymbol{m}'_v dv) \\ &= L(u,v) du^2 + 2M(u,v) du dv + N(u,v) dv^2 \end{aligned}$$

其中

$$\begin{cases} L = -\boldsymbol{r}'_u \cdot \boldsymbol{m}'_u \\ M = -\dfrac{1}{2}(\boldsymbol{r}'_u \cdot \boldsymbol{m}'_v) - \dfrac{1}{2}(\boldsymbol{r}'_v \cdot \boldsymbol{m}'_u) \\ N = -\boldsymbol{r}'_v \cdot \boldsymbol{m}'_v \end{cases} \tag{47}$$

公式(46) 结果就是

$$\frac{\cos\varphi}{\rho}=\frac{L\mathrm{d}u^2+2M\mathrm{d}u\mathrm{d}v+N\mathrm{d}v^2}{E\mathrm{d}u^2+2F\mathrm{d}u\mathrm{d}v+G\mathrm{d}v^2} \tag{48}$$

现在我们再讲系数 $L,M$ 与 $N$ 的一种表达式. 由显然的关系式

$$\boldsymbol{r}'_u\cdot\boldsymbol{m}=0,\boldsymbol{r}'_v\cdot\boldsymbol{m}=0$$

对自变量 $u$ 与 $v$ 求导数,就得到四个关系式

$$\boldsymbol{r}''_{u^2}\cdot\boldsymbol{m}+\boldsymbol{r}'_u\cdot\boldsymbol{m}'_u=0,\boldsymbol{r}''_{uv}\cdot\boldsymbol{m}+\boldsymbol{r}'_u\cdot\boldsymbol{m}'_v=0$$

$$\boldsymbol{r}''_{vu}\cdot\boldsymbol{m}+\boldsymbol{r}'_v\cdot\boldsymbol{m}'_u=0,\boldsymbol{r}''_{v^2}\cdot\boldsymbol{m}+\boldsymbol{r}'_v\cdot\boldsymbol{m}'_v=0$$

由此,替代公式(47),对于高斯第二微分式的系数,可以写出下列的表达式

$$\begin{gathered}L=\boldsymbol{r}''_{u^2}\cdot\boldsymbol{m}\\ N=\boldsymbol{r}''_{v^2}\cdot\boldsymbol{m}\\ M=\boldsymbol{r}''_{uv}\cdot\boldsymbol{m}=-\boldsymbol{r}'_u\cdot\boldsymbol{m}'_v=-\boldsymbol{r}'_v\cdot\boldsymbol{m}'_u\end{gathered} \tag{49}$$

回忆关于向量 $\boldsymbol{m}$ 的表达式(45),可以把等式(49) 写成下面的形状

$$\begin{gathered}L=\frac{\boldsymbol{r}''_{u^2}\cdot(\boldsymbol{r}'_u\times\boldsymbol{r}'_v)}{\sqrt{EG-F^2}}\\ M=\frac{\boldsymbol{r}''_{uv}\cdot(\boldsymbol{r}'_u\times\boldsymbol{r}'_v)}{\sqrt{EG-F^2}}\\ N=\frac{\boldsymbol{r}''_{v^2}\cdot(\boldsymbol{r}'_u\times\boldsymbol{r}'_v)}{\sqrt{EG-F^2}}\end{gathered} \tag{50}$$

现在我们考虑已知的曲面方程是显式方程的情形

$$z=f(x,y) \tag{51}$$

在这情形下,$x$ 与 $y$ 有参变量的作用,关于向量半径以及它对参变量的导数,我们就有下列的表达式

$$\boldsymbol{r}(x,y,z),\boldsymbol{r}'_x(1,0,p),\boldsymbol{r}'_y(0,1,q)$$

$$\boldsymbol{r}''_{x^2}(0,0,r),\boldsymbol{r}''_{xy}(0,0,s),\boldsymbol{r}''_{y^2}(0,0,t)$$

其中

$$p=\frac{\partial f}{\partial x},q=\frac{\partial f}{\partial y},r=\frac{\partial^2 f}{\partial x^2},s=\frac{\partial^2 f}{\partial x\partial y},t=\frac{\partial^2 f}{\partial y^2} \tag{52}$$

应用公式(42′) 与(50),就得两个高斯微分式的系数的表达式

$$E=1+p^2,F=pq,G=1+q^2$$

$$L=\frac{r}{\sqrt{1+p^2+q^2}},M=\frac{s}{\sqrt{1+p^2+q^2}},N=\frac{t}{\sqrt{1+p^2+q^2}} \tag{53}$$

现在我们用一定的方式来选择坐标轴,就是,取曲面上某一点 $M_0$ 作为坐标原点,坐标轴 $OX$ 与 $OY$ 取在这曲面在点 $M_0$ 的切面上,而 $OZ$ 轴要在曲面的法线方向上. 用附标零来记各个量在点 $M_0$ 的值. 当这样选定坐标轴时,在点 $M_0$ 曲面的法线与 $OX$,$OY$ 轴作成的角度的方向余弦等于零,我们得到[62]$p_0=$

$q_0=0$,并且公式(53)给出,在点 $M_0$

$$L_0=r_0, M_0=s_0, N_0=t_0 \tag{54}$$

**132. 关于曲面上的曲线的曲率**

我们再来考虑公式(48),它的右边依赖于两个高斯微分式的系数以及比 $\frac{\mathrm{d}v}{\mathrm{d}u}$. 只要把分子分母都用 $\mathrm{d}u^2$ 除,就直接看出依赖于比 $\frac{\mathrm{d}v}{\mathrm{d}u}$ 这个事实. 所说的系数是参变量 $(u,v)$ 的函数,在曲面的给定的点它们具有确定的数值. 至于比 $\frac{\mathrm{d}v}{\mathrm{d}u}$,我们讲过[129],由它可以决定曲线的切线方向. 所以我们可以肯定,只要固定好曲面上的点以及我们所考虑的曲面上的曲线的切线方向,则公式(48)的两边有确定的值. 如果在曲面上通过一个固定的点取两条曲线,它们不只切线方向相同,并且主法线的方向也相同,则对于这两个曲线角度 $\varphi$ 也相同,所以根据公式(48),$\rho$ 的大小是相同的,也就是说,我们有下面这个定理.

**第一定理　在曲面上某一点具有相同的切线与主法线的两条曲线,在这点曲率半径也相同.**

若有曲面上任何一条曲线 $(L)$ 及其上某一点 $M$,则作出通过这条曲线在点 $M$ 的切线与主法线的平面,我们就得到这平面与曲面的截线 $(L_0)$,它是一条平面曲线,且它与所给的曲线具有相同的切线与主法线,所以曲率也相同. 如此,由第一定理,使得对于曲面上任何曲线的曲率的研究,可以化为对于这曲面的一个平面截线的曲率的研究.

曲面上由通过这曲面在点 $M$ 的法线的任何一个平面截割而成的截线叫作曲面在点 $M$ 的法截线. 显然,我们有无穷多的法截线,但若在曲面的切面上给定了切线方向,也就是给定了比 $\frac{\mathrm{d}v}{\mathrm{d}u}$ 的值,就可以固定一个确定的法截线. 注意,法截线的主法线与向量 $\boldsymbol{m}$ 的方向或者一致或者相反,所以角度 $\varphi$ 或者等于 0 或者等于 $\pi$,于是推知 $\cos\varphi=\pm 1$.

现在我们考虑曲面上任何一条曲线 $(L)$ 及其上一个确定的点 $M$. 在点 $M$ 与曲线 $(L)$ 具有公共切线的法截线叫作在点 $M$ 对应于曲线 $(L)$ 的法截线. 设 $\rho$ 是曲线 $(L)$ 的曲率半径,$R$ 是对应的法截线的曲率半径. 因为这两条曲线具有相同的切线,则对于这两条曲线,公式(48)右边是相同的,于是我们可以写成

$$\frac{\cos\varphi}{\rho}=\frac{\pm 1}{R}, \text{就是 } \rho=\pm R\cdot\cos\varphi \tag{55}$$

其中 $\varphi$ 是曲线的主法线与曲面的法线之间的角. 公式(55)给出下面这个定理.

**第二定理(梅尼定理)　曲面上任何曲线在某点的曲率半径等于对应的法截线在这点的曲率半径乘以曲面的法线与曲线的主法线之间的角度的余弦.** 这个定理也可以叙述如下:曲面上任何曲线的曲率半径等于在曲面的法线上所截

取的对应的法截线的曲率半径在这曲线的主法线上的投影.

在球面的情形,法截线就是一个大圆周,如果我们取球面上任何一个圆周作为曲线($L$),于是公式(55)化为所述两个圆周的半径之间的显然的关系式(图111).

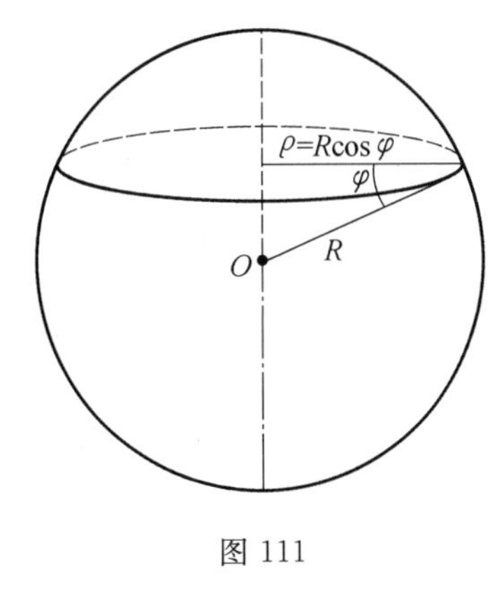


图 111

依照第二定理,对于曲面上的曲线的曲率的研究就化为对于(在给定的点)曲面的法截线的曲率的研究.我们讲过,在公式(48)中对于法截线需要算作$\cos\varphi=\pm1$.遇到负号时,我们规定$\rho$是负的,就是说,如果法截线的主法线与向量$\boldsymbol{m}$的方向相反,即与所选定的曲面法线方向相反,就规定法截线的曲率半径是负的.这样规定时,对于法截线我们就有公式

$$\frac{1}{R}=\frac{L\mathrm{d}u^2+2M\mathrm{d}u\mathrm{d}v+N\mathrm{d}v^2}{E\mathrm{d}u^2+2F\mathrm{d}u\mathrm{d}v+G\mathrm{d}v^2} \tag{56}$$

我们还要提出,在这公式的右边,诸微分式的系数有确定的值,因为我们固定了曲面上的某一点,于是$\frac{1}{R}$只依赖于比$\frac{\mathrm{d}v}{\mathrm{d}u}$的值,就是只依赖于切线方向的选择.公式(56)右边的分母总有正值,因为它表达$\mathrm{d}s^2$的值,所以法截线的曲率$\frac{1}{R}$的符号由分子的符号来确定,于是可以有下列三种情形:

(1)若在所取的点,$M^2-LN<0$,则对于所有的法截线曲率$\frac{1}{R}$具有相同的符号,就是说,所有的法截线的主法线的方向在相同的一侧.曲面上这样的点叫作椭圆性的点.

(2)若$M^2-LN>0$,则$\frac{1}{R}$就有不同的符号,就是说,在所取的点,有的法截线的主法线方向相反.曲面上这样的点叫作双曲线性的点.

(3)若$M^2-LN=0$,则这时公式(56)右边的分子是个整平方,于是$\frac{1}{R}$不变号,但在某一个法截线的位置等于零.曲面上这样的点叫作抛物线性的点.

注意,在双曲线性点的情形下,公式(56)右边的分子中的三项式变号,所以要等于零,并且有两个法截线的曲率等于零.在椭圆性点的情形下没有这样的法截线.

像我们在[131]中所作的一样,选定坐标轴,将曲面上所取的点作为坐标原点,在切面上取$OX$,$OY$轴.

根据公式(54),等式(56)可以写成

$$\frac{1}{R}=\frac{r_0\mathrm{d}x^2+2s_0\mathrm{d}x\mathrm{d}y+t_0\mathrm{d}y^2}{\mathrm{d}s^2}$$

法截线的切线位于 $XOY$ 平面上,并且比 $\frac{\mathrm{d}x}{\mathrm{d}s}$ 与 $\frac{\mathrm{d}y}{\mathrm{d}s}$ 各自等于 $\cos\theta$ 与 $\sin\theta$,其中 $\theta$ 是切线与 $OX$ 轴作成的角度. 如此,上面这公式可以写成

$$\frac{1}{R}=r_0\cos^2\theta+2s_0\cos\theta\sin\theta+t_0\sin^2\theta \tag{57}$$

在这公式中,我们有曲率 $\frac{1}{R}$ 依赖于切线方向的显式式,切线方向是由角度 $\theta$ 来表现的. 这时,若 $s_0^2-r_0t_0<0$,则点是椭圆性的;在 $s_0^2-r_0t_0>0$ 的情形是双曲线性的;在 $s_0^2-r_0t_0=0$ 的情形是抛物线性的.

在 $s_0^2-r_0t_0<0$ 的情形,函数 $z=f(x,y)$ 在所考虑的点就有等于零的极大值或极小值[I,163],就是说,在这点附近,曲面分布在切面的一侧. 当 $s_0^2-r_0t_0>0$ 时,没有极大值也没有极小值,就是说,在所考虑的点的任何近旁,曲面分布在切面的两侧. 最后,在抛物线性点的情形,$s_0^2-r_0t_0=0$,对于切面来讲,曲面的位置不一定怎么样.

由公式(53)直接推出,当任意选择轴 $OX,OY,OZ$ 时,$(M^2-LN)$ 的符号与 $(s^2-rt)$ 的符号相同,于是推知,当 $s^2-rt<0$ 时,点是椭圆性的;当 $s^2-rt>0$ 时,点是双曲线性的;当 $s^2-rt=0$ 时,点是抛物线性的.

在同一个曲面上可能有不同类型的点. 例如,由一个圆周环绕一个与圆周在同一平面上且在其外的直线转成的环面[I,107],位于外侧的点是椭圆性点. 位于内侧的点是双曲线性点. 这两个区域由上下两个极端的平行环线分开,这两个环线上所有的点都是抛物线性点.

**133. 杜潘指示线与尤拉公式**

像在上一段中那样取好坐标轴,在切面上,就是 $XOY$ 平面上,按照下述方法作一条辅助曲线:在过点 $O$ 的每一个向量半径上截一个线段 $ON=\sqrt{\pm R}$,其中 $R$ 是以这向量半径为切线的法截线的曲率半径. 我们所取的 $\pm$ 号要使得根号下是正的. 所作的线段的端点 $N$ 的轨迹是一条曲线,它叫作杜潘指示线. 依照作法,这个曲线有下述的性质:它的每一个向量半径的平方给出以这向量半径为切线的法截线的曲率半径的绝对值(图 112).

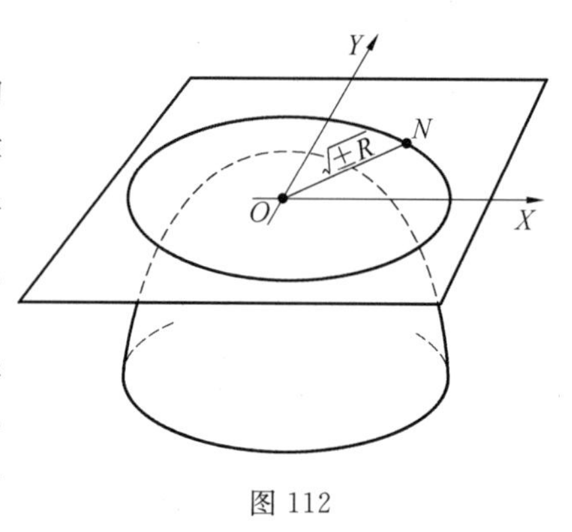

图 112

我们来求杜潘指示线的方程. 设 $(\xi,\eta)$ 是指示线上的变点的坐标. 依照作

法

$$\xi=\sqrt{\pm R}\cos\theta$$

$$\eta=\sqrt{\pm R}\sin\theta$$

就是

$$\xi^2=\pm R\cos^2\theta$$

$$\eta^2=\pm R\sin^2\theta$$

其中 $R$ 是正的时取上面的符号，$R$ 是负的时取下面的符号. 把等式(57) 的两边乘以 $\pm R$，显然就得到

$$r_0\xi^2+2s_0\xi\eta+t_0\eta^2=\pm 1 \tag{58}$$

这就是杜潘指示线的方程. 当法截线绕着曲面的法线转时曲率半径的大小的改变情形，由这个曲线给出很清楚的几何表示法. 在椭圆性点的情形，曲线(58) 是椭圆，在右边需要取确定的符号. 在双曲线性点的情形，方程(58) 对应于两条共轭双曲线. 在抛物线性点的情形，方程(58) 的左边是完全平方，它可以写成下面的形状

$$k(a\xi+b\eta)^2=\pm 1\text{，就是}(a\xi+b\eta)^2=\pm\frac{1}{k}=l^2$$

或

$$a\xi+b\eta=\pm l$$

于是我们有两条平行线. 在所有三种情形下，点 $O$ 是曲线的中心，并且曲线有两个对称轴. 我们可以取 $OX$，$OY$ 轴与这两个对称轴重合，这时，我们知道，方程(58) 的左边就没有含乘积 $\xi\eta$ 的项，就是说，当这样选择坐标轴时，应当有 $s_0=0$，于是当这样选择坐标轴时，公式(57) 给出

$$\frac{1}{R}=r_0\cos^2\theta+t_0\sin^2\theta \tag{59}$$

我们来看系数 $r_0$ 与 $t_0$ 的几何意义. 在公式(59) 中令 $\theta=0$，我们得到切于 $OX$ 轴的法截线的曲率 $\frac{1}{R_1}$，于是 $r_0=\frac{1}{R_1}$. 同理，令 $\theta=\frac{\pi}{2}$，我们得到 $t_0=\frac{1}{R_2}$，其中 $\frac{1}{R_2}$ 是切于 $OY$ 轴的法截线的曲率. 把求得的 $r_0$ 与 $t_0$ 的值代入到公式(59) 中，就得到尤拉公式

$$\frac{1}{R}=\frac{\cos^2\theta}{R_1}+\frac{\sin^2\theta}{R_2} \tag{60}$$

注意，$OX$，$OY$ 轴的方向与曲线(58) 的对称轴的方向一致，显然，在这两个方向，等于 $\sqrt{\pm R}$ 的指示线的向量半径有极大值或极小值. 对于 $R$ 与曲率 $\frac{1}{R}$ 也有同样的情况. 我们把这里得到的结果叙述成下面的定理.

**第三定理　在曲面的每一点的切面上存在有两个互相垂直的方向，在这两个方向，曲率$\frac{1}{R}$达到极大值与极小值，并且若$\frac{1}{R_1}$与$\frac{1}{R_2}$是对应于这两个方向的曲率的值，则任何法截线的曲率由公式(60)来表达，其中$\theta$是所考虑的法截线的切线与给出曲率$\frac{1}{R_1}$的方向作成的角度.**

曲率半径$R_1$与$R_2$叫作在所考虑的点的法截线的主曲率半径.切面上对应于它们的两个方向叫作主方向.此外，在双曲线性点的情形，我们再提出切面上两个有用的方向，就是杜潘指示线的渐近线的方向.对于这两个渐近线的方向，指示线的向量半径等于无穷大，于是在所考虑的点对应的法截线的曲率等于零.

在椭圆性点的情形，$R_1$与$R_2$具有相同的符号.在双曲线性点的情形，这两个数异号.在抛物线性点的情形，主法截线之一的曲率等于零，例如设$\frac{1}{R_2}=0$，于是在抛物线性点的情形，我们就有公式

$$\frac{1}{R}=\frac{\cos^2\theta}{R_1}$$

还要提出曲面上椭圆性点的一个特殊情形，就是当$R_1$与$R_2$相同时的情形，$R_1=R_2$.这时公式(60)给出$\frac{1}{R}=\frac{1}{R_1}$，就是说，在这情形下，在所考虑的点所有的法截线具有相同的曲率.曲面上这样的点叫作圆性点，在这样的点的附近，曲面非常逼近于球面.可以证明所有的点都是圆性点的唯一的曲面是球面.

**134. 主曲率半径与主方向的确定**

法截线的曲率的基本公式(56)可以写成

$$(LR-E)\mathrm{d}u^2+2(MR-F)\mathrm{d}u\mathrm{d}v+(NR-G)\mathrm{d}v^2=0 \tag{61}$$

用$\mathrm{d}v^2$除上式并引用表现法截线的切线方向的辅助量$t=\frac{\mathrm{d}u}{\mathrm{d}v}$，就得到方程

$$\varphi(R,t)=(LR-E)t^2+2(MR-F)t+(NR-G)=0$$

由这个方程，法截线的曲率半径$R$就依赖于$t$来确定.在主方向$R$达到极大值或极小值，所以$R$对$t$的导数应当等于零.不过这个导数显然用下面这公式表达[I,69]

$$\frac{\mathrm{d}R}{\mathrm{d}t}=-\frac{\frac{\partial\varphi}{\partial t}}{\frac{\partial\varphi}{\partial R}}$$

于是在主方向导数$\frac{\partial\varphi}{\partial t}$应当等于零，就是

$$\frac{1}{2}\frac{\partial\varphi}{\partial t}=(LR-E)t+(MR-F)=0$$

替换 $t=\frac{\mathrm{d}u}{\mathrm{d}v}$,再乘以 $\mathrm{d}v$,就得到

$$(LR-E)\mathrm{d}u+(MR-F)\mathrm{d}v=0 \tag{62}$$

如果我们用 $\mathrm{d}u^2$ 除方程(61),并取表现切线方向的 $t_1=\frac{\mathrm{d}v}{\mathrm{d}u}$ 作变量,则同理对于主方向就得到等式

$$(MR-F)\mathrm{d}u+(NR-G)\mathrm{d}v=0 \tag{62'}$$

把等式(62)与(62′)中含有 $\mathrm{d}v$ 的项移到等号右边,再用其中一个等式除另一个等式,就有

$$\frac{LR-E}{MR-F}=\frac{MR-F}{NR-G}$$

或

$$(LN-M^2)R^2+(2FM-EN-GL)R+(EG-F^2)=0 \tag{63}$$

由这个二次方程给出 $R_1$ 与 $R_2$. 用 $R^2$ 除这个方程,就得到用以确定主法截线的曲率的二次方程,就是确定 $\frac{1}{R_1}$ 与 $\frac{1}{R_2}$ 的二次方程

$$(EG-F^2)\frac{1}{R^2}+(2FM-EN-GL)\frac{1}{R}+(LN-M^2)=0 \tag{64}$$

表达式

$$K=\frac{1}{R_1R_2} \tag{65}$$

叫作在指定的点曲面的高斯曲率,而表达式

$$H=\frac{1}{2}\left(\frac{1}{R_1}+\frac{1}{R_2}\right) \tag{66}$$

叫作曲率中值. 由二次方程(64)直接得到高斯曲率与曲率中值的表达式,通过高斯第一、第二微分式的系数来表达

$$K=\frac{LN-M^2}{EG-F^2},H=\frac{EN-2FM+GL}{2(EG-F^2)} \tag{67}$$

把方程(62)与(62′)写成下面的形状

$$(L\mathrm{d}u+M\mathrm{d}v)R=E\mathrm{d}u+F\mathrm{d}v,(M\mathrm{d}u+N\mathrm{d}v)R=F\mathrm{d}u+G\mathrm{d}v$$

用一个逐项除另一个就消去字母 $R$,再经过初等变换就得到方程

$$(EM-FL)\mathrm{d}u^2+(EN-GL)\mathrm{d}u\mathrm{d}v+(FN-GM)\mathrm{d}v^2=0 \tag{68}$$

用 $\mathrm{d}u^2$ 除它,就有关于 $\frac{\mathrm{d}v}{\mathrm{d}u}$ 的二次方程. 它的两个根给出在曲面每一点表现主方向的量

$$\frac{\mathrm{d}v}{\mathrm{d}u}=\varphi_1(u,v),\frac{\mathrm{d}v}{\mathrm{d}u}=\varphi_2(u,v) \tag{69}$$

**135. 曲率线**

所谓曲面上的曲率线是指曲面上的这样的曲线，其上每一点的切线方向都是主方向. 由于在曲面的每一点有两个主方向，所以在曲面上我们有两族曲率线，而且这两族是互相正交的. 如此，所有曲率线的全部给出曲面上一个正交网. 方程(68)或者与它相当的方程(69)是曲率线的微分方程. 求出它们的积分，通过 $u$ 来表达 $v$，再把这个表达式代入到曲面的方程中，就得到曲率线的方程.

设在曲面上给定某一个坐标网. 我们来求在什么条件下这个坐标网是曲率线网. 首先，如果这个网要是曲率线网，则它应当是正交网，就是说应当 $F=0$. 此外，如果坐标线 $u=C_1$ 与 $v=C_2$ 是曲率线，则当用常数代 $u$ 或 $v$ 时应当满足方程(68). 注意已经得到的结果 $F=0$，就有 $GM=0$ 以及 $EM=0$. 不过我们讲过差 $EG-F^2$ 是正的，所以 $E$ 与 $G$ 不可能等于零，于是由上面两个公式推出 $M=0$. 总之，条件 $F=M=0$ 是使得坐标网是曲率线网的必要条件. 反之，若这个条件成立，则曲率线的微分方程(68)有解 $u=C_1$ 与 $v=C_2$，就是说，坐标线是曲率线，于是我们得到下面这个定理：使得坐标网是曲率线网的必要且充分条件是在整个曲面上高斯的两个微分式的中间项的系数等于零，就是 $F=M=0$.

可以用另一种方式来确定曲率线，以替代我们在本节开始所给的定义. 考虑在曲面上的某一条曲线$(L)$. 沿着这条曲线的曲面的法线形成具有一个参变量的直线族，这个参变量是确定点在$(L)$上的位置的，一般说来，这个直线族没有包络. 不过若用一定的方式来选择曲线$(L)$，则可能存在有这样的包络①. 我们现在求在什么条件下会有包络.

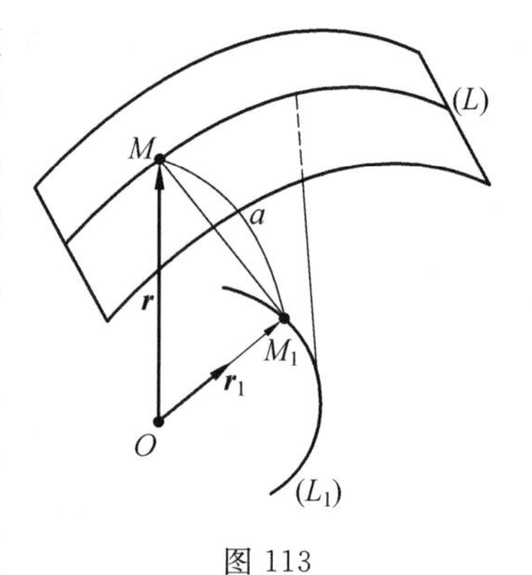

图 113

设我们在曲面上选择这样一条线$(L)$，使得沿着$(L)$的曲面的法线有包络$(L_1)$(图 113). 用 $\boldsymbol{r}$ 记曲线$(L)$上的点的向量半径，用 $\boldsymbol{r}_1$ 记$(L_1)$的对应的向量半径，用 $a$ 记曲面的法线在$(L)$与$(L_1)$之间的一段的代数的长度，显然我们可以写成

$$\boldsymbol{r}_1=\boldsymbol{r}+a\boldsymbol{m} \tag{70}$$

其中 $\boldsymbol{m}$ 是曲面的单位法线向量. 既然曲线$(L_1)$是法线的包络，则沿它的切线方向的向量 $\mathrm{d}\boldsymbol{r}_1$ 应当与向量 $\boldsymbol{m}$ 平行，于是我们可以写成，$\mathrm{d}\boldsymbol{r}_1=b\boldsymbol{m}$，其中 $b$ 是某一个数量. 由公式(70)求微分，就得到

$$b\boldsymbol{m}=\mathrm{d}\boldsymbol{r}+a\mathrm{d}\boldsymbol{m}+\mathrm{d}a\cdot\boldsymbol{m}，就是\ \mathrm{d}\boldsymbol{r}+a\mathrm{d}\boldsymbol{m}=c\boldsymbol{m} \tag{71}$$

① 在空间具有一个参变量的直线族一般没有包络，就是说，这些直线不可能都是任何一条曲线的切线. 只有在少数的情形下可能有包络.

其中 $c$ 是某一个数量.我们来证明:$c=0$.为此,求公式(71)的两边与 $\boldsymbol{m}$ 的数量积

$$\mathrm{d}\boldsymbol{r}\cdot\boldsymbol{m}+a\mathrm{d}\boldsymbol{m}\cdot\boldsymbol{m}=c$$

向量 $\mathrm{d}\boldsymbol{r}$ 是在$(L)$的切线方向的,就是说,它是垂直于 $\boldsymbol{m}$ 的,于是 $\mathrm{d}\boldsymbol{r}\cdot\boldsymbol{m}=0$.此外,由等式 $\boldsymbol{m}\cdot\boldsymbol{m}=1$ 推出 $\mathrm{d}\boldsymbol{m}\cdot\boldsymbol{m}=0$,于是上面这等式给出 $c=0$,所以公式(71)可以写成

$$\mathrm{d}\boldsymbol{r}+a\mathrm{d}\boldsymbol{m}=0 \tag{72}$$

这个公式通常叫作柔德黎格公式(Olinde Rodrigues).我们导出这公式时假定了沿着$(L)$的曲面的法线有包络.现在我们反过来设沿着曲面上某一条曲线$(L)$公式(72)成立.这时公式(70)就确定某一条曲线$(L_1)$.由这公式求微分并注意公式(72),就得到:$\mathrm{d}\boldsymbol{r}_1=\mathrm{d}a\boldsymbol{m}$,就是说,向量 $\boldsymbol{m}$ 的方向与$(L_1)$的切线方向平行.换句话说,沿着$(L)$的曲面的法线是$(L_1)$的切线.于是公式(72)给出沿着$(L)$的曲面的法线具有包络的必要且充分条件.注意,包络可能是一个点,那时法线形成柱面或锥面,可以证明条件(72)仍然应当成立.

把公式(72)写成展开的形状

$$\boldsymbol{r}'_u\mathrm{d}u+\boldsymbol{r}'_v\mathrm{d}v+a(\boldsymbol{m}'_u\mathrm{d}u+\boldsymbol{m}'_v\mathrm{d}v)=0$$

再求乘以 $\boldsymbol{r}'_u$ 的数量积.

根据公式(42′),(47)与(49),我们得到

$$E\mathrm{d}u+F\mathrm{d}v+a(-L\mathrm{d}u-M\mathrm{d}v)=0$$

而这就是当 $a=R$ 时的等式(62).同理,求与 $\boldsymbol{r}'_v$ 的数量积就得到等式(62′).反之,不难证明,由确定主曲率半径与主方向的等式(62)与(62′),当 $a=R$ 时可以得到公式(72).我们现在不证.如此,法线的包络存在的条件(72)就相当于等式(62)与(62′),其中 $a$ 是主曲率半径之一的值.上述的推理引导我们得到下面这个结论:曲面的曲率线由下面这个性质来表现,沿着这个曲线的曲面的法线具有包络(或者形成锥面或柱面),并且介于曲面与包络之间的法线的一段长等于主曲率半径之一.

某一平面曲线绕着位于它所在的平面上的一个轴回转时,所得到的回转面的曲率线就是它的经线与纬线.沿着经线,曲面的法线形成平面,沿着纬线形成锥面.

**136.杜潘定理**

设在空间有三族互相垂直的曲面

$$\varphi(x,y,z)=q_1,\psi(x,y,z)=q_2,\omega(x,y,z)=q_3$$

它们形成一个空间的正交曲坐标网[119].由原点到空间的变点 $M$ 的向量半径 $\boldsymbol{r}$ 由这点的曲坐标 $q_1,q_2$ 与 $q_3$ 来表现.偏导数 $\boldsymbol{r}'_{q_1},\boldsymbol{r}'_{q_2},\boldsymbol{r}'_{q_3}$ 给出沿坐标线的切线方向的向量,坐标正交的条件可以写成下面的向量形式

$$\boldsymbol{r}'_{q_2}\cdot\boldsymbol{r}'_{q_3}=0,\boldsymbol{r}'_{q_3}\cdot\boldsymbol{r}'_{q_1}=0,\boldsymbol{r}'_{q_1}\cdot\boldsymbol{r}'_{q_2}=0 \tag{73}$$

第一个等式对 $q_1$ 求导数，第二个对 $q_2$ 求导数，第三个对 $q_3$ 求导数，就有

$$\boldsymbol{r}''_{q_1q_2}\cdot\boldsymbol{r}'_{q_3}+\boldsymbol{r}'_{q_2}\cdot\boldsymbol{r}''_{q_1q_3}=0$$
$$\boldsymbol{r}''_{q_2q_3}\cdot\boldsymbol{r}'_{q_1}+\boldsymbol{r}'_{q_3}\cdot\boldsymbol{r}''_{q_1q_2}=0$$
$$\boldsymbol{r}''_{q_1q_3}\cdot\boldsymbol{r}'_{q_2}+\boldsymbol{r}'_{q_1}\cdot\boldsymbol{r}''_{q_2q_3}=0$$

由此直接得到

$$\boldsymbol{r}''_{q_1q_2}\cdot\boldsymbol{r}'_{q_3}=\boldsymbol{r}''_{q_2q_3}\cdot\boldsymbol{r}'_{q_1}=\boldsymbol{r}''_{q_3q_1}\cdot\boldsymbol{r}'_{q_2}=0$$

对照三个等式

$$\boldsymbol{r}'_{q_1}\cdot\boldsymbol{r}'_{q_3}=\boldsymbol{r}'_{q_2}\cdot\boldsymbol{r}'_{q_3}=\boldsymbol{r}''_{q_1q_2}\cdot\boldsymbol{r}'_{q_3}=0$$

由它们推知向量 $\boldsymbol{r}'_{q_1}$，$\boldsymbol{r}'_{q_2}$ 与 $\boldsymbol{r}''_{q_1q_2}$ 垂直于同一个向量 $\boldsymbol{r}'_{q_3}$，于是它们是共面的，由此推知[105]

$$\boldsymbol{r}''_{q_1q_2}\cdot(\boldsymbol{r}'_{q_1}\times\boldsymbol{r}'_{q_2})=0 \tag{74}$$

现在我们来考虑坐标曲面 $q_3=$常数. 在其上参变量 $q_1$ 与 $q_2$ 是坐标参变量，坐标线 $q_1=$常数与 $q_2=$常数就是所取的曲面与我们的空间正交坐标的其余两族坐标曲面中的曲面的交线. 我们有下面的公式[130,131]

$$F=\boldsymbol{r}'_{q_1}\cdot\boldsymbol{r}'_{q_2},M=\frac{\boldsymbol{r}''_{q_1q_2}\cdot(\boldsymbol{r}'_{q_1}\times\boldsymbol{r}'_{q_2})}{\sqrt{EG-F^2}}$$

于是等式(73)与(74)说明，在这情形下 $F=M=0$，就是说，坐标线 $q_1$ 与 $q_2$ 是曲面 $q_3=$常数的曲率线，这就引出下述的杜潘定理：若在空间有三族互相正交的曲面，在不同两族中的任何两个曲面的交线就是这两个曲面的曲率线.

**137. 例 1** 扁回转椭圆面的方程

$$\frac{x^2}{a^2}+\frac{y^2}{a^2}+\frac{z^2}{c^2}=1\quad(a^2>c^2)$$

可以写成下面形状的参变式

$$x=a\cos u\sin v,y=a\sin u\sin v,z=c\cos v$$

显然，坐标线 $u=c_1$ 是通过回转轴的平面 $y=x\tan c_1$ 与这椭圆面的交线，也就是经线，坐标线 $v=c_2$ 是垂直于回转轴的平面 $z=c\cos c_2$ 与这椭圆面的交线，也就是纬线. 应用[130,131]中公式(42)与(50)，并注意 $x,y,z$ 是向量 $\boldsymbol{r}$ 的支量，就得到

$$E=a^2\sin^2 v,F=0,G=a^2\cos^2 v+c^2\sin^2 v$$

$$L=\frac{ac\sin^2 v}{\sqrt{a^2\cos^2 v+c^2\sin^2 v}},M=0,N=\frac{ac}{\sqrt{a^2\cos^2 v+c^2\sin^2 v}}$$

由于经线与纬线是回转椭圆面的曲率线，所以等式 $F=M=0$ 是可以预想到的. 其余的系数只依赖于参变量 $v$，而 $v$ 是表现经线上的点的位置的. 显然主方向与经线及纬线的切线方向重合. 在这情形下，表达式 $(LN-M^2)$ 在整个曲面上是正的，就是说，在这椭圆面的所有的点都是椭圆性点. 不必计算个别的主

曲率半径,可以求出高斯曲率的表达式

$$K=\frac{1}{R_1R_2}=\frac{LN-M^2}{EG-F^2}=\frac{c^2}{(a^2\cos^2 v+c^2\sin^2 v)^2}$$

**例 2** 把二次锥面的方程

$$\frac{x^2}{a^2}+\frac{y^2}{b^2}-\frac{z^2}{c^2}=0$$

写成显式式

$$z=c\sqrt{\frac{x^2}{a^2}+\frac{y^2}{b^2}}$$

直接求导数,不难得到

$$p=\frac{c^2x}{a^2z},q=\frac{c^2y}{b^2z},r=\frac{c^4y^2}{a^2b^2z^3},s=-\frac{c^4xy}{a^2b^2z^3},t=\frac{c^4x^2}{a^2b^2z^3}$$

利用公式(53),可以确定高斯微分式的所有的系数. 只是要提出,在这情形下 $rt-s^2=0$,就是说,曲面上所有的点都是抛物线性点,并且有一个主曲率半径等于无穷大. 显然,对应的主方向与锥面的母线重合.

**例 3** 考虑双曲抛物面

$$z=\frac{x^2}{2a^2}-\frac{y^2}{2b^2}$$

在这情形下 $r=\frac{1}{a^2},s=0,t=-\frac{1}{b^2}$,所以 $rt-s^2<0$,于是曲面上任何点都是双曲线性点. 在这情形下,杜潘指示线由两个共轭双曲线组成,而且这曲面的两个母直线给出杜潘指示线的渐近方向. 对于单叶双曲面我们也有类似的情况.

**例 4** 空间的普通直角坐标、球面坐标与柱面坐标都是简单的空间正交坐标的例子. 我们再讲一种这样的坐标的例子. 考虑含有参变量 $\rho$ 的二次曲面的方程

$$\frac{x^2}{a^2+\rho}+\frac{y^2}{b^2+\rho}+\frac{z^2}{c^2+\rho}-1=0 \tag{75}$$

其中 $a^2>b^2>c^2$. 对于固定的点 $M(x,y,z)$,消去分母,就得到一个关于 $\rho$ 的三次方程. 不难证明,这个方程有三个实根 $u,v$ 与 $w$,并且它们有下列的界限

$$+\infty>u>-c^2,-c^2>v>-b^2,-b^2>w>-a^2 \tag{76}$$

实际上,当 $\rho$ 取很大的正值时,方程(75) 的左边逼近(−1) 而有(−) 号,当 $\rho$ 的值比 $-c^2$ 略大时,$\frac{z^2}{c^2+\rho}$ 这一项有很大的正值,于是方程(75) 的左边有(+) 号. 如此在区间$(-c^2,+\infty)$ 内应当存在有这样一个 $\rho$ 的值,使得方程(75) 的左边等于零. 用类似的方法可以肯定在区间$(-b^2,-c^2)$ 与$(-a^2,-b^2)$ 内有根存在. $(u,v,w)$ 三个数叫作所取的点 $M(x,y,z)$ 的椭圆坐标. 在以上的讨论中我们假定点$(x,y,z)$ 的三个坐标都不等于零. 否则,对于 $\rho$ 我们得到的方程就低

于三次. 例如,若 $z=0$,且 $x$ 与 $y$ 不等于零,则方程(75) 给出 $u$ 与 $v$,而 $w$ 就需要算作等于 $-c^2$.

现在我们来考察椭圆坐标系中的坐标曲面. 代 $\rho=u$ 到方程(75) 中,其中 $u$ 是区间$(-c^2,+\infty)$ 中某一个数,就得到曲面

$$\frac{x^2}{a^2+u}+\frac{y^2}{b^2+u}+\frac{z^2}{c^2+u}=1 \tag{77}$$

它显然是个椭圆面,因为根据(76) 中第一个不等式,方程(77) 的三个分母都是正的. 令 $\rho=v$,其中 $v$ 在区间$(-b^2,-c^2)$ 中,就得到单叶双曲面

$$\frac{x^2}{a^2+v}+\frac{y^2}{b^2+v}+\frac{z^2}{c^2+v}=1 \tag{78}$$

因为在这情形下,$a^2+v>b^2+v>0$ 且 $c^2+v<0$. 最后,当 $\rho=w$ 时,其中 $w$ 在区间$(-a^2,-b^2)$ 中,就得到双叶双曲面

$$\frac{x^2}{a^2+w}+\frac{y^2}{b^2+w}+\frac{z^2}{c^2+w}=1 \tag{79}$$

我们现在证明,所得到的三个坐标曲面互相正交. 方程(77) 与(78) 相减就得到

$$\frac{x^2}{(a^2+u)(a^2+v)}+\frac{y^2}{(b^2+u)(b^2+v)}+\frac{z^2}{(c^2+u)(c^2+v)}=0 \tag{80}$$

曲面(77) 与(78) 的法线的方向余弦各与下列两组数成比例[I,155]

$$\frac{x}{a^2+u},\frac{y}{b^2+u},\frac{z}{c^2+u} \text{ 与 } \frac{x}{a^2+v},\frac{y}{b^2+v},\frac{z}{c^2+v}$$

由等式(80) 表达出这两个法线互相垂直,就是说,我们证明了曲面(77) 与(78) 的正交性. 同理可以证明其余的坐标面互相正交. 利用杜潘定理,可以肯定,当 $u$ 固定时,椭圆面(77) 上的两族曲率线可以由这椭圆面与族(78) 及(79) 中所有可能的双曲面的交线得来.

**138. 高斯曲率**

现在我们来看高斯曲率这个概念的几何意义. 取这个曲面的曲率线作为曲面的坐标线. 沿着其中每一条线都满足关系式(72),并且我们讲过系数 $a$ 是主曲率半径之一. 这就给出下面的关系式

$$\boldsymbol{r}'_u+R_1\boldsymbol{m}'_u=0,\boldsymbol{r}'_v+R_2\boldsymbol{m}'_v=0 \tag{81}$$

对应于在曲面上取的点 $M$,我们在半径为 1 的球面上取一点 $M_0$,令 $M_0$ 是由球心作出的向量 $\boldsymbol{m}$ 与这球面的交点,其中 $\boldsymbol{m}$ 是曲面在点 $M$ 的单位法线向量. 曲面上的点与球面上的点的这种对应通常叫作曲面的球面映射. 点 $M_0$ 的位置也由表现点 $M$ 的位置的参变量 $u$ 与 $v$ 来决定. 由于坐标线是曲率线,就有

$$E=\boldsymbol{r}'^2_u,F=0,G=\boldsymbol{r}'^2_v \tag{82}$$

依照定义,球面映射 $M_0$ 的向量半径是 $\boldsymbol{m}$,根据公式(81) 与(82),对于球面

映射，高斯第一微分式的系数是

$$E_0=\boldsymbol{m}'^2_u=\frac{1}{R_1^2}E,F_0=\boldsymbol{m}'_u\cdot\boldsymbol{m}'_v=0,G_0=\boldsymbol{m}'^2_v=\frac{1}{R_2^2}G \qquad (83)$$

只是中间这个等式需要证明，因为其余两个由公式(81)与(82)可以直接推出来. 公式(49)给出 $M=-\boldsymbol{r}'_u\cdot\boldsymbol{m}'_v=-\boldsymbol{r}'_v\cdot\boldsymbol{m}'_u$. 若取曲率线作为坐标线，则 $M=0$，就是说 $\boldsymbol{r}'_u\cdot\boldsymbol{m}'_v=\boldsymbol{r}'_v\cdot\boldsymbol{m}'_u=0$. 由(81)中第一个等式乘以 $\boldsymbol{m}'_v$ 或第二个等式乘以 $\boldsymbol{m}'_u$，就得到 $\boldsymbol{m}'_u\cdot\boldsymbol{m}'_v=0$.

这个曲面的面积单元与对应的球面映射的面积单元是

$$\mathrm{d}S=\sqrt{EG}\,\mathrm{d}u\mathrm{d}v,\mathrm{d}S_0=\sqrt{E_0G_0}\,\mathrm{d}u\mathrm{d}v$$

或者，根据公式(83)有

$$\mathrm{d}S_0=\frac{1}{|R_1R_2|}\mathrm{d}S$$

由此看出，在点 $M$ 的高斯曲率的绝对值是球面映射的面积单元与对应曲面的面积单元之比当后者趋向点 $M$ 时的极限. 显然，所说的比表现出单元上各点处曲面法线束的分散程度.

在[134]中，我们讲过高斯曲率 $K$ 通过两个高斯微分式的系数的表达式. 高斯本人给出的 $K$ 的式子，只用 $E,F,G$ 以及它们对 $u$ 与 $v$ 的导数来表达. 我们现在讲由这情况推出的一个重要推论. 设在两个曲面$(S)$与$(S_1)$之间建立了点与点的对应关系，并且对应点由参变量 $u$ 与 $v$ 的相同的值来表现. 每一个曲面各有表示长度单元的平方的高斯第一微分式. 这两个微分式恒等就相当于上述的对应关系使长度保持不变，或者说这两个曲面可以彼此互展. 这时，对于这两个曲面，系数 $E,F,G$ 以及它们对 $u$ 与 $v$ 的导数都相同，所以在这两个曲面的对应点，曲率 $K$ 具有相同的值，就是说，曲面的相互映射保有长度时，在两个曲面的对应点高斯曲率具有相同的值.

特别是在平面上高斯曲率等于零，如果曲面能够展在平面上而不歪曲长度，则应当有 $LN-M^2=0$，就是说，所有的点都是抛物线性点. 以前我们讲过这样的曲面的例子，如锥面与柱面.

**139. 面积单元的变值与曲率中值**

设$(S)$是某一曲面，$(u,v)$是它的坐标参变量，$\boldsymbol{r}(u,v)$是它的向量半径. 在曲面的每一点 $M(u,v)$ 沿法线 $\boldsymbol{m}$ 截一段$\overline{MM_1}$，长度为一个代数的量 $n(u,v)$，其中 $n(u,v)$ 是 $u$ 与 $v$ 的某一个函数，由点 $M_1$ 就形成一个新的曲面$(S_1)$. 点 $M_1$ 也像点 $M$ 那样用参变量 $u$ 与 $v$ 来表现. 我们说，$(S)$与$(S_1)$的点之间建立了沿$(S)$的法线的对应关系. 依照定义，曲面$(S_1)$的向量半径 $\boldsymbol{r}^{(1)}(u,v)$ 是 $\boldsymbol{r}^{(1)}(u,v)=\boldsymbol{r}(u,v)+n(u,v)\boldsymbol{m}(u,v)$. 对 $u$ 与 $v$ 求导数，就得到

$$\boldsymbol{r}^{(1)\prime}_u=\boldsymbol{r}'_u+n'_u\boldsymbol{m}+n\,\boldsymbol{m}'_u,\boldsymbol{r}^{(1)\prime}_v=\boldsymbol{r}'_v+n'_v\boldsymbol{m}+n\boldsymbol{m}'_v$$

对于曲面$(S_1)$计算高斯第一微分式的系数$E_1, F_1, G_1$，我们将设长度$n$及其对$u$与$v$的导数很小，就可以忽略这些量的二次项

$$E_1 = (\boldsymbol{r}^{(1)\prime}{}_u)^2 = (\boldsymbol{r}'_u + n'_u\boldsymbol{m} + n\,\boldsymbol{m}'_u)(\boldsymbol{r}'_u + n'_u\boldsymbol{m} + n\,\boldsymbol{m}'_u)$$

$$= \boldsymbol{r}'^2_u + 2n'_u(\boldsymbol{r}'_u \cdot \boldsymbol{m}) + 2n(\boldsymbol{r}'_u \cdot \boldsymbol{m}'_u)$$

向量$\boldsymbol{r}'_u$与$\boldsymbol{m}$互相垂直，故$\boldsymbol{r}'_u \cdot \boldsymbol{m} = 0$，于是公式(47)给出$E_1 = E - 2nL$. 同理不难得到$F_1 = F - 2nM, G_1 = G - 2nN$. 由此

$$E_1G_1 - F_1^2 = EG - F^2 - 2n(EN - 2FM + GL)$$

或者，根据公式(67)有

$$E_1G_1 - F_1^2 = (EG - F^2)(1 - 4nH)$$

开平方，再依照牛顿二项式公式展开$(1-4nH)^{\frac{1}{2}}$，略去$n$的高于一次的项，就有

$$\sqrt{E_1G_1 - F_1^2} = \sqrt{EG - F^2}\,(1 - 2nH) \tag{84}$$

乘以$\mathrm{d}u\mathrm{d}v$再求积分，略去二阶微小量，就得到曲面$(S)$与$(S_1)$很近时面积之差$\delta S$的表达式

$$\iint_{(S_1)} \sqrt{E_1G_1 - F_1^2}\,\mathrm{d}u\mathrm{d}v - \iint_{(S)} \sqrt{EG - F^2}\,\mathrm{d}u\mathrm{d}v$$

$$= -\iint_{(S)} 2nH\sqrt{EG - F^2}\,\mathrm{d}u\mathrm{d}v \tag{85}$$

或

$$\delta S = -\iint_{(S)} 2nH\,\mathrm{d}S$$

这个公式直接联系于著名的柏拉图问题“确定以已知界线$(L)$为界的具有最小面积的曲面”，不难看出，在这样的曲面上曲率中值$H$应当等于零. 实际上，例如，若在这样的曲面的某一块$\sigma$上$H$是正的，则选择微小量$n$，使得在$\sigma$上它也是正的，而在曲面的其余部分以及$(L)$上它等于零，根据公式(85)，对于$\delta S$我们就得到负值

$$\delta S = -\iint_{(\sigma)} 2nH\,\mathrm{d}S$$

于是以$(L)$为界的曲面$(S_1)$的面积就小于$(S)$的面积，这与我们的假定相违背. 由于上述的情况，曲率中值等于零的曲面我们叫作最小曲面.

由公式(84)也可以推出沿变的闭曲面的积分对参变量的导数的公式. 设某一个变的闭曲面的位置由参变量$\lambda$的值来确定，并且当$\lambda = \lambda_0$时曲面取$(S)$的位置，当$\lambda$逼近于$\lambda_0$时$(S_1)$的位置逼近于$(S)$. 像以上描述的一样，在曲面$(S)$上的点$M$与曲面$(S_1)$上的点$M_1$之间建立起沿法线的对应关系. 这时$n$就是$u, v$与$\lambda$的函数，当$\lambda = \lambda_0$时对$u$与$v$来讲这个函数恒等于零，就是说

$$n(u,v,\lambda_0) \equiv 0 \tag{86}$$

再设 $f(N)$ 是空间的点的某一个函数，不依赖于参变量 $\lambda$. 积分

$$I(\lambda) = \iint_{(S_1)} f(M_1)\mathrm{d}S_1 \tag{87}$$

的大小就依赖于参变量 $\lambda$，因为曲面的形状依赖于这个参变量. 我们来求导数 $I'(\lambda_0)$ 的表达式. 公式(84) 的两边乘以 $\mathrm{d}u\mathrm{d}v$，可以写成 $\mathrm{d}S_1 = (1-2nH)\mathrm{d}S$，于是表达式(87) 可以写成

$$I(\lambda) = \iint_{(S)} f(M_1)\mathrm{d}S - \iint_{(S)} f(M_1)2nH\mathrm{d}S$$

这里的积分区域是原来的曲面$(S)$，它不依赖于 $\lambda$，于是我们可以应用普通的在积分号下求导数的法则[80]. 点 $M_1$ 位于曲面$(S_1)$ 上，设 $M$ 是它在曲面$(S)$ 上的对应点，于是 $\overline{MM_1} = n(u,v)$ 是$(S)$ 的法线上的线段，就是说具有 $\boldsymbol{m}$ 的方向. 当 $\lambda = \lambda_0$ 时，因子 $f(M_1)$ 对 $\lambda$ 求导数得

$$\begin{aligned}\lim_{\lambda\to\lambda_0}\frac{f(M_1)-f(M)}{\lambda-\lambda_0} &= \lim_{\lambda\to\lambda_0}\frac{f(M_1)-f(M)}{\overline{MM_1}}\cdot\frac{\overline{MM_1}}{\lambda-\lambda_0}\\ &= \frac{\partial f(M)}{\partial m}\cdot\left.\frac{\partial n}{\partial\lambda}\right|_{\lambda=\lambda_0}\end{aligned}$$

其中 $m$ 记法线 $\boldsymbol{m}$ 的方向. 注意，当 $\lambda = \lambda_0$ 时 $n$ 等于零，我们用$\frac{\partial n}{\partial\lambda_0}$ 来记当 $\lambda = \lambda_0$ 时导数的值，就得到

$$I'(\lambda_0) = \iint_{(S)} \frac{\partial f(M)}{\partial m}\cdot\frac{\partial n}{\partial\lambda_0}\mathrm{d}S - \iint_{(S)} f(M)2H\frac{\partial n}{\partial\lambda_0}\mathrm{d}S \tag{88}$$

设变曲面$(S_1)$ 的方程记作隐式式

$$\varphi(M_1,\lambda) = 0 \text{ 或 } \varphi(x,y,z,\lambda) = 0 \tag{89}$$

直接对 $\lambda$ 求导数，并且像对函数 $f(M_1)$ 所作的一样，也通过中间变量 $M_1$ 对 $\lambda$ 求导数，得到当 $\lambda = \lambda_0$ 时

$$\frac{\partial\varphi(M_1,\lambda_0)}{\partial\lambda_0} + \frac{\partial\varphi(M_1,\lambda_0)}{\partial m}\cdot\frac{\partial n}{\partial\lambda_0} = 0$$

由此确定出$\frac{\partial n}{\partial\lambda_0}$，代入到公式(88) 中，就得到下面的关于导数的表达式

$$I'(\lambda_0) = -\iint_{(S)} \frac{\partial f}{\partial m}\frac{\frac{\partial\varphi}{\partial\lambda_0}}{\frac{\partial\varphi}{\partial m}}\mathrm{d}S + 2\iint_{(S)} fH\frac{\frac{\partial\varphi}{\partial\lambda_0}}{\frac{\partial\varphi}{\partial m}}\mathrm{d}S \tag{90}$$

若在积分(87) 中，被积函数 $f$ 含有参变量 $\lambda$，则像在[120] 中一样，公式(90) 的右边需要补充以下面形状的一项

$$\iint_{(S)} \frac{\partial f}{\partial \lambda_0} \mathrm{d}S$$

**140. 曲面族与曲线族的包络**

在[10]中讨论一阶常微分方程的奇异解时，我们讲过关于平面曲线族的包络的概念. 同样讨论偏微分方程的解就引出曲面族的包络的概念. 我们现在简单地讲一下这个概念.

设有一个参变量的曲面族

$$F(x, y, z, a) = 0 \tag{91}$$

固定好数值 $a$，就得到族中一个确定的曲面. 考虑一个新的曲面$(S)$，它的方程也有方程(91)的形状，不过 $a$ 是由下面这个方程得到的变量

$$\frac{\partial F(x, y, z, a)}{\partial a} = 0 \tag{92}$$

可以说，$(S)$的方程是由方程(91)与(92)消去 $a$ 得到的. 若固定 $a = a_0$，则一方面可以得到族(91)中一个确定的曲面$(S_0)$，另一方面，把 $a = a_0$ 代入到方程(91)与(92)中，就得到曲面$(S)$上的某一条曲线$(l_0)$，于是$(l_0)$就是$(S)$与$(S_0)$的公共曲线. 我们现在证明，沿着$(l_0)$它们有公共的切面.

对于曲面(91)，由于 $a$ 是常量，沿这曲面的无穷小改变的投影 $\mathrm{d}x, \mathrm{d}y, \mathrm{d}z$ 应当满足关系式

$$\frac{\partial F}{\partial x}\mathrm{d}x + \frac{\partial F}{\partial y}\mathrm{d}y + \frac{\partial F}{\partial z}\mathrm{d}z = 0$$

在曲面$(S)$上 $a$ 是变量，于是我们应当写成

$$\frac{\partial F}{\partial x}\mathrm{d}x + \frac{\partial F}{\partial y}\mathrm{d}y + \frac{\partial F}{\partial z}\mathrm{d}z + \frac{\partial F}{\partial a}\mathrm{d}a = 0$$

不过根据公式(92)，这个关系式与上面的相同，就是说，$(S_0)$与$(S)$上在公共点的无穷小改变垂直于同一个方向，它的方向余弦与下列诸量成比例

$$\frac{\partial F}{\partial x}, \frac{\partial F}{\partial y}, \frac{\partial F}{\partial z}$$

由此推知，$(S_0)$与$(S)$沿$(l_0)$相切. 如此，由方程(91)与(92)消去 $a$，就得到曲面族(91)的包络的方程，这里相切性是沿着某一条曲线的.

**例 1** 设有球心在 $OZ$ 轴上、半径为 $r$ 的球面族

$$x^2 + y^2 + (z - a)^2 = r^2$$

对 $a$ 求导数

$$-2(z - a) = 0$$

消去 $a$，就得到一个圆柱面的方程

$$x^2 + y^2 = r^2$$

它与每一个上述的球面沿着一个圆周相切.

现在我们考虑含有两个参变量的曲面族

$$F(x,y,z,a,b)=0 \tag{93}$$

由这个方程与下列两个方程

$$\frac{\partial F(x,y,z,a,b)}{\partial a}=0,\frac{\partial F(x,y,z,a,b)}{\partial b}=0 \tag{94}$$

消去 $a$ 与 $b$,不难证明,所得到的曲面$(S)$ 与曲面族(93) 相切.不过在这情形下,不是沿着一条线相切,而只是在某一点相切.实际上,固定好值 $a=a_0$ 与 $b=b_0$,一方面我们得到族(93) 中一个确定的曲面$(S_0)$,另一方面,把 $a=a_0$ 与 $b=b_0$ 代入到(93) 与(94) 这三个方程中,一般就得到曲面$(S)$ 上的某一点 $M_0$.这个点 $M_0$ 就是$(S)$ 与$(S_0)$ 的公共点.

**例 2** 设有球心在 $XOY$ 平面上、半径为 $r$ 的球面

$$(x-a)^2+(y-b)^2+z^2=r^2$$

对 $a$ 与 $b$ 求导数得

$$-2(x-a)=0,\ -2(y-b)=0$$

消去 $a$ 与 $b$ 就得到方程 $z^2=r^2$,就是说,包络是由两个平行的平面 $z=\pm r$ 组成的,它与每一个上述的球面在某一点相切.

讲到求曲面族的包络时也像[10] 中讲曲线族包络求法时一样,要做一个附注,就是由方程(91) 与(92) 消去 $a$ 所得到的不仅是曲面的包络,也可能是族(91) 中的曲面的奇异点的轨迹,所谓奇异点是曲面上没有切面的点.若方程(91) 的左边是连续函数且有连续一阶导数,则对于任何的曲面,若在它的所有点处与族(91) 的各个曲面相切,它可以用上述由方程(91) 与(92) 消去 $a$ 这个方法求得.在这一段及下一段中,我们不给证明也不讲准确的条件,只限于一般地讲些基础事实.

现在我们考虑依赖于一个参变量的空间曲线族

$$F_1(x,y,z,a)=0,F_2(x,y,z,a)=0 \tag{95}$$

我们来求这个族的包络,就是这样的曲线 $\Gamma$,在它的所有的点与族(95) 中的各个曲线相切.我们可以算作 $\Gamma$ 也由方程(95) 确定[10],只不过 $a$ 不是常量,而是变量.沿曲线(95) 的无穷小改变在轴上的投影 $\mathrm{d}x,\mathrm{d}y,\mathrm{d}z$ 应当满足方程

$$\frac{\partial F_1}{\partial x}\mathrm{d}x+\frac{\partial F_1}{\partial y}\mathrm{d}y+\frac{\partial F_1}{\partial z}\mathrm{d}z=0$$

$$\frac{\partial F_2}{\partial x}\mathrm{d}x+\frac{\partial F_2}{\partial y}\mathrm{d}y+\frac{\partial F_2}{\partial z}\mathrm{d}z=0$$

同样,沿着 $\Gamma$ 的无穷小改变的投影 $\delta x,\delta y,\delta z$ 应当满足方程

$$\frac{\partial F_1}{\partial x}\delta x+\frac{\partial F_1}{\partial y}\delta y+\frac{\partial F_1}{\partial z}\delta z+\frac{\partial F_1}{\partial a}\delta a=0$$

$$\frac{\partial F_2}{\partial x}\delta x+\frac{\partial F_2}{\partial y}\delta y+\frac{\partial F_2}{\partial z}\delta z+\frac{\partial F_2}{\partial a}\delta a=0$$

由相切的条件,这些投影成比例,就是

$$\frac{\delta x}{\mathrm{d}x}=\frac{\delta y}{\mathrm{d}y}=\frac{\delta z}{\mathrm{d}z}$$

根据以上的关系式,这些条件相当于两个方程:$\frac{\partial F_1}{\partial a}\delta a=0$ 与 $\frac{\partial F_2}{\partial a}\delta a=0$,或者设 $\delta a\neq 0$,就是说 $a$ 不是常量,就得到两个方程

$$\frac{\partial F_1(x,y,z,a)}{\partial a}=0,\frac{\partial F_2(x,y,z,a)}{\partial a}=0 \tag{96}$$

一般说来,(95) 与(96) 中的四个方程不能确定一条曲线,就是空间的曲线族没有包络.不过如果这四个方程可以化为三个,就是说如果其中一个可以由另外三个推出来,则由这三个方程,坐标$(x,y,z)$ 可以确定作参变量 $a$ 的函数,就是说,我们可以得到一条空间曲线,它是包络(或曲线族(95) 的奇异点的轨迹).在下一段中我们有具有包络的空间直线族的例子.

**141. 可展曲面**

作为特殊情形,我们考虑具有一个参变量 $a$ 的平面族

$$A(a)x+B(a)y+C(a)z+D(a)=0 \tag{97}$$

由下面两个方程消去 $a$ 就得到包络曲面$(S)$

$$\begin{cases}A(a)x+B(a)y+C(a)z+D(a)=0\\ A'(a)x+B'(a)y+C'(a)z+D'(a)=0\end{cases} \tag{98}$$

对于固定的 $a$,这两个方程给出某一条直线$(l_a)$,而曲面$(S)$ 是这些直线的轨迹,就是说一定是线性曲面.以下我们会看到并非任何的线性曲面都可以由上述的方法得到.曲面$(S)$ 沿着直线$(l_a)$ 与平面(97) 相切,就是说,曲面$(S)$ 沿着母直线$(l_a)$ 有相同的切面.如此,在$(S)$ 上的切面族只依赖于一个表现母直线$(l_a)$ 的参变量 $a$.在一般情形下,曲面的切面族依赖于两个参变量,这两个参变量是确定曲面上点的位置的.设$(S)$ 的方程是显式式:$z=f(x,y)$,并且我们用[62] 中的记法来记函数 $f(x,y)$ 的偏微商.法线的方向余弦的前两个是一个参变量 $a$ 的函数

$$\frac{p}{\sqrt{1+p^2+q^2}}=W_1(a)$$

$$\frac{q}{\sqrt{1+p^2+q^2}}=W_2(a)$$

由这两个方程消去 $a$,就得到 $p$ 与 $q$ 之间的联系,它可以写成下面的形状

$$q=\varphi(p)$$

在整个曲面(S)上都应当满足这个关系式,求它对自变量 $x$ 与 $y$ 的导数,就得到

$$s=\varphi'(p)r, t=\varphi'(p)s$$

或

$$rt-s^2=0 \tag{99}$$

就是说,具有一个参变量的平面族的包络曲面上的所有的点都是抛物线性点.

曲面(S)是由直线族(98)形成的.不难看出,这个直线族有包络.实际上,求方程(98)对 $a$ 的导数,得到两个方程

$$\begin{cases}A'(a)x+B'(a)y+C'(a)z+D'(a)=0\\A''(a)x+B''(a)y+C''(a)z+D''(a)=0\end{cases} \tag{100}$$

(98)与(100)中的四个方程可以化为三个.如此我们可以肯定,曲面(S)是由某一条空间曲线 $\Gamma$ 的切线形成的.如果曲线 $\Gamma$ 退化为一点,则(S)是锥面,如果这个点在无穷远,则(S)是柱面.现在我们反过来要证明,若给定空间曲线 $\Gamma$

$$x=\varphi(t), y=\psi(t), z=\omega(t) \tag{101}$$

则曲线 $\Gamma$ 的切线形成的曲面(S)是一个具有一个参变量的平面族的包络,这个平面族是曲线 $\Gamma$ 的密切面族.实际上,这个族有方程

$$A(X-x)+B(Y-y)+C(Z-z)=0 \tag{102}$$

其中 $(x,y,z)$ 由公式(101)确定,而 $A,B,C$ 由[126]中公式(31)来确定.求公式(102)对参变量 $t$ 的导数,并注意,根据公式(31)

$$A\mathrm{d}x+B\mathrm{d}y+C\mathrm{d}z=0 \tag{103}$$

就得到

$$\mathrm{d}A(X-x)+\mathrm{d}B(Y-y)+\mathrm{d}C(Z-z)=0 \tag{104}$$

其中替代对 $t$ 的导数,我们写成了微分,族(102)的包络曲面由方程(102)与(104)所确定的直线组成,我们只要证明这两个方程确定 $\Gamma$ 在点 $(x,y,z)$ 的切线就是了.由关系式(103)求微分,并注意,根据公式(31),$A\mathrm{d}^2x+B\mathrm{d}^2y+C\mathrm{d}^2z=0$,就得到

$$\mathrm{d}A\mathrm{d}x+\mathrm{d}B\mathrm{d}y+\mathrm{d}C\mathrm{d}z=0 \tag{105}$$

关系式(103)与(105)说明,平面(102)与(104)的通过点 $(x,y,z)$ 的法线垂直于曲线 $\Gamma$ 的切线,就是说,平面(102)与(104)都通过这个切线,这就是我们所要证明的.

以上我们看到,条件(99)是(S)作为一个参变量的平面族的包络的必要条件.可以证明,它也是充分条件.以前我们也讲过[138],条件(99)(或与它相当的条件 $LN-M^2=0$)也是(S)可以展成平面而不歪曲长度的必要条件.反过

来,可以证明,若这条件成立,则足够小的一块曲面可以按上述的方式展成平面.所以,具有一个参变量的平面族的包络叫作可展曲面.

并非所有的直纹曲面都是可展曲面.例如,如果我们取双曲抛物面或单叶双曲面,则对于它们,关系式(99)不成立[137],纵然它们也是直纹曲面.由此推知,如果这样的曲面的变点沿着母直线动,则对应于这变点的切面绕着这母线转.

# 第6章 傅里叶级数

## §1 调和分析

### 142. 三角函数的正交性

调和振动的运动

$$y = A\sin(\omega t + \varphi)$$

是周期为$\dfrac{2\pi}{\omega}$的周期函数的简单的例子. 现在我们只考虑周期为 $2\pi$ 的周期函数并把自变量记作 $x$，于是函数 $y$ 变成

$$y = A\sin(x + \varphi)$$

函数

$$A_k\sin(kx + \varphi_k) \quad (k = 0,1,2,3,\cdots)$$

是以 $2\pi$ 为周期的较复杂的函数，任何多个这样的函数之和

$$\sum_{k=0}^{n} A_k\sin(kx + \varphi_k)$$

仍是以 $2\pi$ 为周期的函数，它叫作 $n$ 级三角多项式. 由此引出以 $n$ 级三角多项式来近似表达任意的以 $2\pi$ 为周期的周期函数 $f(x)$ 的问题，而继之以把函数 $f(x)$ 展开为三角级数的问题

$$f(x) = \sum_{k=0}^{+\infty} A_k\sin(kx + \varphi_k)$$

这就类似于用 $n$ 次多项式近似表达函数或将函数展为幂级数的问题. 这三角级数的一般项

$$A_k\sin(kx+\varphi_k)$$

叫作函数 $f(x)$ 的第 $k$ 个调和数. 它可以写成下面的形状

$$A_k\sin(kx+\varphi_k)=a_k\cos kx+b_k\sin kx$$

其中

$$a_k=A_k\sin\varphi_k,b_k=A_k\cos\varphi_k\quad(k=0,1,2,\cdots)$$

零级调和数 $A_0\sin\varphi_0$ 只是常数,为简化以后的公式起见,我们把它记作$\frac{a_0}{2}$. 于是,我们的问题在于,如果可能的话,求出未知常数

$$a_0,a_1,b_1,a_2,b_2,\cdots,a_n,b_n,\cdots$$

使级数

$$\frac{a_0}{2}+\sum_{k=1}^{+\infty}(a_k\cos kx+b_k\sin kx)\tag{1}$$

收敛而且使它的和等于给定的以 $2\pi$ 为周期的周期函数 $f(x)$.

为要解决这个问题,我们先讲倍角的正弦以及余弦的一个简单性质. 设 $c$ 是任何一个实数,$(c,c+2\pi)$ 是任何一个长度为 $2\pi$ 的区间. 不难证明

$$\int_c^{c+2\pi}\cos kx\,\mathrm{d}x=0,\int_c^{c+2\pi}\sin kx\,\mathrm{d}x=0\quad(k=1,2,3,\cdots)\tag{2}$$

例如,考虑所写的第一个积分. $\cos kx$ 的一个原函数是$\frac{\sin kx}{k}$,由于它的周期性,当 $x=c$ 与 $x=c+2\pi$ 时它的值相同,于是这两个值之差是零,就是说,实际上

$$\int_c^{c+2\pi}\cos kx\,\mathrm{d}x=\frac{\sin kx}{k}\bigg|_{x=c}^{x=c+2\pi}=0$$

同理,利用已知的三角公式

$$\sin kx\cos lx=\frac{\sin(k+l)x+\sin(k-l)x}{2}$$

$$\sin kx\sin lx=\frac{\cos(k-l)x-\cos(k+l)x}{2}$$

$$\cos kx\cos lx=\frac{\cos(k+l)x+\cos(k-l)x}{2}$$

可以证明

$$\begin{cases}\int_c^{c+2\pi}\cos kx\sin lx\,\mathrm{d}x=0\\\int_c^{c+2\pi}\cos kx\cos lx\,\mathrm{d}x=0\quad(k\neq l)\\\int_c^{c+2\pi}\sin kx\sin lx\,\mathrm{d}x=0\end{cases}\tag{3}$$

考虑函数族

$$1,\cos x,\sin x,\cos 2x,\sin 2x,\cdots,\cos nx,\sin nx,\cdots \tag{4}$$

这里，函数族中第一个是个常数等于1. 由公式(2)与(3)推出下述的事实：族(4)中任何两个函数的乘积沿任何一个长度为$2\pi$的区间的积分等于零. 这样的性质通常叫作族(4)在所述区间上的正交性质. 现在我们来看族(4)中的函数的平方的积分. 对于第一个函数，这个积分显然等于$2\pi$，对于其余的，根据公式

$$\cos^2 kx=\frac{1+\cos 2kx}{2},\sin^2 kx=\frac{1-\cos 2kx}{2}$$

我们就有

$$\int_c^{c+2\pi}\cos^2 kx\,\mathrm{d}x=\pi,\int_c^{c+2\pi}\sin^2 kx\,\mathrm{d}x=\pi\quad(k=1,2,\cdots) \tag{5}$$

以后为确定起见，我们取$c=-\pi$，就是说，区间$(c,c+2\pi)$是区间$(-\pi,\pi)$.

现在回到以上所给的问题. 设有某一个函数$f(x)$，确定于区间$(-\pi,\pi)$上，而且对于$x$的其他的值，函数$f(x)$的值保持以$2\pi$为周期的周期性规律，并设它是级数(1)的和

$$f(x)=\frac{a_0}{2}+\sum_{k=1}^{+\infty}(a_k\cos kx+b_k\sin kx) \tag{6}$$

求这等式两边沿区间$(-\pi,\pi)$的积分，并用每一项的积分之和来替代右边的无穷和的积分，就得到

$$\int_{-\pi}^{\pi}f(x)\mathrm{d}x=\int_{-\pi}^{\pi}\frac{a_0}{2}\mathrm{d}x+\sum_{k=1}^{+\infty}\left(a_k\int_{-\pi}^{\pi}\cos kx\,\mathrm{d}x+b_k\int_{-\pi}^{\pi}\sin kx\,\mathrm{d}x\right)$$

根据公式(2)，这就化为等式

$$\int_{-\pi}^{\pi}f(x)\mathrm{d}x=\frac{a_0}{2}\cdot 2\pi=a_0\pi$$

由此确定出常数$a_0$

$$a_0=\frac{1}{\pi}\int_{-\pi}^{\pi}f(x)\mathrm{d}x \tag{7}$$

再来确定其他的常数. 设$n$是某一个正整数. 公式(6)的两边乘以$\cos nx$，再像上面一样求积分

$$\begin{aligned}&\int_{-\pi}^{\pi}f(x)\cos nx\,\mathrm{d}x\\&=\frac{a_0}{2}\int_{-\pi}^{\pi}\cos nx\,\mathrm{d}x+\sum_{k=1}^{+\infty}\left(a_k\int_{-\pi}^{\pi}\cos kx\cos nx\,\mathrm{d}x+b_k\int_{-\pi}^{\pi}\sin kx\cos nx\,\mathrm{d}x\right)\end{aligned} \tag{8}$$

根据公式(2)与(3)，除去当$k=n$时的一个积分

$$\int_{-\pi}^{\pi}\cos kx\cos nx\,\mathrm{d}x$$

外，这等式右边所有的积分都等于零. 并且根据公式(5)，上面写的这个积分等于$\pi$.

如此，公式(8) 化为下面的形状

$$\int_{-\pi}^{\pi} f(x)\cos nx\,\mathrm{d}x = a_n\pi$$

由此

$$a_n = \frac{1}{\pi}\int_{-\pi}^{\pi} f(x)\cos nx\,\mathrm{d}x \quad (n=1,2,\cdots) \tag{8'}$$

同理可以得到公式

$$b_n = \frac{1}{\pi}\int_{-\pi}^{\pi} f(x)\sin nx\,\mathrm{d}x \quad (n=1,2,\cdots) \tag{8''}$$

注意，当 $n=0$ 时公式(8′) 与公式(7) 相同. 如此我们可以写成

$$\begin{cases} a_k = \dfrac{1}{\pi}\displaystyle\int_{-\pi}^{\pi} f(x)\cos kx\,\mathrm{d}x \quad (k=0,1,2,\cdots) \\ b_k = \dfrac{1}{\pi}\displaystyle\int_{-\pi}^{\pi} f(x)\sin kx\,\mathrm{d}x \quad (k=1,2,\cdots) \end{cases} \tag{9}$$

以上所讲的算法是不严格的，只具有启发的意义. 实际上，我们对于这级数作了未经证实的假定：首先，开始时我们假定了给定的函数可以展成级数(6)，以后我们又用各项的积分之和来替代无穷和的积分，或者换句话说就是用了级数的逐项求积分法，可是并不是总可以这样做的[参考 I,146].

问题的严格提法如下. 设在区间$(-\pi,\pi)$ 上给定一个函数 $f(x)$. 依公式(9) 计算出常数 $a_k$ 和 $b_k$，并把这些常数值代入到级数(1) 中. 问：如此得到的级数在区间$(-\pi,\pi)$ 上是否收敛，如果收敛，它的和是否等于 $f(x)$？

由公式(9) 计算出的系数叫作函数 $f(x)$ 的傅里叶系数，把由公式(9) 计算出的 $a_k$ 与 $b_k$ 的值代入到级数(1) 中所得到的级数叫作函数 $f(x)$ 的傅里叶级数. 在下一段中我们叙述上面所提出的关于所给的函数的傅里叶级数的收敛性问题.

**附注** 当沿任何的长度为 $2\pi$ 的区间求积分时，上述的公式(3) 与(5) 都成立. 一般说来，若 $x$ 取所有的实数值时，$f(x)$ 都确定，且具有某一周期 $a$，就是说，$x$ 取任何值时，$f(x+a)=f(x)$，则 $f(x)$ 沿任何的长度为 $a$ 的区间的积分具有确定的值，它不依赖于这个区间的起点，就是说，积分

$$\int_{c}^{c+a} f(x)\,\mathrm{d}x$$

的数值不依赖于 $c$. 实际上，我们可以把 $c$ 这个数写成 $c=ma+h$ 的形状，其中 $m$ 是个整数，$h$ 属于区间$(0,a)$

$$\int_{c}^{c+a} f(x)\,\mathrm{d}x = \int_{ma+h}^{(m+1)a+h} f(x)\,\mathrm{d}x = \int_{ma+h}^{(m+1)a} f(x)\,\mathrm{d}x + \int_{(m+1)a}^{(m+1)a+h} f(x)\,\mathrm{d}x$$

在第一个积分中引用新的积分变量 $t_1 = x - ma$，而在第二个积分中引用 $t_2 = x-(m+1)a$

$$\int_{c}^{c+a} f(x)\mathrm{d}x = \int_{h}^{a} f(t_1 + ma)\mathrm{d}t_1 + \int_{0}^{h} f[t_2 + (m+1)a]\mathrm{d}t_2$$

注意 $f(x)$ 的周期性，再把积分变量记作 $x$，就得到

$$\int_{c}^{c+a} f(x)\mathrm{d}x = \int_{h}^{a} f(x)\mathrm{d}x + \int_{0}^{h} f(x)\mathrm{d}x = \int_{0}^{a} f(x)\mathrm{d}x$$

由此推知这积分不依赖于 $c$. 若 $f(x)$ 具有周期 $2\pi$，则我们可以由公式(9) 沿任何的长度为 $2\pi$ 的区间求积分以计算它的傅里叶系数 $a_k$ 与 $b_k$.

**143. 迪利克雷定理**

只要关于函数 $f(x)$ 作出些限制性的假定，函数 $f(x)$ 的傅里叶级数就是收敛的并且它的和等于 $f(x)$. 首先我们假定所给的在区间$(-\pi,\pi)$ 上的函数 $f(x)$ 或者连续，或者在这区间内只有有限个间断点，再假定所有这些间断点具有下述的性质：若 $x=c$ 是 $f(x)$ 的一个间断点，则当 $x$ 自右(由较大的值) 或自左(由较小的值) 趋向 $c$ 时，$f(x)$ 有有限的极限. 这两个极限通常记作 $f(c+0)$ 与 $f(c-0)$[I,32]. 这样的间断点通常叫作第一类间断点. 最后，假定在区间$(-\pi,\pi)$ 上 $f(x)$ 有有限多个极大值和极小值，就是说，假定整个区间$(-\pi,\pi)$ 可以分为有限多个部分区间，使得在每一部分上 $f(x)$ 单调的改变. 以上所述的条件叫作迪利克雷条件，就是说，所谓一个函数在区间$(-\pi,\pi)$ 上满足迪利克雷条件，就是说在这区间上它或者连续，或者有有限多个第一类间断点. 此外，在这区间上它有有限多个极大值与极小值. 还要提出，在端点$x=-\pi$，重要的只是当 $x$ 自右趋向 $-\pi$ 时 $f(x)$ 所趋向的极限，所以我们写$f(-\pi+0)$ 以替代 $f(-\pi)$，同样写 $f(\pi-0)$ 以替代 $f(\pi)$. 注意，这两个极限可能不同，但是当 $x=-\pi$ 与 $x=\pi$ 时，根据函数(4) 的周期性，级数(1) 的和自然应当相同.

下面是傅里叶级数论中一个基本定理.

**迪利克雷定理　　若给定在区间$(-\pi,\pi)$ 上的函数 $f(x)$，在这区间上满足迪利克雷条件，则在整个区间$(-\pi,\pi)$ 上这函数的傅里叶级数收敛，并且这级数的和：**

**(1) 在位于这区间内的所有 $f(x)$ 连续的点处等于 $f(x)$；**

**(2) 在所有的间断点处，等于**

$$\frac{f(x+0)+f(x-0)}{2}$$

**(3) 在这区间两端，就是当 $x=-\pi$ 与 $x=\pi$ 时，等于**

$$\frac{f(-\pi+0)+f(\pi-0)}{2}$$

在本章后部我们再讲这个定理的证明.

关于上面叙述的定理，我们给几个附注. 级数(1) 的项是以 $2\pi$ 为周期的函

数. 所以，若在区间$(-\pi,\pi)$上这级数收敛，则当$x$取所有的实数值时它收敛，并且这级数的和以$2\pi$为周期重复取它在区间$(-\pi,\pi)$上所取的那些值. 如此，若在区间$(-\pi,\pi)$之外利用傅里叶级数，则应当算作在这区间之外$f(x)$以$2\pi$为周期延续. 由这个观点，对于如此延续的函数，如果$f(-\pi+0)\neq f(\pi-0)$，区间的端点$x=\pm\pi$是间断点.

图114上表示出一个在区间$(-\pi,\pi)$上连续的函数，当周期性的延续时，由于在区间的两端$f(x)$的值不相同，于是给出它的间断点.

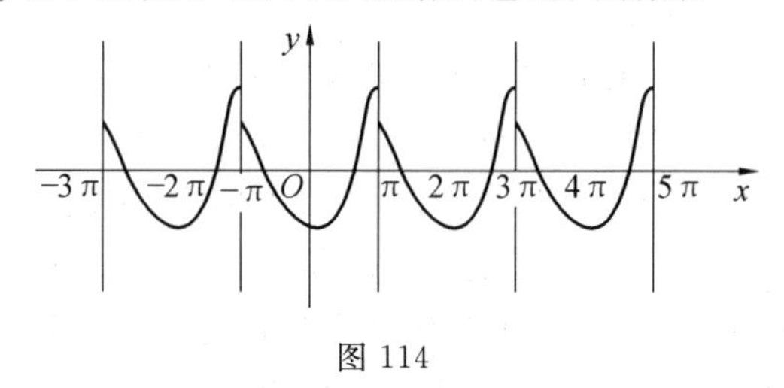


图 114

计算傅里叶系数时，利用下面的辅助定理，常是有用的.

**辅助定理　若在区间$(-a,a)$上$f(x)$是偶函数，就是$f(-x)=f(x)$，则**

$$\int_{-a}^{a} f(x)\mathrm{d}x=2\int_{0}^{a} f(x)\mathrm{d}x$$

**若$f(x)$是奇函数，就是$f(-x)=-f(x)$，则**

$$\int_{-a}^{a} f(x)\mathrm{d}x=0$$

这个辅助定理的证明，以前我们给过[I,99].

**144. 例1**　在区间$(-\pi,\pi)$上展开$x$为傅里叶级数. 乘积$x\cos kx$是$x$的奇函数，所以根据公式(9)所有的系数$a_k$等于零. 另外，乘积$x\sin kx$是偶函数，于是系数$b_k$可以由下面这公式来计算

$$b_k=\frac{2}{\pi}\int_{0}^{\pi} x\sin kx\,\mathrm{d}x=\frac{2}{\pi}\left\{-\frac{x\cos kx}{k}\Bigg|_{x=0}^{x=\pi}+\frac{1}{k}\int_{0}^{\pi}\cos kx\,\mathrm{d}x\right\}=\frac{2(-1)^{k-1}}{k}$$

图115上粗线表示这傅里叶级数的图形，由图115上看出，在点$x=\pm\pi$有间断点，这时左限与右限的等差中项显然等于零. 如此，在所考虑的情形下，迪利克雷定理给出

$$2\left(\frac{\sin x}{1}-\frac{\sin 2x}{2}+\cdots+\frac{(-1)^{k-1}\sin kx}{k}+\cdots\right)=\begin{cases}x & \text{当}-\pi<x<\pi\text{时}\\ 0 & \text{当}x=\pm\pi\text{时}\end{cases}\tag{10}$$

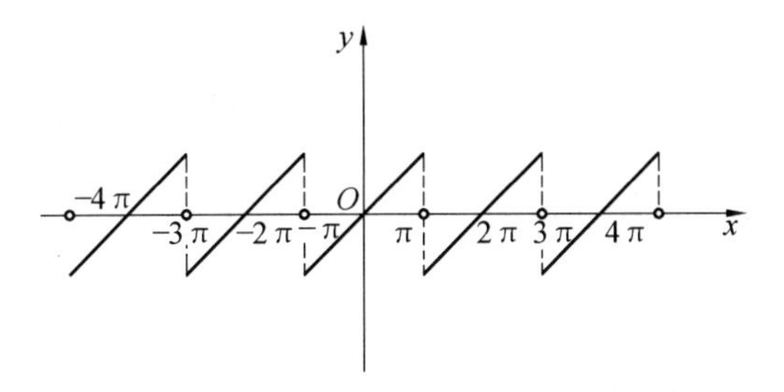


图 115

**例 2** 对于函数 $x^2$ 同样来作.在这情形下,乘积 $x^2\sin kx$ 是奇函数,于是所有的系数 $b_k$ 等于零.我们来计算 $a_k$

$$a_0=\frac{2}{\pi}\int_0^{\pi}x^2\,\mathrm{d}x=\frac{2}{\pi}\left.\frac{x^3}{3}\right|_{x=0}^{x=\pi}=\frac{2\pi^2}{3}$$

$$a_k=\frac{2}{\pi}\int_0^{\pi}x^2\cos kx\,\mathrm{d}x=\frac{2}{\pi}\left\{\left.\frac{x^2\sin kx}{k}\right|_{x=0}^{x=\pi}-\frac{2}{k}\int_0^{\pi}x\sin kx\,\mathrm{d}x\right\}$$

$$=\frac{4}{\pi k}\left\{\left.\frac{x\cos kx}{k}\right|_{x=0}^{x=\pi}-\frac{1}{k}\int_0^{\pi}\cos kx\,\mathrm{d}x\right\}=(-1)^k\frac{4}{k^2}$$

由图 116 看出,在这种情形下,傅里叶级数的图形没有间断点,在整个区间 $(-\pi,\pi)$ 上,包括端点在内,这级数的和等于 $x^2$

$$x^2=\frac{\pi^2}{3}+4\sum_{k=1}^{+\infty}(-1)^k\frac{\cos kx}{k^2}\quad(-\pi\leqslant x\leqslant\pi)\tag{11}$$

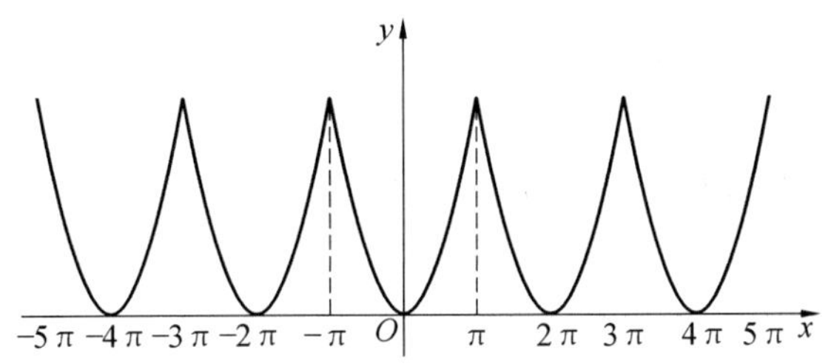


图 116

令 $x=0$,得到

$$1-\frac{1}{4}+\frac{1}{9}-\frac{1}{16}+\cdots+(-1)^{k-1}\frac{1}{k^2}+\cdots=\frac{\pi^2}{12}\tag{12}$$

若设

$$1+\frac{1}{4}+\frac{1}{9}+\frac{1}{16}+\cdots=\sigma$$

$$1+\frac{1}{9}+\frac{1}{25}+\frac{1}{49}+\cdots=\sigma_1\tag{13}$$

则显然有

$$\sigma=\sigma_1+\frac{1}{4}+\frac{1}{16}+\frac{1}{36}+\cdots=\sigma_1+\frac{1}{4}\sigma,\sigma_1=\frac{3}{4}\sigma$$

由等式(12) 给出

$$1-\frac{1}{4}+\frac{1}{9}-\frac{1}{16}+\cdots=\sigma_1-\frac{1}{4}\sigma=\frac{1}{2}\sigma=\frac{\pi^2}{12}$$

就是

$$\sigma=1+\frac{1}{4}+\frac{1}{9}+\cdots+\frac{1}{n^2}+\cdots=\frac{\pi^2}{6} \tag{14}$$

$$\sigma_1=1+\frac{1}{9}+\frac{1}{25}+\cdots+\frac{1}{(2n+1)^2}+\cdots=\frac{\pi^2}{8}$$

**例 3** 把函数

$$f(x)=\begin{cases}c_1 & \text{当} -\pi<x<0 \text{ 时}\\ c_2 & \text{当 } 0<x<\pi \text{ 时}\end{cases}$$

展成傅里叶级数.

现在我们有

$$a_0=\frac{1}{\pi}\int_{-\pi}^{\pi}f(x)\mathrm{d}x=\frac{1}{\pi}\left[\int_{-\pi}^{0}c_1\mathrm{d}x+\int_{0}^{\pi}c_2\mathrm{d}x\right]=c_1+c_2$$

$$a_k=\frac{1}{\pi}\int_{-\pi}^{\pi}f(x)\cos kx\,\mathrm{d}x=\frac{1}{\pi}\left[\int_{-\pi}^{0}c_1\cos kx\,\mathrm{d}x+\int_{0}^{\pi}c_2\cos kx\,\mathrm{d}x\right]=0$$

$$b_k=\frac{1}{\pi}\int_{-\pi}^{\pi}f(x)\sin kx\,\mathrm{d}x=\frac{1}{\pi}\left[\int_{-\pi}^{0}c_1\sin kx\,\mathrm{d}x+\int_{0}^{\pi}c_2\sin kx\,\mathrm{d}x\right]$$
$$=(c_1-c_2)\frac{(-1)^k-1}{\pi k}$$

就是说,当 $k$ 是偶数时,$b_k=0$,当 $k$ 是奇数时,$b_k=-\frac{2(c_1-c_2)}{\pi k}$,所以,依照迪利克雷定理(图 117)

$$\frac{c_1+c_2}{2}-\frac{2(c_1-c_2)}{\pi}\left[\frac{\sin x}{1}+\frac{\sin 3x}{3}+\cdots\right]=\begin{cases}c_1 & \text{当} -\pi<x<0 \text{ 时}\\ c_2 & \text{当 } 0<x<\pi \text{ 时}\\ \frac{c_1+c_2}{2} & \text{当 } x=0 \text{ 与 } \pm\pi \text{ 时}\end{cases} \tag{15}$$

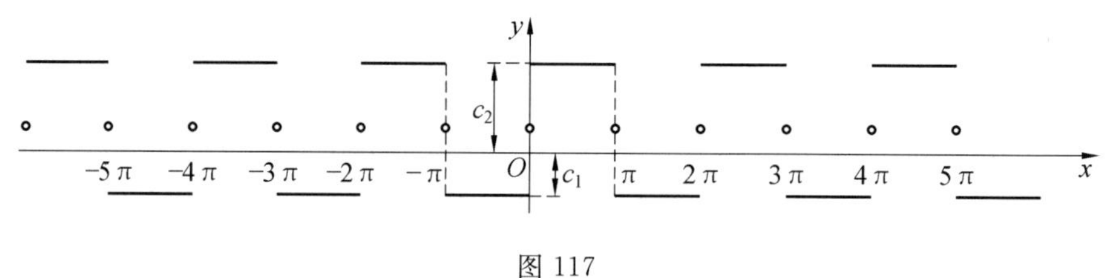


图 117

**145. 在区间$(0,\pi)$上的展开式**

在以上的例子中,我们利用被展开的函数$f(x)$的奇性或偶性,简化了傅里叶系数的计算法.

一般说来,应用[143]中的辅助定理于确定傅里叶系数的积分(9),就得到:当$f(x)$是偶函数时

$$a_k=\frac{2}{\pi}\int_0^{\pi}f(x)\cos kx\,dx,b_k=0 \tag{16}$$

当$f(x)$是奇函数时

$$a_k=0,b_k=\frac{2}{\pi}\int_0^{\pi}f(x)\sin kx\,dx \tag{17}$$

于是函数的展开式,当$f(x)$是偶函数时,形状是

$$\frac{a_0}{2}+\sum_{k=1}^{+\infty}a_k\cos kx \tag{18}$$

当$f(x)$是奇函数时,形状是

$$\sum_{k=1}^{+\infty}b_k\sin kx \tag{19}$$

现在设给定在区间$(0,\pi)$上的任意一个函数$f(x)$.在区间$(0,\pi)$上,这个函数可以展成只含有余弦的级数(18),也可以展成只含正弦的级数(19).这时,在前一个情形下,系数依照公式(16)计算,而在第二个情形下,依照公式(17).在区间$(0,\pi)$内这两个级数的和就是函数$f(x)$,而在间断点级数和等于右限和左限的等差中项.不过在区间$(0,\pi)$之外它们表示完全不同的函数.余弦级数给出的函数在区间$(-\pi,0)$上恰如$f(x)$是偶函数,而在$(-\pi,\pi)$之外是以$2\pi$为周期作周期性的延续.正弦级数给出的函数在区间$(-\pi,0)$上恰如$f(x)$是奇函数,而在区间$(-\pi,\pi)$之外是以$2\pi$为周期作周期性的延续.

如此,当展成余弦级数时

$$f(-0)=f(+0)$$
$$f(-\pi+0)=f(\pi-0)$$

而当展成正弦级数时

$$f(-0)=-f(+0)$$
$$f(-\pi+0)=-f(\pi-0)$$

因此,在区间的两端,我们得到级数(18)与(19)的值如表1中所示.

表 1

| $x$ | 余弦级数 | 正弦级数 |
|---|---|---|
| 0 | $f(+0)$ | 0 |
| $\pi$ | $f(\pi-0)$ | 0 |

图118与119是级数(18)与(19)所表示的函数的图形,这两个级数是对区

间$(0,\pi)$上的同一个函数$f(x)$作出来的.

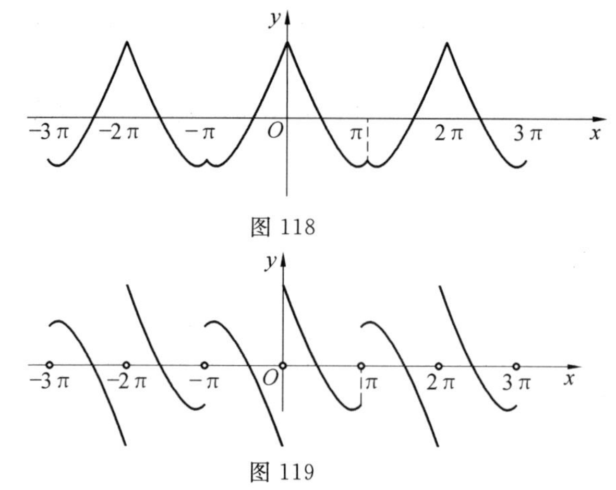


图 118

图 119

**例1** 在[144]例1与例2中,对于函数$x$,我们得到在区间$(0,\pi)$上的正弦级数,对于函数$x^2$,得到在区间$(0,\pi)$上的余弦级数.在区间$(0,\pi)$上把函数$x$展成余弦级数,我们得到展开式

$$x=\frac{a_0}{2}+\sum_{k=1}^{+\infty}a_k\cos kx$$

$$a_0=\frac{2}{\pi}\int_0^{\pi}x\,\mathrm{d}x=\pi$$

$$a_k=\frac{2}{\pi}\int_0^{\pi}x\cos kx\,\mathrm{d}x=\frac{2}{\pi k^2}[(-1)^k-1]=\begin{cases}0 & (\text{当 } k \text{ 是偶数时})\\ -\dfrac{4}{\pi k^2} & (\text{当 } k \text{ 是奇数时})\end{cases}$$

由此

$$x=\frac{\pi}{2}-\frac{4}{\pi}\left(\frac{\cos x}{1^2}+\frac{\cos 3x}{3^2}+\cdots+\frac{\cos(2k+1)x}{(2k+1)^2}+\cdots\right)\quad(0<x<\pi)\tag{20}$$

在区间$(-\pi,0)$上,右边的级数之和是$-x$,就是说,在整个区间$(-\pi,\pi)$上,它与绝对值$|x|$相同

$$|x|=\frac{\pi}{2}-\frac{4}{\pi}\left(\frac{\cos x}{1^2}+\frac{\cos 3x}{3^2}+\frac{\cos 5x}{5^2}+\cdots\right)\tag{21}$$

在区间$(-\pi,\pi)$之外,这级数和给出的函数,可以由区间$(-\pi,\pi)$的函数作周期性的重复得到(图120).在区间$(0,\pi)$上把函数$x^2$展成正弦级数,我们得到

$$b_k=\frac{2}{\pi}\int_0^{\pi}x^2\sin kx\,\mathrm{d}x=\frac{2(-1)^{k-1}\pi}{k}+\frac{4[(-1)^k-1]}{\pi k^3}$$

于是在区间$0<x<\pi$上(图121)

$$x^2=2\pi\left[\frac{\sin x}{1}-\frac{\sin 2x}{2}+\frac{\sin 3x}{3}-\cdots\right]-\frac{8}{\pi}\left[\frac{\sin x}{1^3}+\frac{\sin 3x}{3^3}+\frac{\sin 5x}{5^3}+\cdots\right]$$

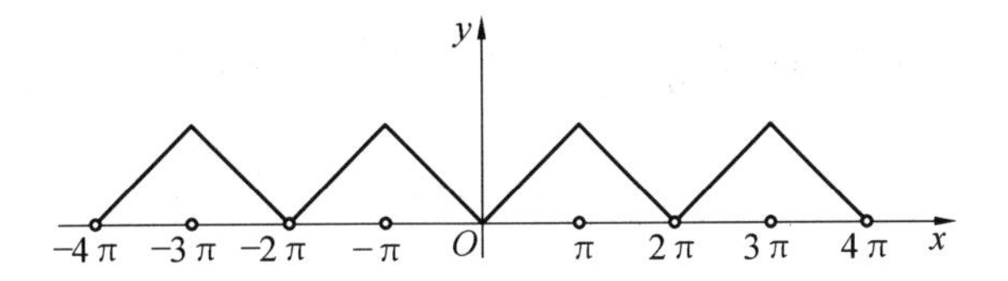


图 120

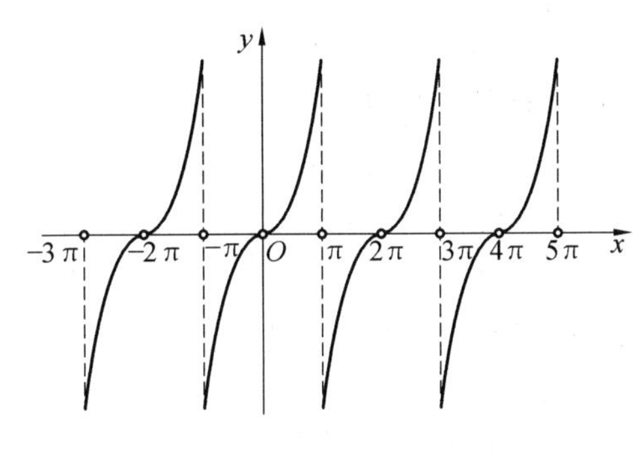


图 121

**例 2** 函数 $\cos zx$ 是 $x$ 的偶函数,所以在区间$(-\pi,\pi)$上它可以展成余弦级数

$$\cos zx=\frac{a_0}{2}+\sum_{k=1}^{+\infty}a_k\cos kx\,,a_k=\frac{2}{\pi}\int_0^{\pi}\cos zx\cos kx\,\mathrm{d}x$$

我们有

$$a_0=\frac{2}{\pi}\int_0^{\pi}\cos zx\,\mathrm{d}x=\frac{2}{\pi}\ \frac{\sin zx}{z}\Bigg|_{x=0}^{x=\pi}=\frac{2\sin \pi z}{\pi z}$$

$$\begin{aligned}a_k&=\frac{2}{\pi}\int_0^{\pi}\cos zx\cos kx\,\mathrm{d}x=\frac{1}{\pi}\int_0^{\pi}[\cos(z+k)x+\cos(z-k)x]\mathrm{d}x\\&=\frac{1}{\pi}\left[\frac{\sin(z+k)x}{z+k}+\frac{\sin(z-k)x}{z-k}\right]\Bigg|_{x=0}^{x=\pi}\\&=\frac{1}{\pi}\left[\frac{\sin(\pi z+k\pi)}{z+k}+\frac{\sin(\pi z-k\pi)}{z-k}\right]\\&=(-1)^k\,\frac{2z\sin \pi z}{\pi(z^2-k^2)}\end{aligned}$$

于是,在区间 $-\pi\leqslant x\leqslant\pi$ 上

$$\cos zx=\frac{2z\sin \pi z}{\pi}\left[\frac{1}{2z^2}+\frac{\cos x}{1^2-z^2}-\frac{\cos 2x}{2^2-z^2}+\frac{\cos 3x}{3^2-z^2}-\cdots\right]$$

现在令 $x=\pi$,再用 $\sin \pi z$ 除这等式的两边,就有

$$\cot \pi z=\frac{1}{\pi}\left[\frac{1}{z}-\sum_{k=1}^{+\infty}\frac{2z}{k^2-z^2}\right]\tag{22}$$

这个公式叫作函数 $\cot \pi z$ 分解为最简分式的展开式. 对 $z$ 求导数后用 $\pi$

除，再改变符号，就得到函数$\frac{1}{\sin^2 \pi z}$分解为最简分式的展开式

$$\frac{1}{\sin^2 \pi z}=\frac{1}{\pi^2}\left[\frac{1}{z^2}+2\sum_{k=1}^{+\infty}\frac{k^2+z^2}{(k^2-z^2)^2}\right]$$

或者，注意

$$2\frac{k^2+z^2}{(k^2-z^2)^2}=\frac{1}{(z+k)^2}+\frac{1}{(z-k)^2}$$

可以把上面这公式写成比较对称的形式

$$\frac{1}{\sin^2 \pi z}=\frac{1}{\pi^2}\sum_{k=-\infty}^{+\infty}\frac{1}{(z-k)^2} \tag{23}$$

由公式(22)推出可注意的函数 $\cot z$ 的幂级数展开式. 公式(22)两边乘以 $\pi z$，再用 $z$ 来替代 $\pi z$，就是用$\frac{z}{\pi}$来替代 $z$，就得到

$$z\cot z=1-\sum_{k=1}^{+\infty}\frac{2z^2}{k^2\pi^2-z^2}$$

不过

$$\frac{2z^2}{k^2\pi^2-z^2}=\frac{2z^2}{k^2\pi^2\left(1-\frac{z^2}{k^2\pi^2}\right)}$$

$$=2\frac{z^2}{k^2\pi^2}\left(1+\frac{z^2}{k^2\pi^2}+\frac{z^4}{k^4\pi^4}+\cdots+\frac{z^{2n}}{k^{2n}\pi^{2n}}+\cdots\right) \quad (|z|<\pi)$$

代入到上面的公式中，再依照 $z^2$ 的幂来整理，就得到

$$z\cot z=1-2\frac{z^2}{\pi^2}\sum_{k=1}^{+\infty}\frac{1}{k^2}-2\frac{z^4}{\pi^4}\sum_{k=1}^{+\infty}\frac{1}{k^4}-\cdots-2\frac{z^{2n}}{\pi^{2n}}\sum_{k=1}^{+\infty}\frac{1}{k^{2n}}-\cdots$$

用$\frac{z}{2}$来替代 $z$，就得到

$$\frac{z}{2}\cot\frac{z}{2}=1-\sum_{n=1}^{+\infty}\left[\frac{2}{(2\pi)^{2n}}\sum_{k=1}^{+\infty}\frac{1}{k^{2n}}\right]z^{2n}$$

把 $z^{2n}$ 的系数记作$\frac{B_n}{(2n)!}$

$$\frac{z}{2}\cot\frac{z}{2}=1-\frac{B_1}{2!}z^2-\frac{B_2}{4!}z^4-\cdots-\frac{B_n}{(2n)!}z^{2n}-\cdots \tag{24}$$

$$B_n=\frac{2\cdot(2n)!}{(2\pi)^{2n}}\sum_{k=1}^{+\infty}\frac{1}{k^{2n}}$$

把$\frac{z}{2}\cot\frac{z}{2}$看作 $\cos\frac{z}{2}$ 被$\frac{\sin\frac{z}{2}}{\frac{z}{2}}$除得的商，直接展成级数[I,130]，不难确定

出前几个数 $B_n$

$$B_1=\frac{1}{6},B_2=\frac{1}{30},B_3=\frac{1}{42},B_4=\frac{1}{30},B_5=\frac{5}{66}$$

于是直接看出 $B_n$ 是有理数.它们叫作白诺利数.另外,知道了它们的值,就可以确定出下列级数的和

$$\sum_{k=1}^{+\infty}\frac{1}{k^{2n}}=\frac{(2\pi)^{2n}B_n}{2\cdot(2n)!}\quad(n=1,2,\cdots)$$

有时代替白诺利数,我们考虑由下列公式确定的尤拉数

$$A_0=1,A_1=-\frac{1}{2},A_{2k}=\frac{(-1)^{k-1}B_k}{(2k)!},A_{2k+1}=0\quad(k=1,2,3,\cdots)\tag{25}$$

若在等式(24)中用$\frac{t}{\mathrm{i}}$来替代 $z$,则由于

$$\frac{t}{2\mathrm{i}}\cot\frac{t}{2\mathrm{i}}=\frac{t}{2\mathrm{i}}\cdot\frac{\cos\frac{t}{2\mathrm{i}}}{\sin\frac{t}{2\mathrm{i}}}=\frac{t}{2}\frac{\mathrm{e}^{\frac{t}{2}}+\mathrm{e}^{-\frac{t}{2}}}{\mathrm{e}^{\frac{t}{2}}-\mathrm{e}^{-\frac{t}{2}}}=\frac{t}{\mathrm{e}^t-1}+\frac{t}{2}$$

推出

$$\begin{aligned}\frac{t}{\mathrm{e}^t-1}&=1-\frac{t}{2}+\frac{B_1t^2}{2!}-\frac{B_2t^4}{4!}+\cdots+(-1)^{n-1}\frac{B_nt^{2n}}{(2n)!}+\cdots\\&=A_0+A_1t+A_2t^2+A_3t^3+\cdots\end{aligned}$$

在数学分析的各种不同的分支中常遇到白诺利数与尤拉数.

**146.以 $2l$ 为周期的周期函数**

有时需要把一个函数展开成三角级数,这个函数不是确定在区间$(-\pi,\pi)$上,而是确定在区间$(-l,l)$上的,或者是要把一个确定在$(0,l)$上的函数展开成余弦级数或正弦级数.

借助于尺度的改变,可以把这个问题化为上面的情形,就是依照下列公式引用辅助变量 $\xi$ 以替代 $x$

$$x=\frac{l\xi}{\pi},\xi=\frac{\pi x}{l}\tag{26}$$

设

$$f(x)=f\left(\frac{l\xi}{\pi}\right)=\varphi(\xi)$$

若函数 $f(x)$ 确定在区间$(-l,l)$上,则对于变量 $\xi$ 来讲,函数 $\varphi(\xi)$ 就确定在区间$(-\pi,\pi)$上.

把函数 $\varphi(\xi)$ 展成傅里叶级数,就得到

$$\frac{a_0}{2}+\sum_{k=1}^{+\infty}(a_k\cos k\xi+b_k\sin k\xi)$$

其中,根据公式(26)有

$$\begin{cases} a_k=\dfrac{1}{\pi}\displaystyle\int_{-\pi}^{\pi}\varphi(\xi)\cos k\xi\,\mathrm{d}\xi=\dfrac{1}{\pi}\displaystyle\int_{-\pi}^{\pi}f\left(\dfrac{l\xi}{\pi}\right)\cos k\xi\,\mathrm{d}\xi \\ \quad=\dfrac{1}{l}\displaystyle\int_{-l}^{l}f(x)\cos\dfrac{k\pi x}{l}\mathrm{d}x \\ b_k=\dfrac{1}{l}\displaystyle\int_{-l}^{l}f(x)\sin\dfrac{k\pi x}{l}\mathrm{d}x \end{cases}\tag{27}$$

如此,对于区间$(-l,l)$上的情形迪利克雷定理保持正确,不过这时展开式(6)换成展开式

$$\frac{a_0}{2}+\sum_{k=1}^{+\infty}\left(a_k\cos\frac{k\pi x}{l}+b_k\sin\frac{k\pi x}{l}\right)\tag{28}$$

并且系数$a_k$与$b_k$由公式(27)来确定.

同样可以把确定在区间$(0,l)$上的函数$f(x)$展开成余弦级数或正弦级数,对于函数$f(x)$得到级数

$$\frac{a_0}{2}+\sum_{k=1}^{+\infty}a_k\cos\frac{k\pi x}{l},a_k=\frac{2}{l}\int_0^l f(x)\cos\frac{k\pi x}{l}\mathrm{d}x\tag{29}$$

$$\sum_{k=1}^{+\infty}b_k\sin\frac{k\pi x}{l},b_k=\frac{2}{l}\int_0^l f(x)\sin\frac{k\pi x}{l}\mathrm{d}x\tag{30}$$

**例1** 把由下面的等式所确定的函数展开成正弦级数

$$f(x)=\begin{cases}\sin\dfrac{\pi x}{l} & \left(\text{当 }0<x<\dfrac{l}{2}\text{ 时}\right)\\ 0 & \left(\text{当}\dfrac{l}{2}<x<l\text{ 时}\right)\end{cases}$$

在这情形下我们有

$$b_k=\frac{2}{l}\int_0^l f(x)\sin\frac{k\pi x}{l}\mathrm{d}x=\frac{2}{l}\int_0^{\frac{l}{2}}\sin\frac{\pi x}{l}\sin\frac{k\pi x}{l}\mathrm{d}x$$

因为在区间$\left(\dfrac{l}{2},l\right)$上被积函数等于零.读者可以算出来

$$b_k=\begin{cases}0 & (\text{当 }k\text{ 是奇数且 }k>1\text{ 时})\\ -\dfrac{(-1)^{\frac{k}{2}}2k}{\pi(k^2-1)} & (\text{当 }k\text{ 是偶数时})\end{cases}$$

$$b_1=\frac{1}{2}$$

所以

$$\frac{1}{2}\sin\frac{\pi x}{l}-\frac{4}{\pi}\sum_{n=1}^{+\infty}\frac{(-1)^n n}{4n^2-1}\sin\frac{2n\pi x}{l}=\begin{cases}\sin\frac{\pi x}{l} & (\text{当 } 0<x<\frac{l}{2}\text{ 时})\\ 0 & (\text{当}\frac{l}{2}<x<l\text{ 时})\\ \frac{1}{2} & (\text{当 } x=\frac{l}{2}\text{ 时})\\ 0 & (\text{当 } x=0\text{ 或 } l\text{ 时})\end{cases} \tag{31}$$

像我们对于长度为 $2\pi$ 的区间所讲的一样，这里区间 $(-l,l)$ 可以换成任何长度为 $2l$ 的区间 $(c,c+2l)$. 这时在区间 $(c,c+2l)$ 上级数(28) 的和给出函数 $f(x)$，不过当依照公式(27) 计算系数时，积分区间 $(-l,l)$ 需要换成区间 $(c,c+2l)$.

**147. 平方中值误差**

现在我们从另一个问题引向傅里叶级数的理论. 像以上一样，设 $f(x)$ 是给定在区间 $(-\pi,\pi)$ 上的函数. 作出族(4) 中前 $(2n+1)$ 个函数的一个线性结合

$$\frac{\alpha_0}{2}+\sum_{k=1}^{n}(\alpha_k\cos kx+\beta_k\sin kx) \tag{32}$$

其中 $\alpha_0,\alpha_1,\beta_1,\cdots,\alpha_n,\beta_n$ 是某些系数. 表达式(32) 通常叫作 $n$ 级三角多项式. 考虑当用和(32) 来替代 $f(x)$ 时所得到的误差，就是考虑差

$$\Delta_n(x)=f(x)-\left[\frac{\alpha_0}{2}+\sum_{k=1}^{+\infty}(\alpha_k\cos kx+\beta_k\sin kx)\right]$$

在区间 $(-\pi,\pi)$ 上 $|\Delta_n(x)|$ 的最大值叫作在这区间上和(32) 表示函数 $f(x)$ 时的最大偏差 $\Delta_n$. $\Delta_n$ 愈小时，用以表示函数 $f(x)$ 的 $n$ 级三角多项式愈准确. 不过，用 $\Delta_n$ 来衡量近似的程度并不方便，这不仅是因为讨论这个量是比较困难的，而且因为当解决函数的近似表示法的问题时，重要的不是使“最大偏差”很小，而是要使“平均”误差或“概率”误差很小. 图 122 上画出所给函数 $f(x)$(实线) 的两种不同的近似曲线(虚线). 曲线(Ⅰ) 的最大偏差比曲线(Ⅱ) 大得多. 在区间 $(-\pi,\pi)$ 上所见到的曲线(Ⅱ) 的相当大的偏差比曲线(Ⅰ) 的少得多.

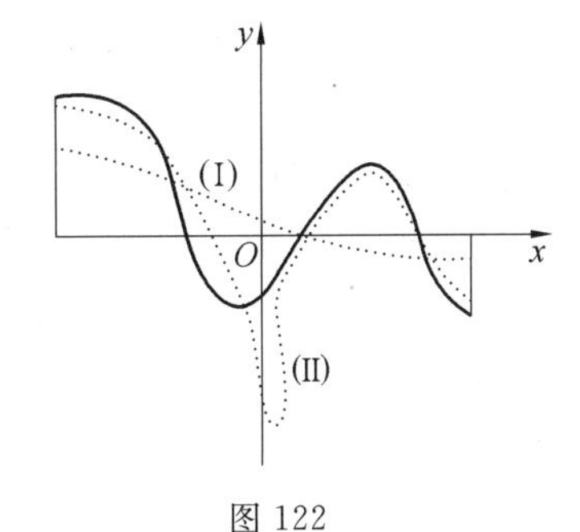

图 122

用最小二乘法处理观测数据时，要应用“平方中值误差”衡量观测的准确性，它是由下述的方法来定义的：设当测量 $z$ 的大小时，得到值

$$z_1,z_2,\cdots,z_N$$

每次测量的误差是

$$z-z_k\quad(k=1,2,\cdots,N)$$

平方中值误差 $\delta_n$ 是用下面的公式定义的

$$\delta_n^2 = \frac{1}{N}\sum_{k=1}^{N}(z - z_k)^2$$

就是说，$\delta_n$ 是各个误差的平方的算术平均值的平方根.

我们也利用这个平方中值误差来衡量和(32)对于函数 $f(x)$ 的近似程度. 但是这里应当注意，我们不是对有限个值来求平方中值误差，而是对于连续分布在整个区间 $(-\pi,\pi)$ 上的无穷多个值来求的. 如此，每个各别的误差与 $\Delta_n(x)$ 没有什么不同，它们的平方的算术平均值就是

$$\frac{1}{2\pi}\int_{-\pi}^{\pi}\Delta_n^2(x)\mathrm{d}x$$

于是表达式(32)的平方中值误差由下面的公式来求

$$\begin{aligned}\delta_n^2 &= \frac{1}{2\pi}\int_{-\pi}^{\pi}\Delta_n^2(x)\mathrm{d}x \\ &= \frac{1}{2\pi}\int_{-\pi}^{\pi}\left[f(x) - \frac{\alpha_0}{2} - \sum_{k=1}^{n}(\alpha_k\cos kx + \beta_k\sin kx)\right]^2\mathrm{d}x \qquad (33)\end{aligned}$$

现在我们要这样来挑选常数 $\alpha_0,\alpha_1,\beta_1,\cdots,\alpha_n,\beta_n$，使得量 $\delta_n^2$ 最小，就是解决求函数 $\delta_n^2$ 的最小值的问题，而 $\delta_n^2$ 是 $2n+1$ 个变量的函数.

我们先简化 $\delta_n^2$ 的表达式(33). 作括号的乘方，就求得

$$\begin{aligned}&\left[f(x) - \frac{\alpha_0}{2} - \sum_{k=1}^{n}(\alpha_k\cos kx + \beta_k\sin kx)\right]^2 \\ &= [f(x)]^2 - \alpha_0 f(x) - 2\sum_{k=1}^{n}(\alpha_k\cos kx + \beta_k\sin kx)f(x) + \frac{\alpha_0^2}{4} + \\ &\sum_{k=1}^{n}(\alpha_k^2\cos^2 kx + \beta_k^2\sin^2 kx) + \sigma_n \qquad (34)\end{aligned}$$

其中 $\sigma_n$ 记下列这种表达式的线性结合

$$\cos lx\cos mx, \sin lx\sin mx, \cos lx\sin mx, \cos lx, \sin mx \quad (l \neq m)$$

根据三角函数的正交性质[142]，所有这些表达式沿区间 $(-\pi,\pi)$ 的积分等于零，于是推知 $\sigma_n$ 沿这个区间的积分等于零. 我们知道 $\cos^2 kx$ 与 $\sin^2 kx$ 的积分等于 $\pi$，把表达式(34)代入到公式(33)中，就得到

$$\begin{aligned}\delta_n^2 = &\frac{1}{2\pi}\int_{-\pi}^{\pi}[f(x)]^2\mathrm{d}x - \frac{\alpha_0}{2\pi}\int_{-\pi}^{\pi}f(x)\mathrm{d}x - \\ &\frac{1}{\pi}\sum_{k=1}^{n}\left[\alpha_k\int_{-\pi}^{\pi}f(x)\cos kx\,\mathrm{d}x + \beta_k\int_{-\pi}^{\pi}f(x)\sin kx\,\mathrm{d}x\right] + \\ &\frac{\alpha_0^2}{4} + \frac{1}{2}\sum_{k=1}^{n}(\alpha_k^2 + \beta_k^2)\end{aligned}$$

注意关于函数 $f(x)$ 的傅里叶系数的表达式(9)，可以把 $\delta_n^2$ 的表达式写成下面的形状

$$\delta_n^2=\frac{1}{2\pi}\int_{-\pi}^{\pi}[f(x)]^2\mathrm{d}x-\frac{\alpha_0 a_0}{2}-\sum_{k=1}^{n}(\alpha_k a_k+\beta_k b_k)+\frac{\alpha_0^2}{4}+\frac{1}{2}\sum_{k=1}^{n}(\alpha_k^2+\beta_k^2)$$

或者，把下面的和加减进去

$$\frac{a_0^2}{4}+\frac{1}{2}\sum_{k=1}^{n}(a_k^2+b_k^2)$$

可以写成

$$\delta_n^2=\frac{1}{2\pi}\int_{-\pi}^{\pi}[f(x)]^2\mathrm{d}x-\frac{a_0^2}{4}-\frac{1}{2}\sum_{k=1}^{n}(a_k^2+b_k^2)+\frac{1}{4}(\alpha_0-a_0)^2+\frac{1}{2}\sum_{k=1}^{n}[(\alpha_k-a_k)^2+(\beta_k-b_k)^2] \tag{35}$$

显然当右边最后的正项等于零时，也就是若设 $\alpha_0=a_0$ 并且一般的 $\alpha_k=a_k$，$\beta_k=b_k(k=1,2,\cdots)$ 时，$\delta_n^2$ 有最小值. 于是，用 $n$ 级三角多项式作函数 $f(x)$ 的近似表达式时，如果这多项式的系数是函数 $f(x)$ 的傅里叶系数，则平方中值误差最小.

这时，我们注意一个重要的情况. 由所得到的结果推知，使得 $\delta_n^2$ 取极小值的数值 $\alpha_k$ 与 $\beta_k$ 不依赖于附标 $n$. 若 $n$ 增大，则需要补充以新的系数 $\alpha_k$ 与 $\beta_k$，不过以前已经计算出来的系数保留不变.

用 $a_k$ 与 $b_k$ 来替代 $\alpha_k$ 与 $\beta_k$，由公式(35)就得到最小误差 $\varepsilon_n$ 的大小，于是给出

$$\varepsilon_n^2=\frac{1}{2\pi}\int_{-\pi}^{\pi}[f(x)]^2\mathrm{d}x-\frac{a_0^2}{4}-\frac{1}{2}\sum_{k=1}^{n}(a_k^2+b_k^2) \tag{36}$$

或

$$2\varepsilon_n^2=\frac{1}{\pi}\int_{-\pi}^{\pi}[f(x)]^2\mathrm{d}x-\frac{a_0^2}{2}-\sum_{k=1}^{n}(a_k^2+b_k^2) \tag{37}$$

当三角多项式的级数 $n$ 增大时，公式(37)的右边就补充了新的负项(或者说，在任何情形下，不是正的项)：$-a_{n+1}^2,-b_{n+1}^2,\cdots$，如此，当 $n$ 增大时，误差 $\varepsilon_n$ 只会减小，就是说，当 $n$ 增大时，近似的准确程度提高(不降低).

量 $\varepsilon_n^2$ 可以由公式(33)来表达，只要在其中用 $a_k,b_k$ 来替代 $\alpha_k,\beta_k$ 就可以，就是说，它是由某一个函数的平方的积分来表达的，所以 $\varepsilon_n^2$ 一定是正的，或者严格来说，它不是负的. 注意到这一点，再根据公式(37)，就得到

$$\frac{a_0^2}{2}+\sum_{k=1}^{n}(a_k^2+b_k^2)\leqslant\frac{1}{\pi}\int_{-\pi}^{\pi}[f(x)]^2\mathrm{d}x \tag{38}$$

到现在为止关于 $f(x)$ 的性质我们没有明显给过任何的假定. 为了以上的讨论，必须要使得我们所利用到的所有的那些积分都存在，就是说，要使得可以由公式(9)计算傅里叶系数，并且要使得这函数的平方的积分存在. 为确定起见，我们设 $f(x)$ 连续或是有有限个第一类间断点. 这时所有的上述的积分一定有意义[I,116]. 关于 $f(x)$ 也可以作出更一般的假定，无论如何，在所有以上及以下

的讨论中，以前在迪利克雷条件中所述关于有限多个极大值以及极小值的假定没有作用. 回到不等式(38). 当 $n$ 增大时，左边的正项的和要增加(不减小)，不过这时它保持小于这不等式右边的确定的正数. 由此直接推出，无穷级数

$$\sum_{k=1}^{+\infty}(a_k^2+b_k^2)$$

是收敛级数[I,120]. 令 $n$ 趋向无穷大，由不等式(38) 取极限，就得到

$$\frac{a_0^2}{2}+\sum_{k=1}^{+\infty}(a_k^2+b_k^2)\leqslant\frac{1}{\pi}\int_{-\pi}^{\pi}[f(x)]^2\mathrm{d}x \tag{39}$$

注意，当 $n$ 无限增加时，收敛级数的一般项应当趋向零. 我们可以推出下面这个定理.

**定理　当对于 $f(x)$ 作了上述的假定时，若 $k\to+\infty$，则 $f(x)$ 的傅里叶系数 $a_k$ 与 $b_k$ 趋向零.**

从我们的新的观点来看，下面这个问题是个基本问题：当 $n$ 无限增加时，误差 $\varepsilon_n$ 是否趋向零. 若当 $n$ 无限增加时，取公式(37) 右边的极限，则无穷级数 $\sum\limits_{k=1}^{+\infty}$ 代替了有限项和 $\sum\limits_{k=1}^{n}$，就是说

$$\lim_{n\to+\infty}2\varepsilon_n^2=\frac{1}{\pi}\int_{-\pi}^{\pi}[f(x)]^2\mathrm{d}x-\frac{a_0^2}{2}-\sum_{k=1}^{+\infty}(a_k^2+b_k^2)$$

由此推出，$\varepsilon_n$ 趋向零相当于在公式(39) 中我们有等号，就是

$$\frac{1}{\pi}\int_{-\pi}^{\pi}[f(x)]^2\mathrm{d}x=\frac{a_0^2}{2}+\sum_{k=1}^{+\infty}(a_k^2+b_k^2) \tag{40}$$

这个方程通常叫作封闭性方程. 在本章的下一节中我们证明 $\varepsilon_n\to 0$，就是说，对于所有的具有上述性质的函数 $f(x)$ 来讲，实际上方程(40) 成立.

**148. 一般的正交函数组**

这一章中所作的绝大部分的讨论并非基于三角函数的特殊性质，而只是以函数族(4) 的正交性为基础的. 所以这些讨论适用于任何的正交函数族. 我们会看到，在数学物理的问题中常遇到这样的函数族. 设有在区间 $a\leqslant x\leqslant b$ 上的实函数族，为确定起见，我们算作这些函数是连续的

$$\varphi_1(x),\varphi_2(x),\cdots,\varphi_n(x),\cdots \tag{41}$$

若当 $m\neq n$ 时

$$\int_a^b\varphi_m(x)\varphi_n(x)\mathrm{d}x=0 \tag{42}$$

我们就说函数族(41) 是正交的. 族(41) 中每个函数的平方的积分等于某一个正常数. 我们用下面的记号来记这些常数

$$k_n=\int_a^b[\varphi_n(x)]^2\mathrm{d}x \tag{43}$$

若族(41) 中的每一个函数 $\varphi_n(x)$ 乘上一个数因子 $\frac{1}{\sqrt{k_n}}$，则根据公式(42) 与(43)，新的函数

$$\psi_1(x)=\frac{1}{\sqrt{k_1}}\varphi_1(x),\psi_2(x)=\frac{1}{\sqrt{k_2}}\varphi_2(x),\cdots,\psi_n(x)=\frac{1}{\sqrt{k_n}}\varphi_n(x),\cdots$$

不仅满足正交性的条件，而且每个函数的平方的积分等于 1，就是说

$$\int_a^b \psi_m(x)\psi_n(x)\mathrm{d}x=\begin{cases}0 & (\text{当 } m\neq n \text{ 时})\\ 1 & (\text{当 } m=n \text{ 时})\end{cases} \tag{44}$$

若函数族

$$\psi_1(x),\psi_2(x),\cdots,\psi_n(x),\cdots \tag{45}$$

满足条件(44)，则我们说这个函数族是正交的，而且是标准的. 设 $f(x)$ 是确定于区间$(a,b)$ 上的某一个函数，并假定在这区间上它可以依函数(45) 展开为级数形状来表示

$$f(x)=\sum_{k=1}^{+\infty}c_k\psi_k(x) \tag{46}$$

其中 $c_k$ 是某些数系数. 在公式(46) 的两边乘以 $\psi_n(x)$，其中 $n$ 是某一个正整数，再沿区间$(a,b)$ 求积分，算作右边的级数可以逐项积分

$$\int_a^b f(x)\psi_n(x)\mathrm{d}x=\sum_{k=1}^{+\infty}c_k\int_a^b\psi_k(x)\psi_n(x)\mathrm{d}x$$

注意公式(44)，就得到下面的关于 $c_n$ 的表达式

$$c_n=\int_a^b f(x)\psi_n(x)\mathrm{d}x \quad (n=1,2,\cdots) \tag{47}$$

由这些公式所确定的系数，叫作函数 $f(x)$ 关于函数组(45) 的广义傅里叶系数. 像在[142] 中一样，以上的讨论只有启发的性质，问题的严格的提出法如下：若把由公式(47) 计算出来的系数代入到公式(46) 右边的级数中，在区间$(a,b)$ 上这个级数是否收敛，如果收敛的话，它的和是否等于 $f(x)$？解答这个问题时，自然关于 $f(x)$ 要作出某些假定. 把由公式(47) 求出的 $c_n$ 的值代入到公式(46) 中所得到的级数通常叫作函数 $f(x)$ 的广义傅里叶级数.

现在我们转到第二个观点. 用有限项和

$$\sum_{k=1}^{n}\gamma_k\psi_k(x)$$

的形式来表示给定的函数 $f(x)$ 时，我们来写出它的平方中值误差的公式. 这个误差的平方由下面的公式来表达

$$\delta_n^2=\frac{1}{b-a}\int_a^b\left[f(x)-\sum_{k=1}^{n}\gamma_k\psi_k(x)\right]^2\mathrm{d}x$$

注意公式(44) 与(47)，并重复像在[147] 中所作的计算，就得到

$$(b-a)\delta_n^2=\int_a^b[f(x)]^2\mathrm{d}x-\sum_{k=1}^n c_k^2+\sum_{k=1}^n(\gamma_k-c_k)^2$$

像以上一样,由此直接推出,若$\gamma_k$等于函数$f(x)$的傅里叶系数,则$\delta_n^2$有最小值,并且关于这个最小值$\varepsilon_n$,我们有公式

$$(b-a)\varepsilon_n^2=\int_a^b[f(x)]^2\mathrm{d}x-\sum_{k=1}^n c_k^2$$

像以上一样,由此推出级数$\sum\limits_{k=1}^{+\infty}c_k^2$的收敛性,以及不等式

$$\sum_{k=1}^{+\infty}c_k^2\leqslant\int_a^b[f(x)]^2\mathrm{d}x \tag{48}$$

这个不等式通常叫作贝塞耳不等式.现在基本问题是:当$n$无限增加时,$\varepsilon_n$是否趋向零,而$\varepsilon_n$趋向零就相当于在公式(48)中我们有等号,就是说相当于

$$\int_a^b[f(x)]^2\mathrm{d}x=\sum_{k=1}^{+\infty}c_k^2 \tag{49}$$

这个方程叫作$f(x)$关于函数组(45)的封闭性方程.若对于具有上一段中所述性质的任何函数,方程(49)是正确的,则这个函数组叫作封闭的.我们提出,若是这样的,则可以证明对于比较广泛得多的函数来讲,方程(49)还是正确的.

在B.A.斯捷克洛夫的著作中,关于各种的正交函数组,他给了封闭性方程的证明.在这些著作中,还说明在正交组的理论中封闭性方程的重要意义.对于三角级数,封闭性方程的证明,首先是A.M.拉普诺夫给的.

回到函数族

$$1,\cos x,\sin x,\cos 2x,\sin 2x,\cdots,\cos nx,\sin nx,\cdots$$

这些函数在区间$(-\pi,\pi)$上具有正交性,但不是标准的,就是说它们的平方的积分不等于1.由以前所述的计算[142]推知,在这情形下,函数族

$$\frac{1}{\sqrt{2\pi}},\frac{1}{\sqrt{\pi}}\cos x,\frac{1}{\sqrt{\pi}}\sin x,\cdots,\frac{1}{\sqrt{\pi}}\cos nx,\frac{1}{\sqrt{\pi}}\sin nx,\cdots$$

是正交的而且是标准的.

以上讲的一套东西有简单的几何类比.我们考虑普通的三维空间.设$\boldsymbol{A}$是这空间的一个向量,而且$A_x,A_y,A_z$是它在某一直角坐标轴上的支量.这个向量的长度的平方由下面的公式表达

$$|\boldsymbol{A}|^2=A_x^2+A_y^2+A_z^2 \tag{50}$$

若$\boldsymbol{A}$与$\boldsymbol{B}$是两个向量,则它们垂直的条件是

$$A_xB_x+A_yB_y+A_zB_z=0 \tag{51}$$

现在我们来考虑比这复杂得多的向量空间,我们要把给定在区间$(a,b)$上的任何实函数$\boldsymbol{f}(x)$看作是这空间的向量,这些函数要具有某些一般的性质,就像我们在上一段中所讲过的,而且这些性质使得有可能作出我们所需要的积分.

类似于公式(50),我们取积分

$$\int_a^b [\boldsymbol{f}(x)]^2 \mathrm{d}x$$

的大小作为我们的函数空间的向量 $\boldsymbol{f}(x)$ 的长度的平方,并且类似于公式(51),对于这函数空间中的两个向量 $\boldsymbol{f}_1(x)$ 与 $\boldsymbol{f}_2(x)$,若

$$\int_a^b \boldsymbol{f}_1(x)\boldsymbol{f}_2(x)\mathrm{d}x = 0$$

则说这两个向量垂直或是正交.在这情形下,沿区间 $(a,b)$ 的积分代替了公式(50)与(51)中的有限项和.应用这样的术语,我们可以说,条件(44)相当于,组成族(45)的向量对对正交而且长度等于1,就是说,在我们的函数空间中,向量 $\boldsymbol{\psi}_n(x)$ 就类似于普通空间中对对正交的基本单位向量组[102].设 $\boldsymbol{f}(x)$ 是函数空间的任一向量.可以说由公式(47)计算出来的 $c_n$ 是向量 $\boldsymbol{f}(x)$ 在基本向量 $\boldsymbol{\psi}_n(x)$ 上的投影.贝塞尔不等式(48)相当于支量的平方和 $\leqslant$ 这向量的长度的平方.在三维空间中,若我们取三个对对正交的基本单位向量,则根据公式(50),我们总有等号.不过,例如,如果我们取消沿 $OZ$ 轴方向的第三个基本向量,则代替了等号我们就应当写成

$$A_x^2 + A_y^2 \leqslant |\boldsymbol{A}|^2$$

其中等号只是对于在 $XOY$ 平面上的向量成立,而对于其余的向量我们要用小于号.在函数空间中存在有无穷多的对对正交的基本向量,因此不可能靠简单的计算这些基本向量的个数,来肯定是否还有漏掉的存在.

若对于所有的函数 $\boldsymbol{f}(x)$,就是说,对于我们的函数空间中所有的向量,类似于公式(50)的封闭性公式(49)成立,则这就是没有丢掉一个基本向量的判别法,就是说,对于族(45),不可能再补充一个新的基本向量 $\boldsymbol{\psi}_0(x)$,使得它与所有的已经有的都正交.实际上,设存在一个这样的函数 $\boldsymbol{\psi}_0(x)$,就是说

$$\int_a^b \boldsymbol{\psi}_0(x)\boldsymbol{\psi}_n(x)\mathrm{d}x = 0 \quad (n=1,2,\cdots)$$

由此,根据公式(47),函数 $\boldsymbol{\psi}_0(x)$ 关于函数族(45)的所有的傅里叶系数都等于零.由条件,公式(49)对于所有的 $\boldsymbol{f}(x)$ 都应当成立,特别是对于 $\boldsymbol{\psi}_0(x)$ 成立.不过对于 $\boldsymbol{\psi}_0(x)$,所有的 $c_n$ 都等于零,于是公式(49)给出

$$\int_a^b [\boldsymbol{\psi}_0(x)]^2 \mathrm{d}x = 0 \tag{52}$$

例如,若假定 $\boldsymbol{\psi}_0(x)$ 是连续函数,则由公式(52)推知,在区间 $a \leqslant x \leqslant b$ 上 $\boldsymbol{\psi}_0(x)$ 恒等于零.若除去恒等于零的函数外,不存在有任何的连续函数与所有的函数(45)都正交,则对于连续函数来讲,正交函数组(45)叫作完整的.由以上所述推知,由封闭性可以推出对于连续函数的完整性.对于完整性用较广泛的定义时(不只是对连续函数来讲),有可能由完整性得到封闭性.

**149. 实用的调和分析**

把已知函数展开成傅里叶级数的运算叫作调和分析. 若函数 $f(x)$ 是由分析法给定的,则确定傅里叶系数的公式(27) 解决了这个问题. 不过在实用中常遇到的很多的情形中,函数是由实验法给定的,那时调和分析的问题就在于寻求计算傅里叶系数的最方便的方法,或直接画出所给函数的各级调和数图形的最方便的方法.

调和分析的计算方法基于应用积分的近似计算公式以计算关于 $a_k$ 与 $b_k$ 的积分. 这些近似计算公式中最简单的是矩形公式[I,108].

我们算作区间的长度等于 $2\pi$. 只要适当的选择 $OX$ 轴上的间距,这是总可以做到的. 区间的端点算作在点 $x=0$ 与 $x=2\pi$. 现在把区间$(0,2\pi)$分为 $n$ 个部分区间,用下面的记号记分点的横坐标

$$x_0=0, x_1, x_2, \cdots, x_{n-1}, x_n=2\pi$$

把函数 $f(x)$ 在这些点的值记作

$$Y_0, Y_1, Y_2, \cdots, Y_{n-1}, Y_n$$

这时由矩形公式求得

$$a_k \approx \frac{2}{n}\sum_{i=0}^{n-1} Y_i \cos kx_i, b_k \approx \frac{2}{n}\sum_{i=0}^{n-1} Y_i \sin kx_i \qquad (53)$$

计算系数 $a_k$ 与 $b_k$ 时有各种的方法,其目的在于简化公式(53),并且尽可能减少不必要的算乘法的次数.

以下我们讲的方法是 W. Lohmann① 的书中所讲的,这个方法基于公式(53) 的某一变换,就手续的简单与结果的相当准确来说,这是个很方便的方法.

1. 设有要作调和分析的曲线的图形,把横坐标轴放在这曲线之下,并且尽可能地与它接近(图 123),使没有负的纵坐标和很大的纵坐标. 我们把这个曲线的周期分为二十等份.

2. 在另外一张作好方格的纸上(如图 124 所示) 作一个表. 第一列中的号数 1,2,…,20 记横坐标的号数,在第二列中写出曲线上对应于它们的纵坐标,这可以由函数的图形上直接量出来,并且最好选择足够小的间距,使这些纵坐标都是整数.

第三列中记录这些纵坐标与 $\cos 18^\circ=0.95$ 的乘积,第四列中 —— 纵坐标与 $\cos 36^\circ=0.81$ 的乘积,第五列 —— 纵坐标与 $\cos 54^\circ=0.59$ 的乘积,第六列 —— 纵坐标与 $\cos 72^\circ=0.30$ 的乘积. 最后一列保持空白,将它的顶上一格画黑(做乘法时最好用四则计算机).

---

① *Harmonische Analyse zum Selbstunterricht*, Berlin, 1921.

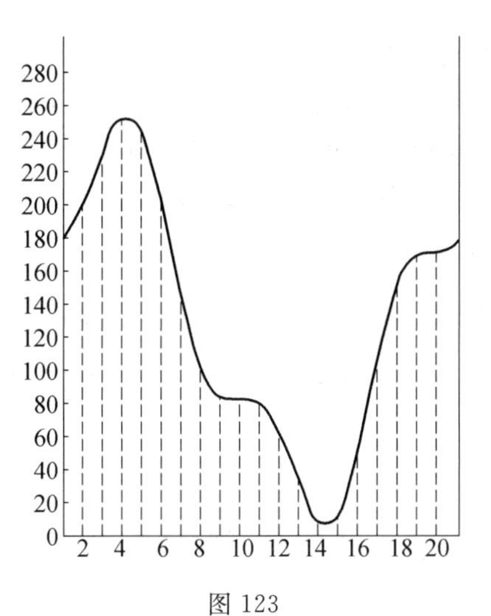


图 123

| | | | | | | |
|---|---|---|---|---|---|---|
| 1 | 175 | — | — | — | — | |
| 2 | 196 | 186 | 159 | 116 | 59 | |
| 3 | 230 | 218 | 186 | 136 | 69 | |
| 4 | 253 | 240 | 205 | 149 | 76 | |
| 5 | 245 | 233 | 198 | 145 | 74 | |
| 6 | 205 | — | — | — | — | |
| 7 | 135 | 128 | 109 | 80 | 41 | |
| 8 | 100 | 95 | 81 | 59 | 30 | |
| 9 | 82 | 78 | 66 | 48 | 25 | |
| 10 | 85 | 81 | 69 | 50 | 26 | |
| 11 | 82 | — | — | — | — | |
| 12 | 64 | 61 | 52 | 38 | 19 | |
| 13 | 29 | 28 | 23 | 17 | 9 | |
| 14 | 10 | 10 | 8 | 6 | 3 | |
| 15 | 15 | 14 | 12 | 9 | 5 | |
| 16 | 50 | — | — | — | — | |
| 17 | 110 | 105 | 89 | 65 | 33 | |
| 18 | 158 | 150 | 125 | 93 | 47 | |
| 19 | 174 | 165 | 141 | 103 | 52 | |
| 20 | 173 | 164 | 140 | 102 | 52 | |

图 124

3. 为要确定展开式中的常数项$\frac{a_0}{2}=r_0$，作出所有的纵坐标之和，再用二十除这个和.

4. 为要确定其余的系数 $a_k, b_k (k=1,2,\cdots 10)$，对于每一个系数，像图 125(a)(b)(c) 所作的形式，用透明的蜡纸作好样板. 样板与格子的大小应当恰好与图 124 中表相同. 样板中所指示出的格子应当用粗细线圈好，或用不同的颜色圈好. 把每一个样板放在表上(图 124)，计算出粗线圈的格子中的数之和 $\sum_{(+)}$，以及细线圈的格子中的数之和 $\sum_{(-)}$.

用所有的样板这样作，并作出对应的两个和之差($\sum_{(+)} - \sum_{(-)}$)，再把每一个用 10 除，得到的商就给出系数 $a_1, b_1, a_2, b_2, \cdots, a_{10}, b_{10}$.

5. 由公式

$$r_k = \sqrt{a_k^2 + b_k^2}$$

确定未知展开式中各个调和数的振幅 $r_1, r_2, \cdots, r_{10}$.

由公式

$$\tan \varphi_k = \frac{a_k}{b_k}$$

来确定各个调和数的相 $\varphi_1, \varphi_2, \cdots, \varphi_{10}$.

为了确定角度 $\varphi_k$，可以利用表 2，这样求出的 $\varphi_k$ 准确到 1°.

**表** 2

| | | ↑0° | ↑1° | ↑2° | ↑3° | ↑4° | ↑5° | ↑6° | ↑7° | ↑8° | ↑9° |
|---|---|---|---|---|---|---|---|---|---|---|---|
| 0° | 0 | 0.01 | 0.03 | 0.04 | 0.06 | 0.08 | 0.10 | 0.11 | 0.13 | 0.15 | 0.17 |
| 10° | 0.17 | 0.19 | 0.20 | 0.22 | 0.24 | 0.26 | 0.28 | 0.30 | 0.32 | 0.33 | 0.35 |
| 20° | 0.35 | 0.37 | 0.39 | 0.41 | 0.43 | 0.46 | 0.48 | 0.50 | 0.52 | 0.54 | 0.57 |
| 30° | 0.57 | 0.59 | 0.61 | 0.64 | 0.66 | 0.69 | 0.71 | 0.74 | 0.77 | 0.80 | 0.82 |
| 40° | 0.82 | 0.85 | 0.88 | 0.92 | 0.95 | 0.98 | 1.02 | 1.05 | 1.09 | 1.13 | 1.17 |
| 50° | 1.17 | 1.21 | 1.26 | 1.30 | 1.35 | 1.40 | 1.46 | 1.51 | 1.57 | 1.63 | 1.70 |
| 60° | 1.70 | 1.75 | 1.84 | 1.90 | 2.06 | 2.10 | 2.20 | 2.30 | 2.40 | 2.5 | 2.7 |
| 70° | 2.7 | 2.8 | 3.0 | 3.2 | 3.4 | 3.6 | 3.9 | 4.2 | 4.5 | 4.9 | 5.4 |
| 80° | 5.4 | 6.0 | 6.7 | 7.6 | 9 | 10 | 13 | 16 | 23 | 38 | 115 |
| 90° | 115 | — | — | — | — | — | — | — | — | — | ∞ |

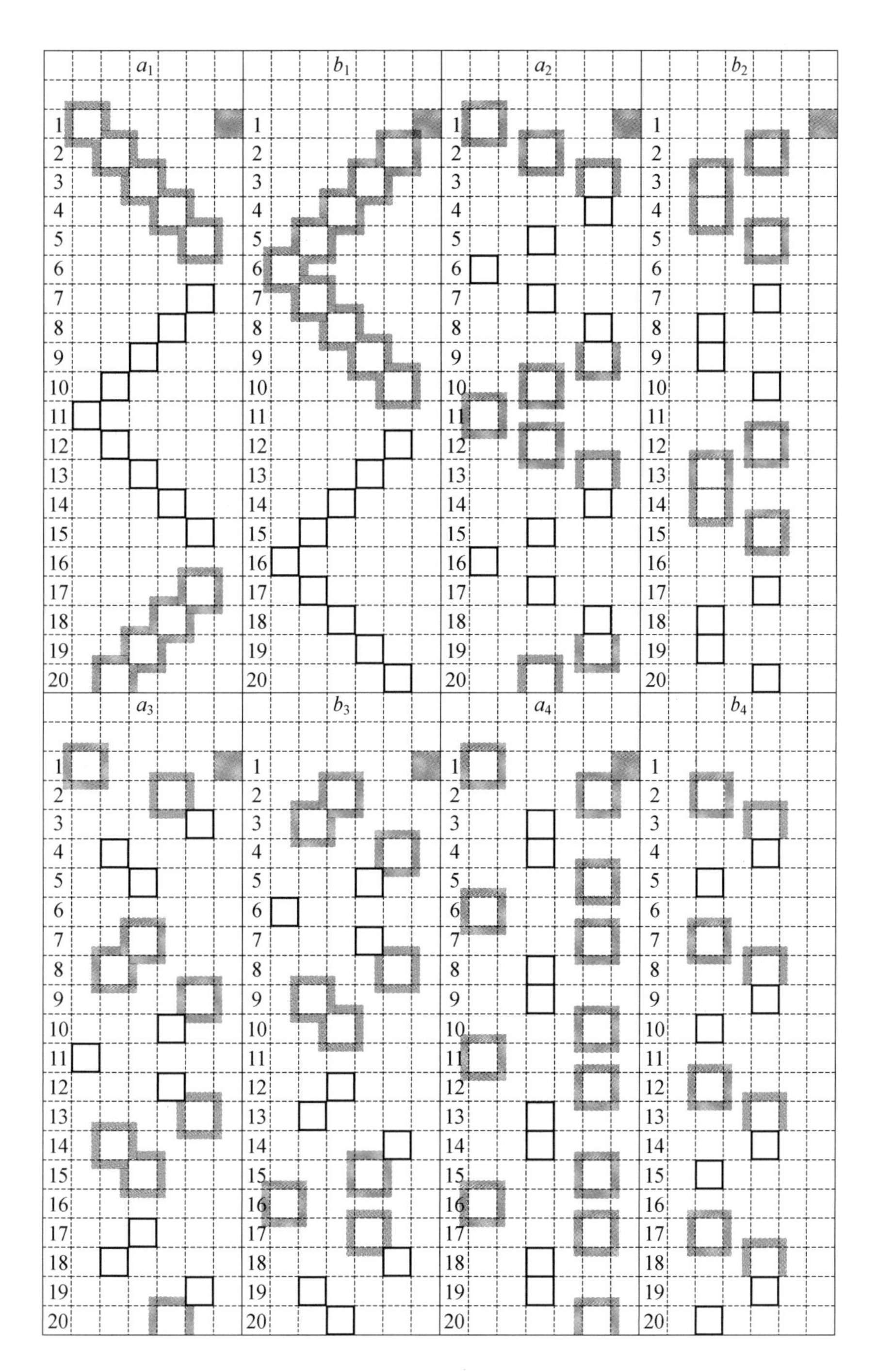


图 125(a)

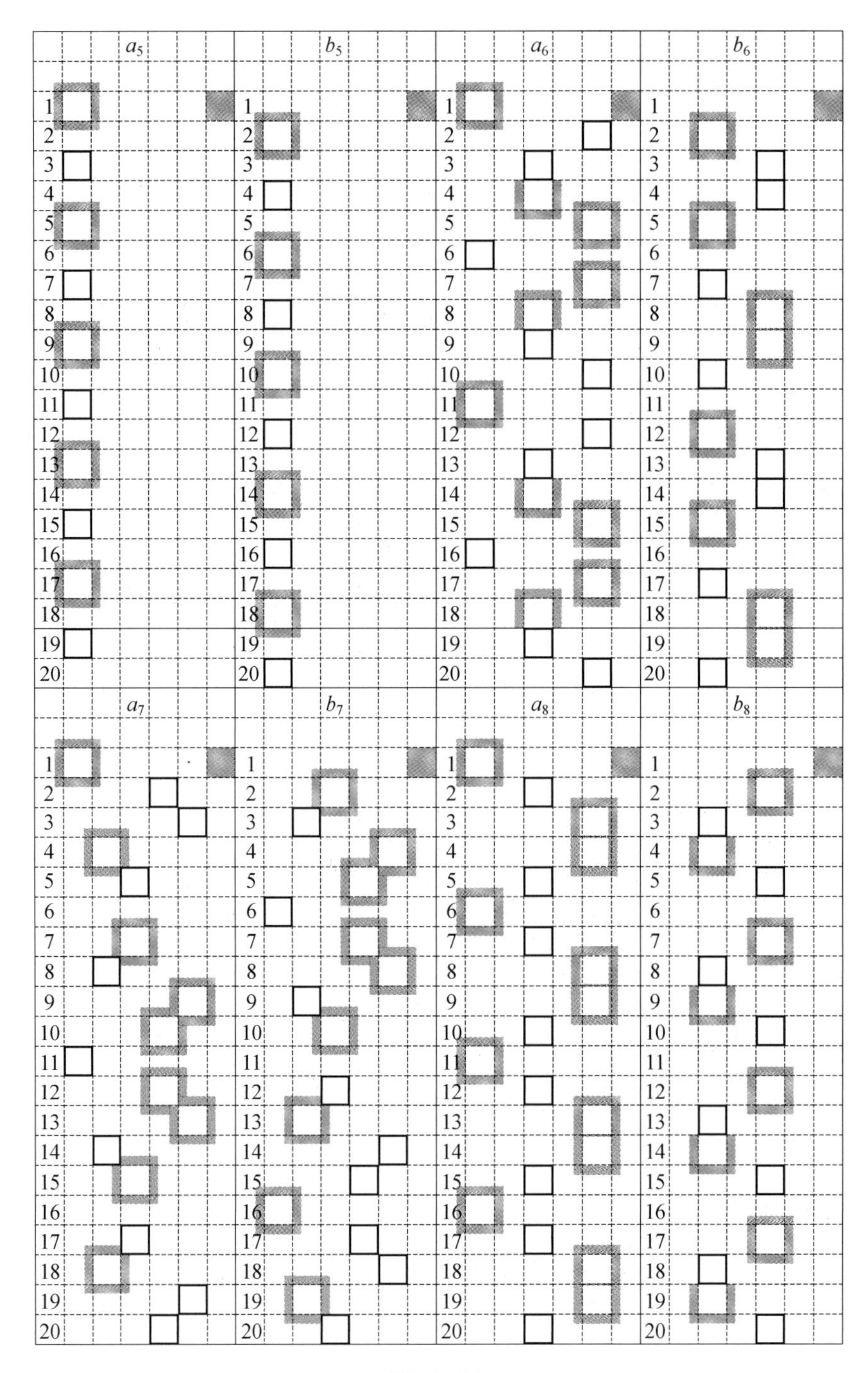


图 125(b)

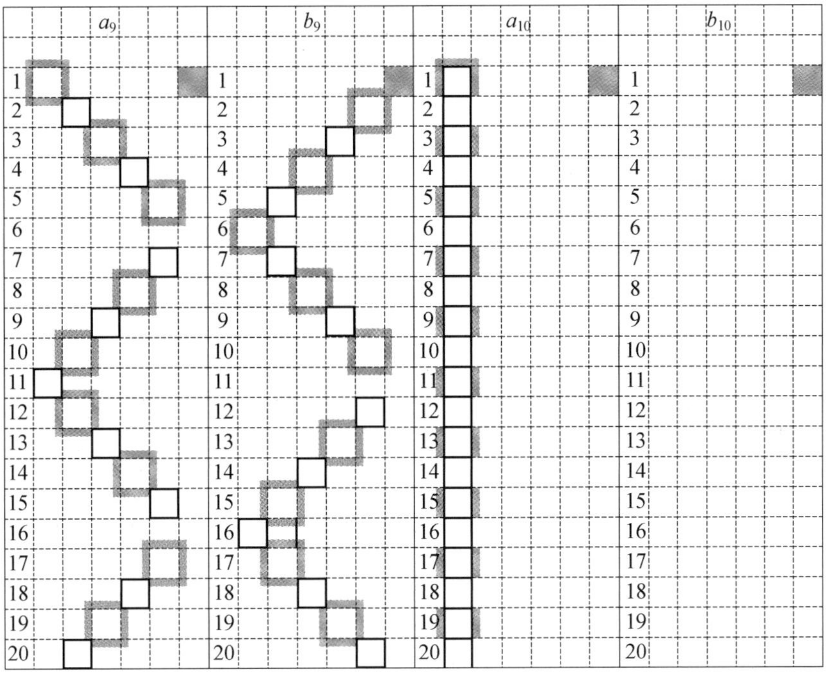

| $a_9$ | $b_9$ | $a_{10}$ | $b_{10}$ |
|---|---|---|---|
| 1 | 1 | 1 | 1 |
| 2 | 2 | 2 | 2 |
| 3 | 3 | 3 | 3 |
| 4 | 4 | 4 | 4 |
| 5 | 5 | 5 | 5 |
| 6 | 6 | 6 | 6 |
| 7 | 7 | 7 | 7 |
| 8 | 8 | 8 | 8 |
| 9 | 9 | 9 | 9 |
| 10 | 10 | 10 | 10 |
| 11 | 11 | 11 | 11 |
| 12 | 12 | 12 | 12 |
| 13 | 13 | 13 | 13 |
| 14 | 14 | 14 | 14 |
| 15 | 15 | 15 | 15 |
| 16 | 16 | 16 | 16 |
| 17 | 17 | 17 | 17 |
| 18 | 18 | 18 | 18 |
| 19 | 19 | 19 | 19 |
| 20 | 20 | 20 | 20 |

图 125(c)

在表 2 中可以找出两个数，使得比 $\left|\dfrac{a_k}{b_k}\right|$ 在它们之间，把对应的角度记作 $\psi_k$，所述两个数所在的一行的左边记的是度数的十位数，这两个数之间向上的箭头指出个位数.

求出 $\psi_k$，再由表 3 确定 $\varphi_k$，它依赖于 $a_k$ 与 $b_k$ 的符号：

**表** 3

| $a_k$ | $b_k$ | $k$ |
|---|---|---|
| $+$ | $+$ | $\varphi_k=\psi_k$ |
| $+$ | $-$ | $\varphi_k=180^\circ-\psi_k$ |
| $-$ | $-$ | $\varphi_k=180^\circ+\psi_k$ |
| $-$ | $+$ | $\varphi_k=360^\circ-\psi_k$ |

所有这些计算可以列成一个表的形状，表 4 是对于图 123 上的曲线作的.

表 4

| $r_0=129$ | 1 | 2 | 3 | 4 | 5 | 6 | 7 | 8 | 9 | 10 |
| --- | --- | --- | --- | --- | --- | --- | --- | --- | --- | --- |
| $\sum_{(+)}$ | 1 201 | 832 | 653 | 821 | 641 | 832 | 808 | 823 | 816 | 1 277 |
| $\sum_{(-)}$ | 424 | 819 | 968 | 838 | 634 | 827 | 813 | 828 | 809 | 1 294 |
| $a=\dfrac{\sum_{(+)}-\sum_{(-)}}{10}$ | +77.7 | +1.3 | −31.5 | −1.7 | +0.5 | +0.5 | −0.5 | −0.5 | +0.7 | −1.7 |
| $\sum_{(+)}$ | 1 121 | 804 | 754 | 785 | 654 | 797 | 802 | 792 | 815 | — |
| $\sum_{(-)}$ | 496 | 785 | 865 | 798 | 640 | 786 | 817 | 797 | 802 | — |
| $b=\dfrac{\sum_{(+)}-\sum_{(-)}}{10}$ | +62.5 | +1.9 | −11.1 | −1.3 | +1.4 | +1.1 | −1.5 | −0.5 | +1.3 | — |
| $a^2$ | 6 037.3 | 1.7 | 992.3 | 2.9 | 0.3 | 0.3 | 0.3 | 0.3 | 0.5 | — |
| $b^2$ | 3 906.3 | 3.6 | 123.2 | 1.7 | 2.0 | 1.2 | 2.3 | 0.3 | 1.7 | — |
| $r=\sqrt{a^2+b^2}$ | 100 | 2 | 33.4 | 2 | 2 | 1 | 2 | 1 | 2 | 2 |
| $\tan\psi=\dfrac{b}{a}$ | 1.24 | 0.68 | 2.84 | 1.38 | 0.36 | 0.45 | 0.33 | 1.00 | 0.54 | $\infty$ |
| $\psi^\circ$ | 51 | 34 | 71 | 54 | 20 | 24 | 18 | 45 | 29 | 90 |
| $\varphi^\circ$ | 51 | 34 | 251 | 234 | 20 | 24 | 198 | 225 | 29 | 270 |

最后我们提出,上述方法只是对于头几个调和数给出比较正确的结果.

## §2 傅里叶级数理论中的补充知识

### 150. 傅里叶级数展开式

在这一节中我们比较深入且严格地来讨论傅里叶级数的理论,从讨论展开 $f(x)$ 为傅里叶级数的定理的证明开始.在这里我们令 $f(x)$ 符合一些条件,但不同于迪利克雷条件[143],使证明可以化简.以后我们再讲迪利克雷定理的证明.

回到函数 $f(x)$ 的傅里叶级数

$$\frac{a_0}{2}+\sum_{k=1}^{+\infty}(a_k\cos kx+b_k\sin kx) \tag{1}$$

其中

$$a_k=\frac{1}{\pi}\int_{-\pi}^{\pi}f(t)\cos kt\,\mathrm{d}t,b_k=\frac{1}{\pi}\int_{-\pi}^{\pi}f(t)\sin kt\,\mathrm{d}t$$

我们把积分变量记作 $t$ 是为了以后的计算中不至于与公式(1)中的变量 $x$ 混淆.把 $a_k$ 与 $b_k$ 的表达式代入到公式(1)中,求函数 $f(x)$ 的傅里叶级数的前 $(2n+1)$ 项之和,我们把它记作 $S_n(f)$

$$S_n(f)=\frac{a_0}{2}+\sum_{k=1}^{n}(a_k\cos kx+b_k\sin kx)$$
$$=\frac{1}{\pi}\int_{-\pi}^{\pi}f(t)\left[\frac{1}{2}+\sum_{k=1}^{n}(\cos kt\cos kx+\sin kt\sin kx)\right]\mathrm{d}t$$
$$=\frac{1}{\pi}\int_{-\pi}^{\pi}f(t)\left[\frac{1}{2}+\sum_{k=1}^{n}\cos k(t-x)\right]\mathrm{d}t$$

不过我们有下面的公式[I,174]

$$1+\cos\varphi+\cos 2\varphi+\cdots+\cos(n-1)\varphi=\frac{\sin\left(n-\frac{1}{2}\right)\frac{\varphi}{2}+\sin\frac{\varphi}{2}}{2\sin\frac{\varphi}{2}}$$

在这公式中用$(n+1)$来替代$n$,并由两边减去$\frac{1}{2}$,就得到

$$\frac{1}{2}+\cos\varphi+\cos 2\varphi+\cdots+\cos n\varphi=\frac{\sin\frac{(2n+1)\varphi}{2}}{2\sin\frac{\varphi}{2}}$$

由此

$$\frac{1}{2}+\sum_{k=1}^{n}\cos k(t-x)=\frac{\sin\frac{(2n+1)(t-x)}{2}}{2\sin\frac{t-x}{2}} \tag{2}$$

于是上面的$S_n(f)$的表达式可以写成下面的形状

$$S_n(f)=\frac{1}{\pi}\int_{-\pi}^{\pi}f(t)\frac{\sin\frac{(2n+1)(t-x)}{2}}{2\sin\frac{t-x}{2}}\mathrm{d}t$$

把给定在区间$(-\pi,\pi)$上的函数$f(x)$,以$2\pi$为周期作周期性的延续,于是我们可以算作对于$x$的所有的实数值,它是确定的,而且以$2\pi$为周期.根据公式(2),对$t$来讲,积分号下的分式也以$2\pi$为周期.注意[142]中的附注,在上面的积分中,我们可以用任何的长度为$2\pi$的区间来替换积分区间$(-\pi,\pi)$.取$f(x)$的自变量的任一个值$x$,并取$(x-\pi,x+\pi)$作为积分区间

$$S_n(f)=\frac{1}{\pi}\int_{x-\pi}^{x+\pi}f(t)\frac{\sin\frac{(2n+1)(t-x)}{2}}{2\sin\frac{t-x}{2}}\mathrm{d}t$$

我们再提一下,所有以后我们用的$f(x)$作一个函数,它是由区间$(-\pi,\pi)$按照上述形式延续到$x$的所有的实数值的.

把整个积分分为两个:一个是$\int_{x-\pi}^{x}$,另一个是$\int_{x}^{x+\pi}$.在第一个积分中依照公

式 $t=x-2z$ 引用新的积分变量 $z$ 以替代 $t$，在第二个积分中依照公式 $t=x+2z$. 在积分号下作好变量替换并计算出新的积分限，就得到

$$S_n(f)=\frac{1}{\pi}\int_0^{\frac{\pi}{2}} f(x-2z)\,\frac{\sin(2n+1)z}{\sin z}\mathrm{d}z+$$

$$\frac{1}{\pi}\int_0^{\frac{\pi}{2}} f(x+2z)\,\frac{\sin(2n+1)z}{\sin z}\mathrm{d}z \tag{3}$$

若我们设在整个区间 $(-\pi,\pi)$ 上 $f(x)$ 等于1，则显然它的傅里叶级数中的自由项 $\frac{a_0}{2}$ 就等于1，而其余的项是零，就是说，对于任何的 $n$，$S_n(f)$ 等于1，于是我们有下面的等式

$$1=\frac{2}{\pi}\int_0^{\frac{\pi}{2}} \frac{\sin(2n+1)z}{\sin z}\mathrm{d}z \quad (n=1,2,3\cdots) \tag{4}$$

在证明基本命题之前，我们先证明一个辅助定理.

**辅助定理　若 $(a,b)$ 是区间 $(-\pi,\pi)$ 或是它的一部分，而 $\psi(z)$ 是一个函数，在 $(a,b)$ 上连续或是在这区间上有有限个第一类间断点，则当整数 $n$ 无限增加时，积分**

$$\frac{1}{\pi}\int_a^b \psi(z)\cos nz\,\mathrm{d}z \text{ 与 } \frac{1}{\pi}\int_a^b \psi(z)\sin nz\,\mathrm{d}z$$

**趋向零.** 若 $(a,b)$ 是区间 $(-\pi,\pi)$，则这个辅助定理与[147]中的定理完全一样. 现在设 $(a,b)$ 是区间 $(-\pi,\pi)$ 的一部分. 把 $\psi(z)$ 由 $(a,b)$ 延续整个区间 $(-\pi,\pi)$，使得在位于 $(a,b)$ 之外的区间 $(-\pi,\pi)$ 的一部分上它等于零，就是说，定义一个新的函数 $\psi_1(z)$，使得当 $a\leqslant z\leqslant b$ 时 $\psi_1(z)=\psi(z)$，当 $z$ 属于 $(-\pi,\pi)$ 且在 $(a,b)$ 之外时 $\psi_1(z)=0$，这时，我们可以写成

$$\frac{1}{\pi}\int_a^b \psi(z)\cos nz\,\mathrm{d}z=\frac{1}{\pi}\int_{-\pi}^{\pi} \psi_1(z)\cos nz\,\mathrm{d}z$$

于是根据上述的[147]中的定理，这个积分趋向零. 注意，在区间 $(-\pi,\pi)$ 上，$\psi_1(z)$ 也是或者连续或者有有限多个第一类间断点. 不难证明，若 $(a,b)$ 是任何的有限区间，这个辅助定理保持是正确的.

现在回来证明展开 $f(x)$ 为傅里叶级数的基本定理. 在等式(4)两边乘以 $f(x)$，把这个因子移到积分号下，再由式(3)减去所得到的等式，就有

$$S_n(f)-f(x)=\frac{1}{\pi}\int_0^{\frac{\pi}{2}}[f(x-2z)-f(x)]\,\frac{\sin(2n+1)z}{\sin z}\mathrm{d}z+$$

$$\frac{1}{\pi}\int_0^{\frac{\pi}{2}}[f(x+2z)-f(x)]\,\frac{\sin(2n+1)z}{\sin z}\mathrm{d}z$$

还可以写成下面的形状

$$S_n(f)-f(x)=\frac{1}{\pi}\int_0^{\frac{\pi}{2}} \frac{f(x-2z)-f(x)}{-2z}\cdot\frac{-2z}{\sin z}\sin(2n+1)z\,\mathrm{d}z+$$

$$\frac{1}{\pi}\int_{0}^{\frac{\pi}{2}}\frac{f(x+2z)-f(x)}{2z}\cdot\frac{2z}{\sin z}\sin(2n+1)z\mathrm{d}z \tag{5}$$

为要证明函数 $f(x)$ 的傅里叶级数收敛且有和 $f(x)$，需要证明当 $n$ 无限增加时差 $[S_n(f)-f(x)]$ 趋向零.

我们在区间 $\left(0,\frac{\pi}{2}\right)$ 上考虑函数

$$\psi(z)=\frac{f(x-2z)-f(x)}{-2z}\cdot\frac{-2z}{\sin z}$$

由 $f(x-2z)$ 的间断点可以产生出 $\psi(z)$ 的第一类间断点，此外，需要特别讨论 $z=0$ 这个值. 设在所取的点 $x$，函数 $f(x)$ 不仅连续而且有微商. 由微商的定义以及显然的等式

$$\lim_{z\to 0}\frac{-2z}{\sin z}=-2$$

推出，当 $z\to 0$ 时，$\psi(z)$ 趋向一个确定的极限，这个极限等于 $-2f'(x)$. 应用上述的辅助定理于函数 $\psi(z)$，由此推出，当 $n$ 无限增加时，公式(5) 右边的第一项趋向零. 同样可以证明第二项趋向零，由此推出，在所取的点 $x$，差 $[S_n(f)-f(x)]$ 趋向零. 如此我们得到下面的定理.

**定理** **若在区间 $(-\pi,\pi)$ 上 $f(x)$ 连续或有有限多个第一类间断点，则在 $f(x)$ 有导数的任何点，它的傅里叶级数收敛且有和 $f(x)$.**

不难得到更广泛的结果，设在点 $x$ 函数连续，或者纵然是第一类间断点，但存在有有限的极限

$$\lim_{h\to+0}\frac{f(x-h)-f(x-0)}{-h}\ \text{以及}\lim_{h\to+0}\frac{f(x+h)-f(x+0)}{h} \tag{6}$$

这两个极限的存在，也就是左导数与右导数存在，在几何上就相当于有确定的左切线与右切线存在. 这时，下述的对于已证明的定理的补充成立：若存在有有限极限(6)，则在这点函数 $f(x)$ 的傅里叶级数收敛而且它的和等于 $\frac{f(x-0)+f(x+0)}{2}$(若 $f(x)$ 连续，这就等于 $f(x)$).

式(4) 乘以 $\frac{f(x-0)+f(x+0)}{2}$，再由式(3) 减掉，可以写成

$$\begin{aligned}&S_n(f)-\frac{f(x-0)+f(x+0)}{2}\\ =&\frac{1}{\pi}\int_{0}^{\frac{\pi}{2}}\frac{f(x-2z)-f(x-0)}{-2z}\cdot\frac{-2z}{\sin z}\sin(2n+1)z\mathrm{d}z+\\ &\frac{1}{\pi}\int_{0}^{\frac{\pi}{2}}\frac{f(x+2z)-f(x+0)}{2z}\cdot\frac{2z}{\sin z}\sin(2n+1)z\mathrm{d}z\end{aligned} \tag{7}$$

需要证明，当 $n$ 无限增加时，上式右边趋向零.

注意极限(6) 存在，我们可以肯定，当 $z\to 0$ 时，两个分式

$$\frac{f(x-2z)-f(x-0)}{-2z} \text{与} \frac{f(x+2z)-f(x+0)}{2z}$$

都有有限的极限，再由像以上的讨论，我们可以相信，当 $n$ 无限增加时，式(7)右边的两个积分都趋向零. 如此就证明了以上对于定理的补充.

对于 $x=\pi$ 与 $x=-\pi$ 两个值，根据 $f(x)$ 的周期延续性，极限(6)成为极限

$$\lim_{h\to+0}\frac{f(-\pi+h)-f(-\pi+0)}{h} \text{与} \lim_{h\to+0}\frac{f(\pi-h)-f(\pi-0)}{-h}$$

而级数之和是

$$\frac{f(-\pi+0)+f(\pi-0)}{2}$$

**注意** 在前一节我们所考虑过的所有的例子中，$f(x)$ 在所有的点都满足这里证明的定理或是对于它的补充所需要的条件.

**151. 第二中值定理**

为要证明迪利克雷定理以及更仔细的研究傅里叶级数，我们需要用积分学中一个命题，它与卷 I 中[I,95]所讨论的中值定理很类似，通常叫作第二中值定理. 这个命题可以叙述如下：若在有限区间 $a\leqslant x\leqslant b$ 上，$\varphi(x)$ 是单调有界函数且有有限多个间断点，$f(x)$ 是连续函数，则

$$\int_a^b \varphi(x)f(x)\mathrm{d}x=\varphi(a+0)\int_a^\xi f(x)\mathrm{d}x+\varphi(b-0)\int_\xi^b f(x)\mathrm{d}x \tag{8}$$

其中 $\xi$ 是区间 $(a,b)$ 中的某一个数. 记号 $\varphi(a+0)$ 是当 $x$ 在区间 $(a,b)$ 内趋向 $a$ 时 $\varphi(x)$ 的极限. 记号 $\varphi(b-0)$ 具有类似的意义.

不难看出，只需对于 $\varphi(x)$ 是递增函数的情形来证明公式(8)，因为若 $\varphi(x)$ 是递减函数，则 $(-\varphi(x))$ 是递增函数，应用公式(8)于 $(-\varphi(x))$，并把两边换成相反的符号，就得到关于 $\varphi(x)$ 的等式(8). 还要说明，只需对于当 $\varphi(a+0)=0$ 时的情形来证明等式(8). 实际上，设对于这种情形的等式(8)已经证明，我们来考虑不满足条件 $\varphi(a+0)=0$ 的 $\varphi(x)$，就引用一个新的单调函数 $\psi(x)=\varphi(x)-\varphi(a+0)$，这个函数在端点的极限值就是 $\psi(a+0)=0$，$\psi(b-0)=\varphi(b-0)-\varphi(a+0)$. 依照假定，对于函数 $\psi(x)$ 可以应用公式(8). 再根据 $\psi(a+0)=0$，公式(8)就给出

$$\int_a^b \psi(x)f(x)\mathrm{d}x=\psi(b-0)\int_\xi^b f(x)\mathrm{d}x$$

或

$$\int_a^b [\varphi(x)-\varphi(a+0)]f(x)\mathrm{d}x=[\varphi(b-0)-\varphi(a+0)]\int_\xi^b f(x)\mathrm{d}x$$

由此

$$\int_a^b \varphi(x)f(x)\mathrm{d}x=\varphi(a+0)\left[\int_a^b f(x)\mathrm{d}x-\int_\xi^b f(x)\mathrm{d}x\right]+\varphi(b-0)\int_\xi^b f(x)\mathrm{d}x$$

而由这等式就直接推出关于 $\varphi(x)$ 的公式(8). 于是只需对于 $\varphi(a+0)=0$ 且 $\varphi(x)$ 是递增函数或者说是不递减的函数的情形来证明公式(8). 显然,在区间 $(a,b)$ 上这个函数的值不是负的.

为要证明,我们在区间 $(a,b)$ 上标记出下列各点,把这区间分为小的部分区间

$$x_0=a,x_1,x_2,\cdots,x_{i-1},x_i,\cdots,x_{n-1},x_n=b$$

我们已知[I,95]

$$\int_{x_{i-1}}^{x_i} f(x)\mathrm{d}x=f(\xi_i)(x_i-x_{i-1})$$

其中 $\xi_i$ 是在区间 $(x_{i-1},x_i)$ 内的一个值.

作出和

$$\sum_{i=1}^{n}\varphi(\xi_i)f(\xi_i)(x_i-x_{i-1})=\sum_{i=1}^{n}\varphi(\xi_i)\int_{x_{i-1}}^{x_i} f(x)\mathrm{d}x$$

当 $n$ 无限增加且区间 $(x_{i-1},x_i)$ 的长的最大值无限减小时,这个和趋向一个定积分(在卷 Ⅰ 中我们讲过),就是说,我们有

$$\int_a^b \varphi(x)f(x)\mathrm{d}x=\lim\sum_{i=1}^{n}\varphi(\xi_i)\int_{x_{i-1}}^{x_i} f(x)\mathrm{d}x$$

现在我们来讨论这个和

$$\begin{aligned}\sum_{i=1}^{n}\varphi(\xi_i)\int_{x_{i-1}}^{x_i} f(x)\mathrm{d}x&=\sum_{i=1}^{n}\varphi(\xi_i)\left[\int_{x_{i-1}}^{b} f(x)\mathrm{d}x-\int_{x_i}^{b} f(x)\mathrm{d}x\right]\\&=\varphi(\xi_1)\int_a^b f(x)\mathrm{d}x+\sum_{i=2}^{n}[\varphi(\xi_i)-\varphi(\xi_{i-1})]\int_{x_{i-1}}^{b} f(x)\mathrm{d}x\end{aligned}\tag{9}$$

积分

$$\int_a^b f(x)\mathrm{d}x,\int_{x_1}^b f(x)\mathrm{d}x,\int_{x_2}^b f(x)\mathrm{d}x,\cdots,\int_{x_{i-1}}^b f(x)\mathrm{d}x,\cdots,\int_{x_{n-1}}^b f(x)\mathrm{d}x\tag{10}$$

都是下面这函数的特殊值

$$\int_x^b f(x)\mathrm{d}x=-\int_b^x f(x)\mathrm{d}x\tag{11}$$

这个函数是积分变限 $x$ 的连续函数[I,96],所以所有的式(10) 中的值都位于函数(11) 的最小值 $m$ 与最大值 $M$ 之间.

注意,在表达式(9) 中,所有的因子

$$\varphi(\xi_1)\ 与\ \varphi(\xi_i)-\varphi(\xi_{i-1})$$

都不是负的,在这表达式中先用 $m$ 来替代式(10) 中诸值,再用 $M$ 来替代式(10) 中诸值,就得到

$$\sum_{i=1}^{n}\varphi(\xi_i)\int_{x_{i-1}}^{x_i} f(x)\mathrm{d}x\geqslant\{\varphi(\xi_1)+\sum_{i=2}^{n}[\varphi(\xi_i)-\varphi(\xi_{i-1})]\}m=\varphi(\xi_n)m$$

$$\sum_{i=1}^{n}\varphi(\xi_i)\int_{x_{i-1}}^{x_i} f(x)\mathrm{d}x \leqslant \{\varphi(\xi_1)+\sum_{i=2}^{n}[\varphi(\xi_i)-\varphi(\xi_{i-1})]\}M=\varphi(\xi_n)M$$

就是说

$$\varphi(\xi_n)m \leqslant \sum_{i=1}^{n}\varphi(\xi_i)\int_{x_{i-1}}^{x_i} f(x)\mathrm{d}x \leqslant \varphi(\xi_n)M$$

或者，当 $n\to+\infty$ 时取极限，我们就有

$$\xi_n\to b-0,\varphi(\xi_n)\to\varphi(b-0)$$

于是就有不等式

$$\varphi(b-0)m \leqslant \int_a^b \varphi(x)f(x)\mathrm{d}x \leqslant \varphi(b-0)M$$

就是

$$\int_a^b \varphi(x)f(x)\mathrm{d}x=\varphi(b-0)P$$

其中 $P$ 是在区间 $(m,M)$ 上的某一个数. 但是连续函数(11) 在区间 $(a,b)$ 上要取由最小值 $m$ 到最大值 $M$ 之间的所有的值[I,43]，而 $P$ 也是在 $m$ 与 $M$ 之间的数，所以在区间 $(a,b)$ 上一定有这样一个值 $\xi$，使得

$$\int_\xi^b f(x)\mathrm{d}x=P$$

于是推知

$$\int_a^b \varphi(x)f(x)\mathrm{d}x=\varphi(b-0)\int_\xi^b f(x)\mathrm{d}x$$

根据条件 $\varphi(a+0)=0$，这就与公式(8) 相同. 注意，我们可以证明公式(8)，而无须假定 $f(x)$ 的连续性以及 $\varphi(x)$ 的间断点有有限多个. 这里我们不讲这个证明了. 最后我们提出，替代公式(8)，可以证明一个较广泛的公式

$$\int_a^b \varphi(x)f(x)\mathrm{d}x=A\int_a^\xi f(x)\mathrm{d}x+B\int_\xi^b f(x)\mathrm{d}x$$

其中 $A$ 是 $\leqslant\varphi(a+0)$ 的任何一个固定的数，而 $B\geqslant\varphi(b-0)$.

**系** 在[147] 中我们看到，在某些条件下，当 $n\to+\infty$ 时，函数 $f(x)$ 的傅里叶系数趋向零. 若 $f(x)$ 满足迪利克雷条件，则可以证明一个更准确的结果，也就是，当 $n$ 增大时，$a_n$ 与 $b_n$ 是无穷小，而且它们的阶不低于 $\frac{1}{n}$，就是说，对于它们有下面形状的估计值

$$|a_n|<\frac{M}{n},\ |b_n|<\frac{M}{n}$$

其中 $M$ 是确定的正数. 依照条件，区间 $(-\pi,\pi)$ 可以分为有限个部分区间，使得在每一个区间上 $f(x)$ 单调且有界. 设 $(\alpha,\beta)$ 是一个这样的部分区间. 系数 $a_n$ 就是下面形状的有限项之和

$$\frac{1}{\pi}\int_{\alpha}^{\beta} f(x)\cos nx\,\mathrm{d}x$$

依照中值定理,这样一项可以写成

$$\frac{1}{\pi}\int_{\alpha}^{\beta} f(x)\cos nx\,\mathrm{d}x = \frac{1}{\pi}f(\alpha+0)\int_{\alpha}^{\xi}\cos nx\,\mathrm{d}x + \frac{1}{\pi}f(\beta-0)\int_{\xi}^{\beta}\cos nx\,\mathrm{d}x$$
$$= \frac{f(\alpha+0)(\sin n\xi - \sin n\alpha) + f(\beta-0)(\sin n\beta - \sin n\xi)}{\pi n}$$

如此,对于表达式 $a_n$ 中各别的项我们得到形状如$\frac{M}{n}$的估计值,其中 $M = \frac{2}{\pi}|f(\alpha+0)| + \frac{2}{\pi}|f(\beta-0)|$. 显然,有限个这样的项之和也具有同样形状的估计值,就是说,$a_n$ 具有这样的估计值. 对于 $b_n$ 可以用类似的讨论.

若 $f(x)$ 连续且有导数,$f(-\pi)=f(\pi)$,并且它的导数满足迪利克雷条件,则用分部积分法作积分,并由 $f(-\pi)=f(\pi)$ 知积分以外的一项为零 ,于是得到

$$nb_n = \frac{n}{\pi}\int_{-\pi}^{\pi} f(x)\sin nx\,\mathrm{d}x = -\frac{1}{\pi}\int_{-\pi}^{\pi} f(x)\mathrm{d}\cos nx = \frac{1}{\pi}\int_{-\pi}^{\pi} f'(x)\cos nx\,\mathrm{d}x$$

不过最后一个积分是满足迪利克雷条件的函数 $f'(x)$ 的傅里叶系数,所以它有上述的估计值,于是在所作的假定下,对于 $b_n$ 我们得到估计值

$$|b_n| \leqslant \frac{M}{n^2}$$

对于 $a_n$ 可以得到类似的估计值. 依赖于函数 $f(x)$ 的性质以更仔细考虑傅里叶系数的估计值,我们以后再讲.

**152. 迪利克雷积分**

由公式(3)看出,傅里叶级数的收敛问题,也就是和 $S_n(f)$ 的极限的存在问题,可归结为对于下列类型的积分的讨论

$$\int_a^b \varphi(z)\frac{\sin mz}{\sin z}\mathrm{d}z$$

我们来考虑一种比较简单的积分,就是下面形状的积分

$$\frac{1}{\pi}\int_a^b \varphi(z)\frac{\sin mz}{z}\mathrm{d}z \tag{12}$$

这叫作迪利克雷积分. 关于这个积分我们先证明下面一个辅助定理.

**辅助定理** **若在区间$(a,b)$上$\varphi(z)$满足迪利克雷条件,则:(1) 若 $a=0$ 且 $b>0$,则当 $m$ 无限增加时积分(12) 有极限$\frac{1}{2}\varphi(+0)$;(2) 若 $a=0$ 且 $b<0$,则这个极限等于$\frac{1}{2}\varphi(-0)$;(3) 若 $a<0$ 且 $b>0$,则极限等于$\frac{\varphi(-0)+\varphi(+0)}{2}$;(4) 若 $a$ 与 $b>0$ 或 $a$ 与 $b<0$,则所述极限等于零.**

不难看出，只需证明第一个结论. 如果证明了它，就可以很容易的由它得到其余的. 例如，我们先设证明了第一个结论而要证明结论(3) 与(4)

$$\frac{1}{\pi}\int_a^b \varphi(z)\ \frac{\sin\ mz}{z}\mathrm{d}z=\frac{1}{\pi}\int_0^b \varphi(z)\ \frac{\sin\ mz}{z}\mathrm{d}z-\frac{1}{\pi}\int_0^a \varphi(z)\ \frac{\sin\ mz}{z}\mathrm{d}z$$

若 $a$ 与 $b>0$，则根据结论(1)，右边的被减数与减数都以 $\frac{1}{2}\varphi(+0)$ 为极限，于是推知，这个差趋向零，这就证明了结论(4). 若 $a<0$ 且 $b>0$，则在减数中用 $(-z)$ 来替代积分变量 $z$，就得到

$$\frac{1}{\pi}\int_a^b \varphi(z)\ \frac{\sin\ mz}{z}\mathrm{d}z=\frac{1}{\pi}\int_0^b \varphi(z)\ \frac{\sin\ mz}{z}\mathrm{d}z+\frac{1}{\pi}\int_0^{-a} \varphi(-z)\ \frac{\sin\ mz}{z}\mathrm{d}z$$

因为 $b$ 与 $(-a)>0$，则对于两个积分都可以应用结论(1)，于是得到

$$\frac{1}{\pi}\int_0^b \varphi(z)\ \frac{\sin\ mz}{z}\mathrm{d}z\to\frac{1}{2}\varphi(+0)+\frac{1}{2}\varphi(-0)=\frac{\varphi(-0)+\varphi(+0)}{2}$$

现在我们来证明结论(1)，就是证明，当 $b>0$ 时

$$\frac{1}{\pi}\int_0^b \varphi(z)\ \frac{\sin\ mz}{z}\mathrm{d}z\to\frac{1}{2}\varphi(+0) \tag{13}$$

证明时我们先设 $\varphi(z)$ 不仅满足迪利克雷条件而且在区间 $(0,b)$ 上是单调的.

以前我们得到过下面这结果

$$\int_0^{+\infty}\frac{\sin\ x}{x}\mathrm{d}x=\frac{\pi}{2} \tag{14}$$

考虑积分

$$\int_0^c \frac{\sin\ x}{x}\mathrm{d}x$$

这是 $c$ 的一个连续函数，当 $c=0$ 时它等于零，当 $c\to+\infty$ 时它趋向 $\frac{\pi}{2}$. 由此我们可以得到结论：对于所有的正的 $c$，所写的积分的绝对值保持小于某一个正数 $M$. 现在我们考虑具有两个正的积分限的积分

$$\int_a^b \frac{\sin\ x}{x}\mathrm{d}x \tag{15}$$

显然我们有

$$\int_a^b \frac{\sin\ x}{x}\mathrm{d}x=\int_0^b \frac{\sin\ x}{x}\mathrm{d}x-\int_0^a \frac{\sin\ x}{x}\mathrm{d}x$$

于是

$$\left|\int_a^b \frac{\sin\ x}{x}\mathrm{d}x\right|\leqslant\left|\int_0^b \frac{\sin\ x}{x}\mathrm{d}x\right|+\left|\int_0^a \frac{\sin\ x}{x}\mathrm{d}x\right|<M+M=2M$$

就是说，当 $a$ 与 $b$ 是任何的正数时，积分(15) 的绝对值保持小于某一个确定的正数 $2M$.

在我们证明公式(13) 之前，先考虑一个比较简单的积分

$$\frac{1}{\pi}\int_0^b \frac{\sin mx}{x}\mathrm{d}x$$

作变量替换 $t=mx$，并利用公式(14)，当 $m$ 无限增加时我们得到

$$\frac{1}{\pi}\int_0^b \frac{\sin mx}{x}\mathrm{d}x=\frac{1}{\pi}\int_0^{mb}\frac{\sin t}{t}\mathrm{d}t\to\frac{1}{\pi}\cdot\frac{\pi}{2}=\frac{1}{2}$$

于是推知

$$\frac{1}{\pi}\int_0^b \varphi(+0)\frac{\sin mx}{x}\mathrm{d}x\to\frac{1}{2}\varphi(+0)$$

如此，为要证明公式(13)，我们只需证明

$$\frac{1}{\pi}\int_0^b [\varphi(x)-\varphi(+0)]\frac{\sin mx}{x}\mathrm{d}x\to 0$$

就是说，当 $m$ 足够大时，这式子左边的绝对值要小于任何的正数 $\varepsilon$. 把区间 $(0,b)$ 分为两个：$(0,\delta)$ 与 $(\delta,b)$，其中 $\delta$ 是一个小的正数，我们以后再固定它. 我们来证明，当 $m$ 足够大时，下面两个积分

$$\frac{1}{\pi}\int_0^\delta [\varphi(x)-\varphi(+0)]\frac{\sin mx}{x}\mathrm{d}x \text{ 与 } \frac{1}{\pi}\int_\delta^b [\varphi(x)-\varphi(+0)]\frac{\sin mx}{x}\mathrm{d}x \quad (16)$$

中每一个的绝对值都小于 $\frac{\varepsilon}{2}$. 由于函数 $\varphi(x)$ 只有有限多个间断点，可以取得 $\delta$ 足够小，使得在区间 $(0,\delta)$ 上 $\varphi(x)$ 没有间断点，于是 $\varphi(x\pm 0)=\varphi(x)$.

注意，依照 $\varphi(x)$ 单调条件，对于(16)中第一个积分可以应用中值定理，于是得到

$$\frac{1}{\pi}\int_0^\delta [\varphi(x)-\varphi(+0)]\frac{\sin mx}{x}\mathrm{d}x=\frac{1}{\pi}[\varphi(\delta)-\varphi(+0)]\int_0^\xi \frac{\sin mx}{x}\mathrm{d}x$$

于是推知

$$\left|\frac{1}{\pi}\int_0^\delta [\varphi(x)-\varphi(+0)]\frac{\sin mx}{x}\mathrm{d}x\right|<\frac{1}{\pi}\mid\varphi(\delta)-\varphi(+0)\mid\cdot 2M$$

依照记号 $\varphi(+0)$ 的定义，当 $\delta\to 0$ 时，差 $\varphi(\delta)-\varphi(+0)\to 0$，于是我们可以取得 $\delta$ 与零足够近，使上面这不等式的右边 $<\frac{\varepsilon}{2}$. 这时，对于任何的 $m$，(16)中第一个积分的绝对值 $<\frac{\varepsilon}{2}$. 如此固定好正数 $\delta$，再看(16)中第二个积分. 对于它也应用中值定理，可以把它写成下面的形状

$$\frac{1}{\pi}[\varphi(\delta)-\varphi(+0)]\int_\delta^\xi \frac{\sin mx}{x}\mathrm{d}x+\frac{1}{\pi}[\varphi(b-0)-\varphi(+0)]\int_\xi^b \frac{\sin mx}{x}\mathrm{d}x \quad (17)$$

积分之前的因子都是常数，于是我们只需证明当 $m$ 增加时，这两个积分都趋向零. 例如，我们考虑第一个积分，在其中作变量替换 $t=mx$. 我们得到一个积分

$$\int_{m\delta}^{m\xi} \frac{\sin t}{t} \mathrm{d}t \tag{18}$$

当 $m$ 无限增加时，积分限 $m\delta$ 与 $m\xi$ 也无限增加，因为 $\delta$ 是固定的正数而且 $\xi$ 不小于 $\delta$. 并且由于积分

$$\int_{0}^{+\infty} \frac{\sin t}{t} \mathrm{d}t$$

是收敛的积分，则当积分(18) 的两个积分限无限增加时这个积分趋向零[82]. 表达式(17) 中的第二个积分可类似的讨论，于是整个表达式 $\to 0$，就是说，(16) 中第二个积分趋向零，于是当 $m$ 足够大时它的绝对值 $< \frac{\varepsilon}{2}$.

在 $\varphi(z)$ 不仅满足迪利克雷条件而且是单调的假定下，我们证明了式(13)，因而也证明了这个辅助定理的所有的结论. 剩下还要证明当 $\varphi(z)$ 只满足迪利克雷条件时式(13) 仍然正确. 根据迪利克雷条件，区间 $(0,b)$ 可以分为有限多个部分区间，使得 $\varphi(z)$ 在每一个部分区间上都是单调的. 设 $(0,b)$ 可以分为三个部分区间 $(0,b_1)$，$(b_1,b_2)$，$(b_2,b)$，使得在每一部分区间上 $\varphi(z)$ 是单调的. 把积分(13) 分为三项

$$\int_{0}^{b} \varphi(z) \frac{\sin mz}{z} \mathrm{d}z = \int_{0}^{b_1} \varphi(z) \frac{\sin mz}{z} \mathrm{d}z + \int_{b_1}^{b_2} \varphi(z) \frac{\sin mz}{z} \mathrm{d}z + \int_{b_2}^{b} \varphi(z) \frac{\sin mz}{z} \mathrm{d}z \tag{19}$$

由于在区间 $(0,b_1)$，$(b_1,b_2)$，$(b_2,b)$ 上函数 $\varphi(z)$ 都是单调的，所以对于右边每一项都可以应用上面已证的辅助定理. 从而，第一项趋向 $\frac{1}{2}\varphi(+0)$，其余两项趋向零，所以积分(19) 趋向 $\frac{1}{2}\varphi(+0)$，于是证完.

**注意** 在迪利克雷积分(12) 中，$m$ 这个数可以以任何方式无限增加，不限制只取整数值. 下述事实是这里所得到的结果的原因：当 $m$ 取很大的值时，函数 $\frac{\sin mz}{z}$ 的符号改变的很快，并且当 $z$ 接近零时，这函数取很大的值.

### 153. 迪利克雷定理

利用前一段中的辅助定理，不难证明迪利克雷定理[143]. 根据公式(3)，我们需要证明，当 $n$ 无限增加时，表达式

$$\frac{1}{\pi}\int_{0}^{\frac{\pi}{2}} f(x-2z) \frac{\sin(2n+1)z}{\sin z} \mathrm{d}z + \frac{1}{\pi}\int_{0}^{\frac{\pi}{2}} f(x+2z) \frac{\sin(2n+1)z}{\sin z} \mathrm{d}z \tag{20}$$

趋向 $\frac{f(x-0)+f(x+0)}{2}$. 替代表达式(20)，我们先考虑表达式

$$\frac{1}{\pi}\int_{0}^{\frac{\pi}{2}} f(x-2z) \frac{\sin(2n+1)z}{z} \mathrm{d}z + \frac{1}{\pi}\int_{0}^{\frac{\pi}{2}} f(x+2z) \frac{\sin(2n+1)z}{z} \mathrm{d}z \tag{21}$$

这两个积分的上限是正数，而且在积分区间上函数 $f(x-2z)$ 与 $f(x+2z)$ 都满足迪利克雷条件. 此外 $m=2n+1\to+\infty$，于是依照前一段中所证明的辅助定理，表达式(21) 趋向极限 $\frac{f(x-0)+f(x+0)}{2}$. 剩下要证明表达式(20) 与(21) 之差趋向零. 为此，只需证明积分

$$\frac{1}{\pi}\int_0^{\frac{\pi}{2}} f(x-2z)\left(\frac{1}{\sin z}-\frac{1}{z}\right)\sin(2n+1)z\mathrm{d}z$$

$$\frac{1}{\pi}\int_0^{\frac{\pi}{2}} f(x+2z)\left(\frac{1}{\sin z}-\frac{1}{z}\right)\sin(2n+1)z\mathrm{d}z$$

趋向零. 我们对第一个积分来证明

$$\frac{1}{\pi}\int_0^{\frac{\pi}{2}} f(x-2z)\left(\frac{1}{\sin z}-\frac{1}{z}\right)\sin(2n+1)z\mathrm{d}z=\frac{1}{\pi}\int_0^{\frac{\pi}{2}}\psi(z)\sin(2n+1)z\mathrm{d}z \tag{22}$$

其中

$$\psi(z)=f(x-2z)\left(\frac{1}{\sin z}-\frac{1}{z}\right)$$

在积分区间上，第一个因子 $f(x-2z)$ 有有限个第一类间断点(或者连续)，第二个因子

$$\frac{1}{\sin z}-\frac{1}{z}=\frac{z-\sin z}{z\sin z}=\frac{z-\left(\frac{z}{1!}-\frac{z^3}{3!}+\frac{z^5}{5!}-\cdots\right)}{z\left(\frac{z}{1!}-\frac{z^3}{3!}+\frac{z^5}{5!}-\cdots\right)}$$

当 $z\to 0$ 时，它趋向零，并且在区间 $\left(0,\frac{\pi}{2}\right)$ 上没有任何的间断点. 从而可以应用[150] 中的辅助定理于积分(22)，于是这个积分趋向零. 如此就证明了迪利克雷定理中的结论.

对于已经证明的定理我们补充两个命题，这两个命题我们只叙述一下不证明了. 我们所得到的命题中只谈到，在区间的任何点 $x$，傅里叶级数 $S_n(f)$ 收敛而且有和 $f(x)$，不过在这个命题中没有谈到在区间$(-\pi,\pi)$ 上收敛的性质如何. 我们现在要叙述的命题，可以补足这个缺陷.

1. 在任何的区间上，如果函数 $f(x)$ 在其上满足迪利克雷条件而且连续，并且这区间位于区间$(-\pi,\pi)$ 之内，则级数 $S_n(f)$ 在这区间上一致收敛.

2. 若在整个区间$(-\pi,\pi)$ 上 $f(x)$ 满足迪利克雷条件而且连续，并且

$$f(-\pi+0)=f(\pi-0)$$

则对于所有的 $x$ 值来讲，级数 $S_n(f)$ 一致收敛.

迪利克雷定理对于被展开的函数 $f(x)$ 所需要的条件是相当少的. 不过，并不是对于任何的函数，展开为傅里叶级数的定理总成立，甚至于存在有不能展

开成傅里叶级数的连续函数.

在函数确定于区间$(0,\pi)$上的情形,对于只依正弦展开的级数或只依余弦展开的级数,读者不难证明与以上所述类似的命题,这时的命题有下述的更改.

在区间$(0,\pi)$上满足迪利克雷条件时,级数

$$\frac{a_0}{2}+\sum_{k=1}^{+\infty}a_k\cos kx\left(a_k=\frac{2}{\pi}\int_0^{\pi}f(t)\cos kt\,\mathrm{d}t\right) \tag{23}$$

的和(当$0<x<\pi$时)等于

$$\frac{f(x+0)+f(x-0)}{2} \tag{24}$$

而且,当$x=0$时,它等于$f(+0)$,当$x=\pi$时,它等于$f(\pi-0)$. 级数

$$\sum_{k=1}^{+\infty}b_k\sin kx\left(b_k=\frac{2}{\pi}\int_0^{\pi}f(t)\sin kt\,\mathrm{d}t\right) \tag{25}$$

的和(当$0<x<\pi$时)等于式(24),当$x=0$或$x=\pi$时,等于零.

所有这些结果都很容易得到,只需把函数$f(x)$延续到相邻的区间$(-\pi,0)$. 在级数(23)的情形,延续成偶函数的形式;在级数(25)的情形,延续成奇函数的形式. 就像我们在[145]中所作的一样.

**154. 用多项式作连续函数的近似式**

我们的下一个问题是要证明[147]中的封闭性公式(40). 这个证明要以用多项式作函数的近似式的理论中的某些结果为基础. 我们现在来讲这些结果,它们本身就是很重要的. 以下面这个定理为一切的基础.

**定理Ⅰ(维尔斯特拉斯定理)　若$f(x)$是在有限闭区间$a\leqslant x\leqslant b$上的任何一个连续函数,则可以作出一个多项式的序列$P_1(x),P_2(x),\cdots$,在整个闭区间$(a,b)$上,它一致趋向$f(x)$[Ⅰ,144].**

首先我们注意,利用变换$x'=\dfrac{x-a}{b-a}$,可以把区间$(a,b)$换成区间$(0,1)$,把$x$的多项式换成$x'$的多项式,并且是可逆的. 所以可设区间$(a,b)$是$(0,1)$. 我们先证明两个初等代数中的恒等式. 先写出牛顿二项式公式

$$\sum_{m=0}^{n}\mathrm{C}_n^m u^m v^{n-m}=(u+v)^n \tag{26}$$

由这恒等式对$u$求导数再乘以$u$,对所得到的恒等式再这样做一遍,就得到两个新的恒等式

$$\begin{cases}\displaystyle\sum_{m=0}^{n}m\mathrm{C}_n^m u^m v^{n-m}=nu(u+v)^{n-1}\\ \displaystyle\sum_{m=0}^{n}m^2\mathrm{C}_n^m u^m v^{n-m}=nu(nu+v)(u+v)^{n-2}\end{cases} \tag{27}$$

在公式(26)中令$u=x,v=1-x$,就有

$$1=\sum_{m=0}^{n}C_n^m x^m(1-x)^{n-m} \tag{28}$$

公式(26)乘以 $n^2x^2$,(27)中第一式乘以$(-2nx)$,(27)中第二式乘以1,然后相加,再令 $u=x,v=1-x$,就得到

$$\sum_{m=0}^{n}(m-nx)^2C_n^m x^m(1-x)^{n-m}=nx(1-x)$$

不难证明[Ⅰ,60],这等式右边在区间(0,1)上是正的,当 $x=\frac{1}{2}$ 时它取最大值,由此推知

$$\sum_{m=0}^{n}(m-nx)^2C_n^m x^m(1-x)^{n-m}\leqslant\frac{1}{4}n \tag{29}$$

现在证明,在区间(0,1)上,多项式

$$P_n(x)=\sum_{m=0}^{n}f\left(\frac{m}{n}\right)C_n^m x^m(1-x)^{n-m} \tag{30}$$

一致趋向 $f(x)$. 公式(28)两边乘以 $f(x)$,再由所得到的等式减去等式(30),可以写成

$$f(x)-P_n(x)=\sum_{m=0}^{n}\left[f(x)-f\left(\frac{m}{n}\right)\right]C_n^m x^m(1-x)^{n-m}$$

我们需要证明,对于任何给定的正数 $\varepsilon$,存在有一个不依赖于 $x$ 的 $N$,使得当 $n>N$ 时

$$\left|\sum_{m=0}^{n}\left[f(x)-f\left(\frac{m}{n}\right)\right]C_n^m x^m(1-x)^{n-m}\right|<\varepsilon$$

由于当 $0\leqslant x\leqslant 1$ 时,乘积 $C_n^m x^m(1-x)^{n-m}\geqslant 0$,所以

$$\left|\sum_{m=0}^{n}\left[f(x)-f\left(\frac{m}{n}\right)\right]C_n^m x^m(1-x)^{n-m}\right|$$
$$\leqslant\sum_{m=0}^{n}\left|f(x)-f\left(\frac{m}{n}\right)\right|C_n^m x^m(1-x)^{n-m}$$

于是只需证明下面这不等式,当 $n>N$ 时

$$\sum_{m=0}^{n}\left|f(x)-f\left(\frac{m}{n}\right)\right|C_n^m x^m(1-x)^{n-m}<\varepsilon \tag{31}$$

在区间(0,1)上函数 $f(x)$ 一致连续[Ⅰ,35],就是说,存在有 $\delta$,使得当 $|x_1-x_2|<\delta$ 时 $|f(x_1)-f(x_2)|<\frac{\varepsilon}{2}$. 设 $x$ 是区间(0,1)中一个固定的值. 把和(31)分为两部分 $S_1$ 与 $S_2$. 在第一个部分和中我们取 $m$ 满足条件 $\left|x-\frac{m}{n}\right|<\delta$ 的项. 根据 $\delta$ 的选择法,对于由正项组成的第一个和,我们有估计值

$$S_1 < \sum_{(\mathrm{I})} \frac{\varepsilon}{2} \mathrm{C}_n^m x^m (1-x)^{n-m}$$

其中记号(Ⅰ)指这个和中所取的项是 $m$ 满足不等式 $\left| x - \frac{m}{n} \right| < \delta$ 的项. 若我们取由 0 到 $n$ 的 $m$ 值来求和,则和只会增加,就是说

$$S_1 < \sum_{m=0}^{n} \frac{\varepsilon}{2} \mathrm{C}_n^m x^m (1-x)^{n-m} = \frac{\varepsilon}{2} \sum_{m=0}^{n} \mathrm{C}_n^m x^m (1-x)^{n-m}$$

根据公式(28)就得到,对于任何的 $n$, $S_1 < \frac{\varepsilon}{2}$. 再看第二个部分和

$$S_2 = \sum_{(\mathrm{II})} \left| f(x) - f\left(\frac{m}{n}\right) \right| \mathrm{C}_n^m x^m (1-x)^{n-m}$$

这里右边的和中所取的项是 $m$ 满足不等式 $\left| x - \frac{m}{n} \right| \geqslant \delta$ 或 $| nx - m | \geqslant n\delta$ 的项,我们来估计这个和. 函数 $f(x)$ 即是在闭区间(0,1)上连续,在这区间上它应当满足下面形状的不等式:$| f(x) | \leqslant M$,其中 $M$ 是一个确定的正数[Ⅰ,35],从而 $\left| f(x) - f\left(\frac{m}{n}\right) \right| \leqslant | f(x) | + \left| f\left(\frac{m}{n}\right) \right| \leqslant 2M$. 和 $S_2$ 中各项各乘以因子 $\frac{(m-nx)^2}{n^2\delta^2}$,这样的因子不小于 1. $2M$ 与 $\frac{1}{n^2\delta^2}$ 是不依赖于 $m$ 的,把它们提出来,就得到

$$S_2 \leqslant \frac{2M}{n^2\delta^2} \sum_{(\mathrm{II})} (m-nx)^2 \mathrm{C}_n^m x^m (1-x)^{n-m}$$

所有的项都是正的,若我们取由 0 到 $n$ 的所有的值做 $m$ 求和,则和的值只会增加. 注意公式(29),就得到

$$S_2 \leqslant \frac{2M}{n^2\delta^2} \sum_{m=0}^{n} (m-nx)^2 \mathrm{C}_n^m x^m (1-x)^{n-m} \leqslant \frac{M}{2n\delta^2}$$

$M$ 与 $\delta$ 是两个确定的正数,为使 $S_2$ 满足不等式 $S_2 < \frac{\varepsilon}{2}$,只需取 $\frac{M}{2n\delta^2} < \frac{\varepsilon}{2}$,也就是取 $n > \frac{M}{\varepsilon\delta^2}$. 于是我们得到所要求的数 $N = \frac{M}{\varepsilon\delta^2}$. 实际上,当 $n > N$ 时,两个和 $S_1$ 与 $S_2$ 都 $< \frac{\varepsilon}{2}$,于是不等式(31)成立. 这就证明了维尔斯特拉斯定理. 不难看出,所证明的定理可以叙述如下:若 $f(x)$ 是在闭区间$(a,b)$上的连续函数,而 $\varepsilon$ 是任何的给定的正数,则存在有 $x$ 的这样的多项式 $P(x)$,使得在整个区间$(a,b)$上,下面这不等式成立

$$| f(x) - P(x) | < \varepsilon \tag{32}$$

以维尔斯特拉斯定理为基础,对于周期性函数我们证明一个类似的定理.

**定理Ⅱ　若 $f(x)$ 是以 $2\pi$ 为周期的连续的周期函数,而 $\varepsilon$ 是任何一个给定**

**的正数,则可以求得一个这样的三角多项式**

$$T(x)=c_0+\sum_{k=1}^{m}(c_k\cos kx+d_k\sin kx)\tag{33}$$

**使得对于任何的 $x$**

$$|f(x)-T(x)|<\varepsilon\tag{34}$$

首先我们提出,根据周期性,我们只需证明在基本区间$(-\pi,\pi)$上不等式(34)成立.先设$f(x)$是偶函数,并引用新的变量$t=\cos x$,以替代$x$,就是设$x=\arccos t$,这里我们取这个函数的主值,就是说,当$t$由1变到$(-1)$时,函数$x=\arccos t$由0连续变到$\pi$.函数$f(x)=f(\arccos t)$就是$t$的在区间$(-1,1)$上的连续函数.依照维尔斯特拉斯定理,存在有这样的多项式,使得

$$|f(\arccos t)-P(t)|<\varepsilon\quad(-1\leqslant t\leqslant 1)$$

回到原来的变量,就得到

$$|f(x)-P(\cos x)|<\varepsilon\quad(0\leqslant x\leqslant \pi)$$

当用$(-x)$来替代$x$时,由于$f(x)$是偶函数,所以它的值不改变,并且由于$\cos x$是偶函数,$P(\cos x)$的值也不改变.就是说,当$-\pi\leqslant x\leqslant 0$时,上面这不等式也正确.也就是说,在整个基本区间上,这不等式正确.不过,我们知道[Ⅰ,176],$\sin x$与$\cos x$的正整数次幂可以通过倍角的正弦与余弦的线性结合来表达,于是$\cos x$的多项式$P(\cos x)$可以表示成公式(33)的形状,就是说在$f(x)$是偶函数的情形,我们证明了这个定理.

现在我们考虑任何的连续的周期函数$f(x)$.若我们设

$$\varphi(x)=\frac{1}{2}[f(x)+f(-x)],\psi(x)=\frac{1}{2}[f(x)-f(-x)]\tag{35}$$

则$f(x)$是$\varphi(x)$与$\psi(x)$之和,这里$\varphi(x)$是偶函数,$\psi(x)$是奇函数,并且两个都是周期函数.当给定$\varepsilon$时,依照以上的证明,存在有这样的多项式$P(t)$,使得$|\varphi(x)-P(\cos x)|<\frac{\varepsilon}{2}$.若是我们可以证明,存在有这样的多项式$Q(t)$,使得

$$|\psi(x)-\sin xQ(\cos x)|<\frac{\varepsilon}{2}\quad(-\pi\leqslant x\leqslant\pi)\tag{36}$$

则三角多项式

$$T(x)=P(\cos x)+\sin xQ(\cos x)$$

就满足条件(34).像上面似的,引用新变量$t=\cos x$,并在区间$-1\leqslant t\leqslant 1$上考虑函数$\psi(x)=\psi(\arccos t)$.函数$\psi(x)$即是连续的周期的奇函数,当$x=0$以及$x=\pi$时它等于零,于是推知在区间的端点,就是当$t=\pm 1$时$\psi(\arccos t)$等于零.由公式(30)推出,若$f(x)$在区间$(0,1)$的端点上等于零,就是$f(0)=f(1)=0$,则多项式$P_n(x)$也具有同样的性质.利用变换$t=2x-1$,可以化区间

$(0,1)$ 为区间 $(-1,1)$，于是肯定了可以求得这样一个多项式 $R(t)$，当 $t=\pm 1$ 时它等于零，并且使得

$$\text{当} -1 \leqslant t \leqslant 1 \text{ 时}, \mid \psi(\arccos t) - R(t) \mid < \frac{\varepsilon}{4}$$

这时我们可以写成 $R(t)=(1-t^2)R_1(t)$，其中 $R_1(t)$ 也是一个多项式，于是上面这不等式可以写成下面的形状

$$\text{当 } 0 \leqslant x \leqslant \pi \text{ 时}, \mid \psi(x) - \sin^2 x R_1(\cos x) \mid < \frac{\varepsilon}{4} \tag{37}$$

对于在区间 $(-1,1)$ 上的连续函数 $\sin xR_1(\cos x)=\sqrt{1-t^2}R_1(t)$，可以作这样一个多项式 $Q(t)$，使得

$$\text{当} -1 \leqslant t \leqslant 1 \text{ 时}, \mid \sqrt{1-t^2} R_1(t) - Q(t) \mid < \frac{\varepsilon}{4}$$

就是

$$\text{当 } 0 \leqslant x \leqslant \pi \text{ 时}, \mid \sin x R_1(\cos x) - Q(\cos x) \mid < \frac{\varepsilon}{4}$$

于是

$$\mid \sin^2 x R_1(\cos x) - \sin x Q(\cos x) \mid < \frac{\varepsilon}{4} \tag{37'}$$

因为 $\mid \sin x \mid \leqslant 1$. 由公式(37)与(37′)推知

$$\mid \psi(x) - \sin x Q(\cos x) \mid \leqslant \mid \psi(x) - \sin^2 x R_1(\cos x) \mid +$$
$$\mid \sin^2 x R_1(\cos x) - \sin x Q(\cos x) \mid \leqslant \frac{\varepsilon}{4} + \frac{\varepsilon}{4} = \frac{\varepsilon}{2}$$

也就是在区间 $(0,\pi)$ 上我们证明了不等式(36). 又因为函数 $\psi(x)$ 与 $\sin xQ(\cos x)$ 是奇函数，所以在整个区间 $(-\pi,\pi)$ 上这个不等式是正确的.

以上我们所讲的定理 Ⅰ 与定理 Ⅱ 的证明是属于 C. H. 别尔史坦院士的.

**155. 封闭性公式**

由刚才证明过的定理，可以很简单地推出[147]中对于三角函数组的封闭性公式的正确性. 先设给定的函数 $f(x)$ 在区间 $(-\pi,\pi)$ 上连续，而且 $f(-\pi)=f(\pi)$.

按照周期性把 $f(x)$ 延续到这个区间之外，就得到一个连续的周期函数，当给定 $\varepsilon$ 时，就存在一个满足不等式(34)的三角多项式 $T(x)$.

由这不等式推出

$$\frac{1}{2\pi}\int_{-\pi}^{\pi} [f(x) - T(x)]^2 \mathrm{d}x < \varepsilon^2 \tag{38}$$

设 $n$ 是这三角多项式的级，就是公式(33)中 $m$ 的值. 不过，当任意选定级不超过 $n$ 的三角多项式时，积分(38)有个最小值 $\varepsilon_n^2$，就是当取函数 $f(x)$ 的傅里叶级数的前 $(2n+1)$ 项之和作三角多项式时这个积分的值. 由此推出 $\varepsilon_n \leqslant \varepsilon$，由于正数

$\varepsilon$ 随意选择多小都可以，而且当 $n$ 增大时 $\varepsilon_n$ 不增大，由此就推出，当 $n\to+\infty$ 时，$\varepsilon_n$ 应当趋向零，由[147] 知道，这就相当于关于 $f(x)$ 的封闭性公式.

现在我们考虑比较一般的情形，就是当 $f(x)$ 在区间 $(-\pi,\pi)$ 上连续，而它的值 $f(-\pi)$ 与 $f(\pi)$ 不相同时. 像以前一样，存在有这样一个正数 $M$，使得当 $-\pi\leqslant x\leqslant\pi$ 时 $|f(x)|\leqslant M$. 设 $\eta$ 是任意给定的一个正数，再设 $\delta$ 是一个正数，它满足下列不等式

$$\delta<\frac{\pi\eta}{8M^2},\delta<\pi \tag{39}$$

依照下述法则作一个新的函数 $f_1(x)$. 在区间 $(-\pi,\pi-\delta)$ 上 $f_1(x)$ 与 $f(x)$ 相同，在区间 $(\pi-\delta,\pi)$ 上 $f_1(x)$ 是一个线段，它联结点 $x=\pi-\delta,y=f(\pi-\delta)$ 与点 $x=\pi,y=f(-\pi)$(图 126). 函数 $f_1(x)$ 在区间 $(-\pi,\pi)$ 上是连续函数，而且当 $x=\pm\pi$ 时它有相同的值 $f(-\pi)$，于是像对于 $f(x)$ 一样，我们显然有 $|f_1(x)|\leqslant M$.

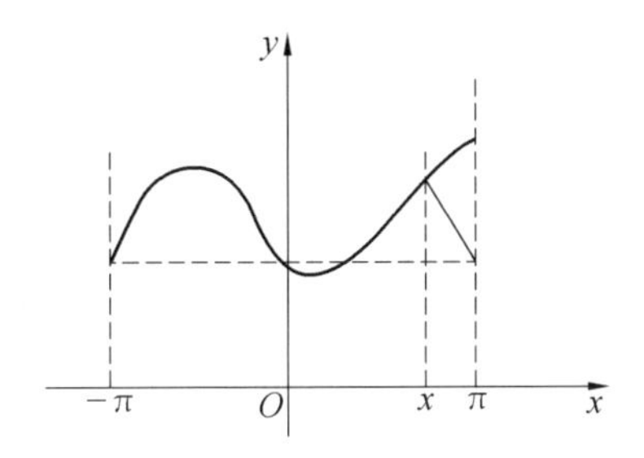


图 126

根据以上所证，对于任何的给定的正数 $\eta$，可以求得这样一个三角多项式，使得

$$\frac{1}{2\pi}\int_{-\pi}^{\pi}[f_1(x)-T(x)]^2\mathrm{d}x<\frac{\eta}{4} \tag{40}$$

注意，在区间 $(-\pi,\pi-\delta)$ 上 $f(x)=f_1(x)$，就有

$$\frac{1}{2\pi}\int_{-\pi}^{\pi}[f(x)-f_1(x)]^2\mathrm{d}x=\frac{1}{2\pi}\int_{\pi-\delta}^{\pi}[f(x)-f_1(x)]^2\mathrm{d}x$$

由此，注意 $|f(x)-f_1(x)|\leqslant|f(x)|+|f_1(x)|\leqslant 2M$，可以写成

$$\frac{1}{2\pi}\int_{-\pi}^{\pi}[f(x)-f_1(x)]^2\mathrm{d}x\leqslant\frac{2M^2}{\pi}\int_{\pi-\delta}^{\pi}\mathrm{d}x=\frac{2M^2\delta}{\pi}$$

或根据不等式(39)

$$\frac{1}{2\pi}\int_{-\pi}^{\pi}[f(x)-f_1(x)]^2\mathrm{d}x<\frac{\eta}{4} \tag{41}$$

作积分

$$\frac{1}{2\pi}\int_{-\pi}^{\pi}[f(x)-T(x)]^2\mathrm{d}x$$

$$=\frac{1}{2\pi}\int_{-\pi}^{\pi}\{[f(x)-f_1(x)]+[f_1(x)-T(x)]\}^2\mathrm{d}x$$

注意显然的不等式$(a+b)^2\leqslant 2(a^2+b^2)$，可以写成

$$\frac{1}{2\pi}\int_{-\pi}^{\pi}[f(x)-T(x)]^2\mathrm{d}x\leqslant\frac{1}{\pi}\int_{-\pi}^{\pi}[f(x)-f_1(x)]^2\mathrm{d}x+\frac{1}{\pi}\int_{-\pi}^{\pi}[f_1(x)-T(x)]^2\mathrm{d}x$$

根据公式(40)与(41)，由此推知

$$\frac{1}{2\pi}\int_{-\pi}^{\pi}[f(x)-T(x)]^2\mathrm{d}x<\eta$$

用$n$记三角多项式$T(x)$的级，像以上一样考虑，就得到$\varepsilon_n^2\leqslant\eta$，由于$\eta$的任意小性，就有当$n\to+\infty$时$\varepsilon_n\to 0$，就是说，对于具有上述性质的$f(x)$，封闭性公式成立. 同样也可以证明，当$f(x)$在区间$(-\pi,\pi)$上有界而且有有限多个间断点时，封闭性公式成立. 若所有的间断点都是第一类间断点，则无须再说函数是有界的. 为要证明，只需在各个间断点附近选择一个足够窄的区间，在区间$(-\pi,\pi)$上作一个新的连续函数$f_1(x)$，在所选出的区间之外它与$f(x)$相同，而在这些区间内它有直线图形. 对于$f_1(x)$可以依照以上所述作出一个满足不等式(40)的三角多项式$T(x)$，而所选出的区间可以做的足够窄以使得满足不等式(41). 其余的证明可以像以上一样做. 于是，对于连续函数或具有有限多个第一类间断点的所有的函数，我们证明了封闭性公式. 我们提出，对于更广泛得多的函数类，这个公式也是成立的.

**156. 函数组的封闭性质**

现在我们讲几个封闭性公式的推理，这里我们所作的讨论不仅是对于三角函数组讲的，而是对于任何的在区间$(a,b)$上正交并且是标准的函数组

$$\psi_1(x),\psi_2(x),\psi_3(x),\cdots,\psi_n(x),\cdots\tag{42}$$

来讲的. 设就这个函数组来讲，对于任何的具有有限多个第一类间断点的函数，封闭性公式成立. 以下我们就只谈这样的函数. 引用函数$f(x)$的广义傅里叶系数

$$c_k=\int_a^b f(x)\psi_k(x)\mathrm{d}x$$

封闭性公式就有下面的形状

$$\int_a^b[f(x)]^2\mathrm{d}x=\sum_{k=1}^{+\infty}c_k^2\tag{43}$$

现在我们讲这个公式的几个重要推理.

1. 若$f(x)$与$\varphi(x)$是随意两个函数，而$c_k$与$d_k$是它们的傅里叶系数

$$c_k=\int_a^b f(x)\psi_k(x)\mathrm{d}x,d_k=\int_a^b\varphi(x)\psi_k(x)\mathrm{d}x\tag{44}$$

则

$$\int_a^b f(x)\varphi(x)\mathrm{d}x=\sum_{k=1}^{+\infty}c_kd_k \tag{45}$$

并且右边这级数绝对收敛.

事实上,在等式(43)中用 $f(x)+\xi\varphi(x)$ 来替代 $f(x)$,其中 $\xi$ 是任意的常数参数,我们就有

$$\int_a^b[f(x)+\xi\varphi(x)]^2\mathrm{d}x=\sum_{k=1}^{+\infty}\left\{\int_a^b[f(x)+\xi\varphi(x)]\psi_k(x)\mathrm{d}x\right\}^2$$

或,根据公式(44)有

$$\int_a^b[f(x)]^2\mathrm{d}x+2\xi\int_a^b f(x)\varphi(x)\mathrm{d}x+\xi^2\int_a^b[\varphi(x)]^2\mathrm{d}x=\sum_{k=1}^{+\infty}c_k^2+2\xi\sum_{k=1}^{+\infty}c_kd_k+\xi^2\sum_{k=1}^{+\infty}d_k^2$$

比较 $\xi$ 的同次幂的系数,就得到公式(45).

至于公式(45)中的级数的绝对收敛性,是由于

$$|c_kd_k|\leqslant\frac{1}{2}(c_k^2+d_k^2)$$

而我们知道级数 $\sum_{k=1}^{+\infty}(c_k^2+d_k^2)$ 是收敛的.

2.若 $\varphi(x)$ 依赖于某些个参变数,不过对于这些参变数的所有的值

$$\int_a^b[\varphi(x)]^2\mathrm{d}x<M$$

其中常数 $M$ 不依赖于这些参变数,则对于这些参变数来讲,级数

$$\sum_{k=1}^{+\infty}c_kd_k \tag{46}$$

一致收敛.

证明的基础在于一个简单而又很重要的不等式:无论

$$\alpha_1,\alpha_2,\cdots,\alpha_m,\beta_1,\beta_2,\cdots,\beta_m$$

是什么实常数,总有

$$\left(\sum_{k=1}^{m}\alpha_k\beta_k\right)^2\leqslant\sum_{k=1}^{m}\alpha_k^2\cdot\sum_{k=1}^{m}\beta_k^2 \tag{47}$$

并且只是当 $\alpha_i,\beta_i$ 的大小互相成比例

$$\frac{\beta_1}{\alpha_1}=\frac{\beta_2}{\alpha_2}=\cdots=\frac{\beta_m}{\alpha_m}$$

时,等号成立.

事实上,设 $\xi$ 是随意一个实数.作和

$$S_m=\sum_{k=1}^{m}(\xi\alpha_k-\beta_k)^2 \tag{48}$$

它显然大于或等于0.这里当

$$\xi\alpha_k-\beta_k=0\quad(k=1,2,\cdots,m)$$

就是

$$\frac{\beta_1}{\alpha_1}=\frac{\beta_2}{\alpha_2}=\cdots=\frac{\beta_m}{\alpha_m}=\xi$$

时等号成立,并且只有这时等号才成立,在这情形下,显然

$$\left(\sum_{k=1}^{m}\alpha_k\beta_k\right)^2=\sum_{k=1}^{m}\alpha_k^2\cdot\sum_{k=1}^{m}\beta_k^2$$

一般说来,打开表达式(48) 中的括号,我们就得一个二次三项式

$$S_m=A\xi^2-2B\xi+C$$

其中

$$A=\sum_{k=1}^{m}\alpha_k^2,B=\sum_{k=1}^{m}\alpha_k\beta_k,C=\sum_{k=1}^{m}\beta_k^2$$

这个二次三项式总保持是正的.这时,由初等代数已知,应当是 $B^2-AC<0$,就是 $B^2<AC$,这就给出不等式(47).

回到我们的推理.作和

$$\sum_{k=n+1}^{n+p}c_kd_k$$

依照不等式(47),我们有

$$\left|\sum_{k=n+1}^{n+p}c_kd_k\right|\leqslant\sqrt{\sum_{k=n+1}^{n+p}c_k^2}\cdot\sqrt{\sum_{k=n+1}^{n+p}d_k^2}$$

另外,若在公式(43) 中用 $\varphi(x)$ 来替代 $f(x)$,并用 $d_k$ 来替代 $c_k$,显然得到下面的推理

$$\sum_{k=n+1}^{n+p}d_k^2\leqslant\sum_{k=1}^{+\infty}d_k^2=\int_a^b[\varphi(x)]^2\mathrm{d}x<M$$

依照条件,级数 $\sum\limits_{k=1}^{+\infty}c_k^2$ 的项不依赖于参变数,所以当预先给定随意多么小的 $\varepsilon$ 时,可以选择一个不依赖于参变数的 $N$,使得对于任何的 $n>N$ 以及任何的 $p>0$,下面这不等式成立

$$\sum_{k=n+1}^{n+p}c_k^2<\frac{\varepsilon^2}{M}$$

这就得到

$$当\ n>N\ 时,\left|\sum_{k=n+1}^{n+p}c_kd_k\right|<\varepsilon$$

从而推出级数(46) 的一致收敛性.

3.若 $x_1$ 与 $x_2$ 是在区间$(a,b)$ 上的随意两个值,则

$$\int_{x_1}^{x_2}f(x)\mathrm{d}x=\sum_{k=1}^{+\infty}c_k\int_{x_1}^{x_2}\psi_k(x)\mathrm{d}x\tag{49}$$

并且对于在区间$(a,b)$上的所有的值$x_1$与$x_2$，等式右边这个级数一致收敛.

若我们知道了函数$f(x)$可以展开成傅里叶级数

$$f(x)=\sum_{k=1}^{+\infty}c_k\psi_k(x) \tag{50}$$

并且这级数一致收敛，则公式(49)就显然成立[I,146].

不过值得注意的是，纵然级数(50)不收敛，这个公式总是正确的，就是说，这个级数可以逐项积分，就像是它一致收敛而和等于$f(x)$似的.

为要证明公式(49)，在公式(45)中设

$$\varphi(x)=\begin{cases}1 & 若\ x_1\leqslant x\leqslant x_2\\ 0 & 若\ a\leqslant x<x_1\ 或\ x_2<x\leqslant b\end{cases}$$

这里$x_1$与$x_2$是函数$\varphi(x)$所依赖的参变数. 在2中所述的数$M$存在，因为

$$\int_a^b[\varphi(x)]^2\mathrm{d}x\leqslant\int_a^b\mathrm{d}x=(b-a)$$

再者，由于在区间$(x_1,x_2)$之外$\varphi(x)$是0，所以

$$d_k=\int_a^b\varphi(x)\psi_k(x)\mathrm{d}x=\int_{x_1}^{x_2}\psi_k(x)\mathrm{d}x$$

根据公式(45)就有

$$\int_a^b f(x)\varphi(x)\mathrm{d}x=\int_{x_1}^{x_2}f(x)\mathrm{d}x=\sum_{k=1}^{+\infty}c_kd_k=\sum_{k=1}^{+\infty}c_k\int_{x_1}^{x_2}\psi_k(x)\mathrm{d}x$$

于是证完.

**附注1** 应用于普通的傅里叶级数，可以证明它们可以逐项积分，就像它们是一致收敛而和等于被展开的函数$f(x)$似的，而且不仅对于区间$(-\pi,\pi)$内是如此，对于随意的区间都是如此. 这时，像我们在[143]中所作过的一样，函数$f(x)$应当是周期性的延续到区间$(-\pi,\pi)$之外.

**附注2** 我们提出，不等式(47)不仅是对于和可以用，对于积分也可以用，那时它有下面的形状(布尼亚柯夫斯基不等式)

$$\left[\int_a^b f_1(x)f_2(x)\mathrm{d}x\right]^2\leqslant\int_a^b[f_1(x)]^2\mathrm{d}x\cdot\int_a^b[f_2(x)]^2\mathrm{d}x \tag{51}$$

事实上，作表达式

$$\int_a^b[f_1(x)+\xi f_2(x)]^2\mathrm{d}x=\int_a^b[f_1(x)]^2\mathrm{d}x+2\xi\int_a^b f_1(x)f_2(x)\mathrm{d}x+\xi^2\int_a^b[f_2(x)]^2\mathrm{d}x$$

其中$\xi$是任何一个实数. 由左边的形状推知，对于任何的实数$\xi$，这表达式不可能是负的. 不过若三项式$A+2B\xi+C\xi^2$对于任何的实数$\xi$不是负的，则$B^2-AC\leqslant 0$，就是$B^2\leqslant AC$. 应用于上面等式右边的三项式就得到不等式(51).

**157. 傅里叶级数收敛性的特征**

我们在[144]中得到的级数有些缺点，就是它们收敛的不太好. 其中有些

不是绝对收敛与一致收敛的，例如[144] 中级数(10) 当 $x=\frac{\pi}{2}$ 时为

$$2\left(\frac{1}{1}-\frac{1}{3}+\frac{1}{5}-\cdots\right)$$

它不是绝对收敛的. 此外，级数(10) 也不可能是一致收敛的，因为它表示的不是连续函数[I,146]. 表示值为 $c_1$ 与 $c_2$ 的不连续函数的级数也有同样的缺点. 被展开的函数的连续性与不连续性这个特征，与它的傅里叶级数是有关系的. 我们现在比较仔细的来讨论这个关系. 以下我们总假定 $f(x)$ 自己以及我们所谈到的它的相继的各阶导数都是满足迪利克雷条件的函数，并且在区间 $(-\pi,\pi)$ 之外作周期性的延续. 用

$$x_1^{(0)},x_2^{(0)},\cdots,x_{\tau_0-1}^{(0)}$$

记函数 $f(x)$ 在 $(-\pi,\pi)$ 内的间断点，用

$$x'_1,x'_2,\cdots,x'_{\tau_1-1}$$

记它的导数 $f'(x)$ 在 $(-\pi,\pi)$ 内的间断点，并且一般的用

$$x_1^{(k)},x_2^{(k)},\cdots,x_{\tau_k-1}^{(k)}$$

记导数 $f^{(k)}(x)$ 的间断点. 如果下列各对极限值

$$f(\mp\pi\pm 0),f'(\mp\pi\pm 0),\cdots,f^{(k)}(\mp\pi\pm 0)$$

之间有不相同的，那么区间 $(-\pi,\pi)$ 的端点也是间断点.

为对称起见，记作 $x_0^{(0)}=-\pi,x_{\tau_0}^{(0)}=\pi$，对于导数用类似的记法. 由以上关于导数的条件，知道在任何区间 $(x_s^{(k)},x_{s+1}^{(k)})(s=0,1,\cdots,\tau_{k-1})$ 内存在有连续的导数 $f^{(k)}(x)$. 根据迪利克雷条件，这个导数在这区间的端点也有确定的极限值.

现在我们来改变关于函数 $f(x)$ 的傅里叶系数的形状，先看系数

$$a_n=\frac{1}{\pi}\int_{-\pi}^{\pi}f(x)\cos nx\,\mathrm{d}x$$

把积分区间 $(-\pi,\pi)$ 分为下列各部分区间

$$(-\pi,x_1^{(0)}),(x_1^{(0)},x_2^{(0)}),\cdots,(x_{\tau_0-1}^{(0)},\pi)$$

在其中每一个区间上函数 $f(x)$ 连续. 应用分部积分法，就有

$$\int f(x)\cos nx\,\mathrm{d}x=\frac{\sin nx}{n}f(x)-\frac{1}{n}\int f'(x)\sin nx\,\mathrm{d}x$$

另外，因为

$$\begin{aligned}\int_{x_{i-1}^{(0)}}^{x_i^{(0)}}f(x)\cos nx\,\mathrm{d}x&=\lim_{\varepsilon',\varepsilon''\to 0}\int_{x_{i-1}^{(0)}+\varepsilon'}^{x_i^{(0)}-\varepsilon''}f(x)\cos nx\,\mathrm{d}x\\&=\lim_{\varepsilon',\varepsilon''\to 0}\frac{\sin nx}{n}f(x)\Big|_{x=x_{i-1}^{(0)}+\varepsilon'}^{x=x_i^{(0)}-\varepsilon''}-\frac{1}{n}\int_{x_{i-1}^{(0)}}^{x_i^{(0)}}f'(x)\sin nx\,\mathrm{d}x\end{aligned}$$

所以，注意到函数 $\sin nx$ 的连续性，我们就得到

$$\int_{x_{i-1}^{(0)}}^{x_i^{(0)}}f(x)\cos nx\,\mathrm{d}x=\frac{\sin nx_i^{(0)}}{n}f(x_i^{(0)}-0)-\frac{\sin nx_{i-1}^{(0)}}{n}f(x_{i-1}^{(0)}+0)-$$

$$\frac{1}{n}\int_{x_{i-1}^{(0)}}^{x_i^{(0)}} f'(x)\sin nx\,\mathrm{d}x$$

依照 $i$ 由 1 到 $\tau_0$ 求和,结果就有

$$a_n=-\frac{1}{\pi n}\{\sin nx_1^{(0)}[f(x_1^{(0)}+0)-f(x_1^{(0)}-0)]+\cdots+$$

$$\sin nx_{\tau_0}^{(0)}[f(x_{\tau_0}^{(0)}+0)-f(x_{\tau_0}^{(0)}-0)]\}-\frac{1}{n\pi}\int_{-\pi}^{\pi} f'(x)\sin nx\,\mathrm{d}x$$

其中 $x_0^{(0)}=-\pi, x_{\tau_0}^{(0)}=\pi$,并且根据 $f(x)$ 的周期性,$f(x_{\tau_0}^{(0)}+0)=f(x_0^{(0)}+0)$. 在所给的情形下 $\sin nx_{\tau_0}^{(0)}=0$,不过为了与以下的公式对称起见,我们保留对应的项.

为简短起见,把函数 $f(x)$ 在各间断点 $x_1^{(0)}, x_2^{(0)}, \cdots, x_{\tau_0}^{(0)}$ 的跃度分别记作

$\delta_1^{(0)}=f(x_1^{(0)}+0)-f(x_1^{(0)}-0), \cdots, \delta_{\tau_0}^{(0)}=f(x_{\tau_0}^{(0)}+0)-f(x_{\tau_0}^{(0)}-0)$

上面这公式就可以写成下面的形状

$$a_n=-\frac{1}{\pi n}\sum_{i=1}^{\tau_0}\delta_i^{(0)}\sin nx_i^{(0)}-\frac{b'_n}{n} \tag{52}$$

我们用 $a'_n$ 与 $b'_n$ 记导数 $f'(x)$ 的傅里叶系数. 同样,由公式

$$\int f(x)\sin nx\,\mathrm{d}x=-\frac{\cos nx}{n}f(x)+\frac{1}{n}\int f'(x)\cos nx\,\mathrm{d}x$$

求得

$$b_n=\frac{1}{\pi n}\sum_{i=1}^{\tau_0}\delta_i^{(0)}\cos nx_i^{(0)}+\frac{a'_n}{n} \tag{53}$$

公式(52) 与(53) 本身就是很重要的,因为它们说明:若周期函数 $f(x)$ 具有跃度,则它的傅里叶系数,当 $n\to+\infty$ 时,是与$\frac{1}{n}$ 同阶的无穷小,并且系数 $a_n$ 与 $b_n$ 的主要部分就分别等于

$$-\frac{1}{\pi n}\sum_{i=1}^{\tau_0}\delta_i^{(0)}\sin nx_i^{(0)}, \frac{1}{\pi n}\sum_{i=1}^{\tau_0}\delta_i^{(0)}\cos nx_i^{(0)} \tag{54}$$

其余部分是比$\frac{1}{n}$ 较高阶的无穷小.

事实上,其余部分具有下面的形状

$$-\frac{b'_n}{n}, \frac{a'_n}{n}$$

而 $a'_n$ 与 $b'_n$ 是函数 $f'(x)$ 的傅里叶系数,当 $n\to+\infty$ 时,它们趋向零,就是说,当$n\to+\infty$ 时它们是无穷小. 公式(52) 与(53) 重要的另一个原因是,利用它们,我们可以把当 $n\to+\infty$ 时趋向零的傅里叶系数 $a_n$ 及 $b_n$ 与$\frac{1}{n}$ 比较,从该系数分离出各阶的无穷小来.

为了这个目的，一般的，用 $a_n^{(k)}, b_n^{(k)}$ 记 $k$ 阶导数 $f^{(k)}(x)$ 的傅里叶系数，而用 $\delta_1^{(k)}, \cdots, \delta_{\tau_k}^{(k)}$ 记它在点 $x_1^{(k)}, x_2^{(k)}, \cdots, x_{\tau_k}^{(k)} = \pi$ 的跃度

$$\delta_1^{(k)} = f^{(k)}(x_1^{(k)}+0) - f^{(k)}(x_1^{(k)}-0), \cdots, \delta_{\tau_k}^{(k)} = f^{(k)}(\pi+0) - f^{(k)}(\pi-0)$$

应用公式(52)与(53)于系数 $a'_n, b'_n$，这时只是要用 $f'(x)$ 换 $f(x)$，$\delta_i^{(1)}$ 换 $\delta_i^{(0)}$，$x_i^{(1)}$ 换 $x_i^{(0)}$，$\tau_1$ 换 $\tau_0$。于是得到

$$\begin{cases} a'_n = -\dfrac{1}{\pi n}\displaystyle\sum_{i=1}^{\tau_1}\delta_i^{(1)}\sin nx_i^{(1)} - \dfrac{b''_n}{n} \\ b'_n = \dfrac{1}{\pi n}\displaystyle\sum_{i=1}^{\tau_1}\delta_i^{(1)}\cos nx_i^{(1)} + \dfrac{a''_n}{n} \end{cases} \tag{55}$$

其中 $a''_n$ 与 $b''_n$ 是 $f''(x)$ 的傅里叶系数.

同样继续这样的作法，就得到

$$\begin{cases} a''_n = -\dfrac{1}{\pi n}\displaystyle\sum_{i=1}^{\tau_2}\delta_i^{(2)}\sin nx_i^{(2)} - \dfrac{b'''_n}{n} \\ b''_n = \dfrac{1}{\pi n}\displaystyle\sum_{i=1}^{\tau_2}\delta_i^{(2)}\cos nx_i^{(2)} + \dfrac{a'''_n}{n} \end{cases}$$

$$\vdots \tag{56}$$

为简短起见，设

$$A_k = \frac{1}{\pi}\sum_{i=1}^{\tau_k}\delta_i^{(k)}\sin nx_i^{(k)}, B_k = \frac{1}{\pi}\sum_{i=1}^{\tau_k}\delta_i^{(k)}\cos nx_i^{(k)} \quad (k=0,1,2,\cdots)$$

由以上的公式我们就有

$$\begin{cases} a_n = -\dfrac{A_0}{n} - \dfrac{B_1}{n^2} + \dfrac{A_2}{n^3} + \dfrac{B_3}{n^4} - \cdots + \dfrac{\rho'_k}{n^k} \\ b_n = \dfrac{B_0}{n} - \dfrac{A_1}{n^2} - \dfrac{B_2}{n^3} + \dfrac{A_3}{n^4} + \cdots + \dfrac{\rho''_k}{n^k} \end{cases} \tag{57}$$

其中 $k$ 取不同形状的数时，$\rho'_k$ 与 $\rho''_k$ 有不同的表达式，我们把这些表达式列在表 5 中.

**表 5**

| $k$ | $4m$ | $4m+1$ | $4m+2$ | $4m+3$ |
|---|---|---|---|---|
| $\rho'_k$ | $a_n^{(k)}$ | $-b_n^{(k)}$ | $-a_n^{(k)}$ | $b_n^{(k)}$ |
| $\rho''_k$ | $b_n^{(k)}$ | $a_n^{(k)}$ | $-b_n^{(k)}$ | $-a_n^{(k)}$ |

这里 $a_n^{(k)}$ 与 $b_n^{(k)}$ 是函数 $f^{(k)}(x)$ 的傅里叶系数.

由 $A_k$ 与 $B_k$ 的表达式看出，它们依赖于 $n$，不过 $n$ 这个数出现在三角函数的记号之下，所以当 $n$ 增加时，对于固定的 $s$，$A_s$ 与 $B_s$ 保持是有界的. 在 $A_s$ 与 $B_s$ 的表达式中，三角函数的系数是导数 $f^{(s)}(x)$ 的跃度. 若没有这些跃度，则 $A_s =$

$B_s=0$. 另外,若导数 $f^{(k)}(x)$ 是满足迪利克雷条件的函数,则不论符号时,因子 $\rho'_k$ 与 $\rho''_k$ 各是函数 $f^{(k)}(x)$ 的傅里叶系数之一,当 $n$ 增大时它的阶不低于 $\frac{1}{n}$ 的阶,因为在[151]中我们讲过,满足迪利克雷条件的函数的傅里叶系数的阶不低于 $\frac{1}{n}$ 的阶. 如此我们得到下面这定理.

若连续周期函数 $f(x)$ 的直到 $(k-1)$ 阶导数存在而且连续,而且 $k$ 阶导数是满足迪利克雷条件的函数,则函数 $f(x)$ 的傅里叶系数 $a_n$,$b_n$ 的阶不低于 $\frac{1}{n^{k+1}}$ 的阶,就是说,它们有估计值

$$|a_n|\leqslant\frac{M}{n^{k+1}},\ |b_n|\leqslant\frac{M}{n^{k+1}}$$

其中 $M$ 是某一个正数.

我们提出,当 $k\geqslant 1$ 时,函数 $f(x)$ 的傅里叶级数一致收敛. 实际上,由上面证明的定理推知,在这情形下系数 $a_n$ 与 $b_n$ 满足不等式

$$|a_n|<\frac{M}{n^2},\ |b_n|<\frac{M}{n^2}$$

这级数的一般项就有估计值

$$|a_n\cos nx+b_n\sin nx|<\frac{2M}{n^2}$$

由此推知这级数绝对收敛而且一致收敛,因为级数 $\sum\limits_{n=1}^{+\infty}\frac{1}{n^2}$ 是收敛级数[I,122].

对于在区间 $(-l,l)$ 的情形下的傅里叶级数,公式(57)保持有效. 只是应当设

$$\begin{cases}A_k=\left(\frac{l}{\pi}\right)^k\frac{1}{\pi}\sum\limits_{i=1}^{\tau_k}\delta_i^{(k)}\sin\frac{n\pi x_i^{(k)}}{l}\\ B_k=\left(\frac{l}{\pi}\right)^k\frac{1}{\pi}\sum\limits_{i=1}^{\tau_k}\delta_i^{(k)}\cos\frac{n\pi x_i^{(k)}}{l}\end{cases}\quad(k=0,1,2,\cdots)\tag{58}$$

而在表 5 中所写的关于 $\rho'_k$,$\rho''_k$ 的表达式要乘以 $\left(\frac{l}{\pi}\right)^k$,并且这里

$$\delta_{\tau_k}^{(k)}=f^{(k)}(l+0)-f^{(k)}(l-0)=f^{(k)}(-l+0)-f^{(k)}(-l-0)\tag{59}$$

**158. 傅里叶级数收敛性的改善**

由以上我们看到,在函数 $f(x)$ 的傅里叶系数 $a_n$ 与 $b_n$ 的表达式中所存在的与 $\frac{1}{n}$ 同阶的项,使傅里叶级数收敛得不好,而这种项是由函数 $f(x)$ 有跃度产生的. 有的函数即使在区间 $(-\pi,\pi)$ 内有任何阶的导数,但只要它在这区间的端点有一个跃度(就是极限值 $f(\mp\pi\pm 0)$ 不相同),就能使得这函数的傅里叶级

数在计算时实际上不适用. 再者,在应用中要研究展成傅里叶级数的函数 $f(x)$,以及它的一阶,二阶甚至于三阶导数. 那时,若函数 $f(x)$ 的傅里叶系数与$\frac{1}{n^{k+1}}$同阶,则求出级数的导数时,系数就与$\frac{1}{n^k}$同阶,这可以由下面的等式显见

$$f(x)=\frac{a_0}{2}+\sum_{n=1}^{+\infty}(a_n\cos nx+b_n\sin nx)$$

$$f'(x)=\sum_{n=1}^{+\infty}n(b_n\cos nx-a_n\sin nx)$$

$$f''(x)=\sum_{n=1}^{+\infty}n^2(-a_n\cos nx-b_n\sin nx)$$

反之,求积分时,每求一次积分,系数就高一阶,因为

$$\int\sum_{n=1}^{+\infty}(a_n\cos nx+b_n\sin nx)\mathrm{d}x=C+\sum_{n=1}^{+\infty}\frac{-b_n\cos nx+a_n\sin nx}{n}$$

其中 $C$ 是任意常数.

如此,求导数后,傅里叶级数的收敛性可以变坏,例如,若函数 $f(x)$ 的傅里叶系数与$\frac{1}{n^2}$同阶,这就是这函数是连续的周期函数且 $f'(x)$ 可以有间断点的情形,则由逐项求导数所得到的关于 $f'(x)$ 的级数的系数就与$\frac{1}{n}$同阶,而关于 $f''(x)$ 的级数就完全没有意义了,因为它的系数甚至不会趋向零了. 于是可以有这种情形:无论 $x$ 取什么值,函数 $f(x)$ 的傅里叶级数不适用于计算这函数的各阶导数,纵然是只在区间上一点没有导数,而在其余的点都有任何阶导数,也是如此.

于是引起傅里叶级数收敛性的改善问题,就是把它换成这样的级数,使得系数是足够高阶的无穷小,以至于求导数时收敛性的恶化不会妨碍到计算导数. 例如,如果我们希望不妨碍用逐项求微商法计算直到三阶的导数,就要希望这级数的系数的阶不低于$\frac{1}{n^5}$的阶,因为那时关于三阶导数我们得到的级数的系数的阶才不低于$\frac{1}{n^2}$的阶,而这个一致收敛级数实际上是便于计算的.

函数 $f(x)$ 的傅里叶级数的收敛性的改善可以用下述的方式. 设在公式 (57) 中有与$\frac{1}{n}$同阶的项,就是说,函数 $f(x)$ 有跃度 $\delta_i^{(0)}$.

总可以作出一个辅助函数 $\varphi_0(x)$,使它与 $f(x)$ 具有相同的跃度. 那时,差

$$f_1(x)=f(x)-\varphi_0(x)$$

就没有跃度,于是函数 $f_1(x)$ 的傅里叶级数的系数至少与$\frac{1}{n^2}$同阶. 总是取两种函数作为 $\varphi_0(x)$ 比较简单,一种函数的图形是阶形线,就是由平行于 $OX$ 轴的

线段所组成的,另一种函数的图形是由一般的直线段组成的.在第一种情形

$$\varphi'_0(x)=0,\text{就是 } f'_1(x)=f'(x)$$

在第二个情形,若我们设所有线段的斜率相同而且都等于 $m_0$,则

$$f'_1(x)-f'(x)=-m_0$$

如此,函数 $f'_1(x)$ 与 $f'(x)$ 有相同的跃度.

由以上任何一种方法确定了 $\varphi_0(x)$,就得到

$$f(x)=\varphi_0(x)+f_1(x)$$

其中 $\varphi_0(x)$ 是一个已知的非常简单的函数,它的图形是由平行的直线段组成的,而 $f_1(x)$ 的傅里叶级数的系数的阶不低于$\frac{1}{n^2}$ 的阶.现在我们矫正函数 $f_1(x)$ 的收敛性.我们有

$$f'(x)=f'_1(x)+m_0$$

像以上对 $f(x)$ 所作的一样,再对 $f'_1(x)$ 这样作,我们可以写成

$$f'_1(x)=f_2(x)+\varphi_1(x)$$

其中 $\varphi_1(x)$ 是一个由平行的直线段组成的函数,并且 $f_2(x)$ 展成的傅里叶级数的系数的阶不低于$\frac{1}{n^2}$ 的阶.由最后这等式求积分,就得到 $f_1(x)$ 的一个表达式,从而也得到 $f(x)$ 的一个表达式,它的形状是一段段的二次抛物线与一个傅里叶级数之和,并且这级数的系数的阶不低于$\frac{1}{n^3}$ 的阶.如果我们以后再矫正 $f''(x)$,则得到一个关于 $f(x)$ 的表达式,它的形状是一段段的三次抛物线与每一个傅里叶级数之和,并且这个级数的系数的阶不低于$\frac{1}{n^4}$ 的阶,以下类推.

以上所讲的方法,主要是应用于函数是未知的,可是知道它的傅里叶级数,并且这级数的系数具有公式(57)的形状时.这时需要依照系数的形状来确定函数 $f(x)$ 以及它的各阶导数的间断点及跃度,以后再应用上述改善收敛性的方法.

可以换一个作法,就是可以先把由系数 $a_n$ 与 $b_n$ 的表达式(57)中前几项所产生的傅里叶级数的一部分加起来.这些项使得傅里叶级数的收敛性不好.求出这一部分的和之后,余下的傅里叶级数就比以前收敛得好了.

求上述的和时需要利用下面的公式

$$\sum_{n=1}^{+\infty}\frac{\sin nx}{n}=\begin{cases}\dfrac{-\pi-x}{2} & (-2\pi<x<0)\\ \dfrac{\pi-x}{2} & (0<x<2\pi)\\ 0 & (x=0\text{ 与 }x=\pm 2\pi)\end{cases}\tag{60}$$

$$\sum_{n=1}^{+\infty}\frac{\cos nx}{n^2}=\begin{cases}\dfrac{2\pi^2+6\pi x+3x^2}{12} & (-2\pi\leqslant x\leqslant 0)\\ \dfrac{2\pi^2-6\pi x+3x^2}{12} & (0\leqslant x\leqslant 2\pi)\end{cases}\tag{60'}$$

$$\sum_{n=1}^{+\infty}\frac{\sin nx}{n^3}=\begin{cases}\dfrac{2\pi^2 x+3\pi x^2+x^3}{12} & (-2\pi\leqslant x\leqslant 0)\\ \dfrac{2\pi^2 x-3\pi x^2+x^3}{12} & (0\leqslant x\leqslant 2\pi)\end{cases}\tag{60''}$$

如果把函数$\frac{\pi-x}{2}$在区间$(0,\pi)$上展开成正弦级数就直接得到所写的第一个公式.第一个公式由0到$\pi$对$x$求积分就得第二个公式,这里需要利用下面这等式[144]

$$\sum_{n=1}^{+\infty}\frac{1}{n^2}=\frac{\pi^2}{6}$$

同样由第二个公式求积分就得到第三个公式.继续求积分我们就得到上面所写的类型的相继的公式.这里我们算作区间的长度等于$\pi$.这总可以由自变量的简单变换达到.

以上所讲的傅里叶级数收敛性改善的观念,利用逐步矫正函数$f(x)$及其导数的方法,以及下面的例子,是属于A. H.克雷楼夫的①.

**159.例**

考虑傅里叶级数

$$f(x)=-\frac{2}{\pi}\sum_{n=1}^{+\infty}\frac{n\cos\frac{n\pi}{2}}{n^2-1}\sin nx\quad(0\leqslant x\leqslant\pi)\tag{61}$$

这里我们有

$$b_n=-\frac{2n\cos\frac{n\pi}{2}}{\pi(n^2-1)}$$

为要把$b_n$表示成公式(53)的形状,依照$\frac{1}{n}$的幂展开分式

$$\frac{n}{n^2-1}$$

我们展开到与$\frac{1}{n^4}$同阶的项

$$\frac{n}{n^2-1}=\frac{1}{n}+\frac{1}{n^3}+\frac{1}{n^5}\cdot\frac{1}{1-\frac{1}{n^2}}$$

① “О некоторых дифференциальных уравненнях математической физики”.

于是

$$b_n=-\frac{2\cos\frac{n\pi}{2}}{\pi n}-\frac{2\cos\frac{n\pi}{2}}{\pi n^3}-\frac{2\cos\frac{n\pi}{2}}{\pi n^3(n^2-1)} \tag{62}$$

如此我们需要先求两个级数之和

$$-\frac{2}{\pi}\sum_{n=1}^{+\infty}\frac{\cos\frac{n\pi}{2}\sin nx}{n}\text{ 与 }-\frac{2}{\pi}\sum_{n=1}^{+\infty}\frac{\cos\frac{n\pi}{2}\sin nx}{n^3} \tag{63}$$

用 $S_1(x)$ 记第一个和,可以把它写成下面的形状

$$S_1(x)=-\frac{1}{\pi}\sum_{n=1}^{+\infty}\frac{\sin n\left(x+\frac{\pi}{2}\right)}{n}-\frac{1}{\pi}\sum_{n=1}^{+\infty}\frac{\sin n\left(x-\frac{\pi}{2}\right)}{n}$$

对于这两个和中每一个都可应用公式(60).我们先考虑第一个和,当 $x$ 由 0 改变到 $\pi$ 时,变量 $\left(x+\frac{\pi}{2}\right)$ 由 $\frac{\pi}{2}$ 改变到 $\frac{3\pi}{2}$,于是由公式(60)得到

$$-\frac{1}{\pi}\sum_{n=1}^{+\infty}\frac{\sin n\left(x+\frac{\pi}{2}\right)}{n}=-\frac{1}{\pi}\cdot\frac{\pi-\left(x+\frac{\pi}{2}\right)}{2}=\frac{2x-\pi}{4\pi}\quad(0\leqslant x\leqslant\pi)$$

再看第二个和,注意,当 $x$ 由 0 改变到 $\frac{\pi}{2}$ 时,变量 $\left(x-\frac{\pi}{2}\right)$ 由 $-\frac{\pi}{2}$ 改变到 0,当 $x$ 由 $\frac{\pi}{2}$ 改变到 $\pi$ 时,变量 $\left(x-\frac{\pi}{2}\right)$ 由 0 改变到 $\frac{\pi}{2}$.

在这情形下由公式(60)得到

$$-\frac{1}{\pi}\sum_{n=1}^{+\infty}\frac{\sin n\left(x-\frac{\pi}{2}\right)}{n}=\begin{cases}\frac{2x+\pi}{4\pi} & \left(0\leqslant x<\frac{\pi}{2}\right)\\ \frac{2x-3\pi}{4\pi} & \left(\frac{\pi}{2}<x\leqslant\pi\right)\\ 0 & \left(x=\frac{\pi}{2}\right)\end{cases}$$

相加就得到关于 $S_1(x)$ 的最后表达式

$$S_1(x)=-\frac{2}{\pi}\sum_{n=1}^{+\infty}\frac{\cos\frac{n\pi}{2}\sin nx}{n}=\begin{cases}\frac{x}{\pi} & \left(0\leqslant x<\frac{\pi}{2}\right)\\ \frac{x-\pi}{\pi} & \left(\frac{\pi}{2}<x\leqslant\pi\right)\\ 0 & \left(x=\frac{\pi}{2}\right)\end{cases} \tag{64}$$

(63)中第二个和可以利用公式(60″)来计算,不过也可用另一个作法.用 $S_2(x)$ 记这个和.不难看出,由 $S_1(x)$ 对 $x$ 求积分两次就得到 $S_2(x)$,不过可能差一个一次多项式.由表达式(64)求积分两次,我们得到

$$\frac{x^3}{6\pi}\left(0 \leqslant x < \frac{\pi}{2}\right), \frac{(x-\pi)^3}{6\pi} \quad \left(\frac{\pi}{2} < x \leqslant \pi\right)$$

于是推知

$$S_2(x)=\begin{cases} -\dfrac{x^3}{6\pi}+C'_1x+C'_2 & \left(0 \leqslant x < \dfrac{\pi}{2}\right) \\ -\dfrac{(x-\pi)^3}{6\pi}+C''_1x+C''_2 & \left(\dfrac{\pi}{2} < x \leqslant \pi\right) \end{cases} \tag{65}$$

为要确定常数 $C$，我们注意，$S_2(x)$ 的傅里叶级数的系数与 $\frac{1}{n^3}$ 同阶，而 $S'_2(x)$ 的级数的系数与 $\frac{1}{n^2}$ 同阶，于是推知，这两个级数一致收敛并且当 $x=\frac{\pi}{2}$ 时给出连续函数. 由此推知，当 $x=\frac{\pi}{2}$ 时，公式(65) 中的两个表达式以及它们的导数应当相等

$$-\frac{\pi^3}{48\pi}+C'_1\cdot\frac{\pi}{2}+C'_2=\frac{\pi^3}{48\pi}+C''_1\cdot\frac{\pi}{2}+C''_2 \tag{66}$$

$$-\frac{\pi^2}{8\pi}+C'_1=-\frac{\pi^2}{8\pi}+C''_1$$

此处，由(63) 中第二个和的形状推知 $S_2(0)=S_2(\pi)=0$，根据公式(65) 就得到

$$C'_2=0, C''_1\pi+C''_2=0 \tag{67}$$

由方程(66) 与(67) 可以确定出全部四个常数

$$C'_1=C''_1=\frac{\pi}{24}, C'_2=0, C''_2=-\frac{\pi^2}{24}$$

代入到公式(65) 中，就得到 $S_2(x)$ 的表达式

$$S_2(x)=\begin{cases} -\dfrac{x^3}{6\pi}+\dfrac{\pi}{24}x & \left(0 \leqslant x \leqslant \dfrac{\pi}{2}\right) \\ -\dfrac{(x-\pi)^3}{6\pi}+\dfrac{\pi}{24}(x-\pi) & \left(\dfrac{\pi}{2} \leqslant x \leqslant \pi\right) \end{cases}$$

最后结果，关于级数(61) 我们得到表达式

$$f(x)=S_1(x)+S_2(x)-\frac{2}{\pi}\sum_{n=1}^{+\infty}\frac{\cos\frac{n\pi}{2}}{n^3(n^2-1)}\sin nx \tag{68}$$

这就解决了我们的问题. 我们用由一段段的直线与抛物线组成的已知函数 $S_1(x)$ 与 $S_2(x)$，以及一个傅里叶级数表达出函数 $f(x)$，并且这个级数的系数与 $\frac{1}{n^3(n^2-1)}$ 同阶，也就是与 $\frac{1}{n^5}$ 同阶.

这样我们就可以无困难的计算函数 $f(x)$ 的前三阶导数，可是利用式(61) 时，不仅不能求它的导数，就是这级数本身也不一致收敛.

# §3 傅里叶积分及重傅里叶级数

**160. 傅里叶公式**

我们讲一种极限的情形以结束傅里叶级数的讨论，就是当研究傅里叶级数所在的区间$(-l,l)$趋向$(-\infty,+\infty)$时，也就是$l\to+\infty$时.

设函数$f(x)$在任何有限区间上满足迪利克雷条件，而且是连续的，并且在区间$(-\infty,+\infty)$上可以求绝对值的积分，就是下面的积分存在

$$\int_{-\infty}^{+\infty}|f(x)|\,\mathrm{d}x=Q$$

依照迪利克雷定理，在区间$(-l,l)$内，我们有

$$f(x)=\frac{a_0}{2}+\sum_{n=1}^{+\infty}\left(a_n\cos\frac{n\pi x}{l}+b_n\sin\frac{n\pi x}{l}\right)$$

注意

$$a_n=\frac{1}{l}\int_{-l}^{l}f(t)\cos\frac{n\pi t}{l}\mathrm{d}t,b_n=\frac{1}{l}\int_{-l}^{l}f(t)\sin\frac{n\pi t}{l}\mathrm{d}t$$

由此我们得到

$$f(x)=\frac{1}{2l}\int_{-l}^{l}f(t)\mathrm{d}t+\frac{1}{l}\sum_{n=1}^{+\infty}\int_{-l}^{l}f(t)\cos\frac{n\pi(t-x)}{l}\mathrm{d}t$$

当$l\to+\infty$时这个公式变成怎样？第一项显然趋向0.因为

$$\left|\frac{1}{2l}\int_{-l}^{l}f(t)\mathrm{d}t\right|\leqslant\frac{1}{2l}\int_{-l}^{l}|f(t)|\,\mathrm{d}t\leqslant\frac{1}{2l}\int_{-\infty}^{+\infty}|f(t)|\,\mathrm{d}t=\frac{Q}{2l}\to0$$

引用新的变量$\alpha$，在区间$(0,+\infty)$上它取等距离的值

$$\alpha_1=\frac{\pi}{l},\alpha_2=\frac{2\pi}{l},\cdots,\alpha_n=\frac{n\pi}{l},\cdots$$

每次得到一个改变量$\Delta\alpha=\frac{\pi}{l}$，剩下的和可以写成下面的形状

$$\frac{1}{\pi}\sum_{(\alpha)}\Delta\alpha\int_{-l}^{l}f(t)\cos\alpha(t-x)\mathrm{d}t$$

当$l$很大时，求和号下的积分与

$$\int_{-\infty}^{+\infty}f(t)\cos\alpha(t-x)\mathrm{d}t$$

差的很少，于是可以想到，当$l\to+\infty$时，全部的和趋向极限

$$\frac{1}{\pi}\int_{0}^{+\infty}\mathrm{d}\alpha\int_{-\infty}^{+\infty}f(t)\cos\alpha(t-x)\mathrm{d}t$$

如此，我们就有

$$f(x)=\frac{1}{\pi}\int_{0}^{+\infty}\mathrm{d}\alpha\int_{-\infty}^{+\infty}f(t)\cos\alpha(t-x)\mathrm{d}t \tag{1}$$

若是有间断点的话，在这样的点只需用

$$\frac{f(x+0)+f(x-0)}{2}$$

来替代 $f(x)$.

这个公式是当 $l\to+\infty$ 时由傅里叶级数得来的，它叫作傅里叶公式. 如此我们引出一个命题：若函数 $f(x)$ 在任何的有限区间上满足迪利克雷条件，并且在区间 $(-\infty,+\infty)$ 上可以求绝对值的积分，则对于所有的 $x$，下面这等式成立

$$\frac{1}{\pi}\int_{0}^{+\infty}\mathrm{d}\alpha\int_{-\infty}^{+\infty}f(t)\cos\alpha(t-x)\mathrm{d}t=\frac{f(x+0)+f(x-0)}{2} \tag{2}$$

这个定理叫作傅里叶定理，而这公式左边的积分叫作函数 $f(x)$ 的傅里叶积分，以上的论证不十分严格，利用一些补充的论证，可以把它变得严格. 我们现在不这样作，而以[152]中的结果为基础给傅里叶公式一个严格的证明.

为要证明公式(2)，只需证明

$$\lim_{\lambda\to+\infty}\frac{1}{\pi}\int_{0}^{\lambda}\mathrm{d}\alpha\int_{-\infty}^{+\infty}f(t)\cos\alpha(t-x)\mathrm{d}t=\frac{f(x+0)+f(x-0)}{2}$$

把左边的积分记作 $J(\lambda,x)$，我们可以写成

$$J(\lambda,x)=\frac{1}{\pi}\int_{-\infty}^{+\infty}f(t)\mathrm{d}t\int_{0}^{\lambda}\cos\alpha(t-x)\mathrm{d}\alpha \tag{3}$$

就是说可以交换对 $t$ 与对 $\alpha$ 求积分的次序.

这是根据可以求函数 $f(x)$ 的绝对值的积分，于是积分

$$\int_{-\infty}^{+\infty}f(t)\cos\alpha(t-x)\mathrm{d}t \tag{4}$$

对于所有的 $\alpha$ 的值一致收敛. 实际上，积分

$$\int_{N}^{N'}f(t)\cos\alpha(t-x)\mathrm{d}t,\int_{-N'}^{-N}f(t)\cos\alpha(t-x)\mathrm{d}t\quad(N<N') \tag{5}$$

的绝对值不超过

$$\int_{N}^{N'}|f(t)|\mathrm{d}t \tag{6}$$

于是当给定 $\varepsilon$ 时，可以求得这样一个不依赖于 $\alpha$ 的 $N_0$，使得对于所有的 $N$ 和 $N'>N_0$，积分(5)的绝对值小于 $\varepsilon$，因为根据可以求 $f(x)$ 的绝对值的积分，积分(6)就具有这个性质.

这时积分(4)可以在积分号下对参变量 $\alpha$ 求积分[84]，于是给出

$$J(\lambda,x)=\frac{1}{\pi}\int_{0}^{\lambda}\mathrm{d}\alpha\int_{-\infty}^{+\infty}f(t)\cos\alpha(t-x)\mathrm{d}t=\frac{1}{\pi}\int_{-\infty}^{+\infty}f(t)\mathrm{d}t\int_{0}^{\lambda}\cos\alpha(t-x)\mathrm{d}\alpha$$

公式(3)右边里面的对 $\alpha$ 的积分可以直接计算，于是得到

$$J(\lambda,x)=\frac{1}{\pi}\int_{-\infty}^{+\infty}f(t)\ \frac{\sin\lambda(t-x)}{t-x}\mathrm{d}t \tag{7}$$

剩下我们要求

$$\lim_{\lambda\to\infty}\frac{1}{\pi}\int_{-\infty}^{+\infty}f(t)\ \frac{\sin\lambda(t-x)}{t-x}\mathrm{d}t$$

把积分区间$(-\infty,+\infty)$分为两个区间$(-\infty,x)$,$(x,+\infty)$,在第一个区间上引用新的变量$(-z)$来替代$(t-x)$,在第二个区间上用$z$来替代$(t-x)$,可以把公式(7)写成下面的形状

$$J(\lambda,x)=\frac{1}{\pi}\int_{0}^{+\infty}f(x-z)\ \frac{\sin\lambda z}{z}\mathrm{d}z+\frac{1}{\pi}\int_{0}^{+\infty}f(x+z)\ \frac{\sin\lambda z}{z}\mathrm{d}z$$

这两个积分都是迪利克雷积分的形状,只不过具有无穷积分限.然而不难证明,它们具有普通迪利克雷积分的性质,就是说,当$\lambda\to+\infty$时,应当得到

$$\begin{cases}\dfrac{1}{\pi}\displaystyle\int_{0}^{+\infty}f(x-z)\ \frac{\sin\lambda z}{z}\mathrm{d}z\to\frac{1}{2}f(x-0)\\ \dfrac{1}{\pi}\displaystyle\int_{0}^{+\infty}f(x+z)\ \frac{\sin\lambda z}{z}\mathrm{d}z\to\frac{1}{2}f(x+0)\end{cases} \tag{8}$$

证明了这个之后,实际上就求得

$$J(\lambda,x)\to\frac{f(x+0)+f(x-0)}{2}$$

也就证明了傅里叶定理.

现在还要证明公式(8).我们只证明其中第一个公式.设$\varepsilon$是一个任何的给定的小正数.当$z>1$时,对于任何的实数$\lambda$,因子$\frac{\sin\lambda z}{z}$的绝对值$<1$,而依照条件,函数$f(x-z)$在区间$(0,+\infty)$上可以求绝对值的积分.所以我们可以求得这样一个数$N>1$,使得对于任何的$\lambda$

$$\left|\frac{1}{\pi}\int_{N}^{+\infty}f(x-2z)\ \frac{\sin\lambda z}{z}\mathrm{d}z\right|\leqslant\frac{1}{\pi}\int_{N}^{+\infty}\ |\ f(x-2z)\ |\ \mathrm{d}z<\frac{\varepsilon}{2}$$

在有限区间上考虑迪利克雷积分

$$\frac{1}{\pi}\int_{0}^{N}f(x-2z)\ \frac{\sin\lambda z}{z}\mathrm{d}z$$

可以肯定,当$\lambda\to+\infty$时它趋向$\frac{1}{2}f(x-0)$,就是说,对于所有的足够大的$\lambda$的值

$$\left|\frac{1}{\pi}\int_{0}^{N}f(x-2z)\ \frac{\sin\lambda z}{z}\mathrm{d}z-\frac{1}{2}f(x-0)\right|<\frac{\varepsilon}{2}$$

我们显然有

$$\begin{aligned}&\frac{1}{\pi}\int_{0}^{+\infty}f(x-2z)\ \frac{\sin\lambda z}{z}\mathrm{d}z-\frac{1}{2}f(x-0)\\=&\left[\frac{1}{\pi}\int_{0}^{N}f(x-2z)\ \frac{\sin\lambda z}{z}\mathrm{d}z-\frac{1}{2}f(x-0)\right]+\frac{1}{\pi}\int_{N}^{+\infty}f(x-2z)\ \frac{\sin\lambda z}{z}\mathrm{d}z\end{aligned}$$

由此，根据上面两个不等式，对于所有的足够大的 $\lambda$ 的值就有

$$\left|\frac{1}{\pi}\int_{0}^{+\infty} f(x-2z)\,\frac{\sin \lambda z}{z}\mathrm{d}z-\frac{1}{2}f(x-0)\right|<\frac{\varepsilon}{2}+\frac{\varepsilon}{2}=\varepsilon$$

由于 $\varepsilon$ 的任意小性，这就给出(8) 中第一个公式证明. 第二个公式的证明与这完全相同.

若函数 $f(x)$ 是偶函数或奇函数，可以变换公式(2).

事实上，展开 $\cos\alpha(t-x)$，就有

$$\frac{f(x+0)+f(x-0)}{2}=\frac{1}{\pi}\int_{0}^{+\infty}\mathrm{d}\alpha\int_{-\infty}^{+\infty}f(t)\cos\alpha t\cos\alpha x\,\mathrm{d}t+\frac{1}{\pi}\int_{0}^{+\infty}\mathrm{d}\alpha\int_{-\infty}^{+\infty}f(t)\sin\alpha t\sin\alpha x\,\mathrm{d}t \tag{9}$$

根据 $f(t)$ 在区间$(-\infty,+\infty)$ 上可以求绝对值的积分，这里的对 $t$ 的两个积分显然是有意义的.

若函数 $f(t)$ 是偶函数，则函数 $f(t)\cos\alpha t$ 是偶函数，而函数 $f(t)\sin\alpha t$ 是奇函数，于是推知

$$\int_{-\infty}^{+\infty}f(t)\cos\alpha t\,\mathrm{d}t=2\int_{0}^{+\infty}f(t)\cos\alpha t\,\mathrm{d}t$$

$$\int_{-\infty}^{+\infty}f(t)\sin\alpha t\,\mathrm{d}t=0$$

所以

$$\frac{f(x+0)+f(x-0)}{2}=\frac{2}{\pi}\int_{0}^{+\infty}\cos\alpha x\,\mathrm{d}\alpha\int_{0}^{+\infty}f(t)\cos\alpha t\,\mathrm{d}t$$

若函数 $f(x)$ 是奇函数，则同样可以得到

$$\frac{f(x+0)+f(x-0)}{2}=\frac{2}{\pi}\int_{0}^{+\infty}\sin\alpha x\,\mathrm{d}\alpha\int_{0}^{+\infty}f(t)\sin\alpha t\,\mathrm{d}t$$

若函数 $f(x)$ 只确定于区间$(0,+\infty)$ 上，它可延续到区间$(-\infty,0)$ 上，或者成为偶函数，或者成为奇函数，那时我们对于同一个函数 $f(x)$（这里为简单起见，我们设 $f(x)$ 是连续的)，得到两个公式

$$f(x)=\frac{2}{\pi}\int_{0}^{+\infty}\cos\alpha x\,\mathrm{d}\alpha\int_{0}^{+\infty}f(t)\cos\alpha t\,\mathrm{d}t\quad(x>0) \tag{10}$$

$$f(x)=\frac{2}{\pi}\int_{0}^{+\infty}\sin\alpha x\,\mathrm{d}\alpha\int_{0}^{+\infty}f(t)\sin\alpha t\,\mathrm{d}t\quad(x>0) \tag{11}$$

不过应当注意，对于第一个公式，函数 $f(x)$ 延续为偶函数，于是给出 $x$ 的连续函数，所以第一个公式当 $x=0$ 时也正确；在第二个公式中，若 $f(0)\neq 0$，我们得到间断点，于是当 $x=0$ 时，右边不等于 $f(0)$，而等于零.

在公式(9) 中先对 $t$ 求积分，我们引用两个函数

$$A(\alpha)=\frac{1}{\pi}\int_{-\infty}^{+\infty}f(t)\cos\alpha t\,\mathrm{d}t,B(\alpha)=\frac{1}{\pi}\int_{-\infty}^{+\infty}f(t)\sin\alpha t\,\mathrm{d}t$$

可以把公式(9)写成下面的形状

$$f(x)=\int_0^{+\infty}[A(\alpha)\cos\alpha x+B(\alpha)\sin\alpha x]\mathrm{d}\alpha$$

为简单起见设 $f(x)$ 连续. 在这公式中,我们得到在无穷区间$(-\infty,+\infty)$上 $f(x)$ 依调和振动的展开式,这里这些振动的频率由 0 连续改变到 $+\infty$,而函数 $A(\alpha)$ 与 $B(\alpha)$ 给出振幅及初相对频率 $\alpha$ 的分布规律. 对于有限区间$(-l,l)$,我们有频率 $\alpha_n=\frac{n\pi}{l}(n=0,1,\cdots)$,形成等差级数.

若在公式(10)中设

$$f_1(\alpha)=\sqrt{\frac{2}{\pi}}\int_0^{+\infty}f(t)\cos\alpha t\,\mathrm{d}t \tag{12}$$

则可以把它写成

$$f(x)=\sqrt{\frac{2}{\pi}}\int_0^{+\infty}f_1(\alpha)\cos\alpha x\,\mathrm{d}\alpha \tag{12'}$$

在这两个公式中,$f(x)$ 与 $f_1(\alpha)$ 完全同样的相互表达.

若在公式(12′)中 $f(x)$ 是给定的,而 $f_1(\alpha)$ 是未知的,则公式(12′)所表示的,叫作关于 $f_1(\alpha)$ 的积分方程,因为这个函数出现在积分号下(傅里叶积分方程). 公式(12)给出这个积分方程的解. 完全同样的可以把公式(11)表示成下面形状的公式

$$f_1(\alpha)=\sqrt{\frac{2}{\pi}}\int_0^{+\infty}f(t)\sin\alpha t\,\mathrm{d}t \tag{13}$$

$$f(x)=\sqrt{\frac{2}{\pi}}\int_0^{+\infty}f_1(\alpha)\sin\alpha x\,\mathrm{d}\alpha \tag{13'}$$

**例 1** 在公式(10)中设

$$f(x)=\begin{cases}1 & (当\ 0\leqslant x<1\ 时)\\ 0 & (当\ x>1\ 时)\end{cases}$$

这时对于等式(10)右边的积分我们得到

$$\int_0^{+\infty}\cos\alpha x\,\mathrm{d}\alpha\int_0^{+\infty}f(t)\cos\alpha t\,\mathrm{d}t=\int_0^{+\infty}\cos\alpha x\,\mathrm{d}\alpha\int_0^1\cos\alpha t\,\mathrm{d}t=\int_0^{+\infty}\frac{\cos\alpha x\sin\alpha}{\alpha}\mathrm{d}\alpha$$

于是推知

$$\frac{2}{\pi}\int_0^{+\infty}\frac{\cos\alpha x\sin\alpha}{\alpha}\mathrm{d}\alpha=\begin{cases}1 & (当\ 0\leqslant x<1\ 时)\\ \frac{1}{2} & (当\ x=1\ 时)\\ 0 & (当\ x>1\ 时)\end{cases}$$

**例 2** 在公式(11)中令

$$f(x)=\mathrm{e}^{-\beta x}\quad(\beta>0)$$

在右边就有积分

$$\frac{2}{\pi}\int_0^{+\infty}\sin\alpha x\,\mathrm{d}\alpha\int_0^{+\infty}\mathrm{e}^{-\beta t}\sin\alpha t\,\mathrm{d}t=\frac{2}{\pi}\int_0^{+\infty}\frac{\alpha\sin\alpha x}{\alpha^2+\beta^2}\mathrm{d}\alpha$$

如此就得到

$$\int_0^{+\infty}\frac{\alpha\sin\alpha x}{\alpha^2+\beta^2}\mathrm{d}\alpha=\begin{cases}\dfrac{\pi}{2}\mathrm{e}^{-\beta x} & (\text{当 } x>0 \text{ 时})\\ 0 & (\text{当 } x=0 \text{ 时})\end{cases}$$

**例 3** 同样，在公式(10) 中令

$$f(x)=\mathrm{e}^{-\beta x}\quad(\beta>0)$$

求得

$$\int_0^{+\infty}\frac{\cos\alpha x}{\alpha^2+\beta^2}\mathrm{d}\alpha=\frac{\pi}{2\beta}\mathrm{e}^{-\beta x}$$

有时把傅里叶公式写成复数式

$$\frac{f(x+0)+f(x-0)}{2}=\frac{1}{2\pi}\int_{-\infty}^{+\infty}\mathrm{d}\alpha\int_{-\infty}^{+\infty}f(t)\mathrm{e}^{\alpha(t-x)\mathrm{i}}\mathrm{d}t\qquad(14)$$

由公式(2) 不难得到这个公式. 在积分号下代入下式

$$\mathrm{e}^{\alpha(t-x)\mathrm{i}}=\cos\alpha(t-x)+\mathrm{i}\sin\alpha(t-x)$$

就得到两个积分

$$\frac{1}{2\pi}\int_{-\infty}^{+\infty}\mathrm{d}\alpha\int_{-\infty}^{+\infty}f(t)\cos\alpha(t-x)\mathrm{d}t \text{ 与 } \frac{1}{2\pi}\int_{-\infty}^{+\infty}\mathrm{d}\alpha\int_{-\infty}^{+\infty}f(t)\sin\alpha(t-x)\mathrm{d}t$$

在第二积分中，变量 $\alpha$ 出现在正弦号下，所以被积函数是 $\alpha$ 的奇函数，于是推知，在区间$(-\infty,+\infty)$ 上对 $\alpha$ 求积分时我们得到 0. 反之，在第一个积分中是 $\alpha$ 的偶函数，在区间$(-\infty,+\infty)$ 上求积分时可以用区间$(0,+\infty)$ 上的积分来替代，再乘以因子 2. 由此看出，公式(14) 相当于公式(2).

设 $f(x)$ 连续，把公式(14) 写成下面的形状

$$f(x)=\frac{1}{2\pi}\int_{-\infty}^{+\infty}\mathrm{e}^{-\alpha x\mathrm{i}}\mathrm{d}\alpha\int_{-\infty}^{+\infty}f(t)\mathrm{e}^{\alpha t\mathrm{i}}\mathrm{d}t$$

由此看出，像对于公式(10) 与(11) 一样，我们可以把它写成下面形状的两个公式

$$f_1(\alpha)=\frac{1}{\sqrt{2\pi}}\int_{-\infty}^{+\infty}f(t)\mathrm{e}^{\alpha t\mathrm{i}}\mathrm{d}t\qquad(15)$$

$$f(x)=\frac{1}{\sqrt{2\pi}}\int_{-\infty}^{+\infty}f_1(\alpha)\mathrm{e}^{-\alpha x\mathrm{i}}\mathrm{d}\alpha\qquad(15')$$

对于新的复数式傅里叶积分我们作一个附注. 在普通意义下[82]，我们不可以肯定对变量 $\alpha$ 来讲具有无穷限的积分

$$\frac{1}{2\pi}\int_{-\infty}^{+\infty}\mathrm{d}\alpha\int_{-\infty}^{+\infty}f(t)\sin\alpha(t-x)\mathrm{d}t$$

是有意义的. 我们只可以肯定，当 $M$ 取任何的有限正值时

$$\frac{1}{2\pi}\int_{-M}^{M}\mathrm{d}\alpha\int_{-\infty}^{+\infty}f(t)\sin\alpha(t-x)\mathrm{d}t=0$$

于是,严格说来,复数式的傅里叶公式应当写成下面的形状

$$f(x)=\frac{1}{2\pi}\lim_{M\to+\infty}\int_{-M}^{M}\mathrm{e}^{-\alpha x\mathrm{i}}\mathrm{d}\alpha\int_{-\infty}^{+\infty}f(t)\mathrm{e}^{\alpha t\mathrm{i}}\mathrm{d}t$$

在这情形下,下限趋向$(-\infty)$,上限趋向$(+\infty)$,而上下限的绝对值相同.在一般意义下,为要反常积分存在必须当下限依照任何规律趋向$(-\infty)$而上限依照任何规律趋向$(+\infty)$时极限存在.

**161. 复数式傅里叶级数**

像我们刚才对于傅里叶积分所作的一样,傅里叶级数也可以写成复数式.

回忆[146]中的公式

$$f(x)=\frac{a_0}{2}+\sum_{k=1}^{+\infty}\left(a_k\cos\frac{k\pi x}{l}+b_k\sin\frac{k\pi x}{l}\right)$$

$$a_k=\frac{1}{l}\int_{-l}^{l}f(\xi)\cos\frac{k\pi\xi}{l}\mathrm{d}\xi,b_k=\frac{1}{l}\int_{-l}^{l}f(\xi)\sin\frac{k\pi\xi}{l}\mathrm{d}\xi \tag{16}$$

我们证明,这些公式相当于下面的公式

$$f(x)=\sum_{n=-\infty}^{+\infty}c_n\mathrm{e}^{\mathrm{i}\frac{n\pi x}{l}},c_n=\frac{1}{2l}\int_{-l}^{l}f(\xi)\mathrm{e}^{-\mathrm{i}\frac{n\pi\xi}{l}}\mathrm{d}\xi \tag{17}$$

这里附标$n$不仅取正整数,而且也取负值.我们来分别确定$c_0$,$c_k$与$c_{-k}$,其中$k$是正整数.依照公式(17)与(16),我们有

$$c_0=\frac{1}{2l}\int_{-l}^{l}f(\xi)\mathrm{d}\xi=\frac{a_0}{2}$$

$$c_k=\frac{1}{2l}\int_{-l}^{l}f(\xi)\left(\cos\frac{k\pi\xi}{l}-\mathrm{i}\sin\frac{k\pi\xi}{l}\right)\mathrm{d}\xi=\frac{a_k-\mathrm{i}b_k}{2}$$

$$c_{-k}=\frac{1}{2l}\int_{-l}^{l}f(\xi)\left(\cos\frac{k\pi\xi}{l}+\mathrm{i}\sin\frac{k\pi\xi}{l}\right)\mathrm{d}\xi=\frac{a_k+\mathrm{i}b_k}{2}$$

代入到级数(17)中,依照附标的正负分别求和,就得到

$$f(x)=\frac{a_0}{2}+\sum_{k=1}^{+\infty}\frac{a_k-\mathrm{i}b_k}{2}\mathrm{e}^{\mathrm{i}\frac{k\pi x}{l}}+\sum_{k=1}^{+\infty}\frac{a_k+\mathrm{i}b_k}{2}\mathrm{e}^{-\mathrm{i}\frac{k\pi x}{l}}$$

所写的两个和中的项,当$k$取相同的值时是共轭量,把它们结合成一项,就得到实量

$$\frac{a_k-\mathrm{i}b_k}{2}\mathrm{e}^{\mathrm{i}\frac{k\pi x}{l}}+\frac{a_k+\mathrm{i}b_k}{2}\mathrm{e}^{-\mathrm{i}\frac{k\pi x}{l}}=a_k\cos\frac{k\pi x}{l}+b_k\sin\frac{k\pi x}{l}$$

于是上面的关于$f(x)$的表达式与傅里叶级数(16)相同,由此推知公式(17)与公式(16)的相当性.

**162. 重傅里叶级数**

傅里叶级数与傅里叶积分可能用来表示两个或多个自变量的函数.例如考

虑周期函数 $f(x,y)$，对 $x$ 来讲以 $2l$ 为周期，对 $y$ 来讲以 $2m$ 为周期. 把函数 $f(x,y)$ 考虑作 $x$ 的函数，我们就有[161]

$$f(x,y)=\sum_{\sigma=-\infty}^{+\infty} c_{\sigma}(y)\mathrm{e}^{\mathrm{i}\frac{\sigma\pi x}{l}} \tag{18}$$

其中

$$c_{\sigma}(y)=\frac{1}{2l}\int_{-l}^{l} f(\xi,y)\mathrm{e}^{-\mathrm{i}\frac{\sigma\pi\xi}{l}}\mathrm{d}\xi$$

函数 $c_{\sigma}(y)$ 又可以展开成下面的级数形状

$$c_{\sigma}(y)=\sum_{\tau=-\infty}^{+\infty} c_{\sigma\tau}\mathrm{e}^{\mathrm{i}\frac{\tau\pi y}{m}}$$

其中

$$\begin{aligned} c_{\sigma\tau} &= \frac{1}{2m}\int_{-m}^{m} c_{\sigma}(\eta)\mathrm{e}^{-\mathrm{i}\frac{\tau\pi\eta}{m}}\mathrm{d}\eta \\ &= \frac{1}{4lm}\int_{-l}^{l}\int_{-m}^{m} f(\xi,\eta)\mathrm{e}^{-\mathrm{i}\pi\left(\frac{\sigma\xi}{l}+\frac{\tau\eta}{m}\right)}\mathrm{d}\xi\mathrm{d}\eta \end{aligned} \tag{19}$$

把所得到的关于 $c_{\sigma}(y)$ 的表达式代入到公式(18)中，就得到

$$f(x,y)=\sum_{\tau=-\infty}^{+\infty}\left(\sum_{\sigma=-\infty}^{+\infty} c_{\sigma\tau}\mathrm{e}^{\mathrm{i}\frac{\tau\pi y}{m}}\right)\mathrm{e}^{\mathrm{i}\frac{\sigma\pi x}{l}}$$

由此，去掉括号，就有公式

$$f(x,y)=\sum_{\sigma,\tau=-\infty}^{+\infty} c_{\sigma\tau}\mathrm{e}^{\mathrm{i}\pi\left(\frac{\sigma x}{l}+\frac{\tau y}{m}\right)} \tag{20}$$

它把傅里叶级数推广到两个变量的情形.

同样，对于三个自变量的周期函数 $f(x_1,x_2,x_3)$，设对 $x_1$ 来讲以 $2\omega_1$ 为周期，对 $x_2$ 来讲以 $2\omega_2$ 为周期，对 $x_3$ 来讲以 $2\omega_3$ 为周期，我们就有

$$f(x_1,x_2,x_3)=\sum_{\sigma_1,\sigma_2,\sigma_3=-\infty}^{+\infty} c_{\sigma_1\sigma_2\sigma_3}\mathrm{e}^{\mathrm{i}\pi\left(\frac{\sigma_1 x_1}{\omega_1}+\frac{\sigma_2 x_2}{\omega_2}+\frac{\sigma_3 x_3}{\omega_3}\right)} \tag{21}$$

其中

$$c_{\sigma_1\sigma_2\sigma_3}=\frac{1}{8\omega_1\omega_2\omega_3}\int_{-\omega_1}^{\omega_1}\int_{-\omega_2}^{\omega_2}\int_{-\omega_3}^{\omega_3} f(\xi_1,\xi_2,\xi_3)\mathrm{e}^{-\mathrm{i}\pi\left(\frac{\sigma_1\xi_1}{\omega_1}+\frac{\sigma_2\xi_2}{\omega_2}+\frac{\sigma_3\xi_3}{\omega_3}\right)}\mathrm{d}\xi_1\mathrm{d}\xi_2\mathrm{d}\xi_3 \tag{22}$$

在公式(20)或(21)中分离出实部，就得到实数式的傅里叶级数展开式.

借助于积分可以得到类似的表示法

$$f(x,y)=\frac{1}{(2\pi)^2}\int_{-\infty}^{+\infty}\int_{-\infty}^{+\infty}\int_{-\infty}^{+\infty}\int_{-\infty}^{+\infty} f(\xi,\eta)\mathrm{e}^{\mathrm{i}[\alpha_1(\xi-x)+\alpha_2(\eta-y)]}\mathrm{d}\alpha_1\mathrm{d}\alpha_2\mathrm{d}\xi\mathrm{d}\eta \tag{23}$$

$$\begin{aligned} & f(x_1,x_2,x_3) \\ = & \frac{1}{(2\pi)^3}\int\!\!\int\!\!\int\!\!\int\!\!\int\!\!\int_{-\infty}^{+\infty} f(\xi_1,\xi_2,\xi_3)\mathrm{e}^{\mathrm{i}[\alpha_1(\xi_1-x_1)+\alpha_2(\xi_2-x_2)+\alpha_3(\xi_3-x_3)]}\mathrm{d}\alpha_1\mathrm{d}\alpha_2\mathrm{d}\alpha_3\mathrm{d}\xi_1\mathrm{d}\xi_2\mathrm{d}\xi_3 \end{aligned} \tag{24}$$

# 俄国大众数学传统——过去和现在

附录

本附录的作者为 A. B. Sossinsky，译者为吴雅萍. A. B. Sossinsky 现为莫斯科电子学与数学研究所高级研究员及莫斯科独立大学讲师.

对西方观察家来说，下述事实令他们深感奇怪：在赫鲁晓夫与勃列日涅夫的极权统治年代里，几乎处于完全孤立的情形下繁荣一时的俄国数学学派，在国家向民主和正规市场经济迈进的今天却面临消亡的威胁. 当然，至少对目前正发生的空前的数学人才外流现象，有其明显的经济原因. 然而如果人们想解释这一矛盾现象，还应了解这一问题的一些更深层的、不那么明显的方面，在西方这是鲜为人知的.

其中一个方面可称作"非正规的大众化数学的传统"——正是本附录的主题.

## 社会和文化范畴

苏联的大众数学传统的特定形式，只能在俄罗斯文化遗产的框架内以及苏联政体的政治范畴内才能理解. 前者包括俄国科学职业在长时期内的威望，它把东方人对"宗教领袖"的尊崇与德国人对"绅士教授"的尊敬融合起来；同时它还包括传统的对自谦的钦佩,以及优秀的公民、贵族或知识分子通过“走向人民”和与大众分享其文化遗产以增进社会的公正所做出的常常是天真的努力.

这一背景对所有的学科都是相同的,但由于起决定作用的政治性原因,其对数学的影响却是独特的:几十年来在苏联,数学是唯一的一门其自身发展不受意识形态权威人物的严密监督和左右的科学,这一事实是众所周知的.有才能的年轻人很快就认识到学习生物学就意味着要遵从李森科的荒谬原理,研究历史则意味着要遵循马克思主义的一家之言.而数学却保持其独立和纯洁:一条定理,一旦被证明了,则不管党魁们喜欢与否都是正确的.事实上,直到20世纪60年代末,党魁们不仅对定理而且对证明它们的人都并不是特别介意.

因此苏联数学家有极好的机遇来吸引最有才能的学生从事他们的职业,并且他们抓住了这一机遇,并为此建立了新的非官方的机构.

## 奥林匹克竞赛与数学兴趣小组

首届数学奥林匹克竞赛是在1936年由B. N. Delone在列宁格勒组织的,他在第二年还发起了莫斯科数学奥林匹克竞赛. B. N. Delone是一位多面手,他既是数论专家、几何学家,又是有成就的登山运动员、说书人及讲师.他自己设计这些数学竞赛的形式——现今在很多文明国家中已很流行,且使这些竞赛有了成功的开始.他得到了权威数学家们的支持,特别是A. N. Kolmogorov和I. G. Petrovsky.就其特色而言,近40年来,数学奥林匹克竞赛一直是非官方的,在没有重大经济资助下发挥了作用,并且是靠年轻数学家的无私热情来完成的.

在因第二次世界大战而中断一段时间后,奥林匹克竞赛扩展到全国,并形成了金字塔式结构:首届全俄数学奥林匹克竞赛在1961年举行,首届全苏决赛则于1967年在第比利斯举行.直到20世纪70年代中期,它基本上仍是一项非官方的活动,并从Petrovsky所在的莫斯科大学得到一些经济资助,还从当地一些数学家那里获得帮助.奥林匹克数学竞赛是一种多阶段性竞赛,它从学校一级开始,一个有才能的高中生要在城市、地区以及共和国等各种级别的竞赛中取胜,才可以参加权威性的全苏决赛甚至于有资格参加国际竞赛.

从20世纪40年代后期起,大城市的奥林匹克竞赛与所谓的“数学兴趣小组”密切相关,数学兴趣小组是非常规的解题数学班,通常在周末由年轻的专业研究数学家来指导并向所有有兴趣的高中生开放.俄国的这一非常规的学习小组的传统可追溯到19世纪,小组(在圣彼得堡的列宁的“马克思主义小组”)活动的内容从政治宣传到文学、科学或艺术,以及手工艺等.实际上,对这种非常规的活动没有历史的记载,但为了了解我们这一代的每一个主要的苏联数学家是怎样产生的,那么了解他们参加的是哪个小组和说明谁是他们的论文导师可能同样重要.

从统计数据看,当时50多岁的苏联最好的数学家中,几乎所有的人都参加了数学小组及奥林匹克竞赛. Novikov,Arnold,Kirillov 及 Fuchs 都是20世纪50年代的奥林匹克竞赛获奖者.

## 数学学校及数学班

20世纪60年代可能是苏联数学发展中最值得称道的时期.尽管"赫鲁晓夫的春天"没有达到预期的效果,俄国知识分子从斯大林时期的由恐惧造成的麻木中觉醒过来,而且艺术及科学活动通常能在政治允许的范围内得以重新恢复.数学家们利用这个有利形势创立新的机构以吸引有才能的年轻人投身数学事业.

第一个也最具雄心的是"物理和数学寄宿学校".第一所学校是1961年在新西伯利亚附近,由有"科学城的沙皇"之称的 M. I. Lavrentiev 创建的;他是来自莫斯科的一流数学家,承担了在西伯利亚传播科学这一重要计划的实施.第二年,A. N. Kolmogorov 及 I. K. Kikoin(氢弹物理学家)在莫斯科建立了类似的学校,随后有人在列宁格勒、基辅及埃里温也仿效了这一做法.

Lavrentiev 和 Kolmogorov 认为,未来的数学家未必来自社会及知识界的精英阶层,在全国各地,特别是在小城镇,有巨大的民间人才宝库.大城市里有才能的年轻人已经得到了广为宣传的奥林匹克竞赛及数学小组的关怀,而小城镇里的年轻人既缺少称职的数学教师又完全没有与年轻的研究人员 —— 其任务是塑造成杰出的未来数学家 —— 接触的机会.为挑选最有才能的高中生,来自莫斯科、列宁格勒、基辅及科学城的年轻数学家,游历全国的所有边远地区以帮助组织当地的奥林匹克竞赛,同时指导物理和数学寄宿学校的入学考试.

几乎同时,几个杰出的数学家(例如 A. Cronrod,E. Dynkin,I. M. Gelfand)决定为较大的城市居民组办数学学校(注意,确切地说是为那些上中学的最后二或三年的孩子举办的).于是,莫斯科的第2,7,9,444中学成为具有强化数学课程的一流学校.

同时出现的另一个不那么雄心勃勃的机构,称为"普通"学校里的数学班,在那里,有兴趣的高中生可学到更多的(且更高等的)数学知识.

归功于 I. M. Gelfand 的另一个重要的创造,是在1964年创立的全苏数学函授学校.这一著名的机构(只有几个领(低)报酬的长期合作者),借助于莫斯科大学数学专业的人才始终如一的帮助(几年以后,大部分帮助来自函授学校的毕业生),设法吸引成千上万的高中生学习课程以外的数学. 当然,大部分学生来自那些不能提供上述常规及非常规的数学学习条件的地方.

随着函授学校的工作的推进,又演化出一种新形式的功能,称为"集体学生",这与当地教师直接相关. 即一组学生在本校一名教师的指导下做函授学校指定的作业,每月提交一份共同完成的作业论文. 个人及集体这两类工作形式经证明都是卓有成效的.

在20世纪60年代中期,为愿意从事数学研究的有才能的年轻人提供了一个很广阔的供选择的天地. 数学兴趣小组、奥林匹克竞赛,多种特殊的班以及学校,其中包括寄宿学校及函授学校,用以满足各种潜在的人才的需要. 所有这些机构,在某种意义上,都是外围组织(不是由上面权力机关强加的,也不是由教育体系派生的). 幸亏由于投入该事业的人(大多是青年数学家)的热情,使它有效地发挥了作用. 这些机构还趋于自我再生:例如数学寄宿学校的校友常常在他们成为研究生后(有时在之前)回到数学寄宿学校当教师.

实际上所有在20世纪60年代上学的领头数学家都进过上面提到的人才学校之一. 在他们的班里,他们受到很强的激励去取得成功. 环绕在大城市数学奥林匹克竞赛优胜者周围的热烈气氛,可与美国高中篮球队队长周围的气氛相比. 下面将简单列举一下 Kolmogorov 寄宿学校培养的一些校友的名字,他们是:Varchenko,Matiyasevich,Levin,Nikulin 及 Krichever.

## 大众数学书及 *Kvant* 杂志

苏联科学事业中最值得称颂的成就之一是大众科学出版业的成就. 在20世纪50,60及70年代中,用买两杯柠檬水(或半个冰激凌)的钱,你便可买到诸如:Khinchin 的《数论的3个宝石》或 Kirillov 的《极限》那样的数学科普书籍. 甚至在20世纪80年代,Boltyansky Efremovich 的绝妙的介绍拓扑的科普书或 Arnold 的《突变理论》一书,售价不及一个橘子或半个香蕉.

但对出版业在数学普及中所做的这些事,Kolmogorov 感到还不够. 他与 Kikoin 在1969年协力创办了 *Kvant*(《量子》杂志),一个由科学院资助的、面向高中学生的物理和数学方面的科普月刊. 结果它成为出版业的一次不寻常的成功:(尽管仅能通过按年的订阅来销售)到1972年(这期间可描述为数学事业的繁荣时期)销售量达到令人难以置信的370 000份,其后有所下降,在20世纪80年代保持在200 000份左右.

该杂志的经常性撰稿人是 A. N. Kolmogorov,A. D. Alexandrov,

L. S. Pontryagin, V. A. Rokhlin, S. Gindikin, D. B. Fuchs, M. Bashmakov, V. I. Arnold, A. Kushnirenko, A. A. Kirillov, N. Vaguten( = N. Vassiliev + V. Gutenmakher), Yu. P. Soloviev, V. M. Tikhomirov 等. 西方读者通过阅读由"自然科学教师协会"在华盛顿出版的基于 *Kvant* 过刊的美国版本的《量子》(*Quantum*) 杂志,便可了解 *Kvant* 杂志的主要内容.

## 数学事业中的停滞

20 世纪 60 年代的数学繁荣未能持续很久,在不祥的 1968 年(苏联坦克滞留布拉格) 以后,勃列日涅夫及其密友严厉加强了对意识形态领域的控制,特别是对科学界,再一次强烈主张科学的党性原则. 这一时期是数学界发生最惹人注目的变化的时期,原因可能是在此之前数学是一片被偶然遗忘在沙漠中的绿洲.

在莫斯科,从 1968 年开始,伴随着"Esenin Volpin 案件",即所谓的"99 人信件"以及随后的发展,发生了一系列事件:莫斯科大学力学数学系行政管理方面的变化,反对犹太人进入莫斯科大学的政策的重新执行(本来自 1955 年已中止执行),对数学家的铁幕又一次拉上了(除了那些对共产党或克格勃有特殊贡献的人). 这些事实众所周知,然而,人们并不总是清楚地认识到,当时执政的政策不仅是种族歧视的一种特殊的丑恶形式,而且更一般的是试图对人的自尊心及公正的遏制,以及对科学事业中的卓越人才及成就的摧残,随后,迟钝与驯服成为在学术事业中成功的主要因素.

可以预料,当时会对前文中提到的所有从事大众数学的外围机构采取些行动,实际也确实如此.

在莫斯科,莫斯科大学的力学数学系党组织控制了 Kolmogorov 寄宿学校,清除了"不合需要"的教师(包括本附录作者),解雇了思想自由化的导师,引入禁止犹太人入学的政策.

就全苏联而言,教育部控制了数学奥林匹克竞赛. 1976 年在第比利斯举行的第 13 届全苏数学奥林匹克决赛是评委会以重大的牺牲而换取的一次胜利,他们成功地保留了竞赛的传统(通过与那些想管理及毁掉竞赛的教育部官僚们进行的为外人所不知晓的斗争):第二年,忠实的官僚们几乎全部地用那些更容易驾驭的数学家来替换原全苏评委会.

很多数学学校被迫关闭或被重新组织. 著名的莫斯科 2 中和 7 中及很多(特别是那些最有创新精神的教师指导的) 数学班被迫中断.

并非对这些机构的所有打击都是成功的. Gelfand 的数学函授学校在意识

形态上好像是无懈可击的.然而,力学数学系新的领导班子组织了一个相应的与之竞争的学校,叫作"Malyĭ 力学数学学校",并诱惑性地向其学生许诺:他们更易进入该系且劝阻该系大学生不要帮助 Gelfand 学校.但这些并未起很大作用,Gelfand 学校依然办得很成功.

由 Pontryagin 及 Vinogradov 负责执行的另一接管任务也失败了,他们要从太自由化的 Kolmogorov 和 Kikoin 手中争到 *Kvant* 杂志的控制权.

也许更典型的例子是过去在传统上由莫斯科大学的数学家们指导的莫斯科数学奥林匹克竞赛的命运.曾在 1978 年被选为奥林匹克委员会领导人的 Kirillov,根据力学数学系主任签署的一项行政命令而被调离此职位,该系主任指派 Mishchenko 担任这一职务且完全改变了管理此竞赛的队伍.这导致了竞赛氛围的根本变化:它变得非常刻板且开始模仿莫斯科大学的入学考试.

另一鲜为人知但具戏剧性的故事与 Bella Muchnik 的数学讲习班(被人挖苦地称作"人民大学")有关.它开办于 1979 年,旨在为那些未能通过莫斯科大学的具种族歧视性入学考试的学生提供学习最高水平数学知识的机会.在它的 3 年开办期内,很多很好的数学家在那里执教而没有任何物质报酬.当克格勃逮捕了两名学生后该校才停办.Bella Muchnik 在被克格勃审讯后,一天深夜不幸死于一次车祸,肇事者逃离,很多人相信这不是一次偶然的事故.

但这只是一个极端情形.大多数半官方的大众数学机构未被破坏,相反它们变得更官方化了.靠机构的再生,在很多情形下它们保持了高度专业化水平,但同时失去了很多原有的非常规的特点.值得注意的例外是 *Kvant* 杂志和 Gelfand 函授学校,它们均设法保持其专业质量和办学精神.

## 新竞赛、新纪元

一般来说,20 世纪 70 年代及 80 年代初是令人沮丧的时期,当时大众对数学的兴趣逐渐下降,而且 20 世纪 50 年代及 60 年代创立的机构失去了很多吸引力.但至少有一个人没有陷入这种沮丧中,他就是 Konstantinov.尽管他从全苏奥林匹克评委会及莫斯科奥林匹克评委会被解职,而且他的数学学校被关闭,但他又重新行动起来:为中学生创立了一非正规的数学暑期讲习班,按惯例应在爱沙尼亚举办;把莫斯科 57 中学办成数学人才学校直至今日;又在莫斯科发起 Lomonosov 竞赛(一种受欢迎的中学多学科的群众性竞赛)且创立了非常成功的城市间竞赛(现为一种国际竞赛).

Konstantinov 是俄罗斯数学竞赛史上一位真正的传奇人物,然而在莫斯科、圣彼得堡、车里雅宾斯克等地还有很多不如他知名但同样致力于此事业的教师. 例如 B. Davidovich, A. Shen 及 A. Vaintrob,他们帮助把莫斯科 57 中学办成一个杰出的学校且保持其最高水平,尽管受到官方机构的行政方面的困扰.

这些以及其他的"手持火炬的人",穿过勃列日涅夫时期的重重封锁把大众化数学的传统一直延续到"改革"的来临时. 在西方观察家看来,符合逻辑的应是标榜自由化的政权会立即引发生机勃勃的对最好的民主传统的恢复,特别是在科学和教育方面,但这并未出现. 主要原因是(不是西方人通常想的那样)政治机构最高层的急剧变化并未伴随着低层的行政人事的变化. 那些在极权体制下曾竭力反对任何革新及自由化的官僚们,今天仍在这么做,而且又补充了新的能量:这么做,不单单是为维护旧体制,而且是为他们自己的生存而斗争. 同时很多本可以在恢复最好传统中起积极作用的数学家,在条件允许时情愿移居国外,他们有理由把为他们的家人提供舒适的生活及良好的研究条件,看得比这里的不确定的前途及拯救濒临消亡的传统更重要. 这主要是指那些当时处在30至40岁的数学家,这一代人最好的年华不幸正处在那令人沮丧的停滞时期(1968～1986年).

## 莫斯科独立大学的数学学院

然而,那些仍根植于莫斯科的领头数学家们又精力充沛地创立了一个雄心勃勃的新机构,称为莫斯科独立大学(IUM)的数学学院,一个培养未来数学研究工作者的小型人才学校. 它的创建人感到,莫斯科国立大学的力学数学系由于受20年的错误管理的破坏,且从根本上讲,现在仍受那些招致该系衰退的强硬路线人的领导;它对造就新的数学人才已不再发挥作用. 从观念及教学方面看,创建数学学院的带头人是 Arnold,而在实际执行中,其机构由 Konstantinov 管理. 在1991年7月进行了非常难的笔试(一种从0分到120分的评分制),在9月开学,首批注册的是45名学生. Konstantinov 成功地在莫斯科大学附近的一个学校借到了办公室及教室,甚至从莫斯科的资助者那里得到一些钱,以给学院的教师一些酬劳,并为一些学生提供奖学金.

当时在俄罗斯还没有办私立(非公立)教育机构的立法. 特别是,这意味着莫斯科独立大学不能使其学生免于兵役,使得大多数男生不得不同时也进入莫斯科国立大学. 于是莫斯科独立大学只能在晚上上课,该校大部分学生有双份的学习负担.

尽管有这样或那样的困难,莫斯科独立大学的数学学院正在成功地发挥作用,它现有25个二年级学生及35个一年级新生. 美国数学会已向该校教师提供了一些资助,教师中包括 D. V. Alekseevsky, B. L. Feigin, A. L. Gorodentsev,

S. M. Gusein-Zade, A. A. Kirillov, Elena Korkina, S. K. Lando, Yu. A. Neretin, V. P. Palamodov, V. S. Retakh, A. N. Rudakov, V. M. Tikhomirov, V. A. Vassiliev, E. B. Vinberg 及本附录的作者. 教师们感到他们有能力把莫斯科数学学派最好的传统传给他们的学生(到现在为止,他们已被证明是有才能的及可培养的),并希望莫斯科独立大学的数学学院能克服目前的困难(需要一所永久性教学场所及好的图书馆),成为(不仅面向苏联学生的)一个具有一流水平研究生院的人才大学.

## 现在怎么样

现在让我们估计一下当今的形势. 圣彼得堡的数学学派无论从象征性意义上还是字面上已不复存在. 就莫斯科及圣彼得堡国立大学的数学系来说,修修补补已无济于事. 实际上所有 40 岁以下的领头数学家已经或正打算移居国外. 在莫斯科,大学教授的月工资不够维持一周的生活.

另一方面,我们这一代的很多领头数学家,尽管经常居住在国外,但还没有永久地移居国外: Novikov, Arnold, Maslov, Anosov, Faddeev, Vershik, Kirillov, Vinberg, Sinai 及 Zakharov 仍扎根于这里. 下一代的一些数学家也是如此: Ilyashenko, Helemsky, Feigin, Vassiliev, Khovansky, Rudakov, Soloviev, Fomenko, Drinfeld 及 Krichever. 文化的数学传统至今仍充满活力,但不是靠国立大学及公办奥林匹克竞赛,而是以其新的、非正规的机构来传授下去. 仍有很多数学班及数学兴趣小组,莫斯科数学奥林匹克竞赛正努力以重新获得其传统的价值, *Kvant* 杂志正为生存而顽强地奋斗着, Konstantinov 负责的城市间竞赛及 Lomonosov 竞赛仍在很好地进行. 莫斯科数学会也仍在发挥其质朴的凝聚作用,且出现了一些试验性新机构: 在圣彼得堡的以 Faddeev 为首的欧拉研究所,在莫斯科的独立大学及以 Khovansky 为首的数学研究所.

这些足够了吗? 从现在起 5 年或 10 年里,当我们这一代人太老了以致不能把从事数学研究的乐趣传给有才能的学生时,是否有人会接过这一火炬呢? 显然逻辑推理告诉我们这两个问题的答案是"不". 但在此宁愿无视所有的逻辑,而祝愿美好的数学文化传统,其中一些是这里已描述过的,将不会消亡.